机 械 设 计

主　编　王笑竹　霍仕武
副主编　张　健　张　涛

北京理工大学出版社
BEIJING INSTITUTE OF TECHNOLOGY PRESS

内容简介

本书是根据编者在机械设计教学方面的经验编写而成的。全书贯彻了教育部颁布的《高等学校机械设计课程教学基本要求》,结合了"学以致用"的办学思想,着重培养学生对零部件和总体方案的设计能力。

全书共 15 章,内容包括绪论,机械设计概论,机械零件的强度,摩擦、磨损及润滑概述,螺纹连接,键、花键、无键连接和销连接,带传动,链传动,齿轮传动,蜗杆传动,滑动轴承,滚动轴承,联轴器与离合器,轴以及弹簧。

本书主要作为高等工科学校机械类专业的教材,也可供其他相关专业的师生和工程技术人员参考。

版权专有　侵权必究

图书在版编目(CIP)数据

机械设计/王笑竹,霍仕武主编. —北京:北京理工大学出版社,2017.4
(2022.6 重印)
ISBN 978-7-5682-3779-6

Ⅰ.①机…　Ⅱ.①王…②霍…　Ⅲ.①机械设计-高等学校-教材　Ⅳ.①TH122

中国版本图书馆 CIP 数据核字(2017)第 071444 号

出版发行 / 北京理工大学出版社有限责任公司
社　　址 / 北京市海淀区中关村南大街 5 号
邮　　编 / 100081
电　　话 / (010)68914775(总编室)
　　　　　(010)82562903(教材售后服务热线)
　　　　　(010)68944723(其他图书服务热线)
网　　址 / http://www.bitpress.com.cn
经　　销 / 全国各地新华书店
印　　刷 / 北京国马印刷厂
开　　本 / 787 毫米 × 1092 毫米　1/16
印　　张 / 23
字　　数 / 534 千字
版　　次 / 2017 年 4 月第 1 版　2022 年 6 月第 3 次印刷
定　　价 / 55.00 元

责任编辑 / 刘永兵
文案编辑 / 刘　佳
责任校对 / 周瑞红
责任印制 / 马振武

图书出现印装质量问题,请拨打售后服务热线,本社负责调换

前 言

"机械设计"课程是机械工程类诸专业的主干课程之一，是培养学生机械设计能力的重要技术基础课程。通过本课程的学习，可使学生系统地了解与掌握机械设计的理论和方法，并可使学生具备综合运用有关课程、标准和规范等初步进行机械设计的能力。

本书的主要内容包括以创新精神为核心的机械设计的指导思想、基本理论和基本知识，以及机械中通用零部件的工作原理、结构类型和特点、运动特性、受载情况和失效形式、设计准则及设计计算的基本理论和方法，还包括相关的标准和规范，以及机械零件的使用和维护方法。本书在典型零部件的设计中，主要介绍连接零件（包括螺栓连接、键连接等）、传动零件（包括带传动、链传动、齿轮传动和蜗杆传动）、轴系零件（包括轴、轴承、联轴器和离合器），以及其他零件的设计。通过对本课程的学习，将为学生进一步学习有关专业课程和今后从事机械设计方面的相关工作奠定良好的基础。

本书汲取了编者多年来的教学和使用教材方面的经验，编写时力求能让学生使用方便，并循序渐进地掌握相关知识，书中涉及的各类标准均选用最新的国家标准，各章节内容均根据应用情况做了适当的精简，既减轻了学生的负担，又有利于培养学生的设计能力。

本书由营口理工学院王笑竹、霍仕武担任主编，营口理工学院张健、沈阳大学张涛担任副主编。书中第一章由营口理工学院霍仕武编写，第二章至第十五章由营口理工学院王笑竹编写，营口理工学院张健负责校对。

由于编者水平所限，书中难免有欠妥之处，诚恳地希望广大读者提出宝贵意见。

编　者

目 录

第1章 绪论 ··· 1
  §1.1 本课程的研究对象 ·· 1
  §1.2 本课程的内容、性质与任务 ······································ 2
    1.2.1 本课程的内容、性质与任务 ································· 2
    1.2.2 本课程的特点和学习方法 ····································· 3

第2章 机械设计概论 ·· 5
  §2.1 机器的组成 ·· 5
    2.1.1 原动部分 ··· 5
    2.1.2 执行部分 ··· 5
    2.1.3 传动系统 ··· 5
    2.1.4 控制系统 ··· 6
    2.1.5 辅助系统 ··· 6
  §2.2 机器的主要要求 ·· 6
    2.2.1 使用功能要求 ··· 6
    2.2.2 经济性要求 ·· 6
    2.2.3 可靠性要求 ·· 7
    2.2.4 劳动保护和环境保护要求 ··································· 7
    2.2.5 其他特殊要求 ··· 7
  §2.3 设计机器的一般程序 ··· 8
    2.3.1 产品规划阶段 ··· 8
    2.3.2 方案设计阶段 ··· 9
    2.3.3 技术设计阶段 ·· 10
    2.3.4 编制技术文件阶段 ··· 10
  §2.4 设计机械零件时应满足的基本要求 ····························· 11
    2.4.1 强度、刚度及寿命要求 ····································· 11
    2.4.2 结构工艺性要求 ··· 11
    2.4.3 可靠性要求 ··· 11
    2.4.4 经济性要求 ··· 11
    2.4.5 减小质量的要求 ··· 12
  §2.5 机械零件的主要失效形式 ··· 12
    2.5.1 整体断裂 ·· 12
    2.5.2 塑性变形 ·· 12

2.5.3 过大的弹性变形 12
  2.5.4 零件的表面破坏 13
  2.5.5 破坏正常工作条件引起的失效 13
§2.6 机械零件的设计准则 13
  2.6.1 强度准则 13
  2.6.2 刚度准则 14
  2.6.3 寿命准则 14
  2.6.4 振动稳定性准则 15
  2.6.5 散热性准则 15
  2.6.6 可靠性准则 15
§2.7 机械零件的设计方法 15
  2.7.1 理论设计 16
  2.7.2 经验设计 16
  2.7.3 模型实验设计 16
§2.8 机械零件设计的一般步骤 16
  2.8.1 零件类型选择 16
  2.8.2 受力分析 16
  2.8.3 材料选择 17
  2.8.4 确定设计准则 17
  2.8.5 理论计算 17
  2.8.6 结构设计 17
  2.8.7 校核计算 17
  2.8.8 绘制零件工作图 17
  2.8.9 编写技术说明书及有关技术文件 17
§2.9 机械零件的材料及其选用 17
  2.9.1 机械零件的材料 17
  2.9.2 机械零件材料选择原则 19
§2.10 机械零件设计中的标准化 20
§2.11 机械现代设计方法简介 21
  2.11.1 机械优化设计 21
  2.11.2 计算机辅助设计 22
  2.11.3 可靠性设计 22
  2.11.4 有限元法 22
  2.11.5 摩擦学设计 22
  2.11.6 并行设计 23
  2.11.7 动态设计 23
  2.11.8 模块化设计 23
  2.11.9 工业设计 24
  2.11.10 绿色设计 24

第3章 机械零件的强度 ·· 25
§3.1 材料的疲劳特性 ·· 25
3.1.1 变应力 ·· 25
3.1.2 材料的疲劳特性 ·· 27
§3.2 机械零件的疲劳强度计算 ·· 30
3.2.1 影响机械零件疲劳强度的主要因素 ·· 30
3.2.2 机械零件的疲劳强度计算 ·· 35
§3.3 机械零件的抗断裂强度 ·· 41
§3.4 机械零件的接触强度 ·· 43
习题 ·· 44

第4章 摩擦、磨损及润滑概述 ·· 46
§4.1 摩擦 ·· 46
4.1.1 干摩擦 ·· 46
4.1.2 边界摩擦 ·· 48
4.1.3 流体摩擦 ·· 49
4.1.4 混合摩擦 ·· 49
§4.2 磨损 ·· 50
4.2.1 磨损过程的分析 ·· 50
4.2.2 磨损的分类 ·· 51
§4.3 润滑剂、添加剂和润滑方法 ·· 53
4.3.1 润滑剂 ·· 53
4.3.2 添加剂 ·· 58
4.3.3 润滑方法 ·· 59
§4.4 流体润滑原理简介 ·· 62
4.4.1 流体动压润滑 ·· 62
4.4.2 弹性流体动力润滑 ·· 62
4.4.3 流体静压润滑 ·· 63
习题 ·· 64

第5章 螺纹连接 ·· 65
§5.1 螺纹与螺纹连接 ·· 65
5.1.1 螺纹的主要参数和常用类型 ·· 65
5.1.2 螺纹连接的类型和标准螺纹连接件 ·· 67
§5.2 螺纹连接的预紧 ·· 68
§5.3 螺纹连接的防松 ·· 70
5.3.1 摩擦防松 ·· 70
5.3.2 机械防松 ·· 71
5.3.3 永久防松端铆、冲点、定位焊 ·· 71
5.3.4 化学防松黏合 ·· 71
§5.4 螺栓组连接的设计 ·· 71

5.4.1	螺栓组连接的结构设计	71
5.4.2	螺栓组连接的受力分析	73

§5.5 螺栓连接的强度计算 76
    5.5.1 松螺栓连接的强度计算 76
    5.5.2 受剪螺栓连接的强度计算 81

§5.6 螺纹连接件的材料及许用应力 82
    5.6.1 螺栓连接的材料及性能等级 82
    5.6.2 螺栓连接件的许用应力 83

§5.7 提高螺纹连接强度的措施 83
    5.7.1 降低螺栓的刚度或增大被连接件的刚度 83
    5.7.2 改善螺纹牙上载荷分布不均匀的现象 84
    5.7.3 减小应力集中的影响 84
    5.7.4 采用合理的工艺 84

习题 85

第6章 键、花键、无键连接和销连接 87

§6.1 键连接 87
    6.1.1 键连接的类型、特点及应用 87
    6.1.2 键的选择 90
    6.1.3 键连接的强度计算 90

§6.2 花键连接 94
    6.2.1 花键连接的类型、特点和应用 94
    6.2.2 花键的选择和花键连接的强度计算 96

§6.3 无键连接 97
    6.3.1 过盈配合连接 97
    6.3.2 型面连接 105
    6.3.3 胀紧连接 105

§6.4 销连接 106
    6.4.1 销连接的类型 106
    6.4.2 销的结构类型、特点及应用 107

习题 109

第7章 带传动 111

§7.1 带传动的类型、特点及应用 111
    7.1.1 带传动的类型与结构 111
    7.1.2 带传动的特点 114

§7.2 带传动的工作情况分析 114
    7.2.1 带传动的受力分析 114
    7.2.2 带传动的应力分析 116
    7.2.3 带的弹性滑动与打滑 117

§7.3 V带传动的设计计算 119

7.3.1 V带传动的失效形式和设计准则 ……………………………… 119
7.3.2 V带传动的设计步骤 …………………………………………… 119
§7.4 V带轮的设计 ……………………………………………………………… 131
7.4.1 V带轮的设计基本要求 ………………………………………… 131
7.4.2 V带轮的材料 …………………………………………………… 131
7.4.3 V带轮的结构尺寸 ……………………………………………… 131
§7.5 V带轮传动的张紧方式 …………………………………………………… 133
7.5.1 定期张紧 ………………………………………………………… 133
7.5.2 自动张紧 ………………………………………………………… 133
7.5.3 张紧轮张紧 ……………………………………………………… 134
习题 ……………………………………………………………………………… 136

第8章 链传动 …………………………………………………………………… 137
§8.1 链传动的特点及应用 …………………………………………………… 137
8.1.1 套筒滚子链的结构和规格 ……………………………………… 137
8.1.2 链轮的结构 ……………………………………………………… 139
§8.2 链传动的运动分析和受力分析 ………………………………………… 141
8.2.1 链传动的运动分析 ……………………………………………… 141
8.2.2 链传动的受力分析 ……………………………………………… 142
§8.3 套筒滚子链的设计计算 ………………………………………………… 143
8.3.1 套筒滚子链传动的设计约束分析 ……………………………… 143
8.3.2 套筒滚子链传动的设计 ………………………………………… 146
§8.4 链传动的润滑与布置 …………………………………………………… 148
8.4.1 链传动的润滑 …………………………………………………… 148
8.4.2 链传动的布置与张紧 …………………………………………… 149
习题 ……………………………………………………………………………… 151

第9章 齿轮传动 ………………………………………………………………… 152
§9.1 齿轮的失效形式及设计准则 …………………………………………… 152
9.1.1 齿轮的工作条件与齿面硬度 …………………………………… 152
9.1.2 齿轮的失效形式及设计准则 …………………………………… 152
§9.2 齿轮材料及热处理 ……………………………………………………… 155
9.2.1 齿轮的材料及其选用 …………………………………………… 156
9.2.2 齿轮的热处理 …………………………………………………… 156
§9.3 直齿圆柱齿轮传动的受力分析和计算载荷 …………………………… 158
9.3.1 轮齿的受力分析 ………………………………………………… 159
9.3.2 计算载荷 ………………………………………………………… 160
§9.4 直齿圆柱齿轮传动的强度计算 ………………………………………… 163
9.4.1 直齿圆柱齿轮传动的齿面接触强度计算 ……………………… 163
9.4.2 直齿圆柱齿轮传动的齿根弯曲强度计算 ……………………… 169
§9.5 斜齿圆柱齿轮传动强度计算的特点 …………………………………… 180

9.5.1 轮齿上的作用力	180
9.5.2 强度计算	182
§9.6 直齿圆锥齿轮的传动强度计算特点	191
9.6.1 齿轮的受力分析	192
9.6.2 强度计算	193
§9.7 齿轮的结构设计	197
9.7.1 齿轮轴	197
9.7.2 腹板式齿轮和实心式齿轮	197
9.7.3 轮辐式齿轮	198
§9.8 齿轮传动的效率与润滑	200
9.8.1 齿轮传动的效率	200
9.8.2 齿轮传动的润滑	200
习题	202

第10章 蜗杆传动 …… 204

§10.1 蜗杆传动的材料和失效形式	204
10.1.1 蜗杆传动的材料	204
10.1.2 蜗杆传动的失效形式	205
10.1.3 蜗杆传动的结构设计	205
§10.2 普通圆柱蜗杆传动的主要参数及几何尺寸计算	206
10.2.1 普通圆柱蜗杆传动的主要参数及其选择	206
10.2.2 蜗杆传动的几何尺寸计算	209
§10.3 蜗杆传动的受力分析和强度计算	211
10.3.1 受力分析	211
10.3.2 强度计算	212
10.3.3 刚度计算	216
10.3.4 普通圆柱蜗杆传动的精度等级及其选择	216
§10.4 蜗杆传动的效率、润滑和热平衡计算	217
10.4.1 蜗杆传动的效率和润滑	217
10.4.2 蜗杆传动的热平衡计算	218
§10.5 蜗杆传动工程应用	220
习题	223

第11章 滑动轴承 …… 224

§11.1 机械设计中的摩擦、磨损和润滑	224
11.1.1 机械中的摩擦	224
11.1.2 机械中的磨损	226
11.1.3 机械中的润滑	227
§11.2 滑动轴承概述	228
11.2.1 滑动轴承的特点与分类	228
11.2.2 滑动轴承的设计内容	228

  11.2.3　滑动轴承的摩擦润滑状态 ……………………………………………………… 229
 §11.3　滑动轴承的结构形式 ………………………………………………………………… 230
  11.3.1　向心滑动轴承 ……………………………………………………………………… 230
  11.3.2　推力滑动轴承 ……………………………………………………………………… 231
 §11.4　滑动轴承的材料 ……………………………………………………………………… 231
  11.4.1　轴瓦对材料的性能要求 …………………………………………………………… 231
  11.4.2　滑动轴承的材料 …………………………………………………………………… 232
  11.4.3　轴瓦的结构 ………………………………………………………………………… 235
 §11.5　滑动轴承的润滑剂和润滑装置 ……………………………………………………… 236
  11.5.1　润滑剂及其性能指标 ……………………………………………………………… 236
  11.5.2　润滑剂的选择 ……………………………………………………………………… 239
  11.5.3　润滑方法 …………………………………………………………………………… 240
 §11.6　不完全液体摩擦滑动轴承的计算 …………………………………………………… 242
  11.6.1　向心滑动轴承 ……………………………………………………………………… 242
  11.6.2　推力滑动轴承 ……………………………………………………………………… 243
 §11.7　液体动力润滑向心滑动轴承的设计计算 …………………………………………… 244
  11.7.1　流体动力润滑的基本方程 ………………………………………………………… 244
  11.7.2　向心滑动轴承形成液体动力润滑的过程 ………………………………………… 246
  11.7.3　液体动力润滑向心滑动轴承设计步骤 …………………………………………… 253
习题 …………………………………………………………………………………………………… 255

第12章　滚动轴承 …………………………………………………………………………… 256
 §12.1　概述 …………………………………………………………………………………… 256
  12.1.1　滚动轴承的结构 …………………………………………………………………… 256
  12.1.2　滚动轴承各元件的材料 …………………………………………………………… 257
  12.1.3　滚动轴承的优缺点 ………………………………………………………………… 257
 §12.2　滚动轴承的主要类型及其代号 ……………………………………………………… 257
  12.2.1　滚动轴承的类型 …………………………………………………………………… 257
  12.2.2　滚动轴承的代号 …………………………………………………………………… 261
 §12.3　滚动轴承类型的选择 ………………………………………………………………… 265
  12.3.1　载荷的大小、方向及性质 ………………………………………………………… 265
  12.3.2　轴承的转速 ………………………………………………………………………… 265
  12.3.3　轴承的调心性能 …………………………………………………………………… 266
  12.3.4　安装条件 …………………………………………………………………………… 266
  12.3.5　经济性 ……………………………………………………………………………… 266
 §12.4　滚动轴承的工作情况 ………………………………………………………………… 266
  12.4.1　滚动轴承的工作情况分析 ………………………………………………………… 266
  12.4.2　滚动轴承的失效形式和计算准则 ………………………………………………… 268
 §12.5　滚动轴承尺寸的选择 ………………………………………………………………… 268
  12.5.1　滚动轴承的基本额定寿命和基本额定动载荷 …………………………………… 268

12.5.2	滚动轴承的当量动载荷	270
12.5.3	滚动轴承的寿命计算	272
12.5.4	角接触球轴承和圆锥滚子轴承的径向载荷与轴向载荷计算	273
12.5.5	滚动轴承的静强度计算	276

§12.6 轴承装置的设计 277
    12.6.1 滚动轴承的轴向定位与紧固 277
    12.6.2 滚动轴承的配置 278
    12.6.3 轴承游隙和轴系位置的调整 280
    12.6.4 滚动轴承的刚度和预紧 281
    12.6.5 滚动轴承轴系的刚度和精度 282
    12.6.6 滚动轴承的配合和装拆 282
    12.6.7 滚动轴承的润滑与密封 285

§12.7 其他 290
    12.7.1 滚动轴承的极限转速 290
    12.7.2 滚动轴承的修正额定寿命计算 291
    12.7.3 特殊滚动轴承简介 291

习题 293

第13章 联轴器与离合器 295

§13.1 联轴器与离合器的分类和应用 295
    13.1.1 联轴器与离合器的分类 295
    13.1.2 联轴器和离合器计算转矩的确定 295

§13.2 刚性联轴器 296
    13.2.1 刚性联轴器的特点 296
    13.2.2 常用刚性联轴器简介 297

§13.3 挠性联轴器 298
    13.3.1 无弹性元件挠性联轴器 298
    13.3.2 金属弹性元件挠性联轴器 300
    13.3.3 非金属弹性元件挠性联轴器 301

§13.4 常用离合器的类型及应用 303
    13.4.1 牙嵌离合器 303
    13.4.2 圆盘摩擦离合器 304
    13.4.3 安全离合器 305

§13.5 联轴器与离合器的选择 306
    13.5.1 联轴器的选择 306
    13.5.2 离合器的选择 308

习题 308

第14章 轴 310

§14.1 轴的类型、材料和设计准则 310
    14.1.1 轴的类型与功用 310

  14.1.2 轴的材料及其选择 ………………………………………………………………… 311
  14.1.3 轴的设计准则与步骤 ………………………………………………………………… 314
§14.2 轴系结构组合设计与工程应用 …………………………………………………………… 315
  14.2.1 轴的结构设计要求 …………………………………………………………………… 315
  14.2.2 滚动轴承与轴的组合设计 …………………………………………………………… 316
  14.2.3 轴系结构组合设计实例 ……………………………………………………………… 322
§14.3 轴的强度计算 …………………………………………………………………………… 324
  14.3.1 按扭转强度计算 ……………………………………………………………………… 324
  14.3.2 按弯扭组合强度计算 ………………………………………………………………… 324
  14.3.3 按疲劳强度安全系数计算 …………………………………………………………… 325
§14.4 轴的其他项目计算 ……………………………………………………………………… 330
  14.4.1 轴的刚度计算 ………………………………………………………………………… 330
  14.4.2 轴的临界转速计算 …………………………………………………………………… 331
习题 ………………………………………………………………………………………………… 335

第15章 弹簧 ………………………………………………………………………………… 337

§15.1 弹簧的功用与类型 ……………………………………………………………………… 337
  15.1.1 弹簧的功用 …………………………………………………………………………… 337
  15.1.2 弹簧的类型 …………………………………………………………………………… 337
§15.2 弹簧的材料与制造 ……………………………………………………………………… 338
  15.2.1 弹簧的材料及许用应力 ……………………………………………………………… 338
  15.2.2 弹簧的制造 …………………………………………………………………………… 339
§15.3 圆柱形螺旋压缩、拉伸弹簧的应力分析 ………………………………………………… 340
  15.3.1 弹簧的应力 …………………………………………………………………………… 340
  15.3.2 弹簧的变形 …………………………………………………………………………… 340
§15.4 圆柱形螺旋压缩、拉伸弹簧的设计 ……………………………………………………… 341
  15.4.1 弹簧的结构与几何尺寸 ……………………………………………………………… 341
  15.4.2 弹簧的设计计算 ……………………………………………………………………… 343
§15.5 其他弹簧简介 …………………………………………………………………………… 345
  15.5.1 圆柱螺旋扭转弹簧 …………………………………………………………………… 345
  15.5.2 碟形弹簧 ……………………………………………………………………………… 346
习题 ………………………………………………………………………………………………… 347

参考文献 …………………………………………………………………………………………… 348

第1章 绪 论

　　机器是人类在生产和生活中用以替代或减轻人的体力劳动和辅助人的脑力劳动、提高生产效率和产品质量的主要工具,更是用以完成人类无法从事或难以从事的各种复杂、艰难以及危险劳动的重要工具,如机床、汽车、起重机、运输机、自动化生产线、机器人和航天器等。在现代社会中,机器的应用随处可见。机器的设计和制造水平是体现一个国家的技术乃至综合国力的重要方面,而机器的应用水平则是衡量一个国家的技术水平和现代化程度的重要标志。改革开放以来,我国社会主义现代化建设在各个方面都取得了长足的进步,国民经济的各个生产部门正迫切要求实现机械化和自动化,特别是随着社会科学技术的发展,对机械的自动化及智能化的要求越来越迫切,我国的机械产品正面临着更新换代的局面。高技术化、产品日趋多样化和个性化、日益发展的极限制造技术及绿色制造技术已成为机械制造业发展的明显趋势。这一切都对机械工业和机械设计工作者提出了更新、更高的要求,而本课程就是为了能培养出掌握机械设计的基本理论和基本能力的工程技术人员而设置的。

§1.1　本课程的研究对象

　　机械是机构与机器的总称。有关机构的内容已在"机械原理"课程中做了讲述,而本课程的研究对象是机器及组成机器的机械零部件。

　　机器是人们根据某种使用要求而设计并制造的一种能执行机械运动的装置,它可以用来变换或传递能量、物料和信息。如电动机和发电机用来变换能量;起重机和运输机用来传递物料;车床、铣床和冲床等用来变换物料的状态;计算机和收录机等用来变换信息等。

　　从制造和装配的角度来看,任何机器的机械系统都是由一定数量的基本单元组成的,这些基本单元就是机械零件,简称零件,它们是机器中最小的独立制造单元。由一组协同工作的零件所组成的独立制造或独立装配的组合体,称为部件。零件与部件合称为零部件,可将其概括地分为两类:一类是各种机器中经常都能用到的零部件,称为通用零部件,如螺钉、齿轮、键等零件,离合器、滚动轴承、减速器等部件;另一类是在特定类型的机器中才能用到的零部件,称为专用零部件,如内燃机中的曲轴、连杆(部件),纺织机中的织梭、纺锭,离心机中的转鼓(部件)等。本课程的研究对象中所涉及的机械零部件,是指在普通条件下工作的一般尺寸与参数的通用零部件,而专用零部件和巨型、微型及高温、高压等条件下工作的通用零部件不在本课程的研究范围内。

　　机械设计是根据使用要求对机械的工作原理、结构、运动方式、力和能量的传递方式、各个零件的材料和形状尺寸、润滑方法等进行构思、分析和计算并将其转化为具体描述以作为制造依据的工作过程。机械设计的本质是由功能描述到结构描述的变换,根据其实现变换的步骤及状况可分为更新设计和创新设计。如果实现变换的所有步骤都是已知的,则称为更新设计;如果至少有一个步骤是未知的,则称为创新设计。更新设计又可分为变形设计和适应性设计。前者不改变其基本原理，但在机构、结构及辅助原理方面有较大变动；后者是在原有产品的基础上，仅改变某些尺寸、外形，以适应某些新情况。机械设计的目标是：在现有材料、加工能力、理论知识和计算手段等的条件下，设计出性能好、制造成本低、尺寸和质量小、使用可靠、能耗低以及环境污染少的最优产品。机械设计是创新或改造机械产品的第一步，是决定机械产品的性能、质量、成本等方面的最主要也是最重要的环节。据统计，机械产品70%的生产成本决定于设计阶段。这是因为包括材料的选择，标准通用零部件的选用，零件、部件、整机的结构设计与优化，工艺流程设计及成本估算等工作，均已在设计阶段完成或基本确定。因此，机械工程类专业的学生修学本课程，无疑是十分必要和非常重要的。

§1.2 本课程的内容、性质与任务

1.2.1 本课程的内容、性质与任务

本课程是一门以一般通用机械零部件设计为核心，并论述它们的基本设计理论与方法，用以培养学生的一般机械设计能力的设计性课程，是机械类和近机类专业的技术基础课。本课程需要综合应用许多先修课程的知识，如机械制图、金属工艺学、理论力学、材料力学、机械原理、互换性与技术测量和工程实训等，故其涉及的知识面较广，且偏重于工程应用方面。它将为学生在日后学习有关专业课程和掌握新的机械科学技术方面奠定必要的基础。因此，在人才培养方案中，它是一门介于基础课与专业课之间的、具有承上启下作用的主干课程。

本课程的内容是在简要介绍整台机器设计的基本知识的基础上，重点讨论一般尺寸和参数的通用零件，包括它们的基本设计理论和方法，以及有关技术资料的应用等。课程的具体内容包括以下三个方面。

1. 机械设计的基本知识、基本理论和基本方法（第1~4章）

这一部分介绍了机械设计的相关知识、机械设计的基本理论和基本方法。机械设计的基本理论主要是研究机械设计的一般过程和要求，机器及零件设计的基本原则，机械零件的强度理论、材料的选用、摩擦、磨损及润滑等方面的学科基本内容。

2. 通用零部件设计（第5~14章）

（1）传动零件设计

传动零件设计主要研究带传动、链传动、齿轮传动、蜗杆传动及螺旋传动的受力分析、失效分析、设计准则及承载能力设计与计算，传动零件的结构设计、材料选择及润滑等。

（2）轴系零部件设计

轴系零部件设计主要研究滑动轴承、滚动轴承、联轴器、离合器、轴的类型、特点、工作原理，轴系零部件的工作能力设计、结构设计及标准零部件选用等。

（3）连接零部件设计

连接零部件设计主要研究螺纹连接、键连接、销连接及各种连接件的连接方式。

（4）其他零部件设计

其他零部件设计主要研究弹簧等。

3. 总体构思与设计

机械零件的设计与计算是本课程的基本教学内容，但本课程的最终目的在于使学生能综合运用各种机械零件、各种机构的知识以及先修课程的知识，用以设计机械传动装置和简单的机械。因此，本课程结束后，应安排一次课程设计，用以培养学生的总体构思与设计能力。

本课程的主要任务是通过理论教学和实践环节的训练，使学生达到以下目标：

1）树立理论联系实际的正确设计思想，提高创新思维和创新设计能力。
2）掌握通用机械零件的设计原理、设计方法和机械设计的一般规律，具有设计通用机械传动装置和简单机械的能力。
3）具有运用机械设计手册、图册及标准、规范查阅有关技术资料的能力。
4）掌握典型机械零件的实验方法，获得实验技能的基本训练。
5）了解国家当前的技术经济政策，并对机械设计的发展及现代的设计方法有所了解。

在本课程的学习过程中，学生要综合运用先修课程中所学的有关知识与技能，并结合各个教学实践环节进行基本训练，逐步提高自身的理论水平、构思能力、工程洞察能力和判断力，特别是分析及解决问题的能力，为顺利过渡到专业课的学习及进行产品和设备的开发与设计打下坚实的基础。

1.2.2 本课程的特点和学习方法

与基础理论课相比，本课程是一门综合性、实践性很强的设计性课程。因此，学生在学习时必须掌握本课程的特点，在学习方法上尽快完成由单科向综合、由抽象向具体、由理论向实践的思维方式的转变。在学习过程中应注意以下几方面的问题。

1. 本课程的综合性强

本课程的内容涉及多门先修课程的基本知识，知识面宽，综合性强，学生在学习过程中应注意及时复习、总结、深化有关内容，并注重培养综合应用这些知识的能力。

2. 本课程的实践性强

本课程的教学环节除课堂教学外，还有习题课、实验课、设计性作业及课程设计等。学好教材内容是一个重要方面，但它远非课程的全部。学习本课程时必须明确：书本知识固然重要，但在工程实际中，仅靠书本知识是不能正确解决问题的，还需要掌握一定的经验资料和具有较强的工程洞察力及判断力。因此，学生要注重实践训练，并通过实践训练，进一步加深对课程内容的理解和掌握，从而培养和提高机械设计能力，尤其要重视提高设计机械零件结构的能力和熟练查阅、使用手册及各种技术资料的能力。

3. 本课程的设计性强

本课程的内容紧密围绕零部件的设计问题。设计是本课程的核心，学生要掌握各种零件的设计过程。该过程一般是先分析零件的失效形式，然后再建立理论分析模型并根据其失效形式建立设计准则，最后根据设计准则和零件的工作条件（包括载荷大小与性质、寿命长短和工作环境等）设计满足客户要求的零件。同时，学生也要重视结构设计，在设计过程中，往往需要理论设计与结构设计交叉进行，否则有可能发生理论设计的零件不一定满足结构的要求等问题。理论设计与结构设计往往需要多次反复修改，以便尽可能达到最佳的设计效果。

4. 本课程涉及的修正系数多

由于理论分析模型很难将实际的工作条件都包括进去，所以往往需要用一系列的系数对理论计算结果进行修正。有些工作条件比较复杂，很难单纯用理论计算来解决设计问题，此时往往要用到前人总结的经验或半经验公式。因此，对各种修正系数或者经验公式中的系数，学生应了解其使用条件和应用范围。

5. 本课程涉及的零部件多

学习时应注意不同零部件在材料、结构、功能、应用、载荷、应力、失效形式及计算公式方面的差异，又要把握不同零部件设计所遵循的一些共同规律，如基本相同的设计步骤及零件分析、设计思路等。本教材在论述各类零部件设计时的思路及过程分为以下几个步骤：

1）介绍零部件的类型、构造、功能、材料、标准、优缺点和使用场合等基本知识，使学生对该类零件有初步了解。

2）论述零部件的工作情况、受力分析、应力分析、失效形式、设计准则、设计方法与步骤、参数选择原则、常用参考资料以及有关注意事项等，使学生初步掌握零部件的设计理论与方法。

3）给出典型例题，把学生引向设计实践，并给出一定数量的习题，使学生有机会实际运用所学的有关知识、设计理论、设计方法及参考资料，进行初步的设计训练，从而加深和巩固所学的知识与技能，进一步提高设计能力。

6. 机械零部件是机器的基本组成部分

在不同的机器中，同样的零部件在受力情况、设计要求及设计特点等许多方面都会有所不同，所以机械零部件的设计总是和具体机械或机电产品的开发设计联系在一起的。要真正学好本课程并真正掌握机械零部件的设计本领，还必须培养和建立整机设计的概念，从产品开发设计的高度来对待机械零部件的设计问题。此外，在市场竞争日趋激烈的今天，产品的开发设计离不开改进、改革与创新，学生应努力增强创新意识、培养创新能力，以创新的精神对待本课程的学习和机械零部件的设计问题，尤其要增强市场与工程意识，从市场与工程的角度来考虑机械零部件的设计问题。

第 2 章　机械设计概论

§2.1　机器的组成

机器的种类极多,其构造、性能及用途也各异。但就其功能组成而言,机器是由原动机、传动机构及执行机构所组成的机械系统。一台完整的现代化机器还包括电气、控制、润滑和监测等部分,如图 2-1 所示。

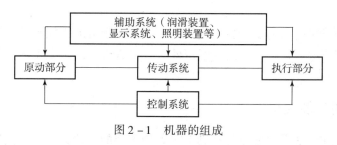

图 2-1　机器的组成

2.1.1　原动部分

原动部分是一台机器的心脏,它给机器提供运动和动力,并驱动整台机器完成预定的功能。通常一台机器只有一个动力源,复杂的机器也可能有多个动力源。一般说来,它们都是把其他形式的能量转化为可利用的机械能。动力源从最早的人力、畜力,发展到风力、水利、内燃机、蒸汽机,直到今天的电动机、液压马达、步进电动机等。现代机器中使用的原动机大多数是各式各样的电动机和热力机。绝大多数原动机是以旋转运动的形式输出一定的转矩,在少数情况下也有用直线运动电动机或液压缸以直线运动的形式输出一定的推力或拉力。

2.1.2　执行部分

执行部分是用来完成机器的预定功能的组成部分。一台机器可以只有一个执行部分,如常见的冲床、压床等;也可以有多个执行部分,如车床、铣床、刨床等。

2.1.3　传动系统

传动系统是用来完成从原动机到执行部分的运动形式、运动及动力参数转变的组成部分。例如,它可以把旋转运动转变为直线运动、高转速转变为低转速、小扭矩转变为大扭矩等。机器的传动系统大多数都使用机械系统,有时也可使用气、液压或电力传动系统。机械传动是绝大多数机器不可缺少的重要组成部分。

2.1.4 控制系统

随着机器的功能越来越复杂，人们对机器的精度、自动化程度的要求越来越高，为保证上述三个组成部分能协调有序地动作，以实现自动化操作，还需设置必要的控制系统。控制系统的种类繁多，常用的有机械式控制器（离合器）、液压式控制器（各种液压控制阀）和电子式控制器等。

2.1.5 辅助系统

辅助系统是为了改善机器的运行环境，方便使用，延长机器的使用寿命而设置的，如冷却装置、润滑装置、照明装置和显示系统等。

§2.2 机器的主要要求

机械设计的最终目的是为市场提供优质高效、价廉物美的机械产品，并在市场竞争中取得优势，赢得用户，取得良好的社会、经济效益。尽管机器的种类繁多，但都应满足下列的基本要求。

2.2.1 使用功能要求

人们为了生产和生活需要才设计和制造出各种各样的机器，因此，人们设计和制造的机器应具有预期的使用功能，并能满足人们某方面的需要。这主要靠正确选择机器的工作原理、正确的设计或选用原动机、传动机构和执行机构以及合理地配置辅助系统和控制系统来保证。

2.2.2 经济性要求

机器的经济性是一个综合指标，它体现在机器的设计、制造和使用的全过程中，包括设计制造经济性和使用经济性两方面。设计制造的经济性表现为机器的成本低；使用经济性表现为高生产率、高效率、较少的能源、原材料和辅助材料消耗，以及低的管理和维护费用等方面。设计机器应把设计、制造、使用及市场作为一个整体进行全面考虑。只有设计与市场信息相互吻合，并在市场、设计、生产中寻求最佳关系，才能获得满意的经济效益。

提高设计与制造经济性的主要途径有以下几方面：
1）尽量采用现代的设计方法，力求设计参数合理，并尽力缩短设计周期，降低设计成本；
2）最大限度地采用标准化、系列化以及通用化的零部件；
3）合理选用材料，改善零件的结构工艺性，并尽量采用新材料、新机构、新工艺和新技术，使机器的用料少、质量小、加工费用低且易于装配；
4）合理地组织设计和制造过程；
5）注重机器的造型设计，最大限度地让消费者满意，以便增加销售量。

提高机器使用经济性能的主要途径有如下几方面：
1）提高机器的机械化、自动化水平，以提高机器的生产率和产品的质量；

2) 选用高效率的传动系统和支撑装置,从而降低能源消耗和生产成本;

3) 注意采用适当的防护、润滑和密封装置,以延长机器的使用寿命,并避免环境污染。

2.2.3 可靠性要求

机器在预定的工作期限内必须具有一定的可靠性。机器可靠性的高低可用可靠度 R 来表示。机器的可靠度是指机器在规定的工作期限和工作条件下,无故障地完成预定功能的概率。机器在规定的工作期限和条件下丧失预定功能的概率称为不可靠度,或称破坏概率,用 F 来表示。显然,机器的可靠度与破坏概率应满足

$$R = 1 - F \qquad (2-1)$$

提高机器可靠度的关键是提高其组成零件的可靠度。此外,从机器设计的角度考虑,确定适当的可靠性水平、力求结构简单、减少零件数目,并尽可能选用标准件及可靠零件、合理地设计机器的组件和部件以及必要时选用较大的安全系数等方法,对提高机器的可靠度是十分有效的。

2.2.4 劳动保护和环境保护要求

在设计机器时,我们应对劳动保护要求和环境保护要求给予高度重视,即应使所设计的机器符合国家的劳动保护法规和环境保护要求。一般应从以下两个方面考虑:

(1) 保证操作者的安全、方便并减轻操作时的劳动强度

这方面的具体措施包括以下几点:

1) 对外露的运动件加设防护罩;

2) 减少操作动作单元,缩短动作距离;

3) 设置完善的保险、报警装置,以消除和避免由不正确操作引起的危害;

4) 机器设计应符合人机工程学原理,使操纵简便省力,简单而重复的劳动应利用机械本身的机构来完成。

(2) 改善操作者及机器的工作环境

这方面的具体措施包括以下几点:

1) 降低机器工作时的振动与噪声;

2) 防止有毒、有害介质渗漏;

3) 进行废水、废气和废液的治理;

4) 美化机器的外形及外部色彩。

总之,我们应使所设计的机器符合国家的劳动保护法规和环境保护要求。

2.2.5 其他特殊要求

对于不同的机器,还有一些为该机器所独有的要求。例如:对食品机械有保持清洁、不能污染产品的要求;对机床有长期保持精度的要求;对飞行器有质量小、飞行阻力小的要求;对流动使用的机械有便于安装和拆卸的要求。总之,在设计机器时,除满足前述的共同基本要求外,还应满足其特殊的要求。

此外还要指出,随着社会的不断进步和经济的高速增长,在许多国家和地区,机器的广

泛使用使自然资源被大量地消耗和浪费，环境质量也因而受到严重破坏。这一切使人类自身的生存受到了严重威胁，人们对此已有了较为深刻的认识，并提出了可持续发展的战略，即人类的进步必须建立在经济增长与环境保护相协调的基础上。因此，设计机器时还应考虑满足可持续发展的战略要求，并采取必要措施，减少机器对环境和资源的不良影响。在这方面的具体措施包括：

1) 广泛使用清洁能源和新能源，如太阳能、水利和风力等；
2) 采用清洁材料，即采用低污染、无毒、易分解和可回收的材料；
3) 采用绿色制造技术，无"废气、废水、废物"排放；
4) 使用清洁的产品，即在使用机器的过程中不污染环境，机器报废后易回收。

对机械各项要求的满足，是以组成机器机构的合理选型和综合以及组成机械的所有零件的正确设计和制造为前提的，即机构选型及设计的合理性以及零件设计的好坏，将对机器的使用性能起决定性作用。

§2.3 设计机器的一般程序

明确机器的用途和功能以后，在调查研究国内外有关情况并收集资料的基础上，就可以着手进行设计工作。设计工作的主要内容包括如下几方面：

1) 确定机器的工作原理；
2) 进行运动和动力计算；
3) 进行零部件的工作能力计算；
4) 绘制总装配图以及零部件图。

机器的质量基本上是由设计质量决定的，而制造过程主要是实现设计时所规定的质量。机器设计是一项复杂的工作，必须按照科学的程序进行。根据人们长期的设计经验，设计过程大体可分为以下几个阶段。

2.3.1 产品规划阶段

在明确任务的基础上，应开展广泛的市场调查。调查的内容主要包括用户对产品的功能、技术性能、价位、可维修性及外观等的具体要求，以及国内外同类产品的技术经济情报，现有产品的销售情况及对该产品的预测，原材料及配件的供应情况，有关产品可持续发展的有关政策、法规等。然后，针对上述技术、经济、社会等各方面的情报进行详细分析并对开发的可行性进行综合研究，提出产品开发的可行性报告。该报告一般包括以下几点内容：

1) 产品开发的必要性，市场需求预测；
2) 有关产品的国内外发展水平和发展趋势；
3) 预期达到的最低目标和最高目标，包括设计技术水平及经济、社会效益等；
4) 在现有条件下开发的可行性论述及准备采取的措施；
5) 提出设计、工艺等方面需要解决的关键问题；
6) 投资费用预算及项目的进度、期限等。

在此基础上，需明确地写出设计任务的全面要求及细节，最后形成设计任务书。设计任务书的具体内容主要包括：产品功能、技术性能、规格及外形要求、主要参数、可靠性、寿命要求、制造技术关键、特殊材料、必要的试验项目、经济性和环保性方面的估计，基本使用要求以及完成设计任务的预期期限等。

2.3.2 方案设计阶段

方案设计的优劣直接关系到整台机器设计的成败。这个阶段充分体现出设计工作多解的特点，其工作主要包括以下几个部分：

（1）方案设计

机器的工作原理是实现其预期功能的依据，寻求方案时，可按原动部分、传动部分和执行部分分别讨论。较为常见的办法是先从执行部分开始讨论。

1）拟定执行部分方案。首先要确定执行机构构件的数目和运动。根据预期的机器功能，选择机器的工作原理，再进行工艺动作分析，确定出其运动形式，从而拟定所需执行构件的数目和运动。其次，选择执行机构的类型。第三，正确设计执行机构间运动的协调、配合关系。根据不同的工作原理，可以拟定出多种不同的执行机构方案，设其有 N_1 种可能。

2）拟定传动部分方案。传动部分的方案复杂、多样，完成同一传动任务可以用多种机构及不同机构的组合来完成，设其有 N_2 种可能。

3）拟定原动部分方案。原动部分的方案也可以有多种选择。常用的动力源有电动机（交流、直流）、热力原动机、液压马达、步进电动机等，设其有 N_3 种可能。

通过各部分的方案分析，得到机器总体可能的方案数应为 $N = N_1 \times N_2 \times N_3$。

（2）方案评价

依据不同的工作原理，所设计出的机器也会不同。同一种工作原理也可能存在多种不同的结构方案。在多方案的情况下，应对其中可行的不同方案从技术、经济及环境保护等方面进行综合评价，并从中确定一个综合性能最佳的方案。

在如此众多的方案中，应先从技术方面仔细分析，在技术可行的前提下，再力求机构简单、传动机构顺序合理、传动比分配合理、系统效率高，并能实现要求精确等。对技术可行的方案，再从经济和环境保护等方面进行综合评价。从经济方面考虑，既要考虑设计、制造时的经济性，又要考虑使用时的经济性。如果机器的结构方案比较复杂，则其设计制造的成本也就会相应增大，同时其功能也会更为齐全，生产率也更高，使用经济性就会更好。反过来，结构较为简单、功能不够齐全的机器，其设计制造费用虽低，但使用费用会增加。因此设计时应该进行综合考虑，使机器的总费用趋于合理。

环境保护是设计中必须认真考虑的一个重要方面。对环境造成不良影响的技术方案，必须仔细分析，并提出在技术上成熟的解决办法。

在进行机器评价时，还要对机器进行可靠性分析。从可靠性的角度来看，盲目追求复杂的结构往往是不明智的。一般说来，系统越复杂，则其可靠性越低。为了提高复杂系统的可靠性，就必须增加并联备用系统，这就不可避免地会增加机器的成本。

（3）完善机构运动简图

通过方案评价，最后进行决策，并确定一个在技术上可行且综合性能良好的方案。按已确定的工作原理图，确定执行所需的运动和动力条件，结合预选的原动机类型和性能参数，妥善选择机构的组合参数，最后据此形成一个进行下一步设计的原理图和机构运动简图。

2.3.3 技术设计阶段

技术设计阶段的目标是产生机器的总装配图、部件装配图和零件工作图。其主要工作有以下几个方面：

（1）机器运动学设计

首先根据机器的运转性能要求，执行部分的工作阻力、工作速度和传动部分的总效率，确定原动机的参数（功率、转速等）；其次，根据已经确定的原动机的运动规律，确定各运动构件的运动参数（位移、速度、加速度等）。

（2）机器动力学设计

结合各部分的结构及运动参数，计算各主要零件上所受载荷的大小及性质。此时，因零件的质量未知，故求出的载荷只是作用在零件上的名义载荷。

（3）零件工作能力设计

首先根据零部件的工作特性、环境条件、失效形式，拟定设计准则；其次，从整体出发，考虑零件的体积、质量及技术经济性等，从而确定零部件的基本尺寸。

（4）设计部件装配草图及总装配草图

根据已确定出的主要零部件的基本尺寸来设计草图。设计草图时，需对所有零部件的外形尺寸进行结构优化，并协调各零件的结构和尺寸，全面考虑零部件的结构工艺性。

（5）主要零件的校核

草图完成后，各零件的外形尺寸、相互关系均已确定，此时可较为精确地计算出作用于零件上的载荷及影响工作能力的因素。因此，就需要对重要零件和受力较复杂的零件进行精确地校核计算，并反复修改零件的结构尺寸，直至满意为止。

（6）确定零件的基本尺寸，设计零件工作图

充分考虑零件的加工、装配工艺性，反复推敲结构细节，完成零件的工作图。

（7）绘制部件装配图及机器总装配图

按最后定型的零件工作图上的结构尺寸绘制部件装配图及机器总装配图。通过这一过程，可以检查出零件工作图中可能隐藏的尺寸和结构上的错误。

2.3.4 编制技术文件阶段

我们要编制的技术文件有：机器设计说明书、使用说明书、标准件明细表、易损件（或备用件）清单及其他相关文件等。

编写设计说明书时，应包括方案选择及技术设计的全部结论性内容。编写使用说明书时，应向用户介绍机器的性能参数范围、使用操作方法、日常保养及简单的维修方法。

在实际设计工作中，上述设计步骤往往是交叉或相互平行的，并不是一成不变的。例如，计算和绘图过程就常常相互交叉、互为补充。一些机器的继承性设计或改型设计常常从技术设计开始，从而使整个设计步骤大为简化。在机器的设计过程中也少不了各种审核环节，如方案设计与技术设计的审核、工艺审核及标准化审核等。

此外，从产品开发的全过程来看，完成上述设计工作后，接着是样机试制阶段，在这一阶段随时都会因工艺原因而修改原设计，甚至在产品推向市场一段时间后，还会根据用户的反馈意见修改设计或进行改型设计。作为一名合格的设计工作者，应该将自己的设计视野延

伸到制造和使用乃至报废利用的全过程，这样才能不断地改进设计，提高机器的质量，更好地满足生产及生活的需要。

§2.4 设计机械零件时应满足的基本要求

机器是由机械零件组成的。因此，设计的机器能否满足前述的基本要求，零件设计的好坏起着决定性的作用。为此应对机械零件提出以下几方面的基本要求。

2.4.1 强度、刚度及寿命要求

强度是指零件抵抗破坏的能力。零件的强度不足将导致过大的塑性变形甚至断裂破坏，使机器停止工作，甚至发生严重的事故。采用高强度材料、增大零件截面尺寸及合理设计截面形状、采用热处理或化学处理方法、提高运动零件的制造精度以及合理配置机器中各零件的相互位置等措施均有利于提高零件的强度。

刚度是指零件抵抗弹性变形的能力。零件的刚度不足将导致过大的弹性变形，引起载荷集中，从而影响机器的工作性能，甚至造成事故。例如，若机床主轴、导轨的刚度不足、变形过大，将严重影响所加工零件的精度。零件的刚度分为整体变形刚度和表面接触刚度两种。增大零件的截面尺寸或增大截面惯性矩，缩短支撑跨距或采用多支点结构等措施，有利于提高零件的整体刚度。增大贴合面及采用精细加工等措施，将有利于提高零件的接触刚度。一般来说，能满足刚度要求的零件，也能满足其强度要求。

寿命是指零件正常工作的期限。材料的疲劳、腐蚀、相对运动零件接触表面的磨损以及高温下零件的蠕变等都是影响零件寿命的主要因素。提高零件抗疲劳破坏能力的主要措施有：减小应力集中、保证零件有足够大小的尺寸及提高零件的表面质量等。提高零件耐腐蚀性能的主要措施有：选用耐腐蚀材料和采用各种反腐蚀的表面保护措施。

2.4.2 结构工艺性要求

零件应具有良好的结构工艺性，也就是说，在一定的生产条件下，零件应能被方便而经济地生产出来，并便于装配成机器。零件的结构工艺性应从零件的毛坯制造、机械加工过程及装配等几个生产环节加以综合考虑。因此，在进行零件的结构设计时，除满足零件功能上的要求和强度、刚度及寿命要求外，还应对零件的加工、测量、安装、维修和运输等方面的要求予以重视，使零件的结构全面地满足以上各方面的要求。

2.4.3 可靠性要求

零件可靠性的定义与机器可靠性的定义是相同的。机器的可靠性主要是由组成机器的机械零件的可靠性来保证的。提高零件的可靠性，应从工作条件（载荷、环境和温度等）和零件性能两个方面综合考虑，使其发生的随机变化尽可能小。同时，加强使用中的维护与检测也可提高零件的可靠性。

2.4.4 经济性要求

零件的经济性主要取决于零件的设计、材料和加工成本。因此，提高零件的经济性主要

从零件的设计方法、材料选择和结构工艺性三个方面加以考虑，具体的措施包括：采用先进的设计理论和方法，采用现代化的设计手段，提高设计质量和效率，缩短设计周期，降低设计费用；使用廉价材料代替贵重材料；采用轻型结构和少余量、无余量毛坯；简化零件结构和改善零件结构工艺性以及尽可能采用标准零部件等。

2.4.5 减小质量的要求

对绝大多数机械零件而言，尽可能地减小质量都是必要的。为了减小质量，首先可以节约材料，另一方面对运动零件而言，可以通过减小其惯性力，从而改善机器的动力性能。对于运输机械而言，减小零件质量就可减小机械本身的质量，从而可以增加其运载量，并提高机器的经济性。具体的措施包括：从零件上应力较小处挖去部分材料，以使零件受力均匀，提高材料的利用率；采用轻型薄壁的冲压件或焊接件代替铸、锻件；采用与工作载荷反方向的预载荷以及减小零件的工作载荷等。

机械零件的强度、刚度及寿命是从设计上保证它能够可靠工作的基础，而零件的可靠性是保证机器能正常工作的基础，零件具有良好的结构工艺性、较小的质量及经济性是保证机器具有良好经济性的基础。在实际设计中，经常遇到上述基本要求不能同时被满足的情况，这时应根据具体情况，合理地做出选择，保证主要的要求得到满足。

§2.5 机械零件的主要失效形式

机械零件由于某种原因丧失工作能力或者达不到设计要求的性能时称为失效。机械零件的主要失效形式有以下几种。

2.5.1 整体断裂

零件在外载荷的作用下，其某一危险截面上的应力超过零件材料的极限应力而引起的断裂称为整体断裂，如螺栓的断裂、齿轮轮齿的折断、轴的折断等。整体断裂分为静强度断裂和疲劳断裂两种。静强度断裂是由静应力引起的，疲劳断裂则是由于交变应力的作用引起的。据统计，在机械零件的整体断裂中大部分为疲劳断裂。

整体断裂是一种严重的失效形式，它不但会使零件失效，有时还会导致严重的人身及设备事故的发生。

2.5.2 塑性变形

对于由塑性材料制成的零件，当其所受载荷过大使零件内部应力超过材料的屈服极限时，零件将产生塑性变形。塑性变形会造成零件的尺寸和形状改变，破坏零件之间的相互位置和配合关系，使零件或机器不能正常工作，例如，齿轮整个轮齿发生塑性变形就会破坏正确的啮合条件，从而在运转过程中产生剧烈振动和噪声，甚至使机器无法运转。

2.5.3 过大的弹性变形

机械零件受载工作时，必然会发生弹性变形。在允许范围内的微小弹性变形对机器的工作影响不大，但过量的弹性变形会使零件或机器不能正常工作，有时还会造成较大的振动，致使零件损坏。例如，机床主轴的过量弹性变形会降低加工精度；发电机主轴的过量弹性变形会改变定子与转子间的间隙，影响发电机的性能。

2.5.4 零件的表面破坏

表面破坏是发生在机械零件工作表面上的一种失效形式。表面失效将破坏零件的表面精度，改变其表面尺寸和形状，使其运动性能下降、摩擦增大、能耗增加，严重时会导致零件完全不能工作。零件的表面失效主要是指磨损、点蚀和腐蚀。

磨损是两个接触表面在相对运动过程中，因摩擦而引起的零件表面材料丧失或转移的现象。

点蚀是在变接触应力作用下发生在零件表面的局部疲劳破坏现象。发生点蚀时，零件的局部表面上会形成麻点或凹坑，并且其发生区域会不断扩展，进而导致零件失效。

腐蚀是发生在金属表面的化学或电化学侵蚀现象。腐蚀的结果会使金属表面产生锈蚀，从而使零件表面遭到破坏。与此同时，对于受变应力的零件，还会引起腐蚀疲劳现象。

磨损、点蚀和腐蚀都是随工作时间的延续而逐渐发生的失效形式。

2.5.5 破坏正常工作条件引起的失效

有些零件只有在一定的工作条件下才能正常工作，而破坏了其正常工作的条件就会引起零件失效。例如，在带传动中，若传递的载荷超过了带与带轮接触面上产生的最大摩擦力，就会发生打滑，使传动失效；在高速转动件中，若其转速与转动件系统的固有频率相同，就会发生共振，从而使振幅增大，以致引起断裂失效；在液体润滑的滑动轴承中，当润滑油膜被破坏时，轴承将发生过热、胶合和磨损等。

同一种零件可能存在多种失效形式，例如，轴可能发生疲劳断裂，也可能发生过大的弹性变形，还可能发生共振。在各种失效形式中，到底哪一种是其主要失效形式，应根据零件的材料、具体结构和工作条件等来确定。对于载荷稳定的、一般用途的转轴，疲劳断裂是其主要失效形式；对于精密主轴，弹性变形量过大是其主要失效形式；而对于高转速的轴，发生共振，丧失振动稳定性可能是其主要失效形式。

§2.6 机械零件的设计准则

为了避免零件的失效，我们在设计计械零件时就应使其具有足够的工作能力。工作能力是指零件不发生失效的安全工作限度。它可针对载荷而言，也可针对变形、速度、温度、压力而言，通常是针对载荷而言，故称承载能力。对于不同的失效形式，零件的承载能力也不同，应按照承载能力的最小值去设计零件，即应保证按照各种失效形式求得的最小承载能力大于或等于外加载荷。

设计机械零件时，保证零件不产生失效所依据的基本原则称为设计计算准则。机械零件的设计准则主要包括以下几个方面。

2.6.1 强度准则

强度是机械零件首先应满足的基本要求。为了保证零件具有足够的强度，计算时，应该

使其在载荷作用下，零件危险截面或工作表面的工作应力不超过零件的许用应力，其表达式为

$$\left.\begin{array}{l}\sigma\ (\text{或}\ \sigma_{ca}) \leqslant [\sigma] \\ \tau\ (\text{或}\ \tau_{ca}) \leqslant [\tau] \end{array}\right\} \quad (2-2)$$

式中，σ，τ——零件所受的正应力、切应力；

σ_{ca}，τ_{ca}——计算应力；

$[\sigma]$——许用正应力；

$[\tau]$——许用切应力。

强度准则的另一种表达方式是使零件工作时危险剖面或工作表面上的实际安全系数 S 不小于许用安全系数 $[S]$，即

单向应力时

$$\left.\begin{array}{l}S_\sigma = \dfrac{\sigma_{\lim}}{\sigma} \geqslant [S_\sigma] \\ S_\tau = \dfrac{\tau_{\lim}}{\tau} \geqslant [S_\tau] \end{array}\right\} \quad (2-3)$$

复杂应力状态时

$$S = \dfrac{S_\sigma S_\tau}{\sqrt{S_\sigma^2 + S_\tau^2}} \quad (2-4)$$

式中，S_σ——零件只受正应力 σ 时的安全系数；

S_τ——零件只受切应力 τ 时的安全系数；

$\sigma_{\lim}$，$\tau_{\lim}$——极限应力。

2.6.2 刚度准则

刚度是指零件在载荷作用下抵抗变形的能力。刚度越小，则零件发生过量变形的可能性越大。为此，设计计算时应使零件工作过程中产生的弹性变形量 y（广义地代表任何一种形式的弹性变形量）不超过机器工作性能所允许的极限值，即许用变形量 $[y]$。其表达式为

$$y \leqslant [y] \quad (2-5)$$

弹性变形量可根据不同的变形形式由理论计算或实验方法来确定；许用变形量主要根据机器的工作要求、零件的使用场合等由理论计算或工程经验来确定其合理的数值。

2.6.3 寿命准则

影响零件寿命的主要失效形式是腐蚀、磨损和疲劳，它们的产生机理、发展规律及对零件寿命的影响是完全不同的，应分别加以考虑。迄今为止，还未能提出有效而实用的关于腐蚀寿命的计算方法，所以尚不能列出相应的设计准则。摩擦和磨损将会改变零件的结构形状和尺寸，削弱其强度，降低机械的精度和效率，当总磨损量超过允许值时，将使零件报废。耐磨性准则就是要求零件在整个设计寿命内，其总磨损量不应超过允许值。但由于有关磨损的计算尚无简单可靠的理论公式，故一般采用条件性计算。一是验算接触面比压 p，它不能超过许用值，以保证工作表面不至于由于油膜破坏而产生过度磨损；二是对于滑动速度 v 比较大的摩擦表面，为防止发生胶合破坏，要限制单位接触面积上单位时间内产生的摩擦功，使其不会过大。当摩擦因数为常数时，可验算 p、v 值，使其不超过许用值。对于疲劳寿命

计算,通常是求出零件使用寿命期内的疲劳极限作为计算依据。

2.6.4 振动稳定性准则

速度较高或刚度较小的机械在工作时易发生强烈的振动现象。由于机器中存在许多周期性变化的激振源,例如齿轮的啮合、轴的偏心转动、滚动轴承的振动等,当机械或零件的固有频率 f 与上述激振源的频率 f_p 重合或成整数倍关系时,就会发生共振,导致振幅急剧增大,短期内就会使零件损坏,这不仅会影响机械的正常工作,甚至还可能造成破坏性事故。振动稳定性准则就是要求所设计的零件的固有频率 f 应与其工作时所受的激振频率 f_p 错开,通常只需避开一阶共振,即

$$f_p < 0.85f \text{ 或 } f_p > 1.15f \tag{2-6}$$

若不能满足振动稳定性条件,可改变零件或系统的刚度或采取隔振、减振措施来改善零件的振动稳定性。例如,通过提高零件的制造精度、提高回转零件的动平衡、增加阻尼系数、提高材料或结构的衰减系数以及采用减振、隔振装置等,都可改善零件的振动稳定性。

2.6.5 散热性准则

机械零部件在高温条件下工作,由于过度受热,会引起润滑油失效、氧化或胶合,产生热变形,从而导致其硬度降低,使零件失效或机械精度降低。因此,为保证零部件在高温下能正常工作,应合理设计其结构及选择材料,对发热较大的零部件(蜗杆传动、滑动轴承等)还要进行热平衡计算,必要时应采用冷却降温措施。

2.6.6 可靠性准则

满足强度要求的一批完全相同的零件,由于零件的工作应力和极限应力都是随机变量,故在规定的工作条件和使用期限内,并非所有的零件都能完成规定的功能,会有一定数量的零件因丧失工作能力而失效。机械零件在规定工作条件和使用期限内完成规定功能的概率称为可靠度。

设有 N_t 个零件在预定时间 t 内有 N_f 个零件失效,剩下 N_s 个零件仍能继续工作,则其可靠度为

$$R = \frac{N_s}{N_t} = 1 - \frac{N_f}{N_t} \tag{2-7}$$

可靠度并不是越高越好,我们在提出可靠性要求时,要考虑到现有的技术水平及对零件的工作要求和经济性等因素。例如,在一般机械设计手册中给出的对称循环变应力下的疲劳极限 σ_{-1} 的值,它是可靠度 $R = 50\%$ 时的数值,如果可靠度要求高于50%,则 σ_{-1} 的值将降低,这将导致零件尺寸和成本增大,这对于一般用途的零件来说是没有必要的。

§2.7 机械零件的设计方法

机械零件的设计方法可分为两类:一类是过去长期采用的方法称为常规的(传统的)设计方法,另一类是近几十年来发展起来的设计方法称为现代设计方法(在§2.11中作介

绍)。本节主要介绍常规设计方法。

2.7.1 理论设计

根据长期研究和实践总结出来的传统设计理论及实验数据所进行的设计，称为理论设计。理论设计的计算过程又可分为设计计算和校核计算。前者是按照已知的运动要求、载荷情况及零件的材料特性等，运用一定的理论公式来设计零件的尺寸和形状的计算过程，如按转轴的强度、刚度条件计算轴的直径等；后者是先根据类比、实验等方法初步定出零件的尺寸和形状，再运用理论公式进行零件强度、刚度等校核的计算过程，如转轴的弯扭组合强度校核等。设计计算多用于能通过简单的力学模型进行设计的零件；校核计算则多用于结构复杂、应力分布较复杂，但又能用现有的分析方法进行计算的场合。

理论计算可得到比较精确而可靠的结果，重要的零部件大多选择这种设计方法。

2.7.2 经验设计

根据对某类零件归纳出的经验公式或设计者本人的工作经验用类比法进行的设计，称为经验设计。对一些不重要的零件，如不太受力的螺钉等，或者对于一些理论上不成熟或虽有理论方法但没必要进行复杂、精确计算的零部件，如机架、箱体等，通常采用经验设计方法。

2.7.3 模型实验设计

将初步设计的零部件或机器按比例制成模型或样机进行试验，对其各方面的特性进行检验，再根据实验结果对原设计进行逐步地修改、调整，从而获得尽可能完善的设计结果，这样的设计称为模型实验设计。该设计方法费时、昂贵，一般只用于特别重要的设计中。一些尺寸巨大、结构复杂而又十分重要的零部件，如新型重型设备及飞机的机身、我国的神舟飞船、新型舰船的船体等设计，常采用这种设计方法。

§2.8 机械零件设计的一般步骤

机械零件设计是机器设计的重要环节，由于零件的种类不同，其具体的设计步骤也不太一样，但一般可按下列步骤进行。

2.8.1 零件类型选择

零件类型选择是指根据机器的整体设计方案和零件在整机中的作用，选择零件的类型和结构。

2.8.2 受力分析

受力分析是指根据零件的工作情况，建立力学模型，进行受力分析，并确定名义载荷和计算载荷。

2.8.3 材料选择

材料选择是指根据零件的工作条件及对零件的特殊要求，选择合适的材料及热处理方法。

2.8.4 确定设计准则

根据工作情况，分析零件的失效形式，进而确定设计计算准则。

2.8.5 理论计算

理论计算是指根据设计计算准则，计算并确定零件的主要尺寸和主要参数。

2.8.6 结构设计

我们按等强度原则进行零件的结构设计。设计零件结构时，一定要考虑工艺性及标准化原则的要求。

2.8.7 校核计算

在设计过程中，必要时应进行详细的校核计算，确保重要零件的设计可靠性。

2.8.8 绘制零件工作图

理论设计和结构设计的结果最终由零件工作图来表达。零件工作图上不仅要标注详细的零件尺寸，还要标注配合尺寸的尺寸公差、必要的几何公差、表面粗糙度及技术要求。

2.8.9 编写技术说明书及有关技术文件

这一过程包括将设计计算的过程整理成设计计算说明书等，作为技术文件备查。

§2.9 机械零件的材料及其选用

2.9.1 机械零件的材料

机械零件的材料包括金属材料、非金属材料和复合材料。

金属材料又分为黑色金属材料和有色金属材料。黑色金属材料包括各种钢、铸钢和铸铁，它们具有良好的力学性能（如强度、塑性和韧性等），价格也相对便宜，容易获得，而且能满足多种性能和用途的要求。在各类钢铁材料中，由于合金钢的性能优良，因而常常用来制造重要的零件。表2-1所示为部分钢材、铸铁的力学性能及应用场合。有色金属材料包括铜合金、铝合金、轴承合金等，其具有密度小、导热和导电性能良好等优点，通常可用于有减摩、耐磨及耐腐蚀要求的场合。

表 2-1 常用钢、铸铁的牌号、力学性能及其应用场合摘自（GB/T 700—2006）

材料		力学性能			应用举例
名称	牌号	抗拉强度 σ_B/MPa	屈服强度 σ_S/MPa	硬度 /HBS	
碳素结构钢	Q195	315~390	185~195		金属结构构件、拉杆、铆钉、心轴、垫圈、焊接件、齿轮、螺钉、盖等
	Q235	375~460	185~235		
	Q275	490~610	225~275		
优质碳素钢	25	420	235	117~170	轴、棍子、联轴器、垫圈、螺钉等
	35	530	315	≤197	轴、销、连杆、螺栓、螺母等
	45	600	355	≤197	齿轮、链轮、轴、键、销等
	50Mn	645	390	≤217	齿轮、凸轮等
合金结构钢	35SiMn	885	735	≤229	重要的齿轮、连杆、螺栓、螺母、轴等
	40Cr	980	785	≤207	
	35CrMo	980	835	≤229	
铸钢	ZG270-500	500	270	—	机架、飞轮、联轴器、齿轮、轴承箱及机座等
	ZG310-570	570	310	—	
	ZG340-640	640	340	—	
灰铸铁	HT200	220	—	—	底座、床身、手轮等
	HT250	270	—	—	齿轮、底座、气缸等
	HT300	290	—	—	齿轮、轴承座、机体、油缸、气缸等
球墨铸铁	QT400-15	400	250	130~180	减速器箱体、管路、阀门、盖等
	QT500-7	500	320	170~230	阀体、气缸、轴瓦等
	QT600-3	600	370	190~270	曲轴、缸体、轴瓦等

非金属材料是指塑料、橡胶、合成纤维等高分子材料及陶瓷等。高分子材料有许多优点，如原料丰富、密度小、在适当的温度范围内有很好的弹性、耐腐蚀性好等，其主要缺点是容易老化，其中不少材料的阻燃性差，总体上来讲，其耐热性不好。陶瓷材料的主要特点是硬度极高、耐磨、耐腐蚀、熔点高、刚度大以及密度比钢铁低等。目前，陶瓷材料已应用于密封件、滚动轴承和切削工具等结构中。其主要缺点是比较脆、断裂韧度低、价格昂贵、加工工艺性差等。

复合材料是用两种或两种以上具有明显不同的物理和化学性能的材料经复合工艺处理而

得到所需性能的一种新型材料。例如，用玻璃、石墨（碳）、硼和塑料等非金属材料可以复合成各种纤维增强复合材料。在普通碳素钢板表面贴附塑料，可以获得强度高而又耐腐蚀的塑料复合钢板，其主要优点是具有较高的强度和弹性模量，而质量又特别小，但其也具有耐热性差、导热和导电性能较差的缺点。此外，复合材料的价格比较昂贵。目前，复合材料主要用于航空、航天等高科技领域，在民用产品中，复合材料也有一些应用。

2.9.2 机械零件材料的选择原则

从各种各样的材料中选择出要使用的材料，是一项受多方面因素所制约的工作。因此，如何选择零件的材料是零件设计的重要一环。选择机械零件材料的原则是：所需材料应满足零件的使用要求并具有良好的工艺性和经济性等。

1. 使用要求

机械零件的使用要求表现为以下几点：

1）零件的工作状况和受载情况以及为避免相应的失效形式而提出的要求。

工作状况是指零件所处的环境特点、工作温度及摩擦和磨损的程度等。在湿热环境或腐蚀介质中工作的零件，其材料应具有良好的防锈和耐腐蚀能力，在这种情况下，可先考虑使用不锈钢、铜合金等。工作温度对材料选择的影响主要有两个方面：一方面要考虑互相配合的两零件材料的线膨胀系数不能相差过大，以免在温度变化时产生过大的热应力或者使配合松动；另一方面也要考虑材料的力学性能随温度而改变的情况。在滑动摩擦下工作的零件，要提高其表面硬度，以增强耐磨性，应选择适于进行表面处理的淬火钢、渗碳钢、氮化钢等品种或选用减摩和耐磨性能好的材料。

受载情况是指零件受载荷、应力的大小和性质。脆性材料原则上只适用于制造在静载荷下工作的零件；在有冲击的情况下，应以塑性材料作为主要使用的材料；对于表面受较大接触应力的零件，应选择可以进行表面处理的材料，如表面硬化钢；对于受应变力的零件，应选择耐疲劳的材料；对于受冲击载荷的零件，应选择冲击韧性较高的材料；对于尺寸取决于强度而尺寸和质量又受限的零件，应选择强度较高的材料；对于尺寸取决于刚度的零件，应选择弹性模量较大的材料。

金属材料的性能一般可通过热处理加以提高和改善，因此，要充分利用热处理的手段来发挥材料的潜力；对于最常用的调制钢，由于其回火温度的不同可得到力学性能不同的毛坯。回火温度越高，材料的硬度和刚度将越低，而塑性越好。所以在选择材料的品种时，应同时规定其热处理规范，并在图样上注明。

2）对零件尺寸和质量的限制。

零件尺寸及质量的大小与材料的品种及毛坯的制造方法有关。生产铸造毛坯时一般可以不受尺寸及质量大小的限制；而生产锻造毛坯时，则需注意锻压机械及设备的生产能力。此外，零件尺寸和质量的大小还和材料的强重比有关，应尽可能选择强重比大的材料，以便减小零件的尺寸及质量。

3）零件在整机及部件中的重要程度。

4）其他特殊要求（如是否需要绝缘、抗磁等）。

2. 工艺要求

为使零件便于加工制造，选择材料时应考虑零件结构的复杂程度、尺寸大小及毛坯类型。对于外形复杂、尺寸较大的零件,若考虑采用铸造毛坯,则需选择铸造性能好的材料;若考虑采用焊接毛坯,则应选择焊接性能好的低碳钢。对外形简单、尺寸较小、批量较大的零件,适合冲压和模锻,应选择塑性较好的材料。对需要热处理的零件,材料应具有良好的热处理性能。此外,还应考虑材料本身的易加工性以及热处理后的易加工性。

3. 经济性要求

(1) 材料本身的相对价格

在满足使用要求的前提下,应尽量选用价格低廉的材料。这一点对于大批量制造的零件尤其重要。

(2) 材料的加工费用

当零件质量不大而加工量很大时,加工费用在零件总成本中会占很大比例。尽管铸铁比钢板廉价,但对于某些单件或小批量生产的箱体类零件来说,采用铸铁比采用钢板焊接的成本更高,因为后者可以省掉模具的制造费用。

(3) 节约材料

为了节约材料,可采用热处理或表面强化(喷丸、碾压等)工艺,充分发挥和利用材料潜在的力学性能;也可采用表面镀层(镀铬、镀铜、发黑、法蓝等)方法,以减轻腐蚀和磨损的程度,延长零件的使用寿命。

(4) 材料的利用率

为了提高材料的利用率,可采用无切削或少切削加工,如模锻、精铸、冲压等,这样不但可以提高材料的利用率,同时还可减少切削加工的工时。

(5) 节约贵重材料

通过采用组合结构,可节约价格较高的材料,如组合式结构的蜗轮齿圈采用减摩性较好但价格贵的锡青铜,而轮芯则采用廉价的铸铁。

(6) 节约稀有材料

在这方面,可采用在我国资源较丰富的锰硼系列合金钢代替资源较少的铬镍系合金钢,以及采用铝青铜代替锡青铜等方法。

(7) 材料的供应情况

在选择材料时,应选用本地就有且便于供应的材料,以降低采购、运输、储存的成本;从简化材料品种的供应和储存的角度出发,对于小批量生产的零件,应尽可能减少在同一台机器上使用材料的品种和规格,以简化供应和管理,并可在加工及热处理过程中更容易掌握最合理的操作方法,从而提高制造质量,减少废品,提高劳动生产率。

§2.10 机械零件设计中的标准化

机械零件的标准化就是对零件尺寸、规格、结构要求、材料性能、检验方法、设计方法、制图要求等,制定出大家共同遵守的标准。贯彻标准化是一项重要的技术经济政策和法规,同时也是进行现代化生产的重要手段。目前,标准化程度的高低已成为评定设计水平及产品质量的重要指标之一。

标准化工作实际上包括三方面内容,即标准化、系列化、通用化。系列化是指在同一基本结构下,规定若干个规格尺寸不同的产品,形成产品系列,以满足不同的使用条件。例如对于同一结构、同一内径的滚动轴承，可制造出不同外径和宽度的产品，称为滚动轴承系列。通用化是指在同类型机械系列产品内部或在跨系列的产品之间，采用同一结构和尺寸的零部件，使有关的零部件特别是易损件最大限度地实现通用互换。

现已发布的与机械零件设计有关的标准，从运用范围上来讲，可分为国家标准（GB）、行业标准和企业标准三个等级。国际标准化组织还制定了国际标准（ISO）。从使用的强制性来说，可将其分为必须执行的标准（有关度、量、衡及设计人身安全等）和推荐使用的标准（如标准化直径等）。

在机械零件设计中贯彻标准化的重要意义有以下几方面：

1) 减轻设计工作量，缩短设计周期，有利于设计人员将主要精力用于关键零部件的设计；

2) 便于建立专门的工厂，采用最先进的技术，大规模地生产标准零部件，有利于合理地使用原材料、节约能源、降低成本及提高质量、可靠性和劳动生产率；

3) 增大互换性，便于维修；

4) 便于产品改进，增加产品品种；

5) 采用与国际标准化一致的国家标准，有利于产品走向国际市场。

因此，在机械零件设计中，设计人员必须了解和掌握有关的各项标准并认真地贯彻执行，并不断提高设计产品的标准化程度。

§2.11 机械现代设计方法简介

随着科学技术的发展，新材料、新工艺、新技术的不断出现，产品的更新换代周期日益缩短，这促使机械的设计方法和技术日趋现代化，以适应产品的加速开发。在这种形势下，传统的机械设计方法已不能完全适应新需要，从而产生和发展了以动态、优化、计算机为核心的现代设计方法，如有限元分析、优化设计、可靠性设计、计算机辅助设计、摩擦学设计。除此以外，还有一些新的设计方法，如虚拟设计、概念设计、模块化设计、反求工程设计、面向产品生命周期设计、绿色设计和工业设计等。这些设计方法使得机械设计学科发生了很大变化。现介绍其中几种常见的方法。

2.11.1 机械优化设计

机械优化设计是将最优化数学理论（主要是数学规划理论）应用于工程设计问题，在所有可行方案中寻求最佳设计方案的一种现代设计方法。进行机械优化设计时，首先需要建立设计问题的数学模型，然后选用合适的优化方法并借助于计算机对数学模型进行寻优求解，并通过对优化方案的评价与决策，以求得最佳设计方案。

在建立优化设计数学模型的过程中，我们把影响设计方案选取的那些参数称为设计变量，把设计变量应当满足的条件称为约束条件。设计者选定的用来衡量设计方案优劣并期望得到改进的产品性能指标称为目标函数。设计变量、约束条件和目标函数共同组成了优化设计的数学模型。将数学模型和优化算法编写成计算机程序，即寻优求解。常用的优化算法有0.618法、Powell法、变尺度法、惩罚函数法、基因算法等。采用优化设计方法可以在多变量、多目标的条件下，获得高效率、高精度的设计结果，从而极大地提高设计质量。

2.11.2 计算机辅助设计

计算机辅助设计（CAD）是利用计算机运算的快而准确、存储量大、逻辑判断功能强等特点进行设计信息处理，并通过人机交互作用完成设计工作的一种设计方法。它包括分析计算、自动绘图系统和数据库三个方面。一个完整的机械产品的 CAD 系统，应首先能够确定机械结构的最佳参数和几何尺寸，这就要求其具有进行机构运动分析及综合、有限元分析和优化设计、可靠性设计等功能，然后还能够由分析计算结果自动显示与绘制机械的装配图和零件图，并可进行动态修改。完善的数据库系统可与计算机辅助制造、计算机辅助监测、计算机管理自动化结合形成计算机集成制造系统（CIMS），用来综合进行市场预测、产品设计、生产规划、制造和销售等一系列工作，从而实现人力、物力和时间等各种资源的有效利用，并有效地促进现代企业的生产组织和实现管理自动化，并提高企业效益。

2.11.3 可靠性设计

可靠性设计是以概率论和数理统计为理论基础，以失效分析、失效预测及各种可靠性试验为依据，以保证产品的可靠性为目标的一种现代设计方法。其主要特点是将传统设计中作为单值而实际上具有多值性的设计变量（如载荷、材料性能和应力等）如实地作为服从某种分布规律的随机变量来对待，用概率统计方法定量设计出符合机械产品可靠性指标要求的零部件和整机的有关参数和结构尺寸。

可靠性设计的主要内容有以下几个方面：

1) 从规定的目标可靠性出发，设计零部件和整机的有关参数及结构尺寸；
2) 根据零部件和机器（或系统）目前的状况及失效数据，预测其可能达到的可靠性，进行可靠性预测；
3) 根据确定的机器（或系统）可靠性，分配其组成零件或子系统的可靠性，这对复杂产品和大型系统来说尤为重要。

2.11.4 有限元法

有限元法是随着计算机技术的发展而迅速发展起来的一种现代设计方法，是将连续体简化为有限个单元组成的离散化模型，再对这一模型进行数值求解的一种实用的有效方法。其假想地把任意形状的连续体或结构分割成有限个方位不同、形状相似的小块（即单元），各单元之间仅在有限个指定点（即节点）处相互连接，并将承受的各种外载荷按某种规则移植成作用于节点处的等效力，将边界约束也简化为节点约束，从而转换为一个由有限个具有一定形状规则、仅在节点处相连接、承受外载和约束的单元组合体。然后按分块近似的思想，用一个简单的函数近似地表示每个单元位移分量的分布规律，并按照弹、塑性理论建立单元节点力和节点位移之间的关系。再将所有单元的这种特性关系集合起来，得到一组以节点位移为未知量的代数方程组。最后求出原有物体有限个节点处位移的近似值及其他物体参数。

2.11.5 摩擦学设计

摩擦学设计就是运用摩擦学理论、方法、技术和数据，将摩擦和磨损减小到最低程度，从而设计出高性能、低功耗、具有足够可靠性及合适寿命的经济合理的新产品。

摩擦学是研究相互运动、相互作用的表面间的摩擦行为对机械系统的影响，包括接触表面及润滑介质的变化，失效预测及控制的理论与实践，它是以力学、流变学、表面物理与表面化学为主要理论基础，综合材料科学、工程热物理科学，以数值计算和表面技术为主要手段的边缘学科。它的基本内容是研究工程表面的摩擦、磨损及润滑问题。摩擦学研究的目的在于指导机械系统的正确设计和使用，以节约能源和减少材料消耗，进而提高机械装备的可靠性、工作效率和使用寿命。

2.11.6 并行设计

并行设计是一种对产品及其相关工程进行并行和集成设计的系统工作模式。其思想是在产品开发的初始阶段，即在规划和设计阶段，就以并行的方式综合考虑其寿命周期中所有的后续阶段，包括工艺规划、制造、装配、试验、检验、经销、运输、使用、维修、保养直至回收处置等环节，以降低产品成本，提高产品质量。

并行设计与传统的串行设计方法相比，它强调在产品开发的初期阶段就全面考虑产品寿命周期的后续活动对产品综合性能的影响因素，并建立在产品寿命周期中各个阶段性能的继承和约束关系及产品各个方面属性之间的关系，以追求产品在寿命周期全过程中的综合性能最优。它借助于由专家组成的各阶段多功能设计小组，使设计过程更加协调、产品性能更加完善。因此，这种方式能更好地满足用户对产品全寿命周期质量和性能的综合要求，减少产品开发过程中的返工，进而大大缩短开发周期。

2.11.7 动态设计

动态设计是相对于静态设计而言的。动态设计是对结构的动态特性，如固有频率、振型、动力响应和运动稳定性等进行分析、评价与设计，以求系统在工作过程中，在受到各种预期可能的瞬变载荷及环境作用时，仍能保持良好的动态性能与工作状态。

动态设计的基本思路是把产品看成是一个内部情况不明的黑箱，根据对产品功能的要求，通过外部观察，对黑箱与周围不同的信息联系进行分析，求出产品的动态特性参数，然后进一步寻求它们的机理和结构。该方法的技术内涵是建立可靠的数学模型，借助计算机技术，采用先进的科学计算方法，以试验数据为依托，全面分析研究机械系统在预期可能的各种载荷与周围介质的作用下产生的力与运动、结构变形、内部应力以及稳定性之间的关系，并据此来调整参数，确保机械结构系统在实际运行中具备优良的动态性能、足够的稳定裕度和良好的工作状态。

2.11.8 模块化设计

模块化设计是在对一定应用范围内的不同功能或具有相同功能的不同特性、不同规格的机械产品进行功能分析的基础上，划分并设计出一系列功能模块，然后通过模块的选择和组合构成不同产品的一种设计方法。该方法的主要目标是以尽可能少的模块种类和数量，组成种类和规格尽可能多的产品。它具有设计与制造时间短、利于产品更新换代和新产品开发、利于提高产品质量和降低成本、利于增强产品的竞争力和企业对市场的应变能力，以及便于维修等优点。

2.11.9 工业设计

工业设计是工业社会技术产品的设计，它主要研究工业产品的人机性能，首先是研究良好的可操作性、可使用性，其次是研究良好的可识别性和可感受性，其中包括外观造型、色彩和图标。

工业设计是在机械化、批量生产前提下产生的一种新的设计观和方法论，它将先进的科学技术与现代审美观念结合起来，是产品达到科学与美学、技术与艺术的高度统一，它是涉及新技术、新工艺、新材料、人机工程学、价值工程学、美学、心理学、生态学、创造学、市场学和符号学等领域的全方位的、系统的设计科学。

2.11.10 绿色设计

绿色设计是以环境资源保护为核心概念的设计过程，它要求在产品的整个寿命周期内把产品的基本属性和环境属性紧密结合，在进行设计决策时，除满足产品的物理目标外，还应满足环境目标，以达到优化设计的要求，即在产品整个寿命周期内，优先考虑产品的环境属性（可拆卸性、可回收性、可维护性、可重复利用性等），并将其作为设计目标，在满足环境目标要求的同时，保证产品应有的基本性能、使用寿命和质量等。

综上所述，现代设计方法是综合应用现代各个领域科学技术的发展成果于机械设计领域所形成的设计方法，同时又是在传统的设计方法基础上形成的。

与传统设计方法相比，现代设计方法有以下几个特点：
1）设计范畴的扩展化；
2）设计过程并行化、智能化；
3）设计手段的计算机化；
4）分析手段的精确化；
5）设计分析的动态化；
6）设计制造一体化以及产品全寿命周期的最优化；
7）注重产品的环保性、美观性及宜人性。

现代设计方法的应用弥补了传统设计方法的不足，有效地提高了设计质量，但它并不能离开或完全取代传统设计方法。目前，两者正处于共存阶段。

第 3 章 机械零件的强度

许多机械零件在工作时受变应力的作用，即零件经受的是一种疲劳过程，产生的破坏形式是疲劳破坏。所谓疲劳破坏是指在变应力的作用下，即使零件的应力值低于材料的屈服强度，也会在经受一定应力循环周期后发生突然断裂，而且断裂时其没有明显的宏观塑性变形。据统计，零件的疲劳断裂约占零件断裂总量的 80% 以上。疲劳断裂有以下三个特征：

1）疲劳断裂是损伤的累积，它的初期现象是在零件表面或表层产生初始裂纹，随着应力循环次数的增加，裂纹沿尖端扩展，直至余下的未断裂截面不足以承受外载荷时，就会发生突然断裂。

2）无论是塑性材料还是脆性材料，其断口均表现为无明显塑性变形的脆性突然断裂。

3）疲劳断裂时，零件内部的最大工作应力远低于材料的强度极限，甚至远低于屈服极限。

§3.1 材料的疲劳特性

3.1.1 变应力

大小或方向随时间变化而变化的应力，称为变应力。变应力可能由变载荷产生也可能由静载荷产生。如图 3-1 所示的零件所受载荷均为静载荷，但零件上 A 点的应力却随时间变化而变化。

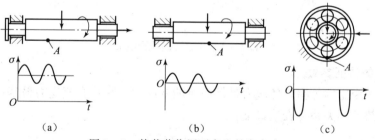

图 3-1 静载荷作用下产生的变应力

1. 变应力的基本类型

变应力可分为稳定循环变应力和非稳定循环变应力两类。

（1）稳定循环变应力

应力随时间按一定规律做周期性变化，而且变化幅度保持为常数的变应力称为稳定循环变应力。工程中常见的几种典型的稳定变应力有：

1）对称循环变应力。对称循环变应力的最大应力 σ_{max} 和最小应力 σ_{min} 的绝对值相等而符号相反，即 $\sigma_{max} = -\sigma_{min}$，如图 3-2（a）所示。例如，在转动的轴上作用一方向不变的径向力，则轴上各点的弯曲应力都属于对称循环应力，如图3-1（b）所示。

2）脉动循环变应力。脉动循环变应力中的$\sigma_{\min}=0$，如图3-2（b）所示。例如，齿轮轮齿单侧工作时的齿根弯曲应力就属于脉动循环应力。

3）非对称循环变应力。非对称循环变应力中的最大应力$\sigma_{\max}$和最小应力$\sigma_{\min}$的绝对值不相等，如图3-2（c）所示。这种应力在一次循环中，$\sigma_{\max}$和$\sigma_{\min}$可以有相同的符号（正或负）或不同的符号。

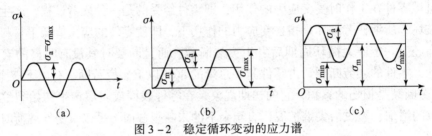

图3-2 稳定循环变动的应力谱

（2）非稳定循环变应力

常见的非稳定循环变应力有以下两种：

1）规律性非稳定变应力。其应力按一定规律做周期性变化，且变化幅度也是按一定规律做周期性变化，如图3-3（a）所示。如专用机床主轴所受的应力、滚动轴承滚动体上某一点所受的应力。

2）随机性不稳定变应力。其应力的变化不呈现周期性，而带有偶然性，如图3-3（b）所示。例如，在不平的路面上行驶的汽车的钢板弹簧，其受力属于此类。

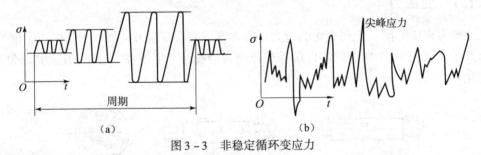

图3-3 非稳定循环变应力

2. 变应力的特征参数

按正弦曲线变化的等幅循环应力是最简单的变应力，它具有变应力最基本的特征。这种应力的特征参数及其关系可表达如下：

$$\left.\begin{array}{l}\sigma_{m}=\dfrac{\sigma_{\max}+\sigma_{\min}}{2}\\ \sigma_{a}=\dfrac{\sigma_{\max}-\sigma_{\min}}{2}\end{array}\right\} \quad (3-1)$$

$$r=\dfrac{\sigma_{\min}}{\sigma_{\max}} \quad (3-2)$$

式中，$\sigma_{\max}$——循环中的最大应力；

$\sigma_{\min}$——循环中的最小应力；

σ_{m}——平均应力，为循环中应力不变的部分，即静载分量；

σ_a——应力幅，为循环中应力变动的部分，即动载分量；

r——循环特性（应力比），为最小应力与最大应力之比。

在以上五个参数中，任意两个参数就可以确定出变应力的类型和特征。几种典型的变应力的循环特征和应力特点见表3-1。

表3-1 几种典型的变应力的循环特征和应力特点

循环应力名称	循环特性	应力特点	图例
对称循环	$r = -1$	$\sigma_a = \sigma_{max} = -\sigma_{min}$，$\sigma_m = 0$	图3-2（a）
脉动循环	$r = 0$	$\sigma_a = \sigma_m = \dfrac{\sigma_{max}}{2}$，$\sigma_{min} = 0$	图3-2（b）
非对称循环	$-1 < r < 1$	$\sigma_a = \dfrac{(\sigma_{max} - \sigma_{min})}{2}$，$\sigma_a = \dfrac{(\sigma_{max} + \sigma_{min})}{2}$	图3-2（c）
静应力	$r = 0$	$\sigma_a = 0$，$\sigma_m = \sigma_{max} = \sigma_{min}$	

3.1.2 材料的疲劳特性

1. 材料的疲劳曲线

机械零件材料的抗疲劳性能是通过试验确定的。在材料的标准试件上施加一定循环特性的等幅应力（通常取 $r = -1$ 或 $r = 0$），经过 N 次循环后不发生疲劳破坏的最大应力值称为疲劳极限 σ_{rN}。通过实验可以得到不同疲劳极限 σ_{rN} 所对应的循环次数 N，将实验结果绘制成曲线，该曲线称为材料的疲劳特性曲线，即 $\sigma-N$ 曲线，如图3-4所示。

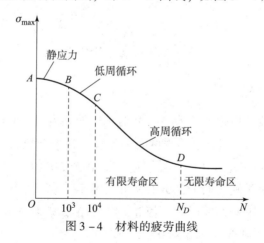

图3-4 材料的疲劳曲线

当循环次数小于等于 10^3 时，对应于图3-4中所示的曲线 AB 段，其极限应力基本不变，因此，当 $N < 10^3$ 时，可按静应力强度计算。

当循环次数为 $10^3 \sim 10^4$ 时，相应于图3-4中所示的曲线 BC 段，随着循环次数的增加，材料疲劳破坏的最大应力将不断下降。此阶段的材料试件破坏时已伴随着材料的塑性变形，这一阶段的疲劳现象称为应变疲劳。由于应力循环次数相对较少，所以也叫低周疲劳。有些机械零件在整个使用寿命期限内，其应力变化次数只有几百次到几千次，但应力值较大，故其疲劳属于低周疲劳范畴。例如飞机起落架、炮筒等的疲劳均属于低周疲劳。绝大多数通用零件,当其承受变应力的作用时,其应力循环次数都大于10^4,所以低周疲劳不在本书的讨论范围内。

当$N \geq 10^4$时,如图3-4中所示的曲线CD段和D点以后的曲线所代表的疲劳现象,称为高周循环疲劳。高周疲劳阶段的疲劳曲线以D点为分界点,可以分为无限寿命区和有限寿命区。点D对应的疲劳极限N_D称为循环基数,用N_0表示。

(1) 无限寿命区材料的疲劳特性

当$N > N_0$时,疲劳极限不随应力循环次数的增加而降低,称为无限寿命区,如图3-4中所示的D点以后的曲线段,其疲劳曲线为水平线。对应于N_0点的极限应力σ_r称为持久疲劳极限,对称循环应力时用σ_{-1}表示,脉动循环时用σ_0表示。

所谓"无限"寿命是指零件承受的应力水平低于或等于材料的疲劳极限σ_r,其工作应力总循环次数可大于循环基数N_0,并不是说永远不会破坏。

(2) 有限寿命区

当$10^4 \leq N \leq N_0$时,称为有限寿命区,如图3-4中所示的曲线CD段,疲劳极限随着应力循环次数的增加而降低,该段的曲线方程为

$$\sigma_{rN}^m N = \sigma_r^m N_0 = C \tag{3-3}$$

式中,C——实验常数;

m——材料常数,其值由试验来决定。对于钢材,在弯曲疲劳和拉压疲劳时,$m = 6 \sim 20$,$N_0 = (1 \sim 10) \times 10^6$。初步计算时,钢制零件受弯曲疲劳且中等尺寸时,$m = 9$,$N_0 = 5 \times 10^6$;大尺寸零件时,取$m = 9$,$N_0 = 10^7$。

若已知循环基数N_0和持久疲劳极限σ_r,从上式可以求得循环次数N的疲劳极限σ_{rN},即

$$\sigma_{rN} = \sigma_r \sqrt[m]{\frac{N_0}{N}} = \sigma_r K_N \tag{3-4}$$

式中,K_N——寿命系数,$K_N = \sqrt[m]{\frac{N_0}{N}}$。

应当注意,材料的疲劳极限σ_r是在$N = N_0$时求得的。当$N > N_0$时,式(3-4)中的N,取$N = N_0$,$K_N = 1$;当$N < 10^3$时,按静强度问题处理。各种金属材料的N_0大致在$10^6 \sim 25 \times 10^7$,但通常材料的疲劳极限是在10^7(也有定义为10^6或5×10^6)循环次数下得来的,所以计算K_N时取$N_0 = 10^7$。对于硬度低于350 HBW的钢而言,若$N > 10^7$,则取$N = N_0 = 10^7$,$K_N = 1$;对于硬度高于350 HBW的钢而言,若$N > 25 \times 10^7$,则取$N = 25 \times 10^7$。对于有色金属也规定,若$N > 25 \times 10^7$,则取$N = 25 \times 10^7$。

2. 材料的极限应力图

疲劳曲线一般是在对称循环变应力条件下得出的实验结果,对于非对称循环变应力,不同的循环特性r对疲劳极限的影响也不同,其影响可以用疲劳极限应力图来表示。

以σ_m和σ_a两参数来确定不同循环特性r时的应力水平,根据实验数据可以得到以σ_m为横坐标,以σ_a为纵坐标的疲劳极限应力图。如图3-5(a)所示的塑性材料的疲劳极限应力图近似呈抛物线,如图3-5(b)所示的低塑性和脆性材料的疲劳极限应力图呈直线状。

曲线上点 $A(0, \sigma_{-1})$ 的坐标表示出对称循环应力的强度，点 $B\left(\dfrac{\sigma_0}{2}, \dfrac{\sigma_0}{2}\right)$ 的坐标表示出脉动循环应力的强度，点 $C(\sigma_b, 0)$ 的坐标表示出静应力的强度。

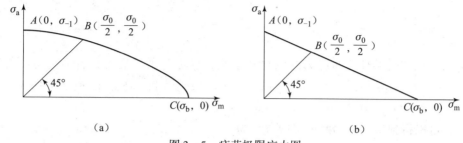

图 3-5 疲劳极限应力图

工程上为计算方便，常将塑性材料的疲劳极限应力图进行简化，常用的一种简化极限应力图如图 3-6 所示。由于对称循环变应力的平均应力 $\sigma_m = 0$，最大应力等于应力幅，所以对称循环疲劳极限在图中以纵坐标轴上的 A' 点来表示。由于脉动循环变应力的平均应力及应力幅均为 $\sigma_m = \sigma_a = \dfrac{\sigma_0}{2}$，所以脉动循环疲劳极限以从原点 O 所作的 $45°$ 射线上的点 D' 来表示，连接 A'、D' 得到直线 $A'D'$。由于这条直线与在不同循环特性时试验所求得的疲劳极限应力曲线非常接近，故用此直线代替应力曲线是可以的，所以直线 $A'D'$ 上任何一点都代表了一定循环特性时的疲劳极限。横轴上任一点都代表应力幅等于零时的应力，即静应力。取点 C 的坐标值等于材料的屈服极限 σ_S，并自点 C 作一直线与直线 CO 成 $45°$ 的夹角，交 $A'D'$ 的延长线于 G' 点，则直线 CG' 上任何一点均代表 $\sigma'_{max} = \sigma'_m + \sigma'_a < \sigma_S$ 的变应力状况。这样，材料的极限应力曲线即为折线 $A'G'C$。直线 CG' 称为塑性极限分界线（又称屈服极限曲线），只要零件的工作应力点 (σ_m, σ_a) 在 CG' 的左侧，则必然有 $\sigma_m + \sigma_a < \sigma_S$，此时，零件不会出现静强度不足的问题；直线 $A'D'$ 为材料的疲劳极限分界线（又称疲劳极限曲线），$A'D'$ 上任意一点都有 $\sigma'_{max} = \sigma'_{rm} + \sigma'_{ra} < \sigma_r$。只要零件的工作应力点 $(\sigma_{rm}, \sigma_{ra})$ 在 $A'D'$ 下面，则必然有 $\sigma_{rm} + \sigma_{ra} < \sigma_r$，此时，零件就不会出现疲劳强度不足的问题。由此可见，材料中发生的应力如处于 $OA'G'C$ 区域时，其最大应力既不超过疲劳极限，也不超过屈服强度，即为疲劳和塑性安全区，则不会发生破坏；如应力发生在该区域以外，即为疲劳或塑性失效区，则一定会发生破坏；如应力正好发生在折线上，则表示其工作应力状况正好达到极限状态。

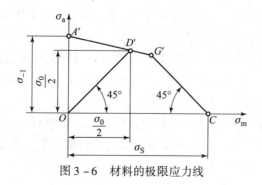

图 3-6 材料的极限应力线

如图3-6所示，由 $A'(0, \sigma_{-1})$ 及 $D'\left(\dfrac{\sigma_0}{2}, \dfrac{\sigma_0}{2}\right)$ 两点，可求得 $A'D'$ 的直线方程为

$$\sigma_{-1} = \sigma'_a + \frac{2\sigma_{-1} - \sigma_0}{\sigma_0}\sigma'_m = \sigma'_a + \psi_\sigma \sigma'_m \tag{3-5}$$

$$\psi_\sigma = \frac{2\sigma_{-1} - \sigma_0}{\sigma_0} \tag{3-6}$$

式中，ψ_σ——试件受循环弯曲应力时的材料常数，也称为平均应力折合为应力幅的等效系数。其值由式（3-6）及试验决定。根据试验，碳钢的 $\psi_\sigma \approx 0.1 \sim 0.2$；合金钢的 $\psi_\sigma \approx 0.2 \sim 0.3$。

同理，可以得到切应力的疲劳极限方程为

$$\tau_{-1} = \tau'_a + \frac{2\tau_{-1} - \tau_0}{\tau_0}\tau'_m = \tau'_a + \psi_\tau \tau'_m \tag{3-7}$$

$$\psi_\tau = \frac{2\tau_{-1} - \tau_0}{\tau_0} \tag{3-8}$$

式中，ψ_τ——试件受循环切应力时的材料常数，其值由式（3-8）及试验决定。根据试验，碳钢的 $\psi_\tau \approx 0.05 \sim 0.10$；合金钢的 $\psi_\tau \approx 0.10 \sim 0.15$。

§3.2 机械零件的疲劳强度计算

3.2.1 影响机械零件疲劳强度的主要因素

由于实际的机械零件与标准试件在几何形状、尺寸大小、加工质量及环境介质等方面存在一定的差异，使得零件的疲劳极限要小于材料试件的疲劳极限，尤其以应力集中、绝对尺寸和表面状态三项因素对机械零件的疲劳强度影响最大。

1. 应力集中的影响

零件受载时，在几何形状突变处（如圆角、键槽、孔、螺纹等）的局部应力要远远大于其名义应力，这种现象称为应力集中，常用有效应力集中系数 k_σ、k_τ 来考虑应力集中对疲劳强度的影响，即

$$\left.\begin{array}{l} k_\sigma = 1 + q(\alpha_\sigma - 1) \\ k_\tau = 1 + q(\alpha_\tau - 1) \end{array}\right\} \tag{3-9}$$

式中，α_σ，α_τ——零件几何形状的理论应力集中系数，可从相关的应力集中系数手册中查得，也可以从相关的线图中查取，如图3-7所示，从中可查取平板上过渡圆角处的理论应力集中系数；

q——应力集中的敏感系数，钢材的敏感系数 q 可根据强度极限在图3-8中查得。对于钢材来说，其强度极限越高，q 值就越大，则对应力集中越敏感；而铸铁对应力集中不敏感，因而取 $q = 0$，$k_\sigma = k_\tau = 1$。

同一剖面上同时有几个应力集中源时，应取其中最大的有效应力集中系数进行计算。

对于某些典型的零件结构，在有关文献中已直接列出了根据其疲劳试验求出的有效应力集中系数值，如表3-2~表3-4所示。

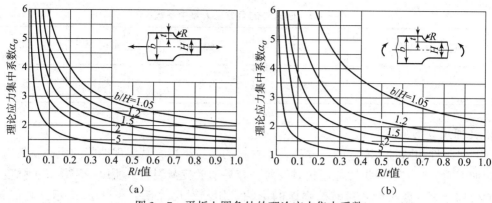

图 3-7 平板上圆角处的理论应力集中系数
(a) 拉伸情况；(b) 弯曲情况

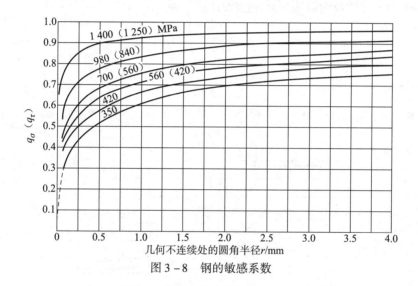

图 3-8 钢的敏感系数

表 3-2 螺纹、键槽、花键、横孔及配合处的有效应力集中系数

轴的材料 σ_b/MPa	500	600	700	750	800	900	1 000
k_σ	1.5			1.75			2.0
k_τ		1.5	1.6		1.7	1.8	1.9

注：公称应力按照扣除键槽的净截面积求。

表 3-3 环槽处的有效应力集中系数

轴的材料 σ_b/MPa		400	500	600	700	800	900	1 000	1 200
k_σ		1.35	1.45	1.55	1.60	1.65	1.70	1.72	1.75
k_τ	矩形齿	2.10	2.25	2.36	2.45	2.55	2.65	2.70	2.80
	渐开线形齿	1.40	1.43	1.46	1.49	1.52	1.55	1.58	1.60

表 3-4 圆角处的有效应力集中系数

轴的材料 σ_b/MPa	400	600	800	1 000
k_σ	3.0	3.9	4.8	5.2

2. 几何尺寸的影响

在其他条件相同时，零件的尺寸越大，材料的晶粒越粗，其出现缺陷的概率就越大，而经机械加工后，其表面冷作硬化层相对较薄，容易形成疲劳裂纹，所以对零件疲劳强度的不良影响也越显著。截面尺寸对疲劳强度的影响可用绝对尺寸系数 ε_σ、ε_τ 表示，其值越小，表示其疲劳强度降低越多。绝对尺寸系数定义为直径为 d 的试件的疲劳极限 $(\sigma_{-1})_d$ 与直径 $d_0 = 6 \sim 10$ mm 的试件的疲劳极限 $(\sigma_{-1})_{d_0}$ 的比值，即

$$\left. \begin{array}{l} \varepsilon_\sigma = \dfrac{(\sigma_{-1})_d}{(\sigma_{-1})_{d_0}} \\ \varepsilon_\tau = \dfrac{(\tau_{-1})_d}{(\tau_{-1})_{d_0}} \end{array} \right\} \qquad (3-10)$$

钢材的 ε_σ、ε_τ 可分别从图 3-9 和图 3-10 中查得；铸铁的 ε_σ、ε_τ 可从图 3-11 中查得。

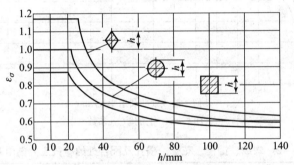

图 3-9 钢材的尺寸系数

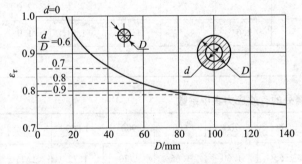

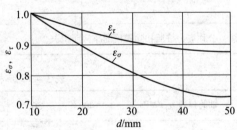

图 3-10 圆截面钢材的扭转剪切尺寸系数　　图 3-11 铸铁的尺寸系数

螺纹连接件的绝对尺寸系数见表 3-5，圆柱形零件的绝对尺寸系数见表 3-6。

表3-5 螺纹连接件的绝对尺寸系数

直径 d/mm	≤16	20	24	28	32	40	48	56	64	72	80
ε_σ	1	0.81	0.76	0.71	0.68	0.63	0.60	0.57	0.54	0.52	0.55

表3-6 圆柱形零件的绝对尺寸系数

直径 d/mm		>20~30	>30~40	>40~50	>50~60	>60~70	>70~80	>80~100	>100~120	>120~150	>150~500
ε_σ	碳钢	0.91	0.88	0.84	0.81	0.78	0.75	0.73	0.70	0.68	0.60
	合金钢	0.83	0.77	0.73	0.70	0.68	0.66	0.64	0.62	0.60	0.54
ε_τ	各种钢	0.89	0.81	0.78	0.76	0.74	0.73	0.72	0.70	0.68	0.60

3. 表面状态的影响

零件的表面状态包括表面粗糙度及表面处理的情况。当其他条件相同时，若零件的表面光滑或经过各种强化处理（氮化、渗碳、热处理、抛光、喷丸和滚压等冷作工艺等），则可以提高零件的强度。表面状态对疲劳强度的影响可以用表面状态系数 β 表示，β 被定义为试件在某种状态下的疲劳极限 $(\sigma_{-1})_\beta$ 与抛光试件的疲劳极限 $(\sigma_{-1})_{\beta_0}$ 的比值，即

$$\left.\begin{array}{l}\beta_\sigma = \dfrac{(\sigma_{-1})_\beta}{(\sigma_{-1})_{\beta_0}} \\ \beta_\tau = \dfrac{(\tau_{-1})_\beta}{(\tau_{-1})_{\beta_0}}\end{array}\right\} \tag{3-11}$$

弯曲疲劳时，钢制试件的表面状态系数 β_σ 可从图3-12中查得，也可以通过查表3-7和表3-8得到，其对应的 β_τ 可以按式（3-12）进行计算，也可以近似地取 $\beta_\sigma = \beta_\tau$。

$$\beta_\tau = 0.6\beta_\sigma + 0.4 \tag{3-12}$$

铸铁零件对表面状态不敏感，计算时可取 $\beta_\sigma = \beta_\tau = 1$。表3-7和表3-8所示为零件在不同状态下的 β 值。

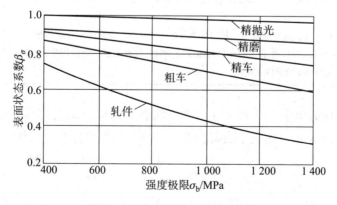

图3-12 钢材的表面状态系数

表 3-7 加工表面的表面状态系数 β 值

表面加工方法	轴的表面粗糙度 $Ra/\mu m$	σ_b/MPa		
		400	800	1 200
磨削	0.4~0.2	1	1	1
车削	3.2~0.8	0.95	0.90	0.80
粗车	6.3~2.5	0.85	0.80	0.45
未加工表面		0.75	0.65	0.45

表 3-8 强化表面的表面状态系数 β 值

表面强化方法	芯部材料的强度 σ_b/MPa	σ_b/MPa		
		光轴	有应力集中的轴	
			$k_\sigma \leqslant 1.5$	$k_\tau \geqslant 1.8~2$
高频淬火①	600~800	1.5~1.7	1.6~1.7	2.4~2.8
	800~1 000	1.3~1.5	—	—
渗氮②	900~1 200	1.10~1.25	1.5~1.7	1.7~2.1
渗碳淬火	400~600	1.8~2.0	3	—
	700~800	1.4~1.5	—	—
	1 000~1 200	1.2~1.3	2	—
喷丸处理③	600~1 500	1.10~1.25	1.5~1.6	1.7~2.1
滚子碾压④	600~1 500	1.1~1.3	1.3~1.5	1.6~2.0

注：①数据是在实验室中用 $d=10~20$ mm 的试件求得的，淬透深度为 $(0.05~0.02)d$；对于大尺寸的试件，其表面状态系数较低。
②渗氮层深度为 $0.01d$ 时，宜取低限值；其深度为 $(0.03~0.04)d$ 时，宜取高限值。
③数据是用 $d=8~40$ mm 的试件求得的，喷射速度较低时宜取低限值，速度较高时宜取高限值。
④数据是用 $d=17~30$ mm 的试件求得的。

由试验可知，应力集中、绝对尺寸、表面状态只对应力幅有影响，而对平均应力无影响。通常用 k_σ、k_τ 来表示上述三个因素的综合影响，称为综合影响系数，即

$$K_\sigma = \frac{k_\sigma}{\beta_\sigma \varepsilon_\sigma} \tag{3-13}$$

$$K_\tau = \frac{k_\tau}{\beta_\tau \varepsilon_\tau} \tag{3-14}$$

3.2.2 机械零件的疲劳强度计算

1. 零件的极限应力图

由于综合影响系数的影响，使得零件的疲劳极限要小于材料试件的疲劳极限。如果零件的对称循环弯曲疲劳极限以 σ_{-1e} 表示，材料的对称循环弯曲疲劳极限以 σ_{-1} 表示，则在考虑了综合影响系数 K_σ 后，三者的关系为

$$K_\sigma = \frac{\sigma_{-1}}{\sigma_{-1e}} \tag{3-15}$$

即

$$\sigma_{-1e} = \frac{\sigma_{-1}}{K_\sigma} \tag{3-16}$$

对于非对称循环，K_σ 表示材料（标准试件）的极限应力幅与零件的极限应力幅的比值。为了得到零件的极限应力图，我们将材料极限应力图中的直线 $A'D'G'$ 按比例下移，即成为如图 3-13 中所示的直线 ADG，而材料的极限应力图中的 $G'C$ 部分，由于按静应力的要求考虑，所以不需要进行修正。据此，在简化材料的极限应力图的基础上，可作出零件的极限应力图，即由折线 $ADGC$ 表示。

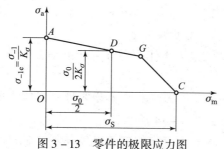

图 3-13 零件的极限应力图

直线 AG 的方程，可由 $A(0, \sigma_{-1}/K_\sigma)$，$D(\sigma_0/2, \sigma_0/2K_\sigma)$ 两点的坐标求得，即

$$\sigma_{-1e} = \frac{\sigma_{-1}}{K_\sigma} = \sigma'_{ae} + \psi_{\sigma e} \cdot \sigma'_{me} \tag{3-17}$$

或

$$\sigma_{-1} = K_\sigma \sigma'_{ae} + \psi_\sigma \sigma'_{me} \tag{3-18}$$

直线 GC 的方程为

$$\sigma'_{ae} + \sigma'_{me} = \sigma_S \tag{3-19}$$

式中，σ'_{ae}——零件受循环弯曲应力时的极限应力幅，MPa；

σ'_{me}——零件受循环弯曲应力时的极限平均应力，MPa；

$\psi_{\sigma e}$——零件受循环弯曲应力时的材料常数。

$\psi_{\sigma e}$ 可用下式计算

$$\psi_{\sigma e} = \frac{\psi_\sigma}{K_\sigma} = \frac{1}{K_\sigma} \cdot \frac{2\sigma_{-1} - \sigma_0}{\sigma_0} \tag{3-20}$$

式中，K_σ——弯曲疲劳极限的综合影响系数，按式（3-13）计算。对于零件受切应力时，可仿照上述各式，并以 τ 替换 σ，即可得出相应的极限应力曲线方程

$$\tau_{-1e} = \frac{\tau_{-1}}{K_\tau} \tau'_{ae} + \psi_{\tau e} \tau'_{me} \tag{3-21}$$

或

$$\tau_{-1} = K_\tau \tau'_{ae} + \psi_\tau \tau'_{me} \tag{3-22}$$

及
$$\tau'_a + \tau'_m = \tau'_S \tag{3-23}$$

式中，$\psi_{\tau e}$——零件受循环切应力时的材料常数。

$\psi_{\tau e}$可用下式计算

$$\psi_{\tau e} = \frac{\psi_\tau}{K_\tau} = \frac{1}{K_\tau} \cdot \frac{2\tau_{-1} - \tau_0}{\tau_0} \tag{3-24}$$

式中，ψ_τ——试件受循环切应力时的材料常数，且$\psi_\tau \approx 0.5\psi_\sigma$；

K_τ——剪切疲劳极限的综合影响系数，可按式（3-14）计算。

2. 机械零件在受单向稳定变应力时的疲劳强度计算

在零件截面上只作用有一维应力（如拉、压、弯、扭、剪等任意一种应力）时，称此应力为单向应力。单向稳定变应力下，零件的疲劳强度为

$$S_{ca} = \frac{\sigma_{\lim}}{\sigma} \geqslant [S] \tag{3-25}$$

式中，S_{ca}——计算安全系数；

$\sigma_{\lim}$——零件的极限应力，MPa；

σ——零件所受的实际工作应力，MPa；

$[S]$——许用安全系数。

机械零件疲劳强度计算的一般步骤如下：

1) 根据零件危险截面上的最大工作应力$\sigma_{\max}$和最小工作应力$\sigma_{\min}$，求出工作应力的平均应力σ_m和应力幅σ_a；

2) 根据已知条件（σ_S、σ_{-1}、σ_0、K_σ）画出零件极限应力图，并在图的坐标上标出其工作点$M(\sigma_m, \sigma_a)$或N，如图3-14所示；

3) 在零件极限应力图$ADGC$上确定相应的极限应力点$(\sigma'_{me}, \sigma'_{ae})$；

4) 计算零件的安全系数。

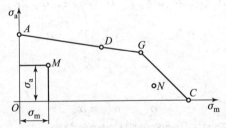

图3-14 零件的应力在极限应力图坐标上的位置

在进行强度计算时所用的极限应力应是零件极限应力曲线AGC上的某一点所代表的应力。到底用哪一个点来表示极限应力才算合适，这要根据零件应力的变化规律来决定。根据零件应力的变化规律以及零件与相邻零件相互约束情况的不同，通常有下述三种典型的应力变化规律：

1) 变应力的循环特性保持不变，即$r = C$（常数），例如绝大多数转轴中的应力状态；

2) 变应力的平均应力保持不变，即$\sigma_m = C$，例如振动着的受载弹簧的应力状态；

3) 变应力的最小应力保持不变，即$\sigma_{\min} = C$，例如紧螺栓连接中，螺栓受轴向变载荷时的应力状态。

下面分别讨论上述这三种情况：

(1) $r = C$ 的情况

当 $r = C$ 时，为确定与工作应力点相对应的极限应力点，可从如图 3 – 15 所示的坐标原点引通过工作应力点 M 或 N 的射线，则有

$$\tan\alpha = \frac{\sigma_a}{\sigma_m} = \frac{(\sigma_{\max} - \sigma_{\min})/2}{(\sigma_{\max} + \sigma_{\min})/2} = \frac{1-r}{1+r} \tag{3-26}$$

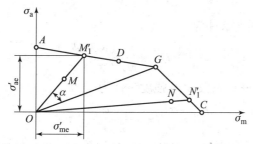

图 3 – 15　$r = C$ 时极限应力点零件的极限应力

因 $r = C$，则 $\tan\alpha$ 为常数，即直线斜率为常数，所以在此射线上的任何一点所代表的应力循环都具有相同的循环特性。而射线与极限应力曲线 $ADGC$ 的交点 M_1'（或 N_1'）所代表的应力值就是计算中要用到的极限应力。

联立 AG 和 OM 两条直线方程，可求出 M_1' 点的坐标值 σ_{me}' 及 σ_{ae}'，两者相加就可以求出对应于 M 点零件的极限应力 σ_{maxe}'

$$\sigma_{\lim} = \sigma_{maxe}' = \sigma_{me}' + \sigma_{ae}' = \frac{\sigma_{-1}(\sigma_m + \sigma_a)}{K_\sigma \sigma_a + \psi_\sigma \sigma_m} = \frac{\sigma_{-1}\sigma_{\max}}{K_\sigma \sigma_a + \psi_\sigma \sigma_m} \tag{3-27}$$

于是计算安全系数 S_{ca} 和强度条件为

$$S_{ca} = \frac{\sigma_{\lim}}{\sigma} = \frac{\sigma_{maxe}'}{\sigma_{\max}} = \frac{\sigma_{-1}}{K_\sigma \sigma_a + \psi_\sigma \sigma_m} \geqslant [S] \tag{3-28}$$

分析图 3 – 15 可知，当工作应力点位于 OAG 区时，对应的极限应力为 AG 直线上的疲劳极限，故该区域为疲劳安全区。对应于 N 点的极限应力点 N_1'（σ_{me}'，σ_{ae}'）点位于 GC 上，此时的极限应力为屈服极限 σ_S，因而只需要进行静强度计算即可。

计算安全系数 S_{ca} 和强度条件为

$$S_{ca} = \frac{\sigma_{\lim}}{\sigma} = \frac{\sigma_S}{\sigma_{\max}} = \frac{\sigma_S}{\sigma_a + \sigma_m} \geqslant [S] \tag{3-29}$$

分析图 3 – 15 可知，当工作应力点位于 OGC 区时，对应的极限应力为 GC 直线上的屈服极限，故该区域为静强度安全区。

(2) $\sigma_m = C$ 的情况

当 $\sigma_m = C$ 时，为确定与工作应力点相对应的极限应力点，如图 3 – 16 所示，过工作应力点 M 或 N 作与纵轴平行的直线，交 $ADGC$ 于 M_2'（或 N_2'）点，则该直线上任意一点所代表的应力循环都具有相同的平均应力值。而直线与 $ADGC$ 的交点 M_2'（或 N_2'）所代表的应力值就是计算中要采用的极限应力。

联立 AG 和 MM_2' 两直线方程，可求出 M_2' 点的坐标值

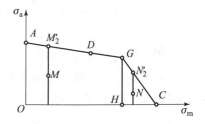

图 3 – 16　$\sigma_m = C$ 的极限应力图

σ'_{me} 及 σ'_{ae}，两者相加就可以求出对应于 M 点零件的极限应力 σ'_{maxe}（疲劳极限 σ_{lim}）

$$\sigma_{lim} = \sigma'_{maxe} = \sigma'_{ae} + \sigma'_{me} = \frac{\sigma_{-1} - \psi_\sigma \sigma_m}{K_\sigma} + \sigma_m = \frac{\sigma_{-1} + (K_\sigma - \psi_\sigma)\sigma_m}{K_\sigma} \quad (3-30)$$

同时，可求出零件的极限应力幅为

$$\sigma'_{ae} = \sigma_{-1e} - \psi_{ae}\sigma_m = \frac{\sigma_{-1} - \psi_\sigma \sigma_m}{K_\sigma} \quad (3-31)$$

于是计算安全系数 S_{ca} 和强度条件为

$$S_{ca} = \frac{\sigma_{lim}}{\sigma_{max}} = \frac{\sigma'_{maxe}}{\sigma_{max}} = \frac{\sigma_{-1} + (K_\sigma - \psi_\sigma)\sigma_m}{K_\sigma(\sigma_m + \sigma_a)} \geq [S] \quad (3-32)$$

按应力幅求得的计算安全系数 S'_a 及强度条件为

$$S'_a = \frac{\sigma'_{ae}}{\sigma_a} = \frac{\sigma_{-1} - \psi_\sigma \sigma_m}{K_\sigma \sigma_a} \geq S_a \quad (3-33)$$

由于按最大应力求得的计算安全系数 S_{ca} 和按应力幅求得的计算安全系数 S'_a 是不相等的，所以应当同时校核这两种安全系数。

分析图 3-16 可知，当工作应力点位于 $OAGH$ 区域时，对应的极限应力为 AG 直线上的疲劳极限，故该区域为疲劳安全区。

对应于 N 点的极限应力点 N'_2（σ'_{me}，σ'_{ae}）位于 GC 上，此时的极限应力为屈服极限 σ_s，只需进行静强度计算即可。其计算方法与 $r = C$ 时的计算方法相同，即按式（3-29）计算。工作应力点位于 GHC 区域时，该区域为静强度安全区。

(3) $\sigma_{min} = C$ 的情况

因为 $\sigma_{min} = \sigma_m - \sigma_a = C$，故当 $\sigma_{min} = C$ 时，为确定与工作应力点相对应的极限应力点，如图 3-17 所示，过工作应力点 M 或 N 作与横轴成 45°的直线，交 AGC 于 M'_3（或 N'_3）点，则该直线上任意一点的最小应力值均相同，所以直线与极限应力图的交点 M'_3（或 N'_3）即为所求的极限应力点。通过 O 点和 G 点作与横坐标轴成 45°的直线，得到直线 OJ 和 IG，从而将安全区分为三个部分。

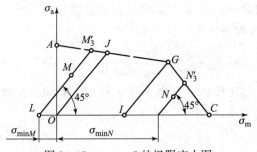

图 3-17 $\sigma_{min} = C$ 的极限应力图

当工作应力点位于 $OJGI$ 区域内时，对应的极限应力为 AG 直线上的疲劳极限，故该区域为疲劳安全区。按上述两种分析方法可求出对应于 M 点零件的极限应力点 M'_3，其位于疲劳极限 AG 上时的计算安全系数和强度条件为

$$S_{ca} = \frac{\sigma_{lim}}{\sigma_{max}} = \frac{\sigma'_{maxe}}{\sigma_{max}} = \frac{2\sigma_{-1} + (K_\sigma - \psi_\sigma)\sigma_{min}}{(K_\sigma + \psi_\sigma)(2\sigma_a + \sigma_{min})} \geq [S] \quad (3-34)$$

当工作应力点位于 IGC 区域内时，对应的极限应力为屈服点，故该区域为静强度安全

区，可按式（3-29）进行静强度计算。当工作应力位于 OAJ 区域内时，$\sigma_{\min}$ 为负值，此种情况在工程上极为罕见，故不予考虑。

对于剪切变应力，只需把以上各公式中的正应力符号 σ 改为切应力符号 τ 即可。

计算过程中应当注意以下几点：

1) 当零件所受应力变化规律难以确定时，一般采用 $r = C$ 的情况进行计算；

2) 上述计算方法均为按无限寿命进行零件设计时的情况，若按有限寿命要求设计零件，即应力循环次数在 $10^4 < N < N_0$ 时，上述公式中的极限应力应以有限寿命的疲劳极限 σ_{rN} 代替，即以 σ_{-1N} 代替 σ_{-1}，以 σ_{0N} 代替 σ_0；

3) 当未知工作应力点所在工作区域时，应同时考虑可能出现的两种情况。

3. 机械零件在受规律性单向不稳定变应力时的强度计算

规律性单向不稳定变应力，其变应力参数的变化有一个简单的规律。例如，专用机床上的主轴、高炉上料机构的零件等都可以近似地看作承受规律性不稳定变应力的零件。对于这类问题，可根据疲劳损伤累积假说进行计算。

（1）疲劳损伤累积假说（Miner假说）

如图 3-18 所示为规律性不稳定变应力的示意图，变应力 σ_1、σ_2、$\cdots$、σ_z 表示循环特性为 r 时，各循环的最大应力（如对称循环的最大应力，或非对称循环变应力的等效变应力的应力幅）。N_1、N_2、$\cdots$、N_z 为各应力发生疲劳时的循环次数；n_1、n_2、$\cdots$、n_z 为与各应力对应的实际循环次数，如图 3-19 所示。Miner 假说认为，对于受规律性不稳定变应力作用的零件的损伤累积是线性的，应力每循环一次对材料的破坏起相同的作用。大于疲劳极限 σ_r 的各应力 σ_i 每循环一次就造成一次寿命损伤，其寿命损失率分别为

$$\frac{n_1}{N_1}, \frac{n_2}{N_2}, \cdots, \frac{n_z}{N_z}$$

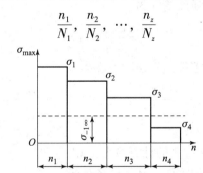

图 3-18 规律性不稳定变应力示意图

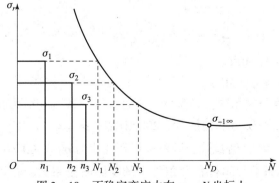

图 3-19 不稳定变应力在 σ_r—N 坐标上

小于疲劳极限 σ_r 的应力，可认为其对疲劳寿命无影响，故在计算时可不予考虑。

当零件达到疲劳寿命极限时，理论上其总寿命损伤率为 1，即

$$\frac{n_1}{N_1} + \frac{n_2}{N_2} + \cdots + \frac{n_z}{N_z} = 1 \text{ 或 } \sum_{i=1}^{z} \frac{n_i}{N_i} = 1 \tag{3-35}$$

实际上 $\sum_{i=1}^{z} \frac{n_i}{N_i} = 0.7 \sim 2.2$，为了计算方便，通常取 1。

(2) 不稳定变应力的疲劳强度计算

由式 (3-3) 得

$$N_1 = N_0 \left(\frac{\sigma_{-1}}{\sigma_1}\right)^m, N_2 = N_0 \left(\frac{\sigma_{-1}}{\sigma_2}\right)^m, \cdots, N_i = N_0 \left(\frac{\sigma_{-1}}{\sigma_i}\right)^m \tag{3-36}$$

将式 (3-36) 带入式 (3-35)，得不稳定变应力时的极限条件为

$$\sum \frac{\sigma_i^m n_i}{N_0 \sigma_{-1}^m} = 1 \tag{3-37}$$

当材料在各应力作用下未达到疲劳破坏时，则

$$\sum \frac{\sigma_i^m n_i}{N_0 \sigma_{-1}^m} < 1 \text{ 或 } \frac{\sum_{i=1}^{z} \sigma_i^m n_i}{N_0} < \sigma_{-1}^m \tag{3-38}$$

令

$$\sigma_{ca} = \sqrt[m]{\frac{1}{N_0} \sum_{i=1}^{z} \sigma_i^m n_i} \tag{3-39}$$

式中，σ_{ca} ——材料的不稳定变应力的计算应力，MPa。

由此可得计算安全系数及强度条件为

$$S_{ca} = \frac{\sigma_{-1}}{\sigma_{ca}} \geq [S] \tag{3-40}$$

对于受对称循环变应力的零件，其强度条件为

$$S_{ca} = \frac{\sigma_{-1}}{\sigma_{cae}} = \frac{\sigma_{-1}}{\sqrt[m]{\frac{1}{N_0} \sum_{i=1}^{z} (K_\sigma \sigma_i)^m n_i}} = \frac{\sigma_{-1}}{K_\sigma \sqrt[m]{\frac{1}{N_0} \sum_{i=1}^{z} \sigma_i^m n_i}} \geq [S] \tag{3-41}$$

式中，σ_{cae} ——零件的不稳定变应力的计算应力，MPa。

对于受非对称循环变应力的零件，其强度条件为

$$S_{ca} = \frac{\sigma_{-1}}{\sigma_{cae}} = \frac{\sigma_{-1}}{\sqrt[m]{\frac{1}{N_0} \sum_{i=1}^{z} \sigma_{adi}^m}} = \frac{\sigma_{-1}}{K_\sigma \sqrt[m]{\frac{1}{N_0} \sum_{i=1}^{z} (K_\sigma \sigma_{ai} + \psi_\sigma \sigma_{mi})^m n_i}} \geq [S] \tag{3-42}$$

式中，σ_{ai} ——σ_i 的应力幅，MPa；
σ_{mi} ——σ_i 的平均应力，MPa。

对于切应力 τ 的计算公式相同，只需将正应力符号 σ 改为切应力符号 τ 即可。

【例 3-1】 45 钢经调质后的性能为：200 HBW，$\sigma_{-1} = 270$ MPa，$m = 9$，$N_0 = 10^7$，现以此材料作试验件进行弯曲疲劳试验，以对称循环变应力 $\sigma_1 = 400$ MPa 作用 10^4 次，以 $\sigma_2 = 350$ MPa 作用 10^5 次，试计算该事件在此条件下的实际安全系数。若以后再以对称循环变应力 $\sigma_3 = 320$ MPa 作用于试件，问还能再循环多少次才会使试件破坏？

解：根据式（3-39）

$$\sigma_{ca} = \sqrt[m]{\frac{1}{N_0}\sum_{i=1}^{z}\sigma_i^m n_i} = \sqrt[9]{\frac{1}{10^7} \times (10^4 \times 400^9 + 10^5 \times 350^9)} = 216.62 \text{ （MPa）}$$

根据式（3-40），试件的安全系数为

$$S_{ca} = \frac{\sigma_{-1}}{\sigma_{ca}} = \frac{270}{216.62} = 1.246$$

根据式（3-3）有

$$N_1 = N_0 \left(\frac{\sigma_{-1}}{\sigma_1}\right)^m = 10^7 \times \left(\frac{270}{400}\right)^9 = 0.029 \times 10^7$$

$$N_2 = N_0 \left(\frac{\sigma_{-1}}{\sigma_2}\right)^m = 10^7 \times \left(\frac{270}{350}\right)^9 = 0.097 \times 10^7$$

$$N_3 = N_0 \left(\frac{\sigma_{-1}}{\sigma_3}\right)^m = 10^7 \times \left(\frac{270}{320}\right)^9 = 0.217 \times 10^7$$

若要使试件破坏，则由式（3-35）得

$$\frac{10^4}{0.029 \times 10^7} + \frac{10^5}{0.097 \times 10^7} + \frac{n_3}{0.217 \times 10^7} = 1$$

求得

$$n_3 = 0.187 \times 10^7$$

即试件在对称循环变力 $\sigma_3 = 320$ MPa 作用下，估计尚可承受 0.187×10^7 应力循环。

4. 机械零件在受复合稳定变应力时的疲劳强度计算

很多零件（如转轴）在工作时，其剖面上同时受到弯曲应力和扭转应力的作用，根据理论分析和实验研究，可推导出零件在复合稳定变应力状态下的疲劳强度安全系数计算式为

$$S_{ca} = \frac{S_\sigma S_\tau}{\sqrt{S_\sigma^2 + S_\tau^2}} \geq [S] \tag{3-43}$$

当零件上承受的两个变应力均为非对称循环应力时，可先由公式（3-28），分别求出

$$S_\sigma = \frac{\sigma_{-1}}{K_\sigma \sigma_a + \psi_\sigma \sigma_m}, \quad S_\tau = \frac{\tau_{-1}}{K_\tau \tau_a + \psi_\tau \tau_m}$$

然后按式（3-43）求出零件的计算安全系数。

§3.3 机械零件的抗断裂强度

在工程实际中，有这样一些结构，若按常规的强度理论来分析，它们是能满足强度条件的，即其工作应力小于许用应力。但在实际使用中，它又往往会发生突然性地断裂。这种在工作应力小于许用应力时所发生的突然断裂，常称为低应力脆断。

通过对大量结构断裂事故的分析表明，结构内部裂纹和缺陷的存在是导致低应力断裂的内在原因。对于高强度材料而言，一方面是它的强度高（即许用应力高），另一方面则是它抵抗裂纹扩展的能力会随着强度的增加而降低。因此，用传统的强度理论计算高强度材料结构的强度问题，就存在一定的危险性。为了解决这一问题，断裂力学便应运而生。

断裂力学是研究带有裂纹或带有尖缺口的结构或构件的强度和变形规律的学科。传统的强度理论是运用应力、许用应力来度量和控制结构的强度与安全性的。为了度量含有裂纹的

结构体的强度，在断裂力学中运用了应力强度因子 ΔK 和平面应变断裂韧度 K_{ic}，这两个新的度量指标，并建立了以损伤容限为设计判据的设计方法。

疲劳裂纹的扩展速度 $\mathrm{d}a/\mathrm{d}N$ 可近似地用以下关系表示

$$\frac{\mathrm{d}a}{\mathrm{d}N} = c\left(\Delta K\right)^n \tag{3-44}$$

式中，a——裂纹半长（如图3-20所示）；

N——循环次数；

c——与材料有关的系数，如40钢的 $c = 3.1 \times 10^{-11}$；

n——指数（结构钢的 $n = 3 \sim 4$，40钢的 $n = 3$）；

ΔK——应力强度因子幅度。

$$\Delta K = \alpha \Delta \sigma \sqrt{\pi a} \tag{3-45}$$

式中，α——几何效应因子，与零件的形状尺寸，裂纹的形状、尺寸和部位，以及载荷等因素有关；

$\Delta\sigma$——变应力的变化范围，$\Delta\sigma = \sigma_{\max} - \sigma_{\min}$（当最小应力为压应力时，$\sigma_{\min} = 0$）。

应力强度因子幅度 ΔK 是控制裂纹扩展速度 $\dfrac{\mathrm{d}a}{\mathrm{d}N}$ 的主要参数，如图3-20所示：

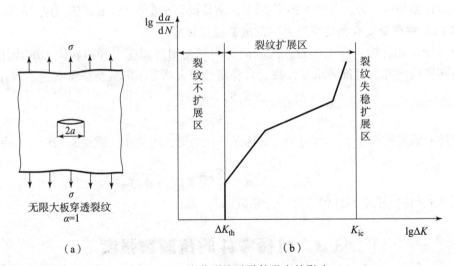

图3-20 疲劳裂纹对零件强度的影响

1) 当 ΔK 小于界限应力强度因子幅度 ΔK_{th} 时，裂纹不扩展。所以，要求无限寿命的零件，其计算判据为 $\Delta K \leqslant \Delta K_{th}$。

2) 当 $\Delta K \geqslant \Delta K_{th}$ 时，裂纹会以一定的速度扩展，由式（3-45）可得裂纹半长由 a_1 扩展到 a_2 时的循环次数（寿命）为

$$N = \int_{N_1}^{N_2} \mathrm{d}N = \int_{a_1}^{a_2} \frac{\mathrm{d}a}{c\left(\Delta K\right)^n} \tag{3-46}$$

式中，N_1——裂纹初始半长为 a_1 时的循环次数；

N_2——裂纹半长扩展到 a_2 时的循环次数。

3) 当 ΔK 增大到等于材料的断裂韧度 K_{ic} 时,裂纹达到临界尺寸 a_c,其扩展速度会急剧加快,即发生裂纹失稳扩展断裂。

根据以上理论,虽然允许零件在有裂纹的情况下工作,但裂纹的最大允许长度和临界长度之间要有一定的安全系数,并且零件的位置应便于检查人员进行直接检查,如飞机大梁、船体等,以确保在下一工作周期中不因裂纹失稳扩展而引起突然断裂。

高强度材料的广泛应用,推进了断裂力学的发展。随着对断裂力学研究的不断深入,其应用范围也不断扩大。目前,断裂力学在工程上主要应用于估计含裂纹构件的安全性和使用寿命,并确定构件在工作条件下所允许的最大裂纹尺寸,即用断裂力学指导结构的安全性设计。

断裂力学自 20 世纪 50 年代诞生以来,已逐步引起学术界及工程界的广泛重视。现在,断裂力学已应用于航空、航天、交通、机械以及化工等许多领域。

§3.4　机械零件的接触强度

机械零件在交变接触应力的作用下,其表层材料产生塑性变形,进而导致表面硬化,并在表面接触处产生初始裂纹。当润滑油被挤入初始裂纹中后,与之接触的另一零件表面在滚过该裂纹时会将裂纹口封住,使裂纹中的润滑油产生很大的压力,迫使初始裂纹扩展。当裂纹扩展到一定深度后,必将导致表层材料局部脱落,这会使零件表面出现鱼鳞状凹坑,这种现象称为疲劳点蚀。润滑油的黏度越低,越易进入裂纹,疲劳点蚀的发生也就越迅速。零件表面发生疲劳点蚀后,就破坏了零件的光滑表面,减小了接触面积,因而降低了其承载能力,并引起振动和噪声。疲劳点蚀裂纹常是齿轮、滚动轴承等零部件的主要失效形式。

图 3-21 (a) 所示为半径为 ρ_1 和 ρ_2 的两个圆柱体相接触(外接触),在压力 F 的作用下,由于材料的弹性变形,接触处将变为宽度为 $2a$ 的一个狭长矩形面积。最大接触应力 σ_H 发生在接触面中线的各点上,并等于平均接触应力的 $\dfrac{4}{\pi}$。由赫兹(Hertz)公式得

$$a = \sqrt{\dfrac{4F}{\pi L} \cdot \dfrac{\dfrac{1-\mu_1^2}{E_1} + \dfrac{1-\mu_2^2}{E_2}}{\dfrac{1}{\rho_1} \pm \dfrac{1}{\rho_2}}}$$

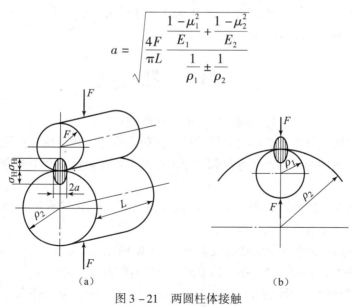

图 3-21　两圆柱体接触

(a) 外接触;(b) 内接触

$$\sigma_H = \frac{4}{\pi}\frac{F}{2aL} = \sqrt{\frac{F}{\pi L}\frac{\frac{1}{\rho_1}\pm\frac{1}{\rho_2}}{\frac{1-\mu_1^2}{E_1}+\frac{1-\mu_2^2}{E_2}}} \qquad (3-47)$$

接触疲劳强度条件为

$$\sigma_H \leq [\sigma_H] \qquad (3-48)$$

式中，E_1，E_2——两圆柱体材料的弹性模量；
μ_1，μ_2——两圆柱体材料的泊松比；
L——接触宽度。

取综合曲率半径 ρ_v 为 $\frac{1}{\rho_v}=\frac{1}{\rho_1}\pm\frac{1}{\rho_2}$，正号用于外接触，负号用于内接触，如图 3-21（b）所示。

当两圆柱体为钢制时，$E_1=E_2=E$；$\mu_1=\mu_2=0.3$；取 $\frac{F}{L}=q$，则 $\sigma_H=0.418\sqrt{\frac{qE}{\rho_v}}$。

当接触点（线）连续改变位置时，对于零件上任一点处的接触应力只能在 $0\sim\sigma_H$，因此，接触应力是一个脉动循环应力。在做接触疲劳计算时，极限应力也应是脉动循环的极限接触应力。

接触疲劳的规律与拉压及弯曲的高周循环疲劳的规律类似，即在一规定的应力循环次数 N 时，不产生接触疲劳破坏的最大应力 σ_H 为该材料的接触疲劳极限。σ_H 与 N 之间的关系式为

$$\sigma_H^m N = C \qquad (3-49)$$

根据实验，各种材料的接触疲劳曲线也与图 3-4 所示的曲线类似。同样也可以确定一个循环基数 N_0，其对应的接触疲劳极限用 σ_{Hlim} 表示，则有

$$\sigma_H^m N = \sigma_{Hlim}^m N_0 \qquad (3-50)$$

设计计算时所采用的接触疲劳极限应力 σ_{Hlim}，可以用实验的方法来确定，也可用接触疲劳极限与材料的表面硬度的经验关系式求得。

习 题

3-1 稳定变应力有哪几种类型？它们的变化规律如何？

3-2 在一定循环特性下工作的金属试件，其应力循环次数与疲劳极限之间有怎样的内在联系？如何区分试件的无限工作寿命和有限工作寿命？如何计算有限寿命下工作的试件的疲劳极限？

3-3 弯曲疲劳极限的综合影响系数 K_σ 的含义是什么？它与哪几个因素有关？它对零件的疲劳强度和静强度各有什么影响？

3-4 某材料的对称循环弯曲疲劳极限 $\sigma_{-1}=180$ MPa，取循环基数 $N_0=5\times10^6$，$m=9$，试求循环次数 N 分别为 7 000、25 000、62 000 次时的有限寿命疲劳强度。

3-5 已知材料的力学性能 $\sigma_S=260$ MPa，$\sigma_{-1}=170$ MPa，$\psi_\sigma=0.2$，试绘制该材料的简化应力曲线。

3-6　有一机械零件受稳定应力的作用，其最大工作应力 $\sigma_{max} = 240$ MPa，$\sigma_{min} = -40$ MPa，材料的力学性能为 $\sigma_S = 800$ MPa，$\sigma_{-1} = 450$ MPa，$\psi_\sigma = 0.286$，零件危险截面上的 $K_\sigma = 1.03$，$\varepsilon_\sigma = 0.78$，$\beta = 1$。求：(1) 绘制材料的简化极限应力图；(2) 画出零件的极限应力图，并在图上标出零件的工作应力点和极限应力点（$r = 1$），判断该零件可能发生何种失效；(3) 计算该截面的安全系数 S_{ca}。

3-7　45 钢经调质后的性能为：$\sigma_{-1} = 300$ MPa，$m = 9$，$N_0 = 5 \times 10^6$，现以此材料作试验件进行弯曲疲劳试验，以对称循环变应力 $\sigma_1 = 450$ MPa 作用 10^4 次，$\sigma_2 = 400$ MPa 作用 2×10^4 次，试计算该事件在此条件下的实际安全系数。

第4章 摩擦、磨损及润滑概述

摩擦对多数机械来说是有害的。但对于一些靠摩擦力工作的机械零部件而言，如各种摩擦传动、螺纹连接、摩擦式离合器等，则需要增大摩擦（不过仍应减小磨损）。

我们把研究摩擦、磨损及润滑的科学与技术统称为摩擦学。利用摩擦学的知识与技术，使设计具有良好的摩擦学性能的过程称为摩擦学设计。摩擦学是一门边缘学科，它涉及流体力学、固体力学、应用数学、材料科学、物理化学、冶金学和机械工程学等多门学科。本章只简要介绍机械设计中有关摩擦学方面的一些基础知识。

§4.1 摩 擦

摩擦分为内摩擦和外摩擦两大类，发生在物质内部阻碍分子间相对运动的摩擦称为内摩擦；相互接触的两个物体做相对运动或有相对运动趋势时，在其接触表面上产生的阻碍相对运动的摩擦称为外摩擦。两物体仅有相对运动趋势时产生的摩擦称为静摩擦；两物体有相对运动时产生的摩擦称为动摩擦。按摩擦性质的不同，摩擦又分为滑动摩擦和滚动摩擦两类，两者的机理与规律完全不同。本章仅讨论滑动摩擦。

根据摩擦表面之间摩擦状态的不同，即润滑油量和油层厚度大小的不同，滑动摩擦又分为干摩擦、边界摩擦（边界润滑）、流体摩擦（流体润滑）和混合摩擦（混合润滑），如图4-1所示。

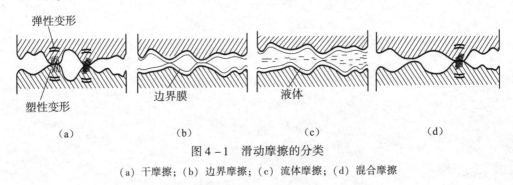

图4-1 滑动摩擦的分类
(a) 干摩擦；(b) 边界摩擦；(c) 流体摩擦；(d) 混合摩擦

4.1.1 干摩擦

两摩擦表面间无任何润滑剂或保护膜的纯净金属接触时产生的摩擦，称为干摩擦。真正的干摩擦只有在真空条件下才能见到，而在工程实际中并没有真正的干摩擦，因为暴露在大气中的任何零件的表面，不仅会因氧化而形成氧化膜，且或多或少会被含有润滑剂分子的气体所湿润或受到"污染"，这时，其摩擦系数将会显著降低。在机械设计中，通常把未经人为润滑的摩擦当作干摩擦来处理，如图4-1(a)所示。干摩擦的摩擦性质取决于配对材料的性质，其摩擦阻力和摩擦功耗最大，磨损最严重，零件的使用寿命也最短，所以应尽可能避免。

为了解释干摩擦过程中出现的各种现象，各种理论不断出现。早在17世纪到18世纪，阿蒙顿、库伦等人就对摩擦进行过研究，并提出了关于摩擦机理的理论，称为经典摩擦理论。该理论认为：

1）摩擦力的大小与接触面间的法向载荷成正比；
2）摩擦力的大小与接触面积的大小无关；
3）静摩擦力的极限力大于动摩擦力，动摩擦力的大小与滑动速度无关。库伦公式为：

$$F_f = fF_n \tag{4-1}$$

式中，F_f——摩擦力；
　　　　f——摩擦系数；
　　　　F_n——法向载荷。

在工程上，除流体摩擦外，其他几种摩擦和固体润滑都使用该公式进行计算。

目前，虽然人们对摩擦现象及其机理的研究有了很大进步，并出现了多种理论来阐明摩擦的本质，但其尚未形成统一的理论。关于干摩擦的理论还有机械啮合理论、分子吸引理论、静电力学理论及黏附理论等。对于金属材料，特别是钢，有比较多的人接受黏附理论。

机械啮合理论认为，当两个粗糙表面接触时，其接触点相互啮合，摩擦力等于啮合点间切向阻力的总和。根据该理论，接触表面越粗糙，其摩擦力就越大。但在工程实际中，当表面粗糙度值小到一定程度时，表面越光滑、接触面积越大，其摩擦力反而越大。此外，当滑动速度较高时，摩擦力还与速度有关，这些都是该理论所不能解释的一些方面。

黏附理论认为，当两个摩擦面接触时，只是其部分微凸体接触，实际接触面积 A_r（微凸体相接触所形成的微面积的总和）只有表面接触面积 A_0（两个金属表面互相覆盖的公称接触面积）的万分之一到百分之一，如图4-2所示。所以，其单位接触面积上的压力很容易达到该材料的压缩屈服极限 σ_{Sy} 而产生塑性流动，致使真实接触面积随正压力的增加而增大，不仅已接触的微凸体因变形增大而增大其接触面积，而且原来尚未接触的微凸体也会有一些残余接触来共同支撑载荷，直至真实接触面积足以支撑外力为止。由此可得

$$A_r = \frac{F_n}{\sigma_{Sy}} \tag{4-2}$$

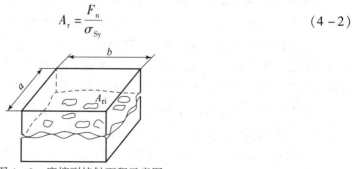

图4-2　摩擦副接触面积示意图

在其接触点受到高压力并产生塑性变形以后，脏污膜遭到破坏，很容易使两基体金属发生黏着现象，从而形成冷焊点，如图4-3（a）所示。所以当发生滑动时，必须先将结点切开。如果从原界面切开，它虽有摩擦但并不发生磨损，如图4-3（b）所示；如果剪切发生在软材料上，就要产生一定的磨损，如图4-3（c）所示。

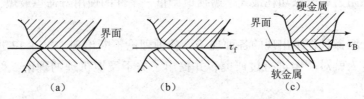

图4-3 冷焊结点及其剪切形式

上述接触面积 A_r 仅考虑了软金属的压缩屈服极限和法向载荷,这对于静态接触情况大体上是正确的。但当处于滑动摩擦状态时,还存在切向力的作用,这将引起节点处材料的流动。这时,金属材料的塑性变形取决于压应力和切应力的复合作用,接触区会出现结点增长现象,真实接触面积将增大。设 τ_{Bj} 为界面膜的剪切强度极限 τ_f 与两金属基体中较软者的剪切强度极限 τ_B 中的较小值,称其为结点的剪切强度极限,则摩擦力 F_f 为

$$F_f \approx A_r \tau_{Bj} \qquad (4-3)$$

由式 (4-1)、式 (4-2) 和式 (4-3) 可推得摩擦系数 f 为

$$f = \frac{F_f}{F_n} = \frac{\tau_{Bj}}{\sigma_{Sy}} \qquad (4-4)$$

式 (4-4) 表明:摩擦系数与表面接触面积无关;在不改变 σ_{Sy} 的前提下,设法减小 τ_{Bj},也可降低摩擦系数值。在工程实际中,根据这一理论,可以在硬金属基体表面涂敷一层极薄的软金属,则 τ_{Bj} 将减小,从而达到减小摩擦系数的作用。

4.1.2 边界摩擦

两摩擦表面各附有一层极薄的边界膜,且两表面仍是凸峰接触的摩擦状态称为边界摩擦。与干摩擦相比,其摩擦状态有很大改善,其摩擦和磨损的程度取决于边界膜的性质、材料表面的机械性能和表面形貌。

当两摩擦表面存在润滑油时,由于润滑油中的脂肪酸是一种极性化合物,故它的极性分子能牢固地吸附在金属表面上。单分子膜吸附在金属表面上如图4-4 (a) 所示,图中"。"为极性原子团。这些单分子膜整齐地呈横向排列,很像一把刷子。边界摩擦类似两把刷子间的摩擦,其模型如图4-4 (b) 所示。吸附在金属表面的多层分子膜的模型如图4-4 (c) 所示。分子层距离金属表面越远,其吸附能力越弱,抗剪切强度越低,当到达若干层以后,它就不再受约束。因此,其摩擦因数将随着层数的增加而下降,三层时的摩擦因数要比一层时的降低约一半。比较牢固地吸附在金属表面上的分子膜,称为边界膜。边界膜极薄,其中一个分子的长度约为 2 nm (1 nm = 10^{-9} m)。如果边界膜有10层,其厚度也仅有 0.02 μm。由于两金属表面的粗糙度之和一般都超过边界膜的厚度,所以当发生边界摩擦时,不能完全避免金属的直接接触,这时仍有微小的摩擦力产生,其摩擦因数通常约为0.1,同时摩擦面的磨损也是不可避免的。

按边界膜的形成机理,边界膜可分为两类,即吸附膜(物理吸附膜和化学吸附膜)和化学反应膜。由润滑油中脂肪酸的极性分子与金属表面相互吸引所形成的吸附膜称为物理吸附膜;由润滑油中的分子通过化学键力作用而吸附在金属表面上所形成的吸附膜称为化学吸附膜。润滑剂中含有以原子形式存在的硫、氯、磷,在较高的温度(通常在150 ℃ ~200 ℃)

下，这些元素与金属发生化学反应从而产生硫、氯、磷的化合物，并在润滑油与金属界面处形成薄膜，称为化学反应膜。

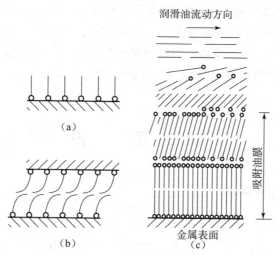

图 4-4 边界膜摩擦模型

温度对物理吸附膜的影响较大，物理吸附膜的吸附强度随温度的升高而降低，当其达到一定温度后，吸附膜发生软化、失向及脱吸现象，甚至完全被破坏，故物理吸附膜适宜在常温、轻载、低速下工作。

化学吸附膜的吸附强度比物理吸附膜高，且稳定性好，其受热后的熔化温度也较高，故化学吸附膜适宜在中等载荷、速度、温度下工作。

化学反应膜的厚度较厚，由它所形成的金属盐具有较低的抗剪切强度和较高的熔点，它比前两种吸附膜更稳定，故化学反应膜更适用于重载、高速和高温下工作的摩擦副。其性能和添加剂与金属发生化学反应的性质有关。

提高边界膜的强度可以采取以下措施：合理选择摩擦副的材料和润滑剂，降低表面粗糙度，在润滑剂中加入油性添加剂和极压添加剂。

4.1.3 流体摩擦

流体摩擦是指两摩擦表面完全被液体层隔开，表面凸峰不直接接触的摩擦。此种润滑状态也称为液体润滑，其摩擦是在液体内部的分子之间进行的，故其摩擦系数极小（油润滑时为 0.001~0.008）。此时，摩擦表面不会产生磨损，是理想的摩擦状态。

4.1.4 混合摩擦

两表面间同时存在干摩擦、边界摩擦和流体摩擦的状态称为混合摩擦。随着摩擦面间油膜厚度的增加，其表面微凸体直接接触的面积减小，油膜承载的比例随之增大。研究表明，在混合摩擦时，可用膜厚比 λ 来估算微凸体与油膜各自分担载荷的情况，即

$$\lambda = \frac{h_{\min}}{\sqrt{R_{q_1}^2 + R_{q_2}^2}} \tag{4-5}$$

式中，$h_{\min}$——两表面间的最小工程油膜厚度，μm；

R_{q_1}, R_{q_2}——两表面轮廓的均方根偏差，μm。$R_q = (1.20 \sim 1.25) Ra$，$Ra$ 为表面粗糙度值，μm。

当 $\lambda < 0.4$ 时，为边界摩擦，载荷完全由微凸体承担；当 $0.4 \leq \lambda \leq 3$ 时，为混合摩擦；随着 λ 的增大，油膜承载的比例也增大，当 $\lambda = 1$ 时，微凸体承担的载荷约为总载荷的 30%，所以在一定条件下，混合摩擦能有效地降低摩擦阻力，其摩擦因数要比边界摩擦小得多，但因其表面间仍有微凸体直接接触，不可避免地仍有磨损存在；当 $\lambda > 3 \sim 5$ 后，则为液体摩擦。

§4.2 磨 损

4.2.1 磨损过程的分析

摩擦导致零件表面材料的逐渐丧失或转移，即形成磨损。磨损会改变零件的尺寸和形状，降低零件工作的可靠性，影响机器的效率，甚至会导致机器提前报废。因此，机械设计时应考虑如何避免或减缓磨损，以保证机器达到预期寿命。磨损量可用体积、质量或厚度来衡量。我们通常把单位时间内材料的磨损量称为磨损率，用 ε 表示。磨损率是研究磨损的重要参数。耐磨性是指磨损过程中材料抵抗脱落的能力，通常用磨损率的倒数表示。另外，还应当指出，磨损也不都是有害的，工程上有不少利用磨损作用的场合，如精加工中的磨削及抛光、机器的"磨合"过程等都是磨损有利的一面。

在一定的磨损条件下，一个零件的磨损过程大致可分为三个阶段，即跑和磨损阶段、稳定磨损阶段和剧烈磨损阶段，如图 4-5 所示。

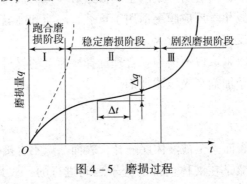

图 4-5 磨损过程

跑和又称为磨合，是指机器使用前或使用初期以改善机器零件的适应性、表面形貌和摩擦相容性为特征的运行过程。由于机器加工后的表面总会存在一点表面粗糙度，在磨合阶段的初期，只有很少的微凸体接触，摩擦副的实际接触面积较小，压强较大，故磨损迅速。随着磨合的进行，其实际接触面积增大，磨损速度逐渐减缓。在磨合期，应由轻至重缓慢加载，并注意润滑油的清洁，防止杂物进入摩擦面之间而造成严重磨损或剧烈发热。磨合是磨损的不稳定阶段，在整个工作实际中所占比例很小。磨合阶段结束后，润滑油应全部更新。

正常情况下，零件经过磨合期后即进入稳定磨损阶段，在稳定磨损阶段，磨损曲线的斜率近似为一个常数，斜率越小，磨损率越小。在稳定磨损阶段，零件的工作时间即为零件的使用寿命，磨损率越小，零件的使用寿命越长。

剧烈磨损阶段即零件表面的失效阶段。零件工作一定时间后，其精度下降，间隙加大，润滑状态恶化，磨损速度急剧加快，从而产生振动、冲击和噪声，导致零件迅速报废。因此，一旦进入该阶段，就必须及时停机进行维修。

值得注意的是，当零件经过跑合期进入稳定磨损阶段时，如果其在初期压力过大，速度过高，润滑不良，则会立即转入剧烈磨损阶段，如图4-5中虚线所示，这种情况必须避免。

设计或使用机器时，应力求缩短磨合期，延长稳定磨损期，推迟剧烈磨损期的到来。

4.2.2 磨损的分类

目前，关于磨损尚无统一的分类方法，但大体可将其分类方法概括为两类：一类是根据磨损结果对磨损表面外观的描述，可分为点蚀磨损、胶合磨损、擦伤磨损等；另一类是根据磨损机理，分为黏着磨损、磨粒磨损、疲劳磨损、腐蚀磨损等。本节只对后一种磨损分类方式进行简要说明。

1. 黏着磨损

当零件表面相互接触时，实际上只有少数凸起的峰顶存在接触，它因受压力而产生弹、塑性变形，从而导致摩擦表面的吸附膜和脏污膜被破坏，同时因摩擦而产生高温，造成基体金属的"焊接"现象，使接触峰顶牢固地黏着在一起，当摩擦表面发生相对运动时，材料便从一个表面转移到另一个表面，形成黏着磨损。这种被转移的材料，有时也会再附着到原来的表面上去，出现逆转移，或脱离所黏着的表面而成为游离颗粒。载荷越大，表面温度越高，黏着现象越严重。严重的黏着磨损会导致运动副咬死。这种磨损是金属摩擦副之间最普遍的一种磨损形式。

为了减轻黏着磨损，可采取以下几种措施：

1）合理选择配对材料。相同的金属的互溶性强，它比不同的金属的黏着倾向大；多相金属比单相金属的黏着倾向小；脆性材料比塑性材料的黏着能力强。对金属进行表面处理（如表面热处理、电镀、喷涂等），可防止黏着磨损的发生。

2）限制摩擦表面的温度，采取合适的散热措施，防止油膜破裂及金属发生熔焊。

3）采用含油性和极压添加剂的润滑油。

4）控制表面压强。

2. 磨粒磨损

从外部进入摩擦面间的游离硬质颗粒（如尘土或磨损造成的金属微粒）或坚硬的轮廓峰尖，在较软的材料表面上犁刨出很多沟纹而引起材料脱落，这样的微切削过程称为磨粒磨损。磨粒磨损与摩擦副材料的硬度和磨粒的硬度有关。

3. 疲劳磨损

在变应力作用下，如果该应力超过材料相应的接触疲劳极限，就会在摩擦副表面或表面以下一定深度处形成疲劳裂纹，随着裂纹的扩展及相互连接，金属微粒便会从零件的工作表面上脱落，导致表面出现麻点状损伤的现象，即形成疲劳磨损或称为疲劳点蚀。为了提高零件表面的疲劳寿命，除合理选择摩擦副的材料外，还应注意采取以下几项措施：

1）合理选择零件接触表面的粗糙度。一般情况下，表面粗糙度数值越小，疲劳寿命越长。

2）合理选择润滑油的黏度。黏度越低的油越易渗入裂纹，加速裂纹扩展。黏度高的润滑油有利于接触应力的均匀分布,并能提高抗疲劳能力。在润滑油中加入极压添加剂或固体润滑剂能提高接触表面的抗疲劳性能。

3) 合理选择零件接触面的硬度。以轴承钢为例,其硬度为 62 HRC 时,抗疲劳磨损能力最高,增加或降低其表面硬度,寿命都会产生较大地降低。

4. 腐蚀磨损

在摩擦过程中,摩擦表面与周围介质(如空气中的酸、润滑油等)发生化学反应或电化学反应而引起的表面损伤,即腐蚀与磨损同时起作用的磨损称为腐蚀磨损。摩擦表面与环境中有腐蚀性的液体、气体或与润滑油中残存的少量有机酸和水分发生化学或电化学反应,并在相对运动中造成材料损失,这实际是化学腐蚀与机械磨损相继进行的过程。常见的腐蚀磨损有氧化磨损和特殊介质腐蚀磨损两类。

在氧化磨损中,氧化膜的生成速度与时间成指数规律下降,当磨损速度小于氧化速度时,则氧化膜起保护摩擦面的作用;当磨损速度大于氧化速度时,则极易发生磨损。氧化磨损一般比较缓慢,但在高温、潮湿环境中其后果较为严重。

金属表面有可能与酸、碱、盐等特殊介质发生作用而形成腐蚀磨损,其磨损机理与氧化磨损的机理相似,但其磨损速度较快。其磨损颗粒是金属与周围介质的化合物。在摩擦表面上沿滑动方向也有腐蚀磨损的痕迹,且一般比氧化磨损的痕迹深。

为了防止或减轻腐蚀磨损,应选择抗腐蚀能力强的材料。另外,应注意降低零件工作表面的温度,选择适当的润滑油种类及合理使用添加剂(如抗氧化剂、抗腐蚀剂)等方法都是提高抗腐蚀磨损的有效措施。

除上述四种基本磨损类型外,还有一些磨损现象可视为基本磨损类型的派生或复合,如微动磨损和浸蚀磨损等。

大多数磨损常以复合形式出现,微动磨损就是一种典型的复合磨损。这种磨损发生在名义上相对静止,而实际上存在微幅的相对切向振动的两个紧密接触的表面上,如轴孔的过盈配合面、螺纹连接、花键连接等。微动磨损的过程如下:

1) 接触压力使接触表面上承载凸峰塑性变形,产生黏着,微幅振动将黏着结点剪切,并产生磨屑;

2) 产生的磨屑和被剪切形成的新表面又逐渐被氧化,产生红褐色的 Fe_2O_3 氧化磨屑;

3) 这些磨屑起着磨粒的作用,使接触表面间产生磨粒磨损。如此循环不止,这就是微动磨损的过程。

由此可见,这种磨损是黏着磨损、腐蚀磨损和磨粒磨损复合作用的结果。

防止微动磨损的关键在于阻止接触面间的相对滑动。通过提高摩擦因数来防止滑动,就可以抑制微动磨损。有时可以在两摩擦面之间添加一种软材料(如橡胶、聚四氟乙烯垫圈)来吸收切向位移。润滑可以改善零件抗微动磨损的耐磨性,因为润滑剂可以将接触面隔开,减小黏着力,并防止零件表面发生氧化。采用极压添加剂或固体润滑剂都有利于降低微动磨损。

当零件与液体接触并做相对运动时,在液体与零件接触处的局部压力比其饱和蒸发压力低的情况下将会形成气泡。同时,溶解在液体中的气体也可能析出,形成气泡。当气泡运行到高压区,该区压力超过气泡压力时,气泡溃灭,瞬间产生极大的冲击力及高温。气泡形成和溃灭的反复作用,使零件表面产生疲劳破坏,形成麻点,进而扩展成海绵状空穴,这种磨损叫作气蚀磨损。如在水泵零件、水轮机叶片、燃气蜗轮机叶片、火箭发动机的尾喷管及船舶螺旋桨等处，经常发生气蚀磨损。

冲蚀磨损是指由流动的液体或气体中所夹带的硬物质、硬质颗粒或流体本身的冲蚀作用引起的磨损。气蚀磨损与冲蚀磨损统称为浸蚀磨损，它们都可视为疲劳磨损的一种派生形式。

一般说来，如果材料具有良好的抗腐蚀性，又具有较高的强度及韧性（如不锈钢），则其抗气蚀能力较好。反之，如低碳钢、铸铁等则极易遭到气蚀破坏。非金属材料如橡胶、尼龙等具有一定的抗气蚀能力。改进机件的外形结构，使其在运动时不产生或少产生涡流，并消除产生气蚀的条件，这些都是提高抗气蚀能力的有效措施。

§4.3 润滑剂、添加剂和润滑方法

4.3.1 润滑剂

润滑剂不仅可以改善摩擦状态、减小摩擦、减轻磨损，保护零件不遭受锈蚀，而且在采用循环润滑时还能起到散热作用。此外，润滑油膜还具有缓冲、吸振的能力。使用润滑脂，既可以防止内部润滑剂外泄，又可阻止外部杂质侵入，从而避免加剧零件的磨损，起到密封作用。

润滑剂可分为液体润滑剂、半固体润滑剂、固体润滑剂以及气体润滑剂四种基本类型。其中以液体润滑剂的应用最为广泛。在液体润滑剂中应用最广泛的是润滑油，包括有机油、矿物油、合成油和各种乳剂。半固体润滑剂主要是指各种润滑脂，它是润滑油和稠化剂的稳定混合物。固体润滑剂是可以形成固体膜以减小摩擦阻力的物质，如石墨、二硫化钼和聚四氟乙烯等。任何气体都可以成为气体润滑剂，其中应用得最多的是空气，它主要应用于高速、轻载的场合，如磨床高速磨头的空气轴承。

1. 液体润滑剂

液体润滑剂主要包括有机油、矿物油和合成油。有机油主要是指动植物油，它含有较多的硬脂肪酸，边界润滑时具有很好的润滑性能，但其来源有限，价格较高，稳定性较差，所以使用不多，常作为添加剂使用。矿物油主要是石油产品，它具有来源广泛、成本低廉、稳定性好、黏度大小范围宽以及防腐蚀性强等特点，故应用最多。合成油是通过化学合成方法制成的新型润滑油，它能满足矿物油所不能满足的某些特殊要求，如高温、低温、高速以及重载等，它主要是针对某种特殊需要而生产的，适应面窄，成本高，故一般机器中很少使用。

矿物油类润滑油按使用场合分为全损耗系统用油（A）、齿轮油（C）、压缩机油（D）、内燃机油（E）、液压油（H）及主轴、轴承和离合器油（F）等19组。根据其用途每类又可分为若干种。每种润滑油又按质量、使用条件和用途分为几个等级，每个等级有不同的牌号。

润滑油的主要性能指标有以下几个方面。

（1）黏度

黏度是流体流动时内摩擦力的量度，是润滑油选用的基本参数。黏度越高，其内摩擦力越大，流动性越差。黏度是选择润滑油的依据。黏度常用的表示方法有三种。

1）动力黏度。如图4-6所示，在两个平行平板间充满具有一定黏度的润滑油，若平板A以速度v移动，另一平板B静止不动，那么黏性流体流动模型可看成是许多极薄的流体层之间的相对滑动。由于分子与平板表面的吸附作用，将使紧贴A板的油层以同样的速度（$u=v$）随A板移动，而紧贴B板的油层则静止不动（$u=0$），其他各层的流速沿y轴方向依次减小，并按线性变化，其速度的变化率$\frac{\partial u}{\partial y}$称为速度梯度。

相邻的油层间由于速度差将产生相对滑移，因而在各层的界面上就存在抵抗位移的切应力τ。牛顿于1687年提出黏性流体的摩擦定律（简称黏性定律），即在流体中任意一点处的切应力均与该处流体的速度梯度成正比，即

$$\tau = -\eta \frac{\partial u}{\partial y} \tag{4-6}$$

式中，τ——流体单位面积上的剪切阻力，即切应力，MPa；

η——比例常数，流体的动力黏度；

$\frac{\partial u}{\partial y}$——流体沿垂直于运动方向（即沿图4-6所示中$y$轴方向或流体油膜厚度的方向）的速度梯度，式中"-"号表示u随y的增大而减小。

摩擦学中把凡是服从这一黏性定律的流体都称为牛顿液体。

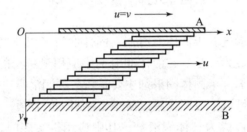

图4-6 平行平板间流体的层流流动

在国际单位制（SI）中，动力黏度的单位是Pa·s。如图4-7所示，长、宽、高各为1 m的液体，其上、下面发生1 m/s的相对滑动速度需要的切向力为1 N时，该液体的动力黏度为1 N·s/m²或1 Pa·s（帕·秒）。在绝对单位制（CGS）中，动力黏度的单位为dyn·s/cm²，记为P（泊），常用它的1%作为黏度单位，记为cP（厘泊），即1 P = 100 cP。

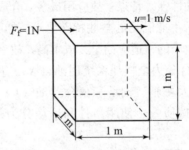

图4-7 流体的动力黏度示意图

P和cP与Pa·s的换算关系为

$$1\text{ P} = 10^{-1}\text{ Pa·s}, \quad 1\text{ cP} = 10^{-3}\text{ Pa·s}$$

2) 运动黏度。在工程中,常用动力黏度 η（单位为 Pa·s）与同等温度下该流体密度 ρ（单位为 kg/m³）的比值表示黏度,称为运动黏度 ν（单位为 m²/s）,即

$$\nu = \frac{\eta}{\rho} \qquad (4-7)$$

对于矿物油,其密度 $\rho = 850 \sim 900$ kg/m³。

在 CGS 制中,运动黏度的单位是 St（斯）,1 St = 1 cm²/s。百分之一 St 称为 cSt（厘斯）,它们之间的换算关系如下:

$$1 \text{ St} = 1 \text{ cm}^2/\text{s} = 100 \text{ cSt} = 10^{-4} \text{ m}^2/\text{s}, \quad 1 \text{ cSt} = 10^{-6} \text{ m}^2/\text{s} = 1 \text{ mm}^2/\text{s}$$

GB/T 3141—1994 中规定,采用润滑油在 40 ℃时的运动黏度中心值作为润滑油的黏度等级。润滑油的实际运动黏度应在相应中心黏度值的 ±10% 偏差以内。常用工业润滑油的黏度分类及相应的运动黏度值见表 4-1。例如,牌号为 L-AN15 的全损耗系统用油在 40 ℃时的运动黏度中心值为 15 mm²/s。

表 4-1 常用工业润滑油的黏度分类及相应的黏度值（摘自 GB/T 3141—1994）　mm/s²

黏度等级	运动黏度 ν_{40}		黏度等级	运动黏度 ν_{40}		黏度等级	运动黏度 ν_{40}	
	中心值	范围		中心值	范围		中心值	范围
2	2.2	1.98~2.42	22	22	19.8~24.2	220	220	198~242
3	3.2	2.88~3.52	32	32	28.8~35.2	320	320	288~352
5	4.6	4.14~5.06	46	46	41.4~50.6	460	460	414~506
7	6.8	6.12~7.48	68	68	61.2~74.8	680	680	612~748
10	10	9.0~11.0	100	100	90.0~110	1 000	1 000	900~1 100
15	15	13.5~16.5	150	150	135~165	1 500	1 500	1 350~1 650

3) 条件黏度。条件黏度是在一定条件下,利用某种规格的黏度计,通过测定润滑油穿过规定孔道的时间来进行计量的黏度。我国常用恩氏黏度作为条件黏度的单位,即 200 cm³ 试验油在规定温度下（一般为 20 ℃、50 ℃、100 ℃）流过恩氏黏度计的小孔所需的时间与同体积蒸馏水在 20 ℃时流过同一孔所需时间的比值,用符号 °E_t 表示,其中下角标 t 表示测定时的温度。美国常用赛氏通用秒（SUS）、英国习惯用雷氏秒（R）作为条件黏度的单位。运动黏度 ν_t（cSt）与条件黏度 η_E（°E）可按下列关系式进行换算（ν_t 指平均温度为 t 时的运动黏度）:

$$\left. \begin{array}{l} \text{当 } 1.35 < \eta_E < 3.2 \text{ 时}, \quad \nu_t = 0.8\eta_E - \dfrac{8.64}{\eta_E} \\ \text{当 } \eta_E \geq 3.2 \text{ 时}, \quad \nu_t = 0.76\eta_E - \dfrac{4.0}{\eta_E} \\ \text{当 } \eta_E \geq 16.2 \text{ 时}, \quad \nu_t = 7.41\eta_E \end{array} \right\} \qquad (4-8)$$

各种流体的黏度,特别是润滑油的黏度会随温度的变化而变化得十分明显。由于油的成分及纯净程度不同,很难用一个解析式来表达各种润滑油的黏—温关系。图 4-8 所示为几

种常见润滑油的黏—温曲线。润滑油的黏度受温度影响的程度可用黏度指数（Ⅵ）表示，黏度指数值越大，表示黏度随温度的变化量越小，即黏—温性能越好。Ⅵ≤35 为低黏度指数；Ⅵ>35~85 为中黏度指数；Ⅵ>85~110 为高黏度指数；Ⅵ>110 为很高黏度指数。

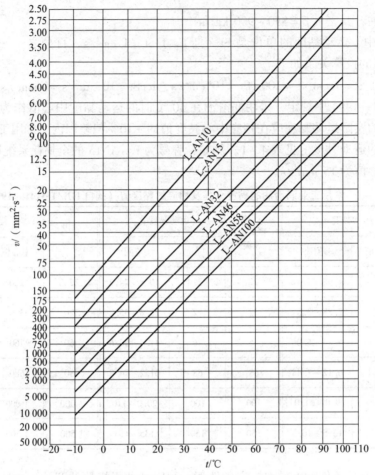

图 4-8 几种常见润滑油的黏—温曲线

压力对流体的影响分为两方面：一方面是流体的密度随压力的增加而增大，不过对所有的润滑油而言，当压力在 100 MPa 以下时，每增加 20 MPa 的压力，油的密度才增加 1%，可见，这种影响非常小，可不予考虑；另一方面是压力对流体黏度的影响，只有当压力超过 20 MPa 时，黏度才随压力的增加而增大，高压时这种情况则更为显著。在一般的润滑条件下（压力不超过 20 MPa），也同样不予考虑。但在弹性流体动力润滑中，这种影响变得十分重要，必须加以考虑。

润滑油的黏度大小不仅直接影响摩擦副的运动阻力，而且对润滑油膜的形成及承载能力起到决定性的作用。

（2）润滑性（油性）

润滑性是指润滑油中的极性分子与金属表面吸附形成油膜以减小摩擦和磨损的性能。润滑性越好，油膜与金属表面的吸附能力就越强。在低速、重载或润滑不充分的场合，润滑性具有特别重要的意义。

(3) 极压性

极压性是指在加入含硫、磷、氯的有机性化合物后,油中的极性分子在金属表面生成抗磨、耐高压的化学反应边界膜的性能。在重载、高速、高温的条件下,极压性可改善边界润滑性能。

(4) 闪点

油在标准仪器中加热所蒸发的油气一遇火焰即能发出闪光时的最低温度,称为油的闪点。它是衡量油的易燃性的指标。对于在高温下工作的机器,这是润滑油的一个十分重要的指标。通常应使机器的工作温度比油的闪点低 20 ℃~30 ℃。

(5) 凝点

凝点是指润滑油在规定条件下不能再自由流动时的最高温度。它是衡量润滑油低温性能的重要指标,直接影响到机器在低温下的启动性能和磨损情况。通常工作环境的最低温度应比润滑油的凝点高 5 ℃~7 ℃。

(6) 氧化稳定性

从化学意义上讲,矿物油是很不活泼的,但当它们暴露在高温气体中时,也会发生氧化并生成硫、磷、氯的酸性化合物。这是一些胶状沉积物,它们不但能腐蚀金属的表面,而且会加剧零件的磨损。

2. 润滑脂(半固体润滑剂)

润滑脂是在润滑油中加入稠化剂(如钙、锂、钠的金属皂基)而制成的膏状混合物,又称黄油或干油。

按用途不同,润滑脂可分为以下几类:

1) 抗磨润滑脂,主要用于改善摩擦副的摩擦状态以减缓磨损。

2) 防护润滑脂,用于防止零件和金属制品的腐蚀。

3) 密封润滑脂,主要用于密封真空系统、管道配件和螺纹连接。

根据调质润滑脂所用皂基的不同,润滑脂可分为以下几类:

1) 钙基润滑脂,具有良好的抗水性,但其耐热能力差,工作温度不宜超过 55 ℃~65 ℃。

2) 钠基润滑脂,具有较高的耐热性,工作温度可达 120 ℃,但其抗水性差,能与少量水乳化,从而保护金属表面免遭腐蚀。它比钙基润滑脂防锈能力强。

3) 锂基润滑脂,既能抗水,又耐高温(工作温度不宜超过 145 ℃),且具有较好的机械稳定性,是一种多用途的润滑脂。

4) 铝基润滑脂,具有良好的抗水性,对金属表面有很高的吸附能力,可起到很好的防锈作用。

此外,润滑脂还包括各种复合润滑脂和高温润滑脂等,详见 GB 7631.8—1990。

润滑脂的主要性能指标有如下两项:

(1) 锥入度(或稠度)

润滑脂在外力作用下抵抗变形的能力称为锥入度。它是指用一个重 1.5 N 的标准锥体,在 20 ℃ 恒温下,由润滑脂表面经 5 s 后刺入的深度(以 0.1 mm 计)。它标志着内阻力的大小和流动性的强弱,是润滑脂的一项重要指标。锥入度越小表明润滑脂越稠,越不易从摩擦表面被挤出,其承载能力也越强,密封性也越好。但摩擦阻力越大,润滑脂越不易被填充到较小的摩擦间隙中去。润滑脂的牌号就是该润滑脂的锥入度等级，其按锥入度自大到小分为0~9号，共10个牌号。号数越大，锥入度越小，润滑脂越稠，常用的是0~4号。

(2) 滴点

在规定的加热条件下，润滑脂从标准测量杯的孔口滴下第一滴液态油时的温度称为润滑脂的滴点，它决定了润滑脂的工作温度。选择润滑脂时，工作温度至少应低于滴点20 ℃。

此外，润滑脂的指标还包括水分、灰分、机械杂质等性能指标。

与润滑油相比，润滑脂的优点是密封简单，无须经常添加，载荷、速度、温度的变化对其影响不大；其缺点是摩擦损耗大，机械效率低，因此，它常用于低速、受冲击载荷或间歇运动的场合。

3. 固体润滑剂

固体润滑剂是利用固体粉末或薄膜将摩擦表面隔开，以达到降低摩擦、减轻磨损的目的。它主要用于怕污染、不易维护和特殊工况（如载荷极大、速度极低、低温、高温、抗辐射、太空或真空等）中。固体润滑剂的材料有无机化合物、有机化合物和软金属等。无机化合物包括石墨、二硫化钼、二硫化钨、硼砂、一氮化硼和硫酸银等。石墨和二硫化钼都是惰性物质，其热稳定性好。有机化合物包括聚合物、金属皂、动物腊和油脂等，聚合物包括聚四氟乙烯、聚氯氟乙烯、尼龙等。软金属包括铅、金、银、锡和铟等。

使用固体润滑剂时，通常将润滑剂粉末与黏结剂调成混合物，用擦涂或粘接的方法在摩擦表面上形成一层 $0.1 \sim 10.0~\mu m$ 的光滑薄膜。黏接剂包括环氧树脂、丙烯树脂、酚醛树脂、玉米糖浆和硅酸钠等。我们也可将固体粉末分散于油或脂中使用。软金属固体润滑剂可用真空沉积、化学喷涂和电镀等方法获得软金属膜，膜厚为 $0.25 \sim 1.00~\mu m$，它主要用于真空和高温场合。

4. 气体润滑剂

空气、氢气、氮气、水蒸气、其他工业气体以及液态金属蒸气等都可以作为气体润滑剂。其中，最常用的是空气，它对环境没有污染。气体润滑剂由于黏度很低，所以摩擦阻力极小，温升也很低，故特别适用于高速场合。由于气体的黏度随温度的变化量很小，所以它能在低温（−200 ℃）或高温（2 000 ℃）环境中应用。但气体润滑剂的气膜厚度和承载能力都较小。

4.3.2 添加剂

在普通的润滑剂中加入某些分量虽少（从百万分之几到百分之几），但却对润滑剂的性能改善起到巨大作用的物质，这些物质称为添加剂。使用添加剂是改善润滑剂性能的重要手段。

1. 添加剂的种类

添加剂的种类很多，常用的有油性添加剂、极压添加剂、分散净化剂、消泡添加剂、抗氧化添加剂、降凝剂和增黏剂等。

在重载摩擦副中，常用极压添加剂，它能在高温下分解出活性元素并与金属表面发生化学反应，生成一种低抗剪切强度的金属化合物薄膜，以增强抗黏着能力。油性添加剂也称为边界润滑添加剂，它由极性很强的分子组成，在常温下也能吸附在金属表面而形成边界膜。若在润滑油中同时加入油性添加剂和极压添加剂，则在低温时可以靠油性添加剂的油性来获得减摩性，而在高温时则可以靠极压添加剂的化学反应膜来得到良好的减摩性。

2. 添加剂的作用

润滑剂中的各种添加剂能与油或金属发生不同的物理、化学反应以提高润滑性能。添加剂的作用有以下几方面：

1）提高润滑剂的油性、极压性和在极端工作条件下更有效工作的能力。
2）推迟润滑剂的老化变质，延长其正常使用寿命。
3）改善润滑剂的物理性能，如降低凝点、消除泡沫、提高黏度、改善其黏—温特性等。

4.3.3 润滑方法

合理选择和设计机械设备的润滑方法、润滑系统和装置对设备保持良好的润滑状态和工作性能，以及获得较长的使用寿命都具有重要的现实意义。

1. 润滑油润滑时的润滑方法及润滑装置

目前，机械设备所使用的润滑方法主要有分散润滑和集中润滑两大类。按润滑方式，集中润滑又分为全损耗润滑系统、循环润滑系统及静压系统三种基本类型。其中全损耗润滑系统是指润滑剂输送到润滑点以后，不再回收循环使用，这种系统常用于润滑剂回收困难或无须回收、需油量很小或难以安装油箱或油池的场合。而循环润滑系统的润滑剂送至润滑点进行润滑以后，又流回油箱再次循环使用。静压系统则是用于静压流体润滑的润滑系统。

（1）手工加油润滑

手工加油润滑每隔适当的时间，由操作人员利用油壶或油枪向油杯内注油，或直接将油加在摩擦面上，这种润滑方式只能做到间歇润滑。图4-9所示为压配式注油杯，图4-10所示为旋套式注油杯。该种润滑方法简单，但维护工作量较大。由于完全是靠手工操作，若操作人员忘记及时加油则易造成发热磨损，还容易污染润滑部位。另外，手工加油不能控制油量，送油不均匀，送油的连续性和油的利用率极差。所以这种方法只适用于小型、低速或间歇运动的摩擦副，如开式齿轮、链等。

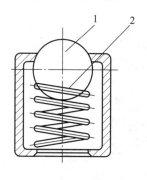 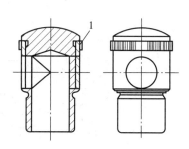

图4-9 压配式注油杯　　　　图4-10 旋套式注油杯
1—钢球；2—弹簧　　　　　　　1—旋套

（2）滴油润滑

如图4-11所示的针阀油杯和油芯油杯都可以做到连续滴油润滑。针阀油杯通过使手柄竖起或卧倒来控制针阀的启闭，通过调节螺母可调节油滴速度来改变供油量，并且在停车时扳倒油杯上端的手柄即可停止供油。油芯油杯利用油绳的毛细管和虹吸作用向摩擦面供油，它在停车时仍会继续供油,这样会引起无用的消耗;其供油量不大,且不宜调节供油量。

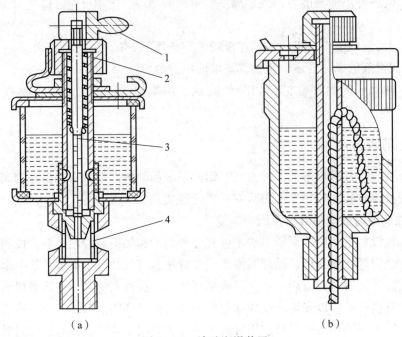

图4-11 滴油润滑装置
(a) 针阀油杯;(b) 油芯油杯
1—手柄;2—调节螺母;3—针阀;4—观察孔

(3) 油环润滑

图4-12所示为油环润滑,其装置为油环套在轴颈上,且下部浸在油中。当轴颈转动时会带动油环转动,并将油带到轴颈表面进行润滑。轴颈转速过高或过低时,油环所带的油量都会不足。油环润滑通常用于连续运转和工作稳定的水平放置的轴承,其转速范围为50~3 000 r/min。油环润滑的结构简单,供油充分且耗油量小。

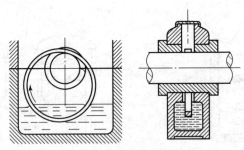

图4-12 油环润滑

(4) 油池和飞溅润滑

如图4-13所示,油池润滑是指在闭式传动中,利用浸在油池中的回转件(如齿轮)将润滑油带到摩擦表面进行润滑的方式。飞溅润滑是利用旋转零件飞溅出来的油滴来润滑摩擦表面的方法,如图4-13所示的减速器中的支承齿轮轴的轴承,往往就是借助齿轮旋转时溅起的油雾进行润滑的。

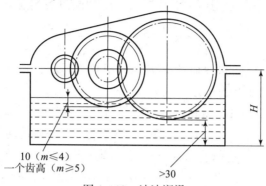

图 4-13 油池润滑

（5）压力循环润滑

利用油泵将润滑油经过管路输送到润滑部位进行润滑的方式，称为压力供油润滑。循环润滑不但润滑可靠，同时还能起到冷却与冲洗的作用。但这种润滑装置结构复杂，成本较高。因此，它常用于重载、高速或载荷变化较大的重要机器设备中。

2. 润滑脂润滑时的润滑方法及润滑装置

脂润滑只能间歇地供应润滑脂。一般是在装配机械时将润滑脂装填入润滑部位或用压力将润滑脂从外部挤进润滑部位。如图 4-14 所示的旋盖式油脂杯是应用最广的脂润滑装置。杯中装满润滑脂后，旋动上盖即可将润滑脂挤入润滑部位中。有的设备也使用油枪向润滑部位补充润滑脂。

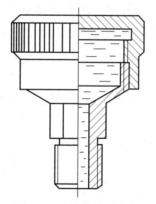

图 4-14 旋盖式油脂杯

3. 润滑剂的选择

选用润滑剂时，既要考虑具体零部件对润滑性能的要求，又要考虑具体工况对润滑剂的影响。

（1）润滑油的选用

选用润滑油主要是需要确定油品的种类及牌号。通常根据机械设备的工作条件、载荷和速度，先确定合适的黏度范围，再选择合适的润滑油品种。其具体的选择原则包括以下几方面：

1）高温、重载、低速，或工作中有冲击、振动、运转不平稳，并经常启动、停车、反转、变载，或摩擦副间隙较大、表面粗糙时，应选用黏度较高的润滑油；

2）高速、轻载、低温及采用压力循环润滑、滴油润滑等情况下，应选用黏度较低的润滑油。

（2）润滑脂的选用

润滑脂在一般转速、温度和载荷情况下的应用较为广泛，特别是应用于滚动轴承的润滑。选用润滑脂的原则包括以下几方面：

1）高速重载（$P > 4.9 \times 10^3$ MPa）或有严重冲击、振动时，应选用锥入度较小的润滑脂；中等载荷（$P = 2.9 \times 10^3 \sim 4.9 \times 10^3$ MPa）和轻载时，一般选用2号脂；

2）温度、速度较高时，应选择抗氧化性好、蒸发损失小、滴点高的润滑脂；

3）对于滚动轴承，若 $dn < 75 \times 10^3$ mm·r/min（d 为轴径，n 为转速），应选用1号或2号脂；当 $dn > 75 \times 10^3$ mm·r/min 时，应选用3号脂；

4）在潮湿和有水的环境中，应选用抗水性好的润滑脂。

§4.4　流体润滑原理简介

根据摩擦面间油膜形成的原理，我们把流体润滑分为流体动压润滑和流体静压润滑两类。流体动压润滑是指利用摩擦面间的相对运动而自动将黏性流体带入摩擦面，从而建立压力流体膜把摩擦面完全隔开并平衡外载荷。流体静压润滑是指利用外部供油（气）装置，将压力流体强制送入摩擦副之间，以建立压力流体膜。当两个受力摩擦表面做相对滚动或者滚—滑运动（如滚动轴承中滚动体与内、外圈滚道之间的接触；齿轮传动中两齿轮表面间的接触等）时，若条件合适，其也能在接触处形成承载油膜。这时，接触处的弹性变形和油膜厚度会彼此影响，因而把这种润滑称为弹性流体动力润滑。

4.4.1　流体动压润滑

如图4-15所示，A、B两板间充满有一定黏度的流体且流体供应充足，$h_1 > h_2$，B板固定，A板相对于B板以一定的速度 v 向两板间开口小的方向运动，两板间流体内部便会因流体的力学特性产生高于流体入口（h_1处）和出口处（h_2处）压力的压力，称为动压力，动压力的合力将平衡A板所承受的工作载荷 F。这就是动压润滑的形成机理。

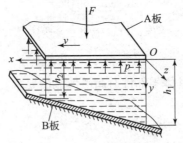

图4-15　流体动压形成原理

4.4.2　弹性流体动力润滑

流体动压润滑研究的是低副接触零件之间的润滑问题，其把零件表面视为刚体，并认为润滑剂的黏度不随压力而变化。可是在齿轮传动、滚动轴承、凸轮机构等高副接触中，两摩擦表面之间的接触应力很大，摩擦表面间会出现不能忽略的局部弹性变形。同时，在较高压力下，润滑剂的黏度也将随压力而发生变化。

弹性流体动力润滑理论是研究在相互滚动或伴有滚动的滑动条件下，两弹性物体间的流体动力润滑膜的力学性能。把计算在油膜压力下摩擦表面变形的弹性方程、表面润滑剂黏度与压力间关系的黏压方程和流体动力润滑的主要方程结合起来，以求解油膜压力分布、油膜厚度分布等问题。

图 4-16 所示为两个平行圆柱体在弹性流体动力润滑条件下，其接触面的弹性变形、油膜厚度及压力分布示意图。依靠润滑剂与摩擦表面的黏附作用，两圆柱体相互滚动时会将润滑剂带入间隙。由于接触压力较高，使接触面发生局部弹性变形、接触面积扩大，并在接触面间形成了一个平行的缝隙，在油出口处的接触面边缘出现了使间隙变小的凸起部分（一种缩颈现象），并形成最小油膜厚度，从而出现了第二峰值压力。

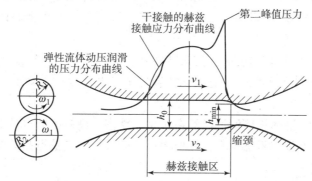

图 4-16　弹性流体动压润滑接触区的弹性变形、油膜厚度及压力分布

由于任何零件表面都具有一定的表面粗糙度，当弹性流体动力润滑的油膜很薄时，接触表面的表面粗糙度对润滑性能具有决定性的影响。所以要保证实现完全弹性流体动力润滑，其膜厚比 λ 必须大于 5。当膜厚比小于 5 时，总有少数轮廓凸峰会直接接触，这种状态称为部分弹性流体动压润滑状态。生产实际中绝大多数的齿轮传动、滚动轴承等都是在这种润滑状态下工作的。

4.4.3　流体静压润滑

流体静压润滑是靠压力流体源（如液压泵、气压泵等）将具有一定压力的流体强制送入两摩擦表面之间，当两表面之间的流体压力之和与外载荷平衡时，会将受载的运动件托起，并保持一定的流体膜。图 4-17 所示为典型的流体静压润滑系统示意图，图中液压泵 6 将润滑剂加压，通过补偿元件 5 送入摩擦副间的油腔 3，环境压力包围的油封面和油腔总称为油垫，一个油垫可以有一个或几个油腔（单油腔油垫不能承受倾覆力矩）。运动件 1 上的所有载荷由油垫面上的液体静压力所平衡。油膜厚度的变化规律不仅与载荷大小有关，而且与流量补偿的性能有关。如果流量补偿随时与排出的流量相等，则油膜厚度将恒定不变，此时，油膜就具有无穷大的刚度。如果流量补偿跟不上排出的流量，则载荷增大时油膜厚度将减小。补偿流量的装置称为补偿元件，常用的补偿元件有毛细管节流器、小孔节流器、定量泵等。补偿元件的性能对油垫承载能力和油膜刚度具有很大的影响。

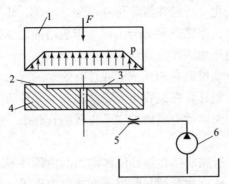

图 4-17 流体静压系统示意图
1—运动件；2—封油面；3—油腔；4—承导件；5—补偿元件；6—液压泵

流体静压润滑的主要优点包括以下几方面：

1) 压力油油膜的建立不受速度变化的影响，因而其速度适用范围宽；

2) 在正常工作情况下，启动、工作和停机时，始终不会发生金属的直接接触，故其使用寿命长、精度保持性好；

3) 其油膜刚度大、运转精度高、抗振性能好；

4) 只要合理选择参数和结构，它就比较容易满足设计者对承载能力、油膜刚度等性能方面的要求。

基于上述的优点，液体静压润滑已经在重型、精密、高效率的机械上成功用于轴承、导轨、蜗杆副以及传动螺旋等零部件中，并取得良好的效果。其缺点是需要一套供油系统，因而增加了设备的费用。

习　题

4-1　根据摩擦状态，摩擦分为哪几种？各有什么特征？

4-2　按照摩擦面的润滑状态不同，滑动摩擦可分为哪几种？

4-3　膜厚比的物理意义是什么？边界摩擦、混合摩擦和液体摩擦所对应的膜厚比范围各是多少？

4-4　什么是边界膜？简述边界膜的形成机理及提高边界膜强度的措施。

4-5　什么是磨损？零件磨损的过程分为哪几个阶段？每个阶段分别有什么特征？

4-6　跑合（磨合）有何意义？

4-7　按磨损机理不同，磨损通常分为哪几种类型？各有什么特点？

4-8　润滑油的黏度是如何定义的？简述润滑油的黏性定律。

4-9　润滑油及润滑脂各有哪些性能指标？如何选用润滑油和润滑脂？

第5章 螺纹连接

螺纹连接和螺旋传动都是利用螺纹零件工作的,但两者的工作性质不同,在技术要求上也有差别。前者作为紧固件使用,要求保证连接强度(有时还要求紧密性);后者则作为传动件使用,要求保证螺旋副的传动精度、效率和磨损寿命等。本章将分别讨论螺纹连接和螺旋传动的类型、结构以及设计计算等问题。

§5.1 螺纹与螺纹连接

5.1.1 螺纹的主要参数和常用类型

现以圆柱普通螺纹的外螺纹为例说明螺纹的主要几何参数,如图5-1所示。

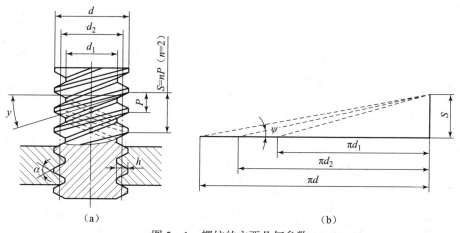

图5-1 螺纹的主要几何参数

1) 大径 d——螺纹的最大直径,即与螺纹牙顶重合的假想圆柱面的直径,在标准中定为公称直径。

2) 小径 d_1——螺纹的最小直径,即与螺纹牙底重合的假想圆柱面的直径,在强度计算中常作为螺杆危险截面的计算直径。

3) 中径 d_2——通过螺纹轴向截面内牙型上的沟槽和凸起宽度相等处的假想圆柱面的直径。中径是确定螺纹几何参数和配合性质的直径。

4) 线数 n——螺纹的螺旋线数目。沿一根螺旋线形成的螺纹称为单线螺纹;沿两根以上的等距螺旋线形成的螺纹称为多线螺纹。为便于制造,一般采用线数 $n \leq 4$。

5) 螺距 P——螺纹相邻两个牙型上对应点间的轴向距离。

6) 导程 S——同一条螺旋线上相邻两个牙型上对应点间的轴向距离。单线螺纹 $S=P$,多线螺纹 $S=nP$。

7) 螺纹升角 ψ——螺旋线的切线与垂直于螺纹轴线的平面间的夹角。在螺纹的不同直径处，螺纹升角各不相同。通常按螺纹中径 d_2 处计算，即

$$\psi = \arctan\frac{S}{\pi d_2} = \arctan\frac{nP}{\pi d_2} \tag{5-1}$$

8) 牙型角 α——螺纹轴向截面内，螺纹牙型两侧边的夹角。螺纹牙型的侧边与螺纹轴线的垂直平面的夹角称为牙侧角，对称牙型的牙侧角 $\beta = \dfrac{\alpha}{2}$。

9) 接触高度 h——内外螺纹旋合后的接触面的径向高度。

螺纹有内螺纹和外螺纹之分，内、外螺纹共同组成螺旋副。螺纹连接和螺旋传动都是利用螺纹副零件进行工作的，但两者的工作性质并不相同，在技术要求上也存在差别。起连接作用的螺纹称为连接螺纹，连接螺纹零件属于紧固件，要求保证连接强度（有时还要求紧密性）；起传动作用的螺纹称为传动螺纹，传动螺纹零件是传动件，要求保证螺旋副的传动精度、效率和使用寿命。

常用的螺纹类型主要有普通螺纹、管螺纹、米制锥螺纹、矩形螺纹、梯形螺纹和锯齿形螺纹。前3种主要用于连接，后3种主要用于传动。各类螺纹的基本尺寸、特点及应用如表5-1所示。

表5-1 常用螺纹的类型、特点和应用

螺纹类型		牙型图	特点和应用
连接螺纹	普通螺纹	60°	牙型为等边三角形，牙型角 $\alpha = 60°$，同一公称直径的普通螺纹，按螺距大小的不同分为粗牙和细牙两种。细牙螺纹的螺距和升角小，自锁性较好，强度高。但它不耐磨，易滑扣。一般连接都选用粗牙螺纹，细牙螺纹常用于细小零件、薄壁管件或受冲击、振动和变载荷的场合
	圆柱管螺纹	55°	牙型为等腰三角形，牙型角 $\alpha = 55°$，管螺纹为英制细牙螺纹，公称直径为管子的内径。圆柱管螺纹用于水、煤气、润滑和电缆管路系统中
	圆锥管螺纹	55°	牙型为等腰三角形，牙型角 $\alpha = 55°$，圆锥管螺纹多用于高温、高压或密封性要求高的管路系统中
传动螺纹	矩形螺纹		牙型为正方形，牙型角 $\alpha = 0°$，其传动效率比其他螺纹都高，但牙根强度较弱，螺纹磨损后难以补偿，使其传动精度降低，目前已逐渐被梯形螺纹所代替
	梯形螺纹	30°	牙型为等腰梯形，牙型角 $\alpha = 30°$，与矩形螺纹相比，其传动效率略低，但工艺性好，牙根强度高，对中性好，且磨损后还可以调整间隙。它是最常用的传动螺纹
	锯齿形螺纹	3° 30°	牙型为不等腰梯形，其工作面牙型半角 $\beta = 3°$，其非工作面牙型半角为30°。它兼有矩形螺纹传动效率高和梯形螺纹牙根强度高的特点，但只能用于单向受力的螺纹连接或螺旋传动中

5.1.2 螺纹连接的类型和标准螺纹连接件

1. 螺纹连接的基本类型

(1) 螺栓连接

1) 普通螺栓连接——被连接件不太厚,螺杆带钉头,通孔不带螺纹,螺杆穿过通孔与螺母配合使用。装配后孔与杆间有间隙,且在工作中此间隙不允许消失。其结构简单,装拆方便,可多次装拆,应用较广,如图 5-2(a)所示。

2) 铰制孔螺栓连接——孔和螺栓杆多采用基孔制过渡配合(H7/m6、H7/n6)。装配后无间隙,能精确地固定被连接件的相对位置,并能承受横向载荷,也可作定位用,但其孔的加工精度要求较高,如图 5-2(b)所示。

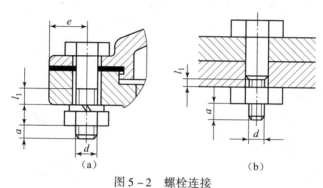

图 5-2 螺栓连接
(a) 普通螺栓连接;(b) 铰制孔用螺栓连接

(2) 双头螺柱连接

如图 5-3 所示,这种连接适用于结构上不能采用螺栓连接且需要经常拆卸,而被连接件之一较厚,不宜制成通孔的场合。对它进行拆装时只需拆螺母,而不必将双头螺柱从被连接件中拧出。

(3) 螺钉连接

如图 5-4 所示,这种连接的特点是螺钉直接被拧入被连接件的螺纹孔中,不用螺母。它用于不需经常装拆且受载较小的场合。

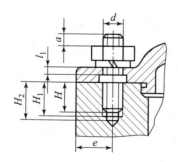

图 5-3 双头螺柱连接

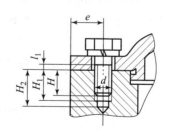

图 5-4 螺钉连接

(4) 紧定螺钉连接

螺钉拧入后,利用杆的末端顶住另一零件表面或旋入零件相应的缺口中以固定零件的相对位置,这就是紧定螺钉连接,如图 5-5 所示,它可传递不大的轴向力或扭矩。

螺钉除作为连接和紧定用之外，还可用于调整零件的位置，如机器、仪表的调节螺钉等。

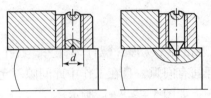

图5-5 紧定螺钉连接

除上述4种基本螺纹连接形式外，还有一些特殊结构的连接。例如，专门用于将机座或机架固定在地基上的地脚螺栓连接，如图5-6所示；装在机器或大型零部件的顶盖或外壳上便于起吊用的吊环螺钉连接，如图5-7所示等。

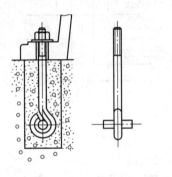 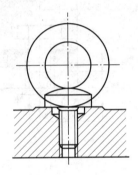

图5-6 地脚螺钉连接　　　　　图5-7 吊环螺钉

2. 标准螺纹连接件

螺纹连接件的种类很多，在机械制造中常见的螺纹连接件有螺栓、双头螺柱、螺钉、螺母和垫圈等。这类零件都已经标准化，其形状和尺寸在国家标准中都有规定。螺纹大径 d 是这些标准件的公称尺寸，设计时可由 d 在标准中查出其他有关尺寸。

§5.2 螺纹连接的预紧

大多数螺纹连接在装配时必须拧紧螺母，称为预紧。装配时预紧的螺栓连接称为紧螺栓连接；不预紧的螺栓连接称为松螺栓连接。预紧的目的在于增强连接的刚度、紧密性和提高其防松能力。

预紧时，螺栓所受的轴向拉力称为预紧力。在连接中适当的预紧力能够提高螺栓连接的疲劳强度和可靠性，对于有紧密性要求的连接（如气缸、管路凸缘等），还可以提高其气密性。但是，预紧力太大会导致连接件损坏，因此，对于重要的螺栓连接应该对其预紧力加以控制。

控制预紧力的方法有很多，通常是借助测力矩扳手或定力矩扳手，如图5-8和图5-9所示，利用控制拧紧力矩的方法来控制预紧力的大小。测力矩扳手的工作原理是根据扳手上的弹性元件在拧紧力的作用下所产生的弹性变形来指示拧紧力矩的大小。为方便计量，可将其指示刻度2直接用力矩值标出。定力矩扳手的工作原理是当拧紧力矩超过规定值时，弹簧3被压缩，扳手卡盘 1 与圆柱销 2 之间打滑，如果继续转动手柄，卡盘即不再转动。拧紧力矩的大小可利用调整螺钉 4 调整弹簧压紧力来加以控制。

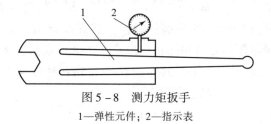

图 5-8　测力矩扳手
1—弹性元件；2—指示表

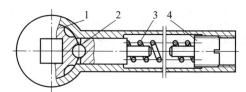

图 5-9　定力矩扳手
1—扳手卡盘；2—圆柱销；3—弹簧；4—调整螺钉

由此可见，装配时预紧力的大小是通过拧紧力矩来控制的。因此，我们应从理论上找出预紧力和拧紧力矩之间的关系。

拧紧螺母时，用扳手施加拧紧力矩 T，用以克服螺纹牙之间相对转动的阻力矩为 T_1，螺母支承撑面上的摩擦阻力矩为 T_2，如图 5-10 所示，故拧紧力矩

$$T = T_1 + T_2, \quad T = FL$$

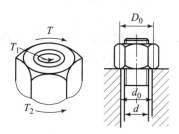

图 5-10　螺栓的拧紧力矩

式中，F——作用于手柄上的力；

L——力臂；

T——拧紧力矩；

T_1——螺旋副间的摩擦力矩，$T_1 = F_0 \dfrac{d_2}{2}\tan(\psi + \varphi_v)$；

T_2——螺母与支撑面间的摩擦力矩，$T_2 = \dfrac{1}{3} f_c F_0 \left(\dfrac{D_0^3 - d_0^3}{D_0^2 - d_0^2} \right)$。

其中，ψ——螺纹升角；

φ_v——螺旋副的当量摩擦角；

f_c——螺母与支撑面间的摩擦系数；

D_0——螺母环行支撑面的外径；

d_0——螺栓孔直径。

所以有

$$T = T_1 + T_2 = \frac{1}{2}F_0 d_2 \tan(\psi + \varphi_v) + \frac{1}{3}f_c F_0 \left(\frac{D_0^3 - d_0^3}{D_0^2 - d_0^2}\right) \quad (5-2)$$

对于 M10～M68 的粗牙普通螺纹的钢制螺栓，其螺纹升角 $\psi = 1°42′ \sim 3°2′$；螺纹中径 $d_2 \approx 0.9d$；螺旋副的当量摩擦角 $\varphi_v = \arctan 1.155f$（$f$ 为摩擦系数，无润滑时 $f \approx 0.1 \sim 0.2$）；螺栓孔直径 $d_0 \approx 1.1d$；螺母环行支撑面的外径 $D_0 \approx 1.5d$；螺母与支撑面间的摩擦系数 $f_c = 0.15$。将上述各参数代入式（5-2），整理后得

$$T \approx 0.2 F_0 d \quad (5-3)$$

式中，F_0——预紧力，N；

d——螺纹公称直径，mm。

对于一定公称直径 d 的螺栓，当所要求的预紧力 F_0 已知时，即可按上式确定扳手的拧紧力矩 T。对于重要的连接，应尽可能不采用直径小于 M12～M16 的螺栓。若必须使用时，则应严格控制其拧紧力矩。

§5.3 螺纹连接的防松

在静载荷作用下，连接螺纹能满足自锁条件 $\psi \leqslant \varphi_v$，螺母、螺栓头部等支撑面处的摩擦也具有防松作用，因此螺纹连接一般不会自动松脱。但当连接在冲击、振动或变载荷的作用下，或当温度变化很大时，螺纹副间的摩擦力可能减小或瞬间消失，这种现象多次重复就会使连接松脱，从而影响连接的紧固性和气密性，甚至会引起严重的人身、设备事故。所以在设计时必须考虑和采取有效的防松措施。

防松的根本问题就是防止螺纹副的相对转动。具体的防松装置或方法有很多，按其工作原理不同，可分为利用摩擦力、利用机械零件直接锁住和破坏螺纹副的运动关系三种方式。

5.3.1 摩擦防松

如图 5-11 所示，双螺母、弹簧垫圈、尼龙垫圈、自锁螺母等都采用摩擦防松的方法。

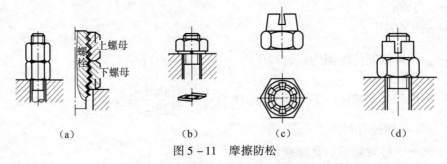

(a)　　　　(b)　　　　(c)　　　　(d)

图 5-11　摩擦防松

(a) 双螺母；(b) 弹簧垫圈；(c) 尼龙垫圈；(d) 自锁螺母

5.3.2 机械防松

如图 5-12 所示,开槽螺母与开口销、圆螺母与止动垫圈、弹簧垫片、轴用带翅垫片、止动垫片和串联钢丝等都采用机械防松的方法。

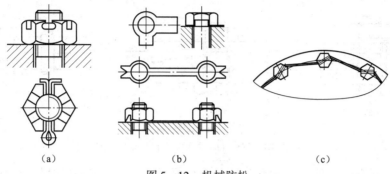

图 5-12 机械防松
(a) 开槽螺母与开口销;(b) 圆螺母与止动垫圈;(c) 串联钢丝

5.3.3 永久防松端铆、冲点、定位焊

5.3.4 化学防松黏合

§5.4 螺栓组连接的设计

螺纹连接多数都成组使用,称为螺栓组连接。螺栓组连接的设计包括连接结构的设计、连接的受力分析和螺栓强度计算三部分内容,本节介绍前两部分的内容。

5.4.1 螺栓组连接的结构设计

螺栓组连接的结构设计的主要目的在于合理地确定连接接合面的几何形状和螺栓的布置形式,力求各螺栓和连接接合面间受力均匀,并便于加工和装配。设计时主要考虑以下几点:

1) 连接接合面的几何形状应尽量简单。我们常常使螺栓组的形心和连接接合面的形心重合,成轴对称的简单几何形状,如图 5-13 所示,以方便加工、简化计算。

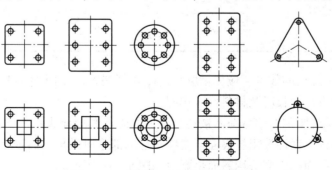

图 5-13 螺栓组连接接合面的形状

2)螺栓的布置应使各螺栓的受力合理。对于铰制孔用螺栓组连接,不要在平行于工作载荷的方向上成排地布置8个以上的螺栓,以免载荷分布过于不均。当螺栓组连接承受弯矩或转矩时,应使螺栓的位置适当地靠近接合面边缘(见图5-13),以减小螺栓的受力。受较大横向载荷的螺栓组连接应采用铰制孔或减荷装置(见图5-14)。

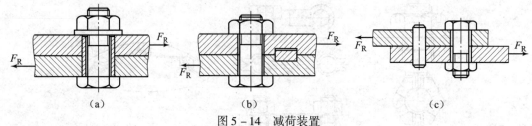

图5-14 减荷装置

(a)套筒减荷;(b)键减荷;(c)销钉减荷

3)螺栓排列应有合理的边距和间距。布置螺栓时,螺栓轴线与机体壁面间的最小距离,应根据扳手所需的活动空间的大小来决定,如图5-15所示。对于有紧密性要求的重要螺栓组连接,其螺栓的间距 t_0 不得大于表5-2中所示的推荐值,但也不得小于扳手所需的最小活动空间尺寸。

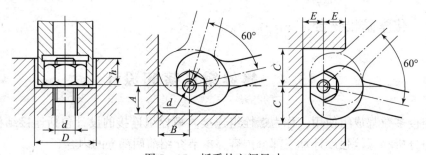

图5-15 扳手的空间尺寸

表5-2 螺栓间距 t_0

	工作压力/MPa					
	≤1.6	1.6~4	4~10	10~16	16~20	20~30
	t_0/mm					
	$7d$	$4.5d$	$4.5d$	$4d$	$3.5d$	$3d$

4)同一圆周上螺栓的数目,应尽量取4、6、8等偶数,以便于加工时分度和划线。同一螺栓组中螺栓的直径、长度及材料均应相同。

5)避免螺栓承受附加弯曲载荷。被连接件上的螺母和螺栓头部的支撑面应平整并与螺栓轴线垂直。在铸件、锻件等粗糙表面上安装螺栓的部位应做出凸台或沉头座,如图5-16所示。支撑面为倾斜面时,应采用斜面垫圈,如图5-17所示。

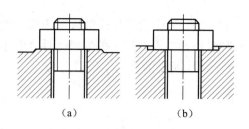

图 5-16 凸台与沉头座的应用
(a) 凸台；(b) 沉头座

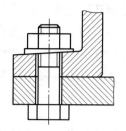

图 5-17 斜面垫圈的应用

5.4.2 螺栓组连接的受力分析

对螺栓组连接进行受力分析的目的是根据连接的结构和受载情况，求出受力最大的螺栓及其所受力的大小，以便进行螺栓连接的强度计算。为简化计算，分析螺栓组连接的受力时，一般假设：螺栓组中所有螺栓的材料、直径、长度和预紧力都相同；螺栓组的对称中心与连接接合面的形心重合；受载后连接接合面仍保持为平面；螺栓的应变没有超出弹性范围。根据连接的结构形式及受力特征，可将螺栓组连接的受力分为以下 4 种典型形式。

1. 受横向载荷的螺栓组连接

受横向载荷的螺栓组连接，其载荷的作用线通过螺栓组的对称中心并与螺栓的轴线垂直，如图 5-18 所示。

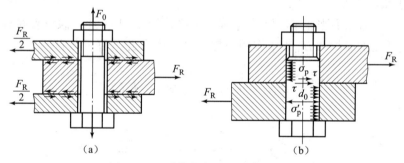

图 5-18 受横向载荷的螺栓组连接
(a) 普通螺栓连接；(b) 铰制孔用螺栓连接

(1) 普通螺栓连接的受力分析

由图 5-18 (a) 可知，横向载荷 F_R 靠接合面间的摩擦力来传递。由力的平衡条件可得

$$fF_0 mz = CF_R$$

则螺栓的预紧力为

$$F_0 = \frac{k_f F_R}{fmz} \tag{5-4}$$

式中，C——可靠度系数，$C = 1.1 \sim 1.3$；

f——接合面间的摩擦系数，接合面干燥时 $f = 0.10 \sim 0.16$，否则取 $f = 0.06 \sim 0.10$；

m——接合面数目（如图 5-18 (a) 所示，$m = 2$）；

z——螺栓的个数。

（2）铰制孔用螺栓连接的受力分析

由图 5-18（b）可知，横向载荷 F_R 靠螺栓杆抗剪切和螺栓杆与孔壁接触表面间的挤压来传递。由于该连接不依靠摩擦力，所以，装配时对预紧力没有严格的要求，计算时不用考虑预紧力和摩擦力的影响。设螺栓数目为 z，则每个螺栓所受的横向工作剪力为

$$F_\tau = \frac{F_R}{z} \tag{5-5}$$

2. 受旋转力矩作用的螺栓组连接

如图 5-19（a）所示，转矩 T 作用在连接的接合面内，底板将绕通过螺栓组对称中心 O 并与接合面垂直的轴线转动。为防止底板转动，可用普通螺栓连接，也可用铰制孔用螺栓连接。它们的传力方式与受横向载荷的螺栓组连接类似。

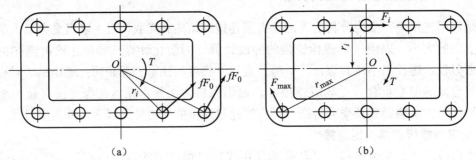

图 5-19 受旋转力矩的螺栓组连接

（1）普通螺栓连接

旋转力矩 T 靠连接预紧后作用在接合面上的摩擦力矩来传递。假设各螺栓的预紧力相同，各螺栓连接处的摩擦力 fF_0 集中作用在螺栓杆的中心并垂直于各自的旋转半径 r_i。由平衡条件可得

$$fF_0 r_1 + fF_0 r_2 + \cdots + fF_0 r_z \geq k_f T$$

各螺栓的预紧力

$$F_0 \geq \frac{k_f T}{f(r_1 + r_2 + \cdots + r_z)} = \frac{k_f T}{f \sum_{i=1}^{z} r_i} \tag{5-6}$$

（2）铰制孔用螺栓连接

如图 5-19（b）所示，旋转力矩 T 由各个螺栓所受剪力 F_τ 对转动中心 O 之矩的和来平衡，即

$$F_{\tau 1} r_1 + F_{\tau 1} r_1 + \cdots + F_{\tau z} r_z = T \tag{5-7}$$

根据螺栓的变形协调条件，各螺栓的剪切变形量与螺栓杆中心到旋转中心 O 的距离成正比。由于各螺栓的剪切刚度相同，所以各螺栓受到的横向工作剪力也与这个距离成正比，即

$$\frac{F_{\tau 1}}{r_1} = \frac{F_{\tau 2}}{r_2} = \cdots \frac{F_{\tau z}}{r_z} = \frac{F_{\tau \max}}{r_{\max}} \tag{5-8}$$

联立式（5-7）和式（5-8），即可求得受力最大的螺栓所受的最大剪切力

$$F_{\max} = \frac{T r_{\max}}{\sum_{i=1}^{z} r_i^2} \tag{5-9}$$

3. 受轴向载荷的螺栓组连接

如图 5-20 所示的气缸盖螺栓组连接，其载荷通过螺栓组的中心，计算时假定各螺栓平均受载。设螺栓组的螺栓数目为 z，则每个螺栓上所受到的轴向载荷为

$$F = \frac{F_Q}{z} \tag{5-10}$$

式中，F_Q——气缸盖上的总拉力。

由于受到螺栓及被连接件弹性变形的影响，每个连接螺栓实际所受到的轴向总拉力并不等于轴向工作载荷 F 与预紧力 F_0 之和。

4. 受翻转力矩的螺栓组连接

图 5-21（a）所示为受翻转力矩的底板螺栓组连接。翻转力矩 M 作用在通过 x—x 轴并垂直于连接接合面的对称平面内。螺栓需要预紧，每个螺栓的预紧力都为 F_0，故有相同的伸长量。在各螺栓预紧力 F_0 的作用下，假定地基受到均匀压缩，地基对底板的均匀约束反力如图 5-21（b）所示。当连接受到翻转力矩 M 的作用后，底板有绕轴线 O—O 发生倾转的趋势。假设底板在倾转过程中始终保持为一平面，则轴线左边的螺栓 i 受到轴向工作拉力 F_i 的作用，右边的地基被进一步压缩，使右边螺栓的受力减小。由静力平衡条件可以得到

$$F_1 L_1 + F_2 L_2 + \cdots + F_z L_z = M \tag{5-11}$$

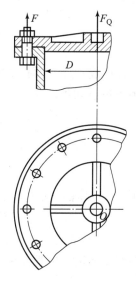

图 5-20 受轴向载荷的螺栓组连接

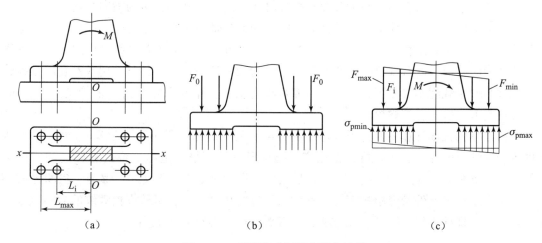

图 5-21 受翻转力矩的螺栓组连接

根据螺栓的变形协调条件，各螺栓的拉伸变形量与其中心至底板翻转轴线的距离成正比。又各螺栓的拉伸刚度相同，所以左边螺栓所受的工作拉力和右边地基座上螺栓处所受的压力都与这个距离成正比，即

$$\frac{F_1}{L_1} = \frac{F_2}{L_2} = \cdots = \frac{F_z}{L_z} = \frac{F_{\max}}{L_{\max}} \tag{5-12}$$

联立式（5-11）和式（5-12），便可求得受力最大的螺栓上所受的最大工作拉力

$$F_{\max} = \frac{ML_{\max}}{\sum_{i=1}^{z} L_i^2} \tag{5-13}$$

为了保证连接接合面在最大受压处不被压溃和在最小受压处不至于出现缝隙，接合面的压力必须满足下列条件

$$\sigma_{p\max} \approx \frac{zF_0}{A} + \frac{M}{W} \leqslant [\sigma_p]$$

$$\sigma_{p\min} \approx \frac{zF_0}{A} - \frac{M}{W} > 0 \tag{5-14}$$

式中，W——承压面的抗弯截面系数；

$[\sigma_p]$——接合材料的许用挤压应力：钢，$[\sigma_p] = 0.8\sigma_S$；铸铁，$[\sigma_p] = (0.4 \sim 0.5)\sigma_S$；混凝土，$[\sigma_p] = 2.0 \sim 3.0$ MPa；砖，$[\sigma_p] = 1.5 \sim 2.0$ MPa。接合面材料不同时，应按其中强度较弱的一种进行计算。

§5.5 螺栓连接的强度计算

螺栓连接的受载形式有很多，它所传递的载荷主要分为两类：一类为沿螺栓轴线方向的外载荷，称为轴向载荷；另一类为垂直于螺栓轴线方向的外载荷，称为横向载荷。

对单个螺栓而言，当传递轴向载荷时，螺栓受的是轴向拉力，故称受拉螺栓。当传递横向载荷时，一种是采用普通螺栓连接，靠螺栓连接的预紧力使被连接件结合面间产生的摩擦力来传递横向载荷，此时螺栓受的是预紧力，仍为轴向拉力；另一种是采用铰制孔用螺栓连接，螺杆与铰制孔间是过渡配合，工作时靠螺栓受剪，杆壁与孔相互挤压来传递横向载荷，此时螺栓受剪，故称受剪螺栓。

螺栓连接的强度计算主要是根据连接的类型、装配情况（需不需要预紧）、载荷情况等条件来确定螺栓的受力。然后再根据相应的强度条件计算螺栓危险剖面的直径（通常是螺纹的小径）或校核其强度。其他结构的尺寸，如螺纹的大径、螺纹牙、螺母、垫圈等的结构尺寸是根据强度条件及经验规定的，通常无须进行强度计算，可按螺栓螺纹的公称直径在标准中选定。螺栓连接的强度计算方法，对双头螺柱和螺钉同样适用。

5.5.1 松螺栓连接的强度计算

1. 松螺栓连接的强度计算

如图 5-22 所示的吊钩螺栓，工作前不拧紧，无预紧力 F_0，只有当工作载荷 F 起拉伸作用时，才需要计算松螺栓的连接强度。其强度条件为

$$\sigma = \frac{F}{\frac{\pi}{4}d_1^2} \leqslant [\sigma] \qquad (5-15)$$

式中，F——单个螺栓所受的工作拉力，N；

d_1——螺栓危险截面直径，mm；

$[\sigma]$——许用拉应力，MPa，见表 5-7。

2. 紧螺栓连接的强度计算

紧螺栓连接在承受工作载荷前就必须把螺母拧紧。拧紧螺母时，螺栓一方面受到拉伸，另一方面又因螺纹中阻力矩的作用而受到扭转，故危险截面上既有拉应力 σ，又有扭转剪应力 τ。由预紧力 F_0 产生的拉伸应力 σ 为

$$\sigma = \frac{F_0}{\frac{\pi}{4}d_1^2} \qquad (5-16)$$

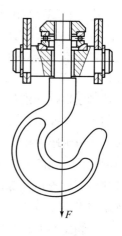

图 5-22 起重吊钩的松螺栓连接

由螺纹摩擦力矩 T_1 产生的剪应力 τ 为

$$\tau = \frac{F_0 \frac{d_2}{2}\tan(\psi+\varphi_v)}{\frac{1}{16}\pi d_1^3} = \tan(\psi+\varphi_v)\frac{2d_2}{d_p} \cdot \frac{F_0}{\frac{\pi}{4}d_1^2} \qquad (5-17)$$

$$\tau \approx 0.48 \frac{F_0}{\frac{\pi}{4}d_1^2} = 0.48\sigma \text{（或 } 0.5\sigma\text{）（对于 M10~M64）} \qquad (5-18)$$

按第四强度理论得

$$\sigma = \sqrt{\sigma^2 + 3\tau^2} \approx 1.3\sigma$$

紧螺栓连接的强度条件为

$$\sigma = \frac{1.3F}{\frac{\pi}{4}d_1^2} \leqslant [\sigma] \qquad (5-19)$$

式中，F——单个螺栓所受的工作拉力，N；

d_1——螺栓危险截面直径，mm；

$[\sigma]$——许用拉应力，MPa，见表 5-7。

通常为了简便起见，一般紧螺栓连接的设计都是按照拉伸强度公式计算，再考虑到扭转剪应力的影响，把螺栓所受到的轴向拉应力增大 30%。

（1）只受预紧力 F_0 作用的紧螺栓连接

受横向载荷的普通螺栓连接以及受转矩（转矩作用在连接结合面内）作用的普通螺栓连接都是只受预紧力 F_0 作用的紧螺栓连接，如图 5-23 所示，考虑到扭转剪应力的影响，其强度条件为

$$\sigma_{ca} = \frac{1.3F_0}{\frac{\pi}{4}d_1^2} \leqslant [\sigma] \qquad (5-20)$$

式中，F_0——单个螺栓所受的工作拉力，N；

d_1——螺栓危险截面直径，mm；

$[\sigma]$——许用拉应力，MPa，见表 5-7。

(2) 既受预紧力 F_0 又受轴向静工作拉力 F 作用的紧螺栓连接

这种紧螺栓连接在实际工作中是最重要的，同时也是最常见的一种。如图 5-24 所示的气缸盖的连接螺栓就是典型的实例。由于螺栓和被连接件都是弹性体，在受到预紧力 F_0 的作用后，再施以工作拉力 F，螺栓与被连接件之间因受到两者弹性变形的相互制约，故此时螺栓所受的总拉力 F_2 不等于预紧力 F_0 与工作拉力 F 之和。因此，下面我们将从分析螺栓的受力和变形关系入手，求出螺栓总拉力 F_2 的大小。

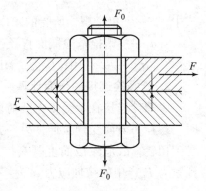

图 5-23 受横向载荷的普通螺栓连接

图 5-24 所示为单个螺栓连接在承受轴向拉伸载荷前后的受力及变形情况。

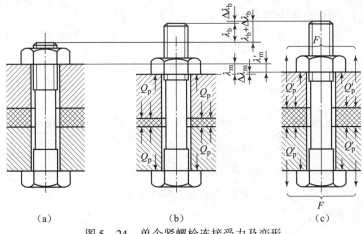

图 5-24 单个紧螺栓连接受力及变形

(a) 螺母未拧紧；(b) 螺母已拧紧；(c) 已承受工作载荷

图 5-24 (a) 是螺母刚好拧到和被连接件相接触，但还未拧紧时的情况。此时，螺栓和被连接件都不受力，因而也不产生变形。

图 5-24 (b) 是螺母已拧紧，但还未承受工作拉力时的情况。此时，螺栓受预紧力 F_0 的拉伸作用，其伸长量为 λ_b。相反，被连接件则在预紧力 F_0 的压缩作用下，其压缩量为 λ_m。若以 C_b、C_m 分别代表螺栓及被连接件的刚度，则螺栓伸长量 $\lambda_b = \dfrac{F_0}{C_b}$；被连接件的压缩量为 $\lambda_m = \dfrac{F_0}{C_m}$。

图 5-24 (c) 是受轴向工作拉力 F 作用后的情况。这时，螺栓的轴向总拉力由 F_0 增至 F_2，伸长量由 λ_b 增至 $(\lambda_b + \Delta\lambda_b)$；被连接件的受压状况随之被部分放松，相应的压缩变形量由 λ_m 减到 $(\lambda_m - \Delta\lambda_m)$，故其所受压力减小，不是原来的预紧力 F_0 了，而变为剩余预紧力 F_1，根据变形协调条件，螺栓增量 $\Delta\lambda_b$ 应等于被连接件变形的减少量 $\Delta\lambda_m$。由静力平衡条件得螺栓所受的总拉力 F_2 应等于工作拉力 F 与剩余预紧力 F_1 之和，即

$$F_2 = F_1 + F \tag{5-21}$$

即螺栓总拉力为工作载荷与被连接件给它的剩余预紧力之和。

根据螺栓与被连接件变形协调条件有

$$\Delta\lambda_b = \Delta\lambda_m = \Delta\lambda \tag{5-22}$$

以

$$\Delta\lambda_b = \frac{F_2 - F_0}{C_b} = \frac{F + F_1 - F_0}{C_b}$$

和

$$\Delta\lambda_m = \frac{F_0 - F_1}{C_m}$$

代入得：

$$F_1 = F_0 - \frac{C_m}{C_b + C_m} F \tag{5-23}$$

$$F_0 = F_1 + \frac{C_m}{C_b + C_m} F \tag{5-24}$$

$$F_2 = F_0 + \frac{C_b}{C_b + C_m} F \tag{5-25}$$

其相对刚度 $\frac{C_b}{C_b + C_m}$ 与连接件（含螺栓、被连接件、垫片等）的材料、结构形式、尺寸大小、载荷作用方式等有关，可通过计算或试验求出。一般设计时，被连接件为钢铁零件时可采用下列数据。用金属垫片或不用垫片时取：$\frac{C_b}{C_b + C_m} \approx 0.2 \sim 0.3$；用铜皮石棉时取：$\frac{C_b}{C_b + C_m} = 0.8$；用金橡胶时取：$\frac{C_b}{C_b + C_m} = 0.9$。

为了保证螺栓连接不出现缝隙及具有必要的紧密性，剩余预紧力 F_1 应大于零。下列数据可供选择 F_1 时参考：F 无变化时，$F_1 = (0.2 \sim 0.6)F$；F 有变化时，$F_1 = (0.6 \sim 1.0)F$；压力容器的紧密连接时，$F_1 = (1.5 \sim 1.8)F$，且应保证密封面的剩余预紧力大于压力容器的工作压力。

总结：对于既受预紧力 F_0 又受工作载荷 F 作用的螺栓连接，其设计步骤大致如下：

1) 根据螺栓受力情况，求出单个螺栓所受的工作拉力 F；
2) 根据连接的工作要求，选取剩余预紧力 F_1；
3) 计算螺栓的总拉力 F_2；
4) 螺栓在工作时，既受拉伸应力作用又受扭转剪切应力作用，因此在计算时应将总拉力 F_2 增大 30% 作为计算载荷。

受拉螺纹部分的强度条件为

$$\sigma_{ca} = \frac{1.3 F_2}{\frac{\pi}{4} d_1^2} \leq [\sigma] \tag{5-26}$$

式中，F_2——螺栓所受的总拉力，见式（5-7）或式（5-10）；

$[\sigma]$——紧连接螺栓的许用拉应力，见表 5-7。

(3) 既受预紧力 F_0 又受变轴向工作拉力 F 作用的螺栓连接

对于既受预紧力又受变轴向工作拉力作用的螺栓连接，其设计步骤一般为：

1) 求出螺栓中最大的工作拉力 F_2；
2) 按静强度计算螺栓的小径 d_1，见式 (5-15)；
3) 按 d_1 查表得螺栓的公称直径 d；
4) 校核其疲劳强度，见式 (5-15)。

下面分别具体介绍其计算步骤。

由式 (5-9) 得知，若工作拉力在 $0 \sim F$ 之间变化时，则螺栓中的拉力在 F_0 与 F_2 之间变化。此时

$$F_2 = F_0 + \frac{C_b}{C_b + C_m} F$$

螺栓的静强度条件为

$$\sigma_{ca} = \frac{1.3 F_2}{\frac{\pi}{4} d_1^2} \leqslant [\sigma] \tag{5-27}$$

螺栓所受的应力变化为

$$\sigma_{max} = \frac{F_2}{\frac{\pi}{4} d_1^2}; \qquad \sigma_{min} = \frac{F_0}{\frac{\pi}{4} d_1^2}$$

由于影响零件疲劳强度的主要因素是应力幅，因此，螺栓疲劳强度的验算式为

$$\sigma_a = \frac{\sigma_{max} - \sigma_{min}}{2} = \frac{c_1}{c_1 + c_2} \frac{2F}{\pi d_1^2} \tag{5-28}$$

一般情况，螺栓的最大应力计算安全系数可按下式计算

$$S_{ca} = \frac{2\sigma_{-1tc} + (K_\sigma - \psi_\sigma)\sigma_{min}}{(K_\sigma + \psi_\sigma)(2\sigma_a + \sigma_{min})} \geqslant S \tag{5-29}$$

式中，σ_{-1tc}——螺栓材料的对称循环拉压疲劳极限（见表 5-3），MPa；

ψ_σ——试件的材料常数，即循环应力中平均应力的折算系数，对于碳素钢，$\psi_\sigma = 0.1 \sim 0.2$，对于合金钢，$\psi_\sigma = 0.2 \sim 0.3$；

K_σ——拉压疲劳强度综合影响系数，如忽略加工方法的影响，则 $K_\sigma = \frac{k_\sigma}{\varepsilon_\sigma}$，此处 k_σ 为有效应力集中系数，见表 5-4；

ε_σ——尺寸系数，见表 5-5；

S——安全系数，见表 5-6。

表 5-3 螺纹连接件常用材料的疲劳极限

材料	疲劳极限/MPa	
	σ_{-1}	σ_{-1tc}
10	160~220	120~150
Q215	170~220	120~160
35	220~300	170~220
45	250~340	190~250
40Cr	320~440	240~340

表5-4　公称直径12 mm的普通螺纹的拉压有效应力集中系数

σ_B/MPa	400	600	800	1 000
K_σ	3.0	3.9	4.8	5.2

表5-5　螺纹连接件的尺寸系数 ε_σ

d/mm	≤16	20	24	28	32	40	48	56	64	72	80
ε_σ	1	0.81	0.76	0.71	0.68	0.63	0.60	0.57	0.54	0.52	0.50

表5-6　预紧螺栓的安全系数 S（不控制预紧力时）

材料	静载荷			变载荷		
	M6~M16	M16~M30	M30~M60	M6~M16	M16~M30	M30~M60
碳素钢	4~3	3~2	2~1.3	10~6.5	6.5	6.5~10
合金钢	5~4	4~2.5	2.5	7.5~5	5	5~7.5

5.5.2　受剪螺栓连接的强度计算

如图5-25所示，受横向工作载荷作用的铰制孔用螺栓连接，是靠螺栓杆受剪切和挤压力来承受横向载荷的。工作时，螺栓在结合面处受剪切，螺栓杆与被连接件孔壁相接触的表面受挤压，因此，应分别按挤压强度和剪切强度进行计算。

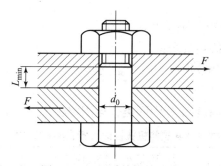

图5-25　用受剪螺栓连接

这种连接，其螺栓所受的预紧力很小，所以在计算中可不考虑预紧力和螺纹摩擦力矩的影响。

螺栓杆与孔壁的挤压强度条件为

$$\sigma_p = \frac{F}{d_0 L_{min}} \leq [\sigma_p] \qquad (5-30)$$

螺栓杆的剪切条件为

$$\tau = \frac{F}{\frac{\pi}{4}d_0^2 m} \leq [\tau] \qquad (5-31)$$

式中，F——单个螺栓所受的横向工作载荷，N；

d_0——螺栓剪切面的直径（即螺栓光杆直径），mm；

L_{min}——螺栓杆与孔壁挤压面的最小高度，mm；

m——螺栓受剪面数；

$[\sigma_p]$——螺栓或孔壁材料中较弱者的许用挤压应力，N/mm²，见表 5-8；

$[\tau]$——螺栓材料的许用剪切应力，N/mm²，见表 5-8。

§5.6 螺纹连接件的材料及许用应力

5.6.1 螺栓连接的材料及性能等级

1. 螺纹连接的材料

根据螺纹零件材质的不同，国家标准规定螺纹连接零件按其机械性能（见表 5-7）进行分级。螺栓、螺柱、螺钉的性能等级分为 10 级（见 GB/T 3098.1—2010《紧固件机械性能螺柱、螺钉和螺柱》），即 3.6、4.6、5.6、5.8、6.8、8.8、9.8、10.9、12.9 等。

注：上述数值中，用整数部分乘以 100，即为其 σ_B 值；用小数部分乘以 σ_B 值，即为 σ_S 值。

例如：选螺栓的性能等级为 5.6，则其

$\sigma_B = 5 \times 100 = 500$（MPa）；$\sigma_S = \sigma_B \times 0.6 = 500 \times 0.6 = 300$（MPa）

螺栓、螺柱和螺钉的材料可按不同的性能等级选取：

3.6——低碳钢；

4.6~6.8——低碳钢或中碳钢；

8.8~9.8——中碳钢或低碳合金钢；

10.9——中碳钢、低碳合金钢或中碳合金钢；

12.9——合金钢。

螺母性能等级按螺母的高度 m 分为两类，见国家标准 GB/T 3098.2—2000 中的规定。

表 5-7 螺纹连接件常用材料及其拉伸机械性能（摘自 GB/T 699—2015，GB/T 700—2006）

钢号	拉伸强度 σ_B/(N·mm⁻²)	屈服极限 σ_S/(N·mm⁻²)
10	335	205
Q215	335~410	205
Q235	375~460	235
35	530	315
45	600	355
40Cr	980	785

5.6.2 螺栓连接件的许用应力

螺栓连接件的许用应力见表 5-8。

表 5-8 螺栓连接的许用应力

预紧螺栓受载情况	许用应力	
受拉螺栓（普通螺栓）	$[\sigma] = \dfrac{\sigma_S}{S}$，控制预紧力时，对静载荷取 $S = 1.2 \sim 1.5$，对变载荷取 $S = 1.25 \sim 2.5$；不控制预紧力时，S 值见表 5-6	
受横向载荷的铰制孔用螺栓	静载荷	$[\tau] = \dfrac{\sigma_S}{2.5}$ 被连接件为钢时，$[\sigma_p] = \dfrac{\sigma_S}{1.25}$； 被连接件为铸铁时，$[\sigma_p] = \dfrac{\sigma_S}{2.0 \sim 2.5}$
	变载荷	$[\tau] = \dfrac{\sigma_S}{3.5 \sim 5}$ 被连接件为钢时，$[\sigma_p] = \dfrac{\sigma_S}{1.6 \sim 2.0}$； 被连接件为铸铁时，$[\sigma_p] = \dfrac{\sigma_S}{2.5 \sim 3.5}$

§5.7 提高螺纹连接强度的措施

螺纹连接的强度主要取决于螺栓的强度。影响螺纹连接强度的因素有很多，包括螺栓及螺母的材料、结构、尺寸、工艺、螺纹牙间的载荷分布、应力幅度、机械性能、制造工艺等。下面介绍几种提高受拉螺栓连接强度的主要措施。

5.7.1 降低螺栓的刚度或增大被连接件的刚度

根据理论与实践可知，受轴向变载荷的紧螺栓连接，在最小应力不变的条件下，其应力幅越小，则螺栓越不容易发生疲劳破坏，即连接的可靠性越高。当螺栓所受的工作拉力在 $0 \sim F$ 之间变化时，则螺栓的总拉力将在 $F_0 \sim F_2$ 之间变动。由式（5-25）可知，在保持预紧力 F_0 不变的条件下，若减小螺栓刚度 C_b 或增大被连接件的刚度 C_m，都可以达到减小总拉力 F_2 的变动范围（即减小应力幅 σ_a）的目的。但由式（5-24）可知，在所给定的条件下，减小螺栓刚度 C_b，或增大被连接件的刚度 C_m，都将引起残余顶紧力 F_1 减小，从而降低了连接的紧密性。因此，若在减小 C_b 和增大 C_m 的同时，适当增加预紧力 F_0，就可以使 F_1 不致减小太多或保持不变，这对改善连接的可靠性和紧密性是有利的。但预紧力不宜增加得过大，必须控制在规定的范围内，以免过分削弱螺栓的静强度。为了减小螺栓的刚度，可通过减小螺栓杆直径或将螺栓杆做成空心的；为了增大被连接件的刚度，除在结构和尺寸上采取措施外，还可以采用刚性垫片。

5.7.2 改善螺纹牙上载荷分布不均匀的现象

工作中螺栓牙受拉伸长，而螺母牙受压缩短，伸与缩的螺距变化差以紧靠支撑面的第一圈处为最大，其应变最大，应力也最大，其余各圈则依次递减，旋合螺纹间的载荷分布如图 5-26 所示。所以采用圈数过多的加厚螺母，并不能提高连接的强度。为了改善螺纹牙间载荷分布不均匀的现象，可将螺母结构设计成受拉伸的形式，如悬置螺母和环槽螺母，以便使螺栓与螺母两者的螺距变化相一致，从而使载荷分布均匀化；也可以在螺母下端（即螺栓旋入端）的几圈螺纹处制出倒角，使螺母下面的螺纹牙在载荷作用下易于变形，从而使载荷分布较为均匀，如图 5-27 所示。

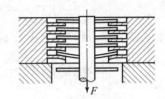

图 5-26 螺纹牙的载荷分布

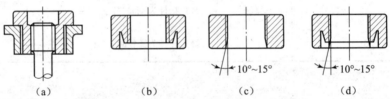

图 5-27 改善螺纹牙上载荷分布不均匀现象
(a) 悬置螺母；(b) 环槽螺母；(c) 内斜螺母；(d) 环槽内斜

5.7.3 减小应力集中的影响

为了减小应力集中，在螺纹牙根和收尾、螺栓头部与螺栓杆过渡处、螺栓杆剖面变化处可采用较大的圆角半径，如图 5-28 所示。

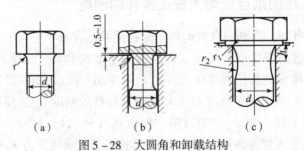

图 5-28 大圆角和卸载结构
(a) $r \approx 0.2d$；(b) $r \approx 0.2d$；(c) $r_1 \approx 0.15d$；$r_2 \approx 1.0d$；$h \approx 0.5d$

5.7.4 采用合理的工艺

制造工艺对螺纹的疲劳强度具有很大影响。采用滚压螺纹的方法，可使螺纹表层具有残余压应力和冷作硬化作用，而且由于金属材料未被切断，因而可以提高螺栓连接的疲劳强度。

习　题

5-1　螺纹连接有哪几种形式？其结构和应用场合各有什么不同？

5-2　螺纹连接为什么要考虑防松？防松的目的是什么？常用的防松方法有哪些？

5-3　如图 5-29 所示，某机构上拉杆的端部采用粗牙普通螺纹连接。已知拉杆所受最大拉力 $F=10$ kN，载荷可以看作是静载，拉杆材料为 Q235 钢，试确定该拉杆螺纹的小径 d_1。

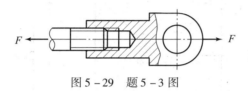

图 5-29　题 5-3 图

5-4　如图 5-30 所示，用两个 M10（$d_1=8.376$ mm）的螺钉固定一牵引钩，若螺钉材料为 Q235，装配时控制预紧力，结合面间的摩擦系数 $f=0.15$，可靠性系数 $k_s=1.2$，试计算该螺栓组连接允许的最大牵引力 F_{max} 是多少？

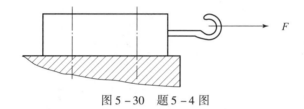

图 5-30　题 5-4 图

5-5　如图 5-31 所示的凸缘联轴器，允许传递的最大转矩 T 为 1 500 N·m（静载），材料为 HT250。联轴器用 4 个 M16 铰制孔用螺栓连成一体，螺栓材料为 35 钢，试选取合适的螺栓长度，并校核其剪切和挤压强度。

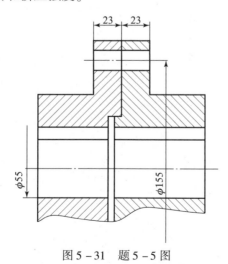

图 5-31　题 5-5 图

5-6　如图 5-31 所示的凸缘联轴器采用 M16 的受拉螺栓连成一体，以摩擦力来传递转矩，螺栓材料为 45 钢，联轴器材料为 35 钢，接合面摩擦系数 $f=0.15$，结合面可靠性系

数 $k_s = 1.2$,安装时不控制预紧力,试确定螺栓的个数。

5-7 图 5-32 所示为一方形盖板用 4 个螺栓与箱体连接,盖板中心 O 点的吊环受拉力 $Q = 20$ kN,其尺寸如图所示。现要求:①设工作载荷有变化,取残余预紧力 F_1 为工作拉力 F 的 0.6 倍,试计算每个螺栓的总拉力 F_2;②因制造误差,吊环由 O 点移至 O' 点,试计算受力最大的螺栓的总拉力 $F_{2\max}$,并校核①中确定的螺栓的强度(螺栓材料的许用拉应力 $[\sigma] = 180$ MPa)。

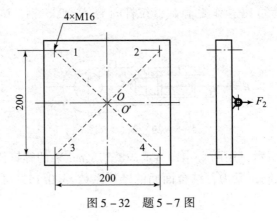

图 5-32 题 5-7 图

第六章 键、花键、无键连接和销连接

键连接、花键连接、无键连接以及销连接主要用来实现轴及轴上零件的周向固定并传递转矩。其中销还可以用来固定零件的相互位置以及作为安全元件使用。

§6.1 键 连 接

键是一种标准件，主要用来实现轴与轴上零件间的周向固定并传递转矩，其中有些类型的键还能实现轴上零件的轴向固定或轴向滑动及导向作用。

键连接分为平键连接、半圆键连接、楔键连接和切向键连接等四类。

6.1.1 键连接的类型、特点及应用

1. 平键连接

普通平键连接如图 6-1（a）所示。键的两侧面是工作面，工作时靠键与键槽侧面的挤压来传递扭矩，故键宽需与键槽配合；键的上表面与轮毂的键槽底面之间有间隙。平键连接具有结构简单、装拆方便、对中性较好等优点，因而得到了广泛应用。这种键连接不能承受轴向载荷，因而对轴上零件不能起到轴向固定的作用。

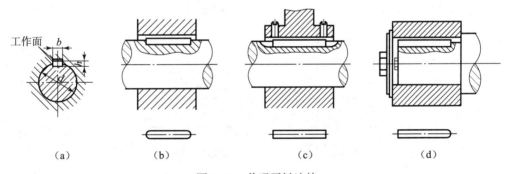

图 6-1 普通平键连接

(a) 普通平键连接；(b) 圆头（A 型）平键；(c) 平头（B 型）平键；(d) 单圆头（C 型）平键

根据用途的不同，平键分为普通平键、薄型平键、导向平键和滑键四种。其中普通平键和薄型平键用于静连接，导向平键和滑键用于动连接。

（1）普通平键

普通平键按构造可分为圆头（A 型）、平头（B 型）和单圆头平键（C 型）三种。圆头平键如图 6-1（b）所示，它适宜安装在轴上用键槽铣刀铣出的键槽中，键在键槽中的轴向固定良好。其缺点是键的头部侧面与轮毂上的键槽并不接触，因而键的圆头部分不能被充分利用，而且轴上键槽端部的应力集中较大。平头平键如图 6-1（c）所示，它放在用盘铣刀

铣出的键槽中，其轴上键槽端部的应力集中小，但对于尺寸较大的键，宜采用紧定螺钉将其固定在轴上的键槽中，以防止松动。单圆头平键如图6-1（d）所示，它常用于轴端与毂类零件的连接。

（2）薄型平键

薄型平键与普通平键的区别是薄型平键的高度为普通平键的60%~79%，它也分为圆头、平头和单圆头三种形式，但其传递转矩的能力较低，常用于薄壁结构、空心轴及一些径向尺寸受限制的场合。

（3）导向平键和滑键

当被连接的毂类零件在工作过程中必须在轴上做轴向移动时（如变速箱中的滑移齿轮），则必须采用导向平键或滑键。导向平键如图6-2所示，它是一种较长的平键，用螺钉固定在轴上的键槽中，为拆卸方便，其键上设有起键螺纹孔，键与轴上的键槽是间隙配合，适用于轴上的零件沿轴向移动不大的场合。当轴上零件滑移的距离较大时，宜采用滑键，如图6-3所示，滑键固定在轮毂上，轮毂带动滑键在轴上的键槽中做轴向移动。这样，只需要在轴上铣出较长的键槽即可，而键可以做得较短。

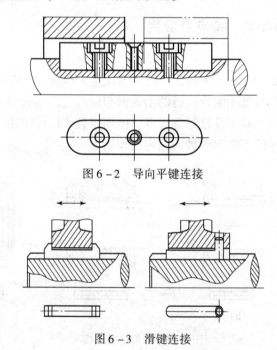

图6-2 导向平键连接

图6-3 滑键连接

2. 半圆键连接

半圆键连接，如图6-4所示，也用于静连接，它与平键连接一样，键的两侧面为工作面且定心性好。轴上键槽用尺寸与半圆键相同的半圆键槽铣刀铣出，因而，键在键槽中能绕其几何中心摆动以适应轮毂中键槽的斜度，故加工工艺性好，装配方便，尤其适用于锥形轴端与轮毂的连接。其缺点是轴上的键槽较深，对轴的强度削弱较大，故一般只用于轻载的静连接。

3. 楔键连接

楔键连接，如图6-5所示，键的工作面是上、下表面，其上表面和轮毂键槽底面均具有 1∶100 的斜度，装配时需沿轴向将键楔紧。装配后，键的上、下表面分别与轮毂和轴上键槽的底面贴合，并产生很大的楔紧力。工作时，它依靠此楔紧力所产生的摩擦力来传递转矩，同时还可以承受单向的轴向力，并对轮毂起到单向的轴向固定作用。楔键的侧面与键槽的侧面间有很小的间隙，当扭矩过大导致轴与轮毂发生转动时，键的侧面也能进行工作。因此，楔键连接在传递有冲击和振动的较大转矩时，仍能保证连接的可靠性。楔键连接的缺点是楔紧后会使轴和轮毂的配合产生偏心与偏斜，因此，楔键连接适用于对零件的定心精度要求不高和转速较低的场合。

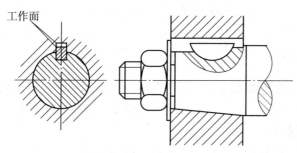

图 6 - 4　半圆键连接

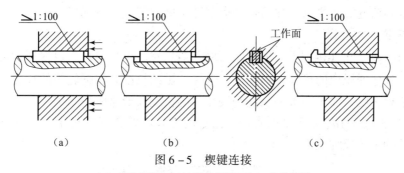

图 6 - 5　楔键连接

（a）圆头楔键；（b）平头楔键；（c）钩头楔键

楔键分为普通楔键和钩头楔键两种。普通楔键又包括圆头、平头和单圆头三种形式。装配时，圆头楔键要先装入轴上的键槽中，然后打紧轮毂，如图 6 - 5（a）所示；平头和钩头楔键是在轮毂装好后将键装入键槽并打紧，如图 6 - 5（b）和图 6 - 5（c）所示。钩头楔键的钩头供拆卸时使用，其安装在轴端时应注意加装防护罩。

4. 切向键

切向键连接，如图 6 - 6 所示。切向键是由一对斜度为 1∶100 的楔键组成的，装配时，两楔键的斜面互相贴合，分别从轮毂的两端打入，并沿轴的切线方向共同楔紧在轴、毂之间。两键拼合后，相互平行的两个窄面是其工作面。切向键装配后，必须使其一个工作面通过轴线。工作时，它靠工作面上的挤压力和轴与轮毂间的摩擦力来传递扭矩。当使用一个切向键时，只能传递单向转矩；当要传递双向转矩时，必须使用两个切向键，并且两个切向键之间的夹角为 120°～135°。切向键连接的优点是承载能力大，缺点是轴和轮毂的对中性差，键槽对轴的削弱较大，因此，它常用于直径大于 100 mm、低速、重载或定心要求不高的场合，例如大型矿山机械的轴毂连接。

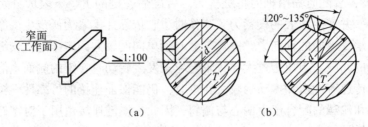

图6-6 切向键连接
(a) 单向传动;(b) 双向传动

6.1.2 键的选择

键的选择包括选择键的类型和尺寸两个方面。键的类型应根据连接的结构特点、使用要求和工作条件来选择;键是标准件,其尺寸应按强度和标准规格要求来确定。

1. 键连接的类型选择

键连接的类型应根据需要传递转矩的大小、载荷性质、转速高低、安装空间大小、轮毂在轴上的轴向位置、轮毂的轴向位置是否需要移动、是否需要键连接实现与轮毂的轴向固定、传动对定心精度等的要求,并结合各类型键连接的特点进行选择。

2. 键连接的尺寸选择

键连接的断面尺寸(键宽 b、键高 h、轴槽深 t、轮毂槽深 t_1)可以根据轴的直径和有关设计资料在国家标准规定的尺寸系列中进行选择,键的长度 L 根据轮毂的长度确定,键长通常应略短于轮毂长度,而导向键的长度则按轮毂的长度及滑移距离来确定。一般轮毂的长度可取为 $L' \approx (1.5 \sim 2.0)d$,$d$ 为轴的直径。选定的键长应符合标准规定的长度系列。普通平键和普通楔键的主要尺寸见表6-1。

表6-1 普通平键和普通楔键的主要尺寸　　　　　　　　　　　mm

轴的直径 d	6~8	>8~10	>10~12	>12~17	>17~22	>22~30	>30~38	>38~44
$b \times h$	2×2	3×3	4×4	5×5	6×6	8×7	10×8	12×8
轴的直径 d	>44~50	>50~58	>58~65	>65~75	>75~85	>85~95	>95~110	>110~130
$b \times h$	14×9	16×10	18×11	20×12	22×14	25×14	28×16	32×18
键的长度系列 L	6,8,10,12,14,16,18,20,22,25,28,32,36,40,45,50,56,63,70,80,90,100,110,125,140,180,200,220,250…							

6.1.3 键连接的强度计算

1. 平键连接的强度计算

使用表明,普通平键的主要失效形式是键、轴上键槽和轮毂上键槽三者中较弱者被压溃。经简化的平键连接的受力分析如图6-7所示。根据有关标准规定,键应用强度极限不低于600 MPa 的钢材制造,常用的材料为45号钢。由于轮毂上的键槽深度较浅,轮毂的材料强度通常在三者中也最弱,所以平键连接的强度计算通常以轮毂为计算对象,计算键连接的强度时,我们假设键与键槽侧面的压力均匀分布,并假设合力的作用点与轴中心的距离等于轴半径。用于动连接的导向平键连接和滑键连接,其主要失效形式是工作表面的过度磨损。除非有严重过载,否则一般不会出现键的剪断。因此,对平键连接,只按工作表面的挤压强度和磨损强度计算即可。

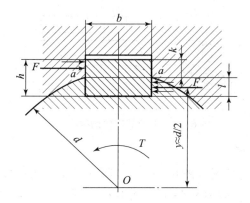

图 6-7 平键连接的受力

为简化计算,假定载荷在键的工作面上均匀分布,则普通平键的强度条件为

$$\sigma_p = \frac{2T}{dkl} \leq [\sigma_p] \tag{6-1}$$

导向平键和滑键连接的强度条件为

$$p = \frac{2T}{dkl} \leq [p] \tag{6-2}$$

式中,T——传递的转矩,N·mm;

k——键与轮毂键槽的接触高度,$k = 0.5h$,h 为键的高度,mm;

l——键的工作长度,mm;圆头平键 $l = L - b$,平头平键 $l = L$,单圆头平键 $l = L - b/2$(l 为键的公称长度,b 为键的宽度,单位均为 mm);

d——轴的直径,mm;

$[\sigma_p]$——键、轴、轮毂三者中最弱材料的许用挤压应力,MPa,见表 6-2;

$[p]$——键、轴、轮毂三者中最弱材料的许用压强,MPa,见表 6-2。

表 6-2 键连接的许用挤压应力、许用压强　　　　　　　　　　　　MPa

许用值	连接工作方式	键或毂、轴的材料	载荷性质		
			静载荷	轻微冲击	冲击
$[\sigma_p]$	静连接	钢	125~150	100~120	60~90
		铸铁	70~80	50~60	30~45
$[p]$	动连接	钢	50	40	30
注:若与键有相对滑动的被连接件表面经过淬火,则动连接的许用压强 $[p]$ 可提高 2~3 倍。					

2. 半圆键连接的强度计算

半圆键的受力情况如图 6-8 所示（轮毂已取掉），因其只用于静连接，故主要失效形式是表面被压溃。通常按其工作面的挤压应力进行强度校核计算，强度条件同式（6-1）。应该注意的是：半圆键的接触高度 k 应根据键的尺寸从标准中查取；半圆键的工作长度 l 近似地取为键的公称长度 L。

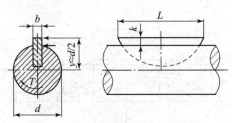

图 6-8 半圆键连接的受力情况

3. 楔键连接的强度计算

楔键连接装配后的受力情况如图 6-9（a）所示（轮毂已取掉），其主要失效形式是相互楔紧的工作面被压溃，故应校核各工作面的挤压强度。当其传递转矩时，受力情况如图 6-9（b）所示，为了简化计算，我们把键和轴视为一体，并将下方分布在半圆柱面上的径向压力用集中力 F 代替，由于这时轴与轮毂有相对转动的趋势，轴与毂也发生了微小的扭转变形，故沿键的工作长度 l 及宽度 b 上的压力分布情况均较以前发生了变化，压力的合力 F 不再通过轴心。计算时，假设压力沿键长均匀分布，沿键宽为三角形分布，取 $x \approx \dfrac{b}{6}$，$y \approx \dfrac{d}{2}$，由键和轴一体对轴心的受力平衡条件

$$T = Fx + fFy + \frac{fFd}{2}$$

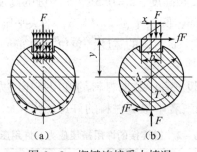

图 6-9 楔键连接受力情况

得到工作面上压力的合力为

$$F = \frac{T}{x + fy + f\dfrac{d}{2}} = \frac{6T}{b + 6fd}$$

则楔键连接的挤压强度条件为

$$\sigma_p = \frac{2F}{bl} = \frac{12T}{bl(b + 6fd)} \leq [\sigma_p] \tag{6-3}$$

式中，f——摩擦系数，一般取 $f = 0.12 \sim 0.17$。

4. 切向键连接的强度计算

切向键连接的主要失效形式是工作面的压溃。把键和轴看作一体，当键连接传递转矩时，其受力情况如图 6-10 所示。假定压力沿键的工作面均匀分布，取 $y=(d-t)/2$，$t=d/10$，按一个切向键来计算时，由键和轴一体对轴心的受力平衡条件

$$T = Fy + fFd/2$$

得到工作面上压力的合力为

$$F = \frac{T}{y + f\dfrac{d}{2}} = \frac{T}{d(0.45 + 0.5f)}$$

则切向键连接的强度条件为

$$\sigma_\mathrm{p} = \frac{F}{l(t-C)} = \frac{T \times 10^3}{dl(t-C)(0.45+0.5f)} \leq [\sigma_\mathrm{p}] \tag{6-4}$$

式中，t——键槽的深度，mm；

C——键的倒角，mm。

在进行强度校核后，如果其强度不够，可以采用双键。

这时应该考虑键的合理布置。两个平键最好布置在沿周向相隔 180°的位置上；两个半圆键应沿轴线方向布置在同一母线上；两个楔键则应布置在沿周向相隔 90°~120°的位置上；两对切向键一般应布置在沿周向相隔 120°~135°的位置，如图 6-10 所示。考虑到两键上载荷分布的不均匀性，在进行强度校核时，只按 1.5 个键计算。如果轮毂允许适当加长，也可以相应地增加键的长度，以提高单键连接的承载能力。但由于传递转矩时，键上载荷沿其长度分布不均匀，故键的长度不宜过大。当键的长度大于 2.25d 时，其多出的长度实际上可认为并不承受载荷，故一般键的长度不宜超过（1.6~1.8）d。

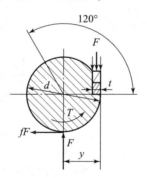

图 6-10 切向键的受力情况

【例 6-1】 设计一蜗轮与轴的连接，蜗轮材料为 HT250，轮毂宽度 $B=100$ mm，轮毂直径 $d=58$ mm，轴的材料为 45 钢，该连接传递的转矩 $T=500$ N·m，工作中有轻微冲击。

解：（1）选择键的类型

因蜗杆工作时对中性要求较高，所以应选用平键连接，由于蜗轮不在轴端，故应选用圆头普通平键（A 型）。

（2）确定键的尺寸

根据 $d=58$ mm，从表 6-1 查得键宽 $b=16$ mm，键高 $h=10$ mm，由轮毂的宽度 $B=100$ mm，并参考键的长度系列，取键的长度 $L=90$ mm。

(3) 键连接的强度

键、轴的材料为钢，轮毂的材料为HT250，许用挤压应力应按铸铁查取。由表6-2查得许用挤压应力$[\sigma_p] = 50 \sim 60$ MPa。

A型普通平键的工作长度为

$$l = L - b = 90 - 16 = 74 \text{ (mm)}; \quad k = \frac{h}{2} = \frac{10}{2} = 5 \text{ (mm)}$$

根据式（6-1）得

$$\sigma_p = \frac{2T}{dkl} = \frac{2 \times 500 \times 10^3}{58 \times 5 \times 74} = 46.6 \text{ (MPa)} < [\sigma_p]$$

可知键的挤压强度足够。

故选键型号标记为：键 16×90 GB/T 1096—2003（一般A型键可不用标出"A"，对于B型键或C型键则需要将"键"标为"键B"或"键C"）。

§6.2 花 键 连 接

6.2.1 花键连接的类型、特点和应用

花键连接是由键与轴做成一体的外花键（见图6-11（a））和具有相应凹槽的内花键（见图6-11（b））组成的，其多个键齿和凹槽在轴及轮毂的周向均匀分布。由于结构形式和制造工艺的不同，与平键连接相比，花键连接在强度、工艺和使用方面有下述一些特点：

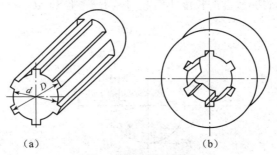

图6-11 花键连接
(a) 外花键；(b) 内花键

1）齿数较多，接触面积较大，因而可承受较大的载荷。
2）齿槽较浅，齿根应力集中较小，对轴与毂的强度削弱也较小。
3）轴上零件与轴的对中性和导向性较好。
4）可用磨削的方法提高加工精度及连接质量。
5）齿根仍有应力集中；加工时需用专门的设备、量具、刀具，成本较高。因此，花键连接适用于定心精度要求高、载荷大以及尺寸较大的连接，如用于飞机、汽车、机床等的变速滑移齿轮机构中。

花键连接既可用作静连接也可用作动连接。按齿形不同，花键可分为两类，即矩形花键和渐开线花键。花键的齿数、尺寸及连接配合均按相应标准选取。

1. 矩形花键

矩形花键的键齿侧面是平行的面，便于加工，其内花键用拉床或插床加工，外花键可用铣床加工，并可用磨削的方法消除热处理变形而获得较高的加工精度。矩形花键的齿形尺寸，按齿高不同在标准 GB/T 1144—2001 中规定了两个系列，即轻系列和中系列，前者适用于轻载的静连接，后者适用于中等载荷的连接。标准中规定矩形花键的定心方式为小径定心，如图 6-12 所示。

2. 渐开线花键

渐开线花键连接如图 6-13 所示，它的齿廓为渐开线，与矩形花键相比，渐开线花键的齿根较厚，齿根圆角大，强度高，因而，它具有较大的承载能力；渐开线花键可用加工渐开线齿轮的方法及设备进行加工，其工艺性较好。渐开线花键靠齿面接触定心，定心精度高，且有利于各齿间的均载。

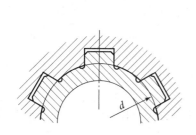
图 6-12 矩形花键连接

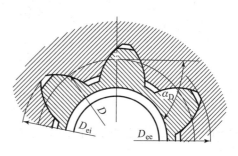
图 6-13 渐开线花键连接

GB/T 3478.1—2008 中规定了三种圆柱直齿渐开线花键的分度圆标准压力角 α_D 分别为 30°、37.5°和 45°。渐开线花键的齿根分为平齿根和圆齿根两种，如图 6-14 所示。渐开线花键根据三种齿形和两种齿根规定了四种基本齿廓，即 30°平齿根、30°圆齿根、37.5°圆齿根和 45°圆齿根渐开线花键。其中 30°渐开线花键应用广泛，适用于传递动力、运动，常用于滑动、浮动和静连接。30°平齿根适用于零件壁厚较薄，不能采用圆齿根的场合，或用于强度足够的花键，或花键的工作长度紧靠轴肩的情况；30°圆齿根花键的应力集中较小，承载能力较强，通常用于大载荷传动轴的连接上；37.5°圆齿根适用于传递动力、运动，常用于滑动及过渡配合（例如联轴器），且适用于冷成型加工工艺；45°圆齿根，由于其齿根较小，压力角大，故抗弯强度好，但由于齿的工作面高度较小，其承载能力较低，故适用于载荷较低、直径较小的静连接及薄壁零件的轴毂连接。

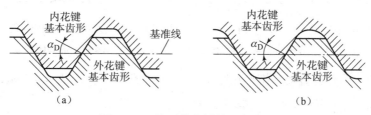
图 6-14 渐开线花键的基本齿形
(a) 平齿根；(b) 圆齿根

6.2.2 花键的选择和花键连接的强度计算

花键连接的设计与普通平键连接的设计相似,首先应根据连接的结构特点、使用要求和工作条件选定花键类型和尺寸,然后再进行必要的强度校核计算。

花键的受力情况如图6-15所示,其主要失效形式是工作面被压溃(静连接)或工作面过度磨损(动连接)。因此,静连接通常按工作面上的挤压应力进行强度计算,动连接则按工作面上的压力进行条件性的强度计算。

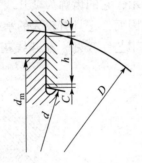

图6-15 花键连接的受力情况

计算时,假定载荷在键的工作面上均匀分布,每个齿工作面上压力的合力 F 作用在平均直径 d_m 处,如图6-15所示,即传递的转矩 $T = \dfrac{zFd_m}{2}$,并引入系数 ψ 来考虑实际载荷在各花键齿上分配不均匀的影响,则花键的强度条件为

静连接
$$\sigma_p = \frac{2T}{\psi z h l d_m} \leq [\sigma_p] \tag{6-5}$$

动连接
$$p = \frac{2T}{\psi z h l d_m} \leq [p] \tag{6-6}$$

式中,T——传递的转矩,N·mm;

ψ——载荷分配不均匀系数,与齿数多少有关,一般 $\psi = 0.7 \sim 0.8$,齿数多时取小值;

z——花键的齿数;

l——齿的工作长度;

h——花键侧面的工作高度,矩形花键,$h = \dfrac{D-d}{2} - 2C$,此处 D 为外花键的大径,d 为内花键的小径,C 为倒角尺寸,如图6-15所示,单位均为mm;渐开线花键,$\alpha = 30°$,$h = m$,$\alpha = 37.5°$,$h = 0.9m$,$\alpha = 45°$,$h = 0.8m$,m 为模数;

d_m——花键的平均直径,矩形花键 $d_m = \dfrac{D+d}{2}$,渐开线花键 $d_m = d = mz$,d 为分度圆直径,mm;

$[\sigma_p]$——花键连接的许用挤压应力,MPa,见表6-3;

$[p]$——键连接的许用压强,MPa,见表6-3。

表 6-3 花键连接的许用挤压应力、许用压强　　　　　　　　　　　　　　　　MPa

许用值	连接方式	使用和制造情况	齿面未经热处理	齿面经热处理
$[\sigma_p]$	静连接	不良	35~50	40~70
		中等	60~100	100~140
		良好	80~120	120~200
$[p]$	空载下移动的动连接	不良	15~20	20~35
		中等	20~30	30~60
		良好	25~40	40~70
	负载下移动的动连接	不良	—	3~10
		中等	—	5~15
		良好	—	10~20

注：①使用和制造不良是指受变载荷，有双向冲击、振动频率高和振幅大、润滑不良（对动连接）、材料硬度不高或精度不高等。
②同一情况下，$[\sigma_p]$ 或 $[p]$ 的较小值用于工作时间长和重要的场合。
③花键材料的抗拉强度不低于600MPa。

§6.3 无 键 连 接

凡是不用键或花键实现的轴毂连接，统称为无键连接。常见的无键连接有过盈配合连接、型面连接以及胀紧连接等。

6.3.1 过盈配合连接

1. 过盈配合连接的特点和应用

过盈配合连接是利用相互配合的零件间的装配过盈量来达到连接的目的。图 6-16（a）所示为两光滑圆柱面的过盈配合连接，其包容件的实际尺寸小于被包容件的实际尺寸，装配后，其配合面会产生一定的径向压力，工作时靠此压力产生的摩擦力来传递转矩或轴向力。

过盈配合连接的特点是结构简单、对中性好、承载能力大、对轴及轮毂的强度削弱小、耐冲击性好。其缺点是对配合面的加工精度要求高，承载能力和装配产生的应力对实际过盈量很敏感，装拆不方便。过盈配合连接主要用于轴与毂的连接、轮圈与轮芯的连接以及滚动轴承与轴或轴承座孔的连接等。

过盈配合可以是圆柱面配合，也可以是圆锥面配合，这两种配合连接分别称为圆柱面过盈配合连接和圆锥面过盈配合连接，如图 6-16（b）所示。

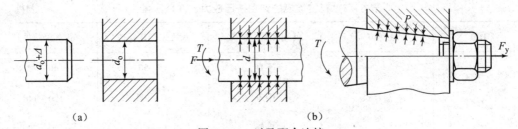

图 6-16 过盈配合连接

(a) 圆柱面过盈配合连接；(b) 圆锥面过盈配合连接

2. 过盈配合连接的装配与拆卸

由于圆柱面过盈配合使用广泛，故以下仅讨论圆柱面过盈配合连接。

(1) 圆柱面过盈配合的装配

圆柱面过盈配合的装配方法有压入法和胀缩法（温差法）两种。

压入法是利用机械工具或压力机将被包容件直接压入包容件中的方法。由于过盈量的存在，在压入过程中，配合表面的峰尖不可避免地要受到擦伤或压平，因而降低了连接的紧固性。通常需在被包容件和包容件上做出导锥，如图 6-17 所示，并对过盈配合表面进行润滑，以方便装配、减轻损伤。如果两个被连接件的材料相同，则应使它们具有不同的硬度，以避免在压入过程中发生胶合。如果过盈连接的孔为盲孔，则应设排气孔。压入法一般用于尺寸及过盈量较小的连接中。

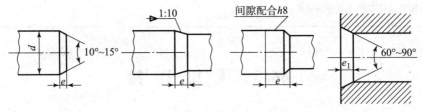

图 6-17 过盈连接件的结构

当过盈连接的连接面的长度或实际过盈量较大或对连接质量要求较高时，应采用温差法装配。胀缩法装配是将孔零件加热使其膨胀，或将轴零件冷却使其收缩，或两种方式同时进行，然后再进行装配，装配时配合面间无过盈。胀缩法一般是利用电炉、煤气或在热油中对零件进行加热，对于未经热处理的零件，加热时的温度不应高于 400 ℃，对于经过热处理的零件，加热时的温度不应高于零件的回火温度。冷却零件时，多采用液态氮（温度可低至 -195 ℃）、低温箱（温度可低至 -140 ℃）或固态二氧化碳（俗称干冰，温度可低至 -79 ℃）等方法。加热时应防止配合面产生氧化皮。加热法常用于配合直径较大的情况；冷却法则常用于配合直径较小的情况。

(2) 圆柱面过盈配合的拆卸

对于需要多次装拆、重复使用的过盈连接，为了保证多次装拆后配合仍具有良好的紧固性，可采用液压拆卸，即在配合面间注入高压油，以胀大包容件的内径，并缩小被包容件的外径，从而使连接便于拆卸，从而减小配合面的损伤。为此，在设计中应采取必要的结构措施，即在轴和孔零件上制出油孔和环形槽，孔的直径、槽的尺寸和数量可参考有关标准，如图 6-18 所示。拆卸时，也可以同时向轴颈表面和轴端表面注入高压油，但轴向油的压力要小于轴颈表面的压力

（约为轴颈表面压力的1/5），以保证拆卸过程的安全。图6-19所示为一种在轴颈表面和轴端表面同时加高压油的过盈连接辅助拆卸结构，它是在油孔处制出螺纹，拆卸时通过螺纹连接高压油管，通入高压油。为保护螺纹不被损伤，平时在螺纹孔上应装有螺塞。

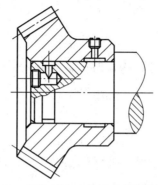

图6-18　圆柱过盈连接液压辅助拆卸结构

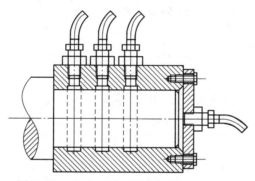

图6-19　径向及端面加压的辅助拆卸结构

3. 过盈连接的设计计算

设计过盈连接时，一般零件的材料、结构尺寸和传递载荷均已初步确定，因此其设计计算的主要内容有以下几方面：

1) 按要求传递载荷，确定配合面所需的最小压强 p_{min}；
2) 确定为保证最小压力所需要的最小过盈量 δ_{min}，并选择公差配合；
3) 校核连接在最大过盈时的强度；
4) 若采用压入法，需确定过盈配合连接的最大压入力、压出力；
5) 若采用胀缩法，需确定包容件的加热温度及被包容件的冷却温度。

过盈配合连接计算的假设条件包括以下几项：

1) 连接零件中的压力处于平面应力状态（即轴向应力 $\sigma_z = 0$）；
2) 零件应变均在弹性范围内；
3) 材料的弹性模量为常量；
4) 连接部分为两个等长的厚壁筒，配合面上的压力均匀分布。

下面仅介绍圆柱面过盈配合连接的计算方法及过程。

（1）确定配合面所需的最小压强 p_{min}

过盈配合连接应保证在载荷作用下连接件不发生相对运动，配合面上所产生的摩擦阻力

(或摩擦阻力矩) 应大于或等于零件配合面所传递的外力 (或外力矩)。

当连接传递轴向力时，如图 6-20 (a) 所示，则有

$$\pi dlpf \geqslant F$$

则

$$p_{\min} = \frac{F}{\pi dlf} \quad (6-7)$$

当连接传递转矩时，如图 6-20 (b) 所示，则有

$$\pi dlpf \frac{d}{2} \geqslant T$$

则

$$p_{\min} = \frac{2T}{\pi d^2 lf} \quad (6-8)$$

当连接同时传递轴向力 F 和转矩 T 时，则有

$$\pi dlpf \geqslant \sqrt{F^2 + \left(\frac{2T}{d}\right)^2}$$

则

$$p_{\min} = \frac{\sqrt{F^2 + \left(\frac{2T}{d}\right)^2}}{\pi dlf} \quad (6-9)$$

式中，F——轴向力，N；
  T——转矩，N·mm；
  d——配合表面的公称直径，mm；
  l——配合表面的长度，mm；
  f——配合表面的摩擦因数，见表 6-4。

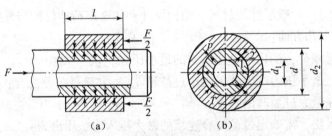

图 6-20 圆柱面过盈配合连接受力简图
(a) 载荷为轴向力；(b) 载荷为转矩

(2) 过盈配合连接的最小有效过盈量 $\delta_{\min}$

根据材料力学中有关厚壁圆筒的计算理论，当径向压强为 p 时的过盈量为

$$\Delta = pd\left(\frac{C_1}{E_1} + \frac{C_2}{E_2}\right) \times 10^3$$

则过盈配合连接传递载荷所需的最小过盈量为

$$\Delta_{\min} = p_{\min} d\left(\frac{C_1}{E_1} + \frac{C_2}{E_2}\right) \times 10^3 \quad (6-10)$$

式中，Δ——过盈配合连接的过盈量，mm；

$\Delta_{\min}$——过盈配合连接的最小过盈量，mm；

E_1——被包容件材料的弹性模量，MPa；

E_2——包容件材料的弹性模量，MPa；

C_1——被包容件的刚性系数，$C_1 = \dfrac{d^2 + d_1^2}{d^2 - d_1^2} - \mu_1$；

C_2——包容件的刚性系数，$C_2 = \dfrac{d_2^2 + d^2}{d_2^2 - d^2} + \mu_2$，其中 d_1、d_2 分别为被包容件和包容件的外径，mm；μ_1、μ_2 分别为被包容件与包容件材料的泊松比，对于钢 $\mu = 0.3$，对于铸铁 $\mu = 0.25$。

表 6-4　过盈配合连接的摩擦因数 f 值

零件材料	压入法		零件材料	胀缩法	
	无润滑时	有润滑时		结合方式、润滑	
钢－铸钢	0.11	0.08	钢－钢	油压扩孔，压力油为矿物油	0.125
钢－结构钢	0.10	0.07		油压扩孔，压力油为甘油，结合面排油干净	0.18
钢－优质钢	0.11	0.08		在电炉中加热包容件至300℃。	0.14
钢－青铜	0.15～0.20	0.03～0.06		在电炉中加热包容件至300℃以后，结合面脱脂	0.2
钢－铸铁	0.12～0.15	0.05～0.10	钢－铸铁	油压扩孔，压力油为矿物油	0.1
铸铁－铸铁	0.15～0.25	0.15～0.10	钢－铝镁合金	无润滑	0.10～0.15

综上所述，当传递的载荷一定时，配合长度越短，则所需要的最小压强就越大，当最小压强增大时，所需要的过盈量也随之增大。因此，为了避免在载荷一定时需用较大的过盈量而导致装配困难，配合长度不宜过短，一般推荐 $l \approx 0.9d$。但应注意的是，由于配合面上的应力分布不均匀，当 $l > 0.8d$ 时，应在结构上采取措施，降低应力集中，以消除两端应力集中的影响，如在配合零件上开设减载槽等。

过盈配合如采用胀缩法装配，则其最小有效过盈量 $\delta_{\min} = \Delta_{\min}$。过盈配合如采用压入法装配，在压入过程中配合表面微观凸起的峰尖将被部分压平，为保证足够的实际过盈量，应使原过盈量 $\delta_{\min}$ 大于理论最小过盈量 $\Delta_{\min}$，即

$$\delta_{\min} = \Delta_{\min} + 0.8(Rz_1 + Rz_2) \qquad (6-11)$$

式中，Rz_1——被包容件配合表面上轮廓的最大高度（$Rz \approx 4Ra$），μm；

Rz_2——包容件配合表面上轮廓的最大高度，μm。

需要指出的是，求出最小过盈量 $\delta_{\min}$ 后，应从国家标准中选择一个标准过盈配合，该过盈配合的最小过盈量应略大于或等于 $\delta_{\min}$。

(3) 过盈配合连接的强度计算

过盈配合连接的强度包括两个方面，即连接的强度及连接零件本身的强度。式（6-7）、式（6-8）和式（6-9）已经给出了连接强度的计算方法，所以下面需要解决连接零件本身的强度计算问题。

过盈配合装配后会在配合面间产生压力，在零件材料内部也会产生应力，应力沿圆周方向均有分布，应力沿直径方向的分布及其与表面压力之间的关系如图6-21所示。图6-21（a）所示为空心轴过盈配合连接的应力分布，图6-21（b）为实心轴过盈配合连接的应力分布。首先按所选的过盈配合种类查出最大过盈量 δ_{max}（如果采用压入法装配，应考虑配合面被擦平的部分），将 δ_{max} 代入式（6-10），即

$$p_{max} = \frac{\delta_{max}}{d\left(\dfrac{C_1}{E_1} + \dfrac{C_2}{E_2}\right) \times 10^3} \tag{6-12}$$

然后按照 p_{max} 校核零件的强度。

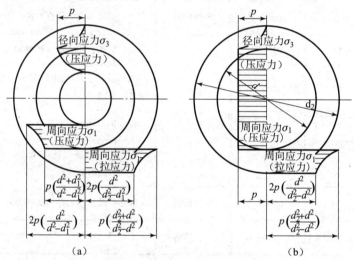

图 6-21 过盈配合中的应力分布图

1）当孔零件为脆性材料时，可按图6-21所示的最大周向拉（压）应力使用第一强度理论（最大拉应力理论）计算其强度。如图6-21所示，其主要破坏形式是包容件内表层断裂。其极限应力为零件的拉伸强度极限 σ_{b2}，则强度条件为

$$p_{max} \leqslant \left(\frac{d_2^2 - d^2}{d_2^2 + d^2}\right) \times \frac{\sigma_{b2}}{2 \sim 3} \tag{6-13}$$

2）当孔零件为塑性材料时，应根据第四强度理论（形状改变比能理论）计算其强度，其危险应力出现在孔的内表面，其极限应力为零件的屈服强度 σ_{S2}，则强度条件为

$$p_{max} \leqslant \frac{d_2^2 - d^2}{\sqrt{3d_2^4 + d^4}} \times \sigma_{S2} \tag{6-14}$$

3）对于脆性材料的空心轴，其危险应力出现在内表面，极限应力为材料的压缩强度极限 σ_{b1}，则强度条件为

$$p_{max} \leqslant \frac{d^2 - d_1^2}{2d^2} \times \frac{\sigma_{b1}}{2 \sim 3} \tag{6-15}$$

4）对于塑性材料的空心轴，其危险应力仍出现在内表面，应根据第四强度理论计算其强度，极限应力为材料的压缩强度极限 σ_{S1}，则强度条件为

$$p_{\max} \leqslant \frac{d^2 - d_1^2}{2d^2} \times \sigma_{S1} \qquad (6-16)$$

（4）过盈配合最大压入力、压出力

当采用压入法装配时，其最大压入力 F_i、压出力 F_o 可按下式计算

$$F_i = f\pi dl p_{\max} \qquad (6-17)$$

$$F_o = (1.3 \sim 1.5) f\pi dl p_{\max} \qquad (6-18)$$

（5）包容件加热及被包容件冷却温度

当采用胀缩法装配时，包容件的加热温度 t_2 或被包容件的冷却温度 t_1 可按下式计算

$$t_2 = \frac{\delta_{\max} + \Delta_0}{\alpha_2 d \times 10^3} + t_0 \qquad (6-19)$$

$$t_1 = -\frac{\delta_{\max} + \Delta_0}{\dfrac{\alpha_1 d}{10^3}} + t_0 \qquad (6-20)$$

式中，Δ_0——装配时为了避免配合面相互擦伤所需要的最小间隙，通常采用同样公称直径的间隙配合 H7/g6 的最小间隙，μm；

α_1——被包容件材料的线膨胀系数；

α_2——包容件材料的线膨胀系数；

t_0——装配环境温度，℃。

4. 提高过盈配合连接承载能力的措施

过盈配合连接的强度计算公式，是在假设包容件与被包容件等长的条件下得出的，但在实际应用中，过盈配合连接的被包容件通常比包容件长，这就使得位于配合面端部的轴沿径向的刚度比中部大，因而其径向应力也比较大，在这种情况下，配合面的径向应力沿轴向的分布如图 6-22 所示。由于包容件与被包容件的刚度不同，在工作载荷作用下的变形不协调，会引起配合面端部发生被包容件与包容件的相对滑动，在交变载荷作用下，这种滑动会引起局部磨损并导致连接松动，进而导致被包容件疲劳强度的降低。为降低这些不利影响，在结构设计中，应采取以下几项必要的措施：

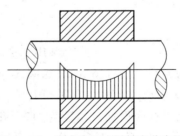

图 6-22 配合面压力沿轴向分布图

1）使非配合直径小于配合直径，如图 6-23（a）所示，并以较大圆弧过渡。

2）在被加工面上设计减载槽，如图 6-23（b）和图 6-23（c）所示，必要时，减载槽应经滚压处理，以提高其疲劳强度。

3) 在包容件上设计减载槽，如图 6-23（d）所示，或减小包容件端部的厚度，如图 6-23（e）所示。

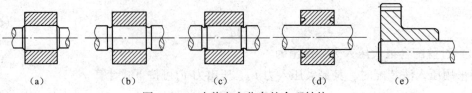

图 6-23 改善应力分布的合理结构

【例 6-2】 图 6-24 所示为一过盈配合连接的组合齿轮结构，其齿圈材料为 40Cr，轮芯材料为 ZG200-400，齿轮传递的最大扭矩为 $6×10^6$ N·mm，结构尺寸如图 6-24 所示，采用压入法装配，试设计过盈配合连接并计算压入力。

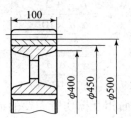

图 6-24 过盈连接组合齿轮

解：（1）确定配合面所需的最小压强 p_{min}

通过表 6-4 查取 $f=0.08$，根据公式（6-8）计算所需最小压强 p_{min}。

$$p_{min} \geq \frac{2T}{\pi d^2 lf} = \frac{2×6×10^6}{\pi×450^2×100×0.08} = 2.36 \text{（MPa）}$$

（2）确定最小有效过盈量

根据最小压强计算最小过盈量，为此，应先计算齿圈与轮芯的刚度系数 C_1、C_2。通过查手册可知，$\mu_1=0.28$，$\mu_2=0.3$，$E_1=1.75×10^5$ MPa，$E_2=2.1×10^5$ MPa，则

$$C_1 = \frac{d^2+d_1^2}{d^2-d_1^2} - \mu_1 = \frac{450^2+400^2}{450^2-400^2} - 0.28 = 8.25$$

$$C_2 = \frac{d_2^2+d^2}{d_2^2-d^2} + \mu_2 = \frac{500^2+450^2}{500^2-450^2} + 0.3 = 9.83$$

将刚度系数代入式（6-10）得

$$\Delta_{min} = p_{min}d\left(\frac{C_1}{E_1}+\frac{C_2}{E_2}\right)×10^3 = 2.36×450×\left(\frac{8.25}{1.75×10^5}+\frac{9.83}{2.1×10^5}\right)×10^3 = 100 \text{（μm）}$$

选择配合面的表面粗糙度为轮芯 $Rz_1=1.6$ μm，齿圈 $Rz_2=3.2$ μm，则最小原始过盈量

$$\delta_{min} = \Delta_{min} + 0.8(Rz_1+Rz_2) = 100+0.8×(1.6+3.2) ≈ 104 \text{（μm）}$$

配合采用基孔制，选择齿圈里孔表面加工精度为 IT7，孔公差带为 $\phi 450_0^{+0.063}$，轮芯外表面的下偏差应大于 0.196，加工精度为 IT6，据此选择轴的公差形式为 s6，公差带为 $\phi 450_{+0.232}^{+0.272}$，最小过盈量为

$$\delta_{min} = 232-63 = 169 \text{（μm）} > 104 \text{μm}$$

最大过盈量为

$$\delta_{max} = 272-0 = 272 \text{（μm）}$$

(3) 计算过盈连接的强度
最大压强为
$$p_{max} = \frac{\delta_{max} - 0.8(Rz_1 + Rz_2)}{d\left(\dfrac{C_1}{E_1} + \dfrac{C_2}{E}\right) \times 10^3} = \frac{272 - 0.8 \times (1.6 + 3.2)}{450 \times \left(\dfrac{8.25}{1.75 \times 10^5} + \dfrac{9.83}{2.1 \times 10^5}\right)} \approx 6.34 \text{ (MPa)}$$

齿圈材料 40Cr 的屈服极限 $\sigma_{S2} = 785$ MPa，根据公式（6-14）有

$$\frac{p_{max}\sqrt{3d^4 + d_2^4}}{d_2^2 - d^2} = \frac{6.34 \times \sqrt{3 \times 500^4 + 450^4}}{500^2 - 450^2} = 63.8 \text{ (MPa)} < \sigma_{S2} = 785 \text{ MPa}$$

ZG200-400 材料的屈服极限 $\sigma_{S1} = 200$ MPa，根据公式（6-16）有

$$\frac{2p_{max}d^2}{d^2 - d_1^2} = \frac{2 \times 6.34 \times 450^2}{450^2 - 400^2} = 60.4 \text{ (MPa)} < \sigma_{S1} = 200 \text{ MPa}$$

故轮芯及齿圈均满足强度条件。

(4) 计算所需压入力

查表 6-4 得摩擦因数 $f = 0.08$，由公式（6-17）得到装配所需的最大压入力

$$F_i = f\pi dlp_{max} = 0.08 \times \pi \times 450 \times 100 \times 6.34 = 71\,703 \text{ (N)}$$

由上述计算所得的计算结果证明，所选的配合既能传递所要求的扭矩，又能保证被连接零件的强度，所以是合适的。

6.3.2 型面连接

型面连接又叫成形连接，是利用非圆截面的轴与相应的孔构成的连接，它的轴和毂可以做成柱面，如图 6-25（a）所示，也可以做成锥面，如图 6.25（b）所示。柱形的型面连接只能传递扭矩；锥形的型面连接除传递扭矩外，还能传递单向的轴向力，但其加工较复杂。

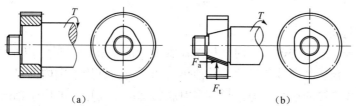

图 6-25 型面连接
(a) 柱面；(b) 锥面

型面连接的主要优点是：装拆方便，能保证良好的对中性；没有应力集中源，承载能力大。其缺点是：加工工艺较为复杂，特别是为了保证配合精度，非圆截面的轴应先经车削，毂孔应先经钻、镗或拉削，其最后工序一般均要在专用机床上进行磨削加工。

型面连接常用的型面曲线有摆线、等距曲线两种。此外，方形、正六边形及带切口的非圆形截面形状，在一般工程中也较为常见。

6.3.3 胀紧连接

1. 胀紧连接的原理、特点及类型

胀紧连接是在轴毂之间装入一对或数对以内、外锥面相互贴合的胀紧连接套，在轴向力的

作用下，内套缩小、外套胀大，并与轴和毂孔压紧，产生足够大的摩擦力，如图6-26所示。

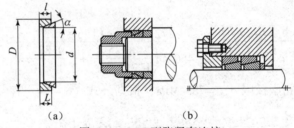

图6-26 Z1型胀紧套连接
(a) 一对胀紧套；(b) 两对胀紧套

胀紧连接的特点是：定心性好，装拆或调整轴毂间的相对位置较为方便，应力集中较小，承载能力高，并且具有安全保护功能。其缺点是占用轴向及径向空间较大。

根据连接套的结构不同，在JB/T7934—1999中规定了胀紧套连接的五种型号（Z1~Z5），图6-27所示为Z2型及Z3型胀紧套连接。

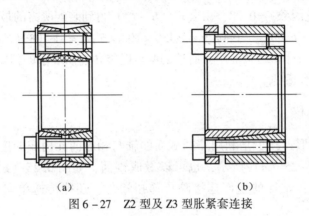

图6-27 Z2型及Z3型胀紧套连接
(a) Z2型；(b) Z3型

2. 胀紧套的选用

胀紧套的型号已经标准化，选用时只需根据设计的轴和毂的尺寸以及传递载荷的大小，查阅相关手册选择合适的型号和尺寸，并使传递的载荷在许用范围内即可。

为了提高胀紧连接的承载能力，常将多对胀紧套串联使用，但由于轴向压紧力在各套之间进行传递的过程中会逐渐减弱，所以串联套的级数不宜过多，在实际应用中，单向胀紧套通常不超过4对，双向胀紧套通常不超过8对。

如图6-26所示，胀紧套的半锥角α是影响胀紧连接的承载能力、自锁性能等工作性能的重要因素。在单套连接中，半锥角越小传递的载荷越大，但由于套的自锁性能使其拆卸困难。多套连接的半锥角过小会使距离压紧力作用点较远的套不能充分发挥其承载能力，因而，通常取$\alpha = 12.5° \sim 17°$。

§6.4 销 连 接

6.4.1 销连接的类型

根据在连接中所起的作用不同，销可分为定位销、连接销以及安全销。主要用于固定零件之间的相对位置的销,称为定位销,如图6-28所示,它是组合加工和装配时的重要辅助零件,其中,图6-28(a)所示为圆柱销,图6-28(b)所示为圆锥销;用于连接且能传递不大的载荷的销,称为连接销,如图6-29所示,由于销对轴的强度削弱较大,故一般多用于轻载或不重要的连接;用于安全装置中的过载剪断元件的销,称为安全销,如图6-30所示。

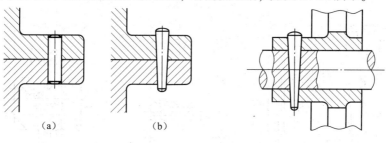

图6-28 定位销
(a)圆柱销;(b)圆锥销

图6-29 连接销

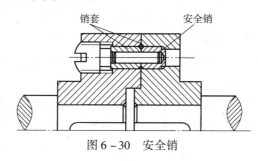

图6-30 安全销

6.4.2 销的结构类型、特点及应用

销可分为圆柱销、圆锥销、槽销、开口销、销轴和定位销等,这些销均已标准化。

圆柱销,如图6-28(a)所示,利用微量过盈配合固定在铰制孔中,经多次拆卸会降低其定位精度和可靠性。

圆锥销,如图6-28(b)所示,具有1:50的锥度,在受横向力时可以自锁。它具有安装方便、定位精度高、可多次拆卸而不影响定位精度等优点。端部带螺纹的圆锥销,如图6-31所示,可用于不通孔或拆卸困难的场合。开尾圆锥销,如图6-32所示,装入销孔后,其尾端可稍张开以防止松脱,适用于有冲击、振动的场合。

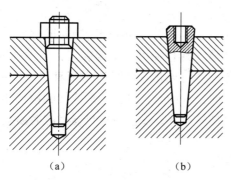

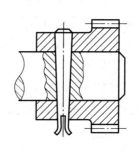

图6-31 端部带螺纹的圆锥销
(a)螺尾圆锥销;(b)内螺纹圆锥销

图6-32 开尾圆锥销

槽销是用弹簧钢制造并经碾压或模锻而成的，其外表面有三条纵向沟槽，如图6-33所示，将槽销打入销孔后，由于材料的弹性使销挤紧在销孔中，不易松脱，因而，它能承受振动和变载荷。安装槽销的孔不需要铰制，加工方便，可多次拆装。近年来，槽销的应用较为普遍，如槽销还可以作为键、螺栓、小轴等来使用。

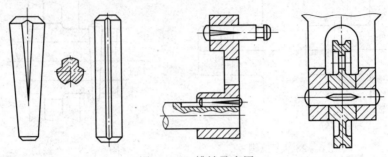

图6-33 槽销及应用

弹性销用弹簧钢卷制而成，如图6-34所示，它具有弹性，装入销孔后与孔壁压紧，不易松脱。它对销孔的精度要求不高，不需要铰制，互换性好，可多次装拆；但弹性销的刚性较差，不适用于高精度定位。弹性销常用于有冲击、振动的场合，载荷大时还可与几个销套一起使用。

开口销，如图6-35所示，装配后可将其尾部分开，以防止脱落。

销轴用于两零件的铰接处，构成铰链连接，如图6-36所示，销轴通常用开口销锁定，且工作可靠、拆卸方便。

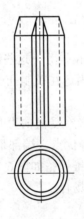

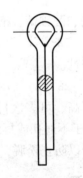

图6-34 弹性圆柱销　　　　　　图6-35 开口销

定位销通常不受载荷或只受到很小的载荷，其直径可按结构确定，不做强度校核计算，同一结合面上的定位销数目至少两个，销装入每一连接件的长度为销直径的1~2倍。连接销在工作时受到挤压和剪切，有时还受到弯曲，设计时，可先根据连接的构造和工作要求选择销的类型、材料和尺寸，再做适当的强度校核计算。安全销在机器过载时易被剪断，因而其直径应按过载时易被剪断的条件来确定。

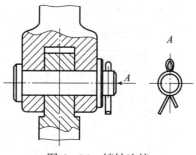

图 6-36 销轴连接

习　题

6-1　如图 6-37 所示的凸缘半联轴器及圆柱齿轮，分别用键与减速器的低速轴相连接。试选择两处键的类型及尺寸，并校核其连接强度。已知轴的材料为 45 钢，传递的转矩 $T=1\,000\text{ N}\cdot\text{m}$，齿轮用锻钢制造，半联轴器用灰铸铁制成，工作时有轻微冲击。

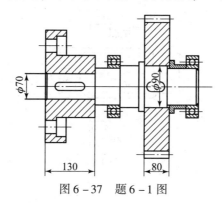

图 6-37　题 6-1 图

6-2　直径 $d=80$ mm 的轴端安装一钢制齿轮，如图 6-38 所示，轮毂宽度 $L=100$ mm，工作时载荷有轻微冲击。试确定其平键的尺寸，并计算其运行传递的最大转矩。

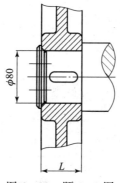

图 6-38　题 6-2 图

6-3　变速箱中的双联滑移齿轮，采用矩形花键连接。齿轮在空载下移动，工作情况良好，外径 $D=40$ mm，齿轮轮毂长 $L=60$ mm，轴及齿轮的材料为钢并经热处理，硬度为 HRC30，如图 6-39 所示，试按传递转矩最大的情况选择尺寸系列，求能传递的转矩大小，并注明花键代号。

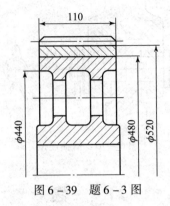

图 6-39 题 6-3 图

6-4 现有 45 钢制的直齿圆柱齿轮轮缘，用过盈配合连接装配在用铸铁 HT150 制成的轮芯上，连接尺寸如图 6-40 所示，需传递的转矩 $T=8\,000$ N·m，常温下工作，配合表面均为精车，$Rz=6.3$ μm，用胀缩法装配，装配后不需要拆卸。试选择合适的标准配合，并计算装配时轮缘所需要的加热温度。

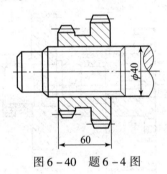

图 6-40 题 6-4 图

第7章 带传动

带传动是由主动带轮1、从动带轮2和紧套在两轮上的传动带3组成的，如图7-1所示。当原动机驱动主动轮转动时，由于带和带轮间的摩擦（或啮合），便拖动从动轮一起转动，并传递一定的动力。带传动具有结构简单、传动平稳、造价低廉以及缓冲吸振等特点，在近代机械中被广泛应用。

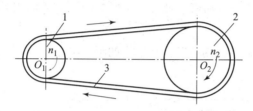

图7-1 带传动示意图
1—主动带轮；2—从动带轮；3—传动带

§7.1 带传动的类型、特点及应用

7.1.1 带传动的类型与结构

1. 带传动的类型

带传动可分为摩擦带传动和啮合带传动两类，如图7-2（a）所示，其中最常见的是摩擦带传动。摩擦带传动按带的剖面形状又可分为平带、V带、多楔带和圆带等，如图7-2（b）~图7-2（e）所示。

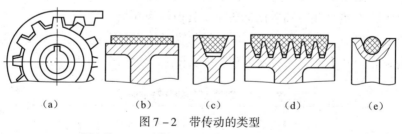

图7-2 带传动的类型
（a）同步带；（b）平带；（c）V带；（d）多楔带；（e）圆带

平带传动的结构最简单，且带轮容易制造，在传动中心距较大的场合中应用较多。常用的平带有帆布芯平带、编织平带（棉织、毛织和缝合棉布带）、锦纶片复合平带等多种。其中以帆布芯平带应用最广，其规格可查阅国家标准或手册。

多楔带兼有平带和V带的优点，其柔性好，摩擦力大，能传递的功率高，并解决了由于多根V带长短不一而使各带受力不均匀的问题。多楔带主要用于传递较大功率而且结构要求紧凑的场合,其传动比可达10,带速可达40 m/s。

在一般的机械传动中,应用最广的是V带传动。其截面呈等腰梯形,带轮上也做出相应的轮槽。传动时,V带只和轮槽的两个侧面接触,即以两个侧面为工作面。根据槽面摩擦原理,在同样大小的张紧力作用下,V带传动较平带传动能产生更大的摩擦力,这是其性能上的最大优点。此外,V带传动的传动比较大,结构紧凑,且V带多已标准化并大量生产,因而应用比平带传动广泛得多,所以本章重点介绍V带传动。

2. V带的类型与结构

V带分为普通V带、窄V带、联组V带、齿形V带、大楔角V带和宽V带等多种类型,一般多使用普通V带,现在窄V带的使用也日渐广泛。

窄V带常采用合成纤维或钢丝绳作抗拉体,与普通V带相比,当高度相同时,窄V带的宽度约缩小1/3,而承载能力却可提高1.5~2.5倍,它适用于传递动力大而又要求传动装置结构紧凑的场合。

标准普通V带常制成无接头的环形,其结构如图7-3所示,由顶胶1、抗拉体2、底胶3和包布4等部分组成。

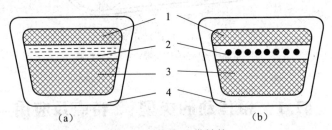

图 7-3 普通V带结构
(a) 帘布芯结构;(b) 绳芯结构
1—顶胶;2—抗拉体;3—底胶;4—包布

抗拉体分为帘布芯和绳芯两种结构。帘布芯V带的制造方便;绳心V带的柔韧性好,抗弯强度高,适用于转速较高、载荷不大和带轮直径较小的场合。

当带弯曲时,顶胶伸长,底胶缩短,两者之间既不受拉也不受压(长度不变)的一层称为中性层。中性层组成的面称为节面,节面的宽度称为节宽 b_p。V带的截面高度 h 与其节宽 b_p 之比称为相对高度,相对高度已标准化,其值约为0.7。

V带配装在带轮上,和节宽 b_p 相对应的带轮直径称为基准直径 D。V带在规定的张紧力下,位于带轮基准直径上的周线长度称为基准长度 L_d,如表7-1所示。

表 7-1　普通V带轮的基准长度　　　　　　　　　　　　mm

基准长度 L_d	型号											
	Y	Z	A	B	C	D	E	SPZ	SPA	SPB	SPC
400	+	+									
450		+									
500	+	+									

续表

基准长度 L_d	型号										
	Y	Z	A	B	C	D	E	SPZ	SPA	SPB	SPC
560		+									
630		+	+					+			
710		+	+					+			
800		+	+					+	+		
900		+	+	+				+	+		
1 000		+	+	+				+	+		
1 120		+	+	+				+	+		
1 250		+	+	+				+	+	+	
1 400		+	+	+				+	+	+	
1 600		+	+	+				+	+	+	
1 800			+	+	+			+	+	+	
2 000			+	+	+			+	+	+	+
2 240			+	+	+			+	+	+	+
2 500			+	+	+			+	+	+	+
2 800				+	+	+	+	+	+	+	+
3 150				+	+	+		+	+	+	+
3 550				+	+	+		+	+	+	+
4 000				+	+	+			+	+	+
4 500				+	+	+	+		+	+	+
5 000				+	+	+	+		+	+	+

普通 V 带的截型分为 Y、Z、A、B、C、D、E 七种，窄 V 带的截型分为 SPZ、SPA、SPB、SPC 四种，其截面尺寸如表 7-2 所示。

表 7-2　V 带的截面尺寸

带型		节宽 b_p/mm	顶宽 b/mm	高度 h/mm	截面面积 A/mm²	楔角 θ
普通 V 带	窄 V 带					
Y		5.3	6	4	18	
Z	SPZ	8.5	10	6 8	47 47	
A	SPA	11.0	13	8 10	81 94	
B	SPB	14.0	17	11 14	138 167	40°
C	SPC	19.0	22	14 18	230 278	
D		27.0	32	19	476	
E		32.0	38	25	692	

7.1.2　带传动的特点

1. 带传动的主要优点

1) 带具有弹性，能缓冲、吸振，传动平稳，噪声小；
2) 当过载时，带会在带轮上打滑，从而防止其他重要零件被损坏，起到安全保护的作用；
3) 带适用于中心距较大的场合；
4) 带的结构简单、装拆方便、成本低。

2. 带传动的主要缺点

1) 带在带轮上有相对滑动，因而，其传动比不恒定；
2) 带的传动效率低，且寿命较短；
3) 带传动的外廓尺寸大；
4) 带需要张紧，轴和轴承受力较大；
5) 带不适用于高温、易燃等场合。

一般情况下，带传动的功率 $P \leqslant 100$ kW，带速为 $5 \sim 25$ m/s，平均传动比 $i \leqslant 5$，传动效率 $\eta = 0.91 \sim 0.97$；高速带传动的带速可达 $60 \sim 100$ m/s，传动比 $i \leqslant 7$；同步齿形带的带速为 $40 \sim 50$ m/s，传动比 $i \leqslant 10$，传递功率可达 200 kW，传动效率高达 98%～99%。

§7.2　带传动的工作情况分析

7.2.1　带传动的受力分析

安装带传动时，传动带即以一定的初拉力 F_0 紧套在两个带轮上，使带与带轮的接触面间产生正压力。带传动未工作时，带的两边受相同的初拉力 F_0，如图 7-4（a）所示。带传动工作时，主动轮对带的摩擦力 F_f 与带的运动方向一致；从动轮对带的摩擦力与带的运动方向相反，如图 7-4（b）所示。所以，这将导致传动带两边的拉力不相等。带绕上主动轮的一边被拉紧，拉力由 F_0 增加到 F_1，称为紧边 F_1；而另一边略微放松，拉力由 F_0 减少到 F_2，称为松边 F_2。

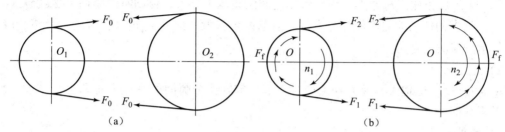

图 7-4　带传动的受力分析

设环形带的总长不变，则紧边拉力的增加量（$F_0 - F_1$）等于松边拉力的减少量（$F_0 - F_2$），即

$$F_0 = \frac{1}{2}(F_1 + F_2) \tag{7-1}$$

紧边、松边的拉力差等于两接触面间摩擦力的总和 F_f，这称为带传动的有效拉力，也就是带所传递的圆周力 F，即

$$F = F_1 - F_2 = F_f \tag{7-2}$$

由式（7-1）和式（7-2）可得

紧边拉力

松边拉力

$$\left. \begin{array}{l} F_1 = F_0 + \dfrac{F}{2} \\ F_2 = F_0 - \dfrac{F}{2} \end{array} \right\} \tag{7-3}$$

带传动的有效拉力 F 与所传递的功率 P（kW）以及带的速度 v（m/s）之间的关系为

$$F = \frac{1\,000P}{v} \tag{7-4}$$

若带速不变，则带传动所传递的功率取决于带与带轮间的摩擦力 F_f。在一定条件下，当 F_f 达到极限 F_{flim} 时，紧边拉力与松边拉力的关系可用柔韧体摩擦的欧拉公式来表示，即

$$\frac{F_1}{F_2} = e^{f\alpha} \tag{7-5}$$

式中，e——自然对数的底；

　　　f——带与带轮间的摩擦系数（对于 V 带传动，则用当量摩擦系数 f_v）；

　　　α——带在带轮上的包角。

由式（7-3）和式（7-5）可得

$$F_{flim} = 2F_0 \frac{e^{f\alpha} - 1}{e^{f\alpha} + 1} \tag{7-6}$$

$$F_1 = F \frac{e^{f\alpha}}{e^{f\alpha} - 1} \tag{7-7}$$

$$F_2 = F\frac{1}{e^{f\alpha}-1} \tag{7-8}$$

带在正常传动的情况下,必须使有效圆周力 $F < F_{flim}$。由式(7-6)可知,F_{flim} 与下列几个因素有关:

1) 初拉力 F_0。

F_{flim} 与 F_0 成正比。F_0 越大,带与带轮之间的正压力越大,传动时的摩擦力也就越大。若 F_0 过小,则带的传动能力不能充分发挥,容易发生打滑。但若 F_0 过大,带的寿命将会降低,轴和轴承的受力将会增大。

2) 包角 α。

α 越大,F_{flim} 也越大。因为 α 增加时,带与带轮接触弧间的摩擦力总和也会增加,从而提高其承载能力。

3) 摩擦系数 f。

f 越大,F_{flim} 也越大。摩擦系数与带和带轮的材料、表面状况及工作环境和条件有关。

7.2.2 带传动的应力分析

带传动工作时,带内将产生以下几种应力。

1. 拉应力

$$\left. \begin{array}{l} 紧边拉应力 \quad \sigma_1 = \dfrac{F_1}{A} \\ 松边拉应力 \quad \sigma_2 = \dfrac{F_2}{A} \end{array} \right\} \tag{7-9}$$

式中,A——带的截面积,mm^2,见表 7-1;

F_1——紧边拉力,N;

F_2——松边接力,N;

σ_1,σ_2——拉应力,MPa。

2. 弯曲应力

带绕在带轮上时,由于弯曲所产生的弯曲应力为

$$\sigma_b \approx \frac{2Ey}{d_d} \tag{7-10}$$

式中,E——带的弹性模量,MPa;

y——带的中性层到最外层的距离,mm;

d_d——带轮的基准直径,mm。

由式(7-10)可见,带轮的基准直径越小,带越厚时,带的弯曲应力越大。为避免弯曲应力过大,带轮的直径不能过小。V 带轮的最小直径见表 7-3。

表 7-3 V 带轮的最小基准直径　　　　　　　　　　　mm

型号	Y	Z	A	B	C	D	E
d_{dmin}	20	50	75	125	200	355	500

注:带轮基准直径系列为 20、22.4、25、28、31.5、35.5、40、45、50、56、63、71、75、80、85、90、100、106、112、118、125、132、140、150、160、170、180、200、212、224、236、250、265、280、300、315、335、355、375、400、425、450、475、500、530、560、600、630、670、710、750、800、900、1 000、1 060、1 120、1 250、1 400。

3. 离心拉应力

当带沿带轮的轮缘做圆周运动时，带上每一质点都受到离心力的作用。由于离心力的作用，离心拉力 F_c 在带的横截面上所产生的离心拉应力 σ_c 为

$$\sigma_c = \frac{F_c}{A} = \frac{qv^2}{A} \tag{7-11}$$

式中，q——带的线密度，kg/m，见表 7-4；

v——带速，m/s。

表 7-4　V 带的线密度　　　　　　　　　　　　　　　　　　　kg/m

型号	Y	Z SPZ	A SPA	B SPB	C SPC	D	E
q	0.03	0.06 0.07	0.11 0.12	0.19 0.20	0.33 0.37	0.66	1.02

图 7-5 所示为带工作时的应力分布情况。带中可能产生的瞬时最大应力发生在带的紧边开始绕上小带轮处，此时的最大应力可近似地表示为

$$\sigma_{\max} \approx \sigma_1 + \sigma_{b1} + \sigma_c \tag{7-12}$$

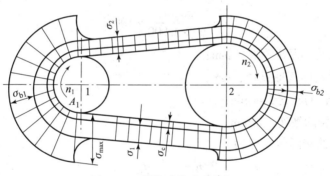

图 7-5　带传动的应力分析

由图 7-5 可知，带是处于变应力的状态下工作的，即带每绕两带轮循环一周时，作用在带上某点的应力是变化的。当应力循环次数达到一定数值后，将使带产生疲劳破坏。

7.2.3　带的弹性滑动与打滑

带是弹性体，在受力的情况下会产生弹性变形。由于带在紧边和松边上所受到的拉力不相等，因而其产生的弹性变形也不相同。如图 7-6 所示，带从在 A_1 点绕上主动带轮到 C_1 点离开的过程中，带所受的拉力由 F_1 逐渐降低到 F_2，使带后缩，带在带轮接触面上出现局部微量地向后滑动，造成带的速度逐渐小于主动轮的圆周速度 v_1。带从在 A_2 点绕上从动轮到 C_2 点离开的过程中，带所受的拉力 F_2 逐渐增加到 F_1，使带向前伸长，带在带轮接触面上出现局部微量地向前滑动，造成带的速度逐渐大于从动轮的圆周速度 v_2。这种由于带的弹性变形而引起的带与带轮间的滑动现象称为弹性滑动。这是带传动正常工作时固有的特性。

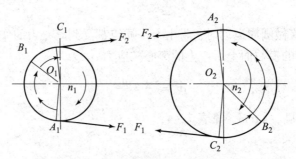

图 7-6 带传动的弹性滑动

弹性滑动除了会造成功率损失、降低传动效率和增加带的磨损外，还会引起从动轮的圆周速度下降，使传动比不准确。

弹性滑动引起的从动轮圆周速度的相对降低量称为滑动率 ε，即

$$\varepsilon = \frac{v_1 - v_2}{v_1} \times 100\% \tag{7-13}$$

式中，v_1——主动轮的圆周速度，m/s；
v_2——从动轮的圆周速度，m/s。

$$v_1 = \frac{\pi d_{d1} n_1}{60 \times 1\,000} \times 100\% \tag{7-14}$$

$$v_2 = \frac{\pi d_{d2} n_2}{60 \times 1\,000} \times 100\% \tag{7-15}$$

式中，d_{d1}——主动轮的基准直径，mm；
d_{d2}——从动轮的基准直径，mm；
n_1——主动轮的转速，r/min；
n_2——从动轮的转速，r/min。

因而，带传动的实际传动比为

$$i = \frac{n_1}{n_2} = \frac{d_{d2}}{d_{d1}(1-\varepsilon)} \tag{7-16}$$

在一般传动中，因滑动率并不大（$\varepsilon = 1\% \sim 2\%$），故可不予考虑，而取传动比为

$$i = \frac{n_1}{n_2} \approx \frac{d_{d1}}{d_{d2}} \tag{7-17}$$

在正常情况下，带的弹性滑动并不是发生在相对于全部包角的接触弧上，当有效拉力较小时，弹性滑动只发生在带由主、从动轮上离开以前的那一部分接触弧上，例如 $\stackrel{\frown}{C_1B_1}$ 和 $\stackrel{\frown}{C_2B_2}$ 上，如图 7-6 所示，并把它们称为滑动弧，其所对的中心角称为滑动角；而未发生弹性滑动的接触弧 $\stackrel{\frown}{A_1C_1}$、$\stackrel{\frown}{A_2C_2}$ 则称为静弧，其所对的中心角称为静角。随着有效拉力的增大，弹性滑动的区段也将扩大。当弹性滑动区段扩大到整个接触弧（相当于 C_1 点移动到与 A_1 点重合）时，带传动的有效拉力即达到最大（临界）值 F_{ec}。如果工作载荷再进一步增大，则带与带轮间就将发生显著地相对滑动，即产生打滑。打滑将使带的磨损加剧、从动轮的转速急剧降低，甚至使传动失效，这种情况应当避免。

§7.3 V带传动的设计计算

7.3.1 V带传动的失效形式和设计准则

1. 主要失效形式

（1）打滑

当传递的圆周力 F 超过了带与带轮之间摩擦力总和的极限时，就会发生过载打滑，使传动失效。

（2）疲劳破坏

传动带在变应力的反复作用下会产生裂纹、脱层、松散直至断裂。

2. 设计准则

带传动的设计准则是：在保证带传动不发生打滑的前提下，充分发挥带传动的能力，并使传动带具有一定的疲劳强度和寿命。

3. 设计条件和传动功率

根据设计准则，带传动应满足下列两个条件：

（1）不打滑条件

$$F = 1\,000\frac{P}{v} \leq F_1\left(1 - \frac{1}{e^{f\alpha}}\right) \qquad (7-18)$$

（2）疲劳强度条件

$$\sigma_{\max} = \sigma_1 + \sigma_c + \sigma_{b1} \leq [\sigma] \qquad (7-19)$$

或

$$\sigma_1 = \frac{F_1}{A} \leq [\sigma] - \sigma_c - \sigma_{b1} \qquad (7-20)$$

由以上两式可得到同时满足这两个条件的传动功率为

$$P_0 = \frac{Fv}{1\,000} = ([\sigma] - \sigma_c - \sigma_{b1})\left(1 - \frac{1}{e^{f\alpha}}\right)\frac{Av}{1\,000} \qquad (7-21)$$

7.3.2 V带传动的设计步骤

1. 单根普通V带的基本额定功率

根据设计准则，对于一定结构、材质的V带，在特定试验条件（载荷平稳、$\alpha_1 = \alpha_2 = 180°$、特定带长 L_d、应力循环次数为 $10^8 \sim 10^9$ 等）下，其许用应力 $[\sigma]$ 按下式计算：

$$[\sigma] = \sqrt{\frac{cL_d}{3\,600L_h v}} \qquad (7-22)$$

式中，c——由试验得出的常数，对于帘布芯及绳芯结构，$c = 0.75$；对于化学纤维绳芯结构，$c = 1$；

L_h——带的寿命，h；

L_d——带的基准长度，mm，见表 7-1；

v——带速，m/s。

将求得的 $[\sigma]$ 值代入式（7-21），并用 f_v 代替 f，即可求得各种型号的单根普通V带

的基本额定功率 P_1，见表7-5~表7-11。

表7-5 Y型单根普通V带的基本额定功率 P_1

额定功率 P_1/kW 主动带轮基准直径 d_{d1}/mm 主动轮转速 $n/(\text{r}\cdot\text{min}^{-1})$	20	25	28	31.5	35.5	40	45	50
400							0.04	0.05
730				0.03	0.04	0.04	0.05	0.06
800		0.03	0.03	0.04	0.05	0.05	0.06	0.07
980	0.02	0.03	0.04	0.04	0.05	0.06	0.07	0.08
1 200	0.02	0.03	0.04	0.05	0.06	0.07	0.08	0.09
1 460	0.02	0.04	0.05	0.06	0..06	0.08	0.09	0.11
1 600	0.03	0.05	0.05	0.06	0.07	0.09	0.11	0.12
2 000	0.03	0.05	0.06	0.07	0.08	0.11	0.12	0.14
2 400	0.04	0.06	0.07	0.09	0.09	0.12	0.14	0.16
2 800	0.04	0.07	0.08	0.10	0.11	0.14	0.16	0.18
3 200	0.05	0.08	0.09	0.11	0.12	0.15	0.17	0.20
3 600	0.06	0.08	0.10	0.12	0.13	0.16	0.19	0.22
4 000	0.06	0.09	0.11	0.13	0.14	0.18	0.20	0.23
4 500	0.07	0.10	0.12	0.14	0.16	0.19	0.21	0.24
5 000	0.08	0.11	0.13	0.15	0.18	0.20	0.23	0.25
5 500	0.09	0.12	0.14	0.16	0.19	0.22	0.24	0.26

表7-6 Z型单根普通V带的基本额定功率 P_1

额定功率 P_1/kW 主动带轮基准直径 d_{d1}/mm 主动轮转速 $n/(\text{r}\cdot\text{min}^{-1})$	50	56	63	71	80	90
400	0.06	0.06	0.08	0.09	0.14	0.14
730	0.09	0.11	0.13	0.17	0.20	0.22
800	0.10	0.12	0.15	0.20	0.22	0.24
980	0.12	0.14	0.18	0.23	0.26	0.28

续表

主动带轮基准直径 d_{d1}/mm 额定功率 P_1/kW 主动轮转速 n/(r·min^{-1})	50	56	63	71	80	90
1 200	0.14	0.17	0.22	0.27	0.30	0.33
1 460	0.16	0.19	0.25	0.31	0.36	0.37
1 600	0.17	0.20	0.27	0.33	0.39	0.40
2 000	0.20	0.25	0.32	0.39	0.44	0.48
2 400	0.22	0.30	0.37	0.46	0.50	0.54
2 800	0.26	0.33	0.41	0.50	0.56	0.60
3 200	0.28	0.35	0.45	0.54	0.61	0.64
3 600	0.30	0.37	0.47	0.58	0.64	0.68
4 000	0.32	0.39	0.49	0.61	0.67	0.72
4 500	0.33	0.40	0.50	0.62	0.67	0.73
5 000	0.34	0.41	0.50	0.62	0.66	0.73
5 500	0.33	0.41	0.49	0.61	0.64	0.65
6 000	0.31	0.40	0.48	0.56	0.61	0.56

表7-7　A型单根普通V带的基本额定功率 P_1

主动带轮基准直径 d_{d1}/mm 额定功率 P_1/kW 主动轮转速 n/(r·min^{-1})	75	80	90	100	112	125	140	160
200	0.16	0.18	0.22	0.26	0.31	0.37	0.43	0.51
400	0.27	0.31	0.39	0.47	0.56	0.67	0.78	0.94
730	0.42	0.49	0.63	0.77	0.93	1.11	1.31	1.56
800	0.45	0.52	0.68	0.83	1.00	1.19	1.41	1.69
980	0.52	0.61	0.79	0.97	1.18	1.40	1.66	2.00
1 200	0.60	0.71	0.93	1.14	1.39	1.66	1.96	2.36
1 460	0.68	0.81	1.07	1.32	1.62	1.93	2.29	2.74
1 600	0.73	0.87	1.15	1.42	1.74	2.07	2.45	2.94
2 000	0.84	1.01	1.34	1.66	2.04	2.44	2.87	3.42
2 400	0.92	1.12	1.50	1.87	2.30	2.74	3.22	3.80
2 800	1.00	1.22	1.64	2.05	2.51	2.98	3.48	4.06
3 200	1.04	1.29	1.75	2.19	2.68	3.16	3.65	4.19

续表

主动带轮基准直径 d_{d1}/mm 额定功率 P_1/kW 主动轮转速 n/(r·min^{-1})	75	80	90	100	112	125	140	160
3 600	1.08	1.34	1.83	2.28	2.78	3.26	3.72	
4 000	1.09	1.37	1.87	2.34	2.83	3.28	3.67	
4 500	1.07	1.36	1.88	2.33	2.79	3.17		
5 000	1.02	1.31	1.82	2.25	2.64			
5 500	0.96	1.21	1.70	2.07				
6 000	0.80	1.06	1.50	1.80				

表 7-8 B 型单根普通 V 带的基本额定功率 P_1

主动带轮基准直径 d_{d1}/mm 额定功率 P_1/kW 主动轮转速 n/(r·min^{-1})	125	140	160	180	200	224	250	280
200	0.48	0.59	0.74	0.88	1.02	1.19	1.37	1.58
400	0.84	1.05	1.32	1.59	1.85	2.17	2.50	2.89
730	1.34	1.69	2.16	2.61	3.06	3.59	4.14	4.77
800	1.44	1.82	2.32	2.81	3.30	3.86	4.46	5.13
980	1.67	2.13	2.72	3.30	3.86	4.50	5.22	5.93
1 200	1.93	2.47	3.17	3.85	4.50	5.26	6.04	6.90
1 460	2.20	2.83	3.64	4.41	5.15	5.99	6.85	7.78
1 600	2.33	3.00	3.86	4.68	5.46	6.33	7.20	8.13
1 800	2.50	3.23	4.15	5.02	5.83	6.73	7.63	8.46
2 000	2.64	3.42	4.40	5.30	6.13	7.02	7.87	8.60
2 200	2.76	3.58	4.60	5.52	6.35	7.19	7.97	
2 400	2.85	3.70	4.75	5.67	6.47	7.25		
2 800	2.96	3.85	4.80	5.76	6.43			
3 200	2.94	3.83	4.80					
3 600	2.80	3.63						
4 000	2.51	3.24						
4 500	1.93							

表7-9 C型单根普通V带的基本额定功率 P_1

主动轮转速 $n/(\text{r·min}^{-1})$ \ 主动带轮基准直径 d_{d1}/mm / 额定功率 P_1/kW	200	224	250	280	315	355	400	450
200	1.39	1.70	2.03	2.42	2.86	3.36	3.91	4.51
300	1.92	2.37	2.85	3.40	4.04	4.75	5.54	6.40
400	2.41	2.99	3.62	4.32	5.14	6.05	7.06	8.20
500	2.87	3.58	4.33	5.19	6.17	7.27	8.52	9.81
600	3.30	4.12	5.00	6.00	7.14	8.45	9.82	11.29
730	3.80	4.78	5.82	6.99	8.34	9.79	11.52	12.98
800	4.07	5.12	6.23	7.52	8.92	10.46	12.10	13.80
980	4.66	5.89	7.18	8.65	10.23	11.92	13.67	15.39
1 200	5.29	6.71	8.21	9.81	11.53	13.31	15.04	16.59
1 460	5.86	7.47	9.06	10.74	12.48	14.12		
1 600	6.07	7.75	9.38	11.06	12.72	14.19		
1 800	6.28	8.00	9.63	11.22	12.67			
2 000	6.34	8.06	9.62	11.04				
2 200	6.26	7.92	9.34					
2 400	6.02	7.57						
2 600	5.61							
2 800	5.01							

表7-10 D型单根普通V带的基本额定功率 P_1

主动轮转速 $n/(\text{r·min}^{-1})$ \ 主动带轮基准直径 d_{d1}/mm / 额定功率 P_1/kW	355	400	450	500	560	630	710	800
100	3.01	3.66	4.37	5.08	5.91	6.88	8.01	9.22
150	4.20	5.14	6.17	7.18	8.43	9.82	11.38	13.11
200	5.31	6.52	7.90	9.21	10.76	12.54	14.55	16.76
250	6.36	7.88	9.50	11.09	12.97	15.13	17.54	20.18
300	7.35	9.13	11.02	12.88	15.07	17.57	20.35	23.39
400	9.24	11.45	13.85	16.20	18.95	22.05	25.45	29.08

续表

主动带轮基准直径 d_{d1}/mm 额定功率 P_1/kW 主动轮转速 $n/(\text{r}\cdot\text{min}^{-1})$	355	400	450	500	560	630	710	800
500	10.90	13.55	16.40	19.17	22.38	25.94	29.76	33.72
600	12.39	15.42	18.67	21.78	25.32	29.18	33.18	37.13
730	14.04	17.58	21.12	24.52	28.28	32.19	35.97	39.26
800	14.83	18.46	22.25	25.76	29.55	33.38	36.87	
980	16.30	20.25	24.16	27.60	31.00			
1 100	16.98	20.99	24.84	28.02				
1 200	17.25	21.20	24.84					
1 300	17.26	21.06						
1 460	16.70							
1 600	15.63							

表 7-11 E 型单根普通 V 带的基本额定功率 P_1

主动带轮基准直径 d_{d1}/mm 额定功率 P_1/kW 主动轮转速 $n/(\text{r}\cdot\text{min}^{-1})$	500	560	630	710	800	900	1 000	1 120
100	6.21	7.32	8.75	10.31	12.05	13.96	15.84	18.07
150	8.60	10.33	12.32	14.56	17.05	19.76	22.44	25.58
200	10.86	13.09	15.65	18.52	21.70	25.15	28.52	32.47
250	12.97	15.67	18.77	22.23	26.03	30.14	34.11	38.71
300	14.96	18.10	21.69	25.69	30.05	34.71	39.17	44.26
350	16.81	20.38	24.42	28.89	33.73	38.84	43.66	49.04
400	18.55	22.49	26.95	31.83	37.05	42.49	47.52	52.98
500	21.65	26.25	31.36	36.85	42.53	48.20	53.12	57.94
600	24.21	29.30	34.83	40.58	46.26	51.48		
730	26.62	32.02	37.64	43.07	47.79			
800	27.57	33.03	38.52	43.52				
980	28.52	33.00						
1 100	27.30							

在使用条件下，单根普通 V 带的额定功率 $[P]$ 是由上述基本额定功率 P_1 加上额定功率增量 ΔP_1，并乘以修正系数而确定的，即

$$[P] = (P_1 + \Delta P_1) K_\alpha K_L \tag{7-23}$$

式中，ΔP_1——$i \neq 1$ 时的单根普通 V 带的额定功率的增量，见表 7-12 和表 7-13；

K_α——包角修正系数，当 $\alpha_1 \neq 180°$ 时，传动能力有所下降，见表 7-14；

K_L——带长修正系数，带长不等于特定长度对传动能力的影响，见表 7-15。

表 7-12　单根普通 V 带 $i \neq 1$ 时传动功率的增量 ΔP_1　　　　　　　　　kW

型号	传动比 i	主动轮转速 $n_1/$ (r·min^{-1})												
		400	730	800	980	1 200	1 460	1 600	2 000	2 400	2 800	3 200	3 600	4 000	5 000
Y	1.35~1.51	0.00	0.00	0.00	0.01	0.01	0.01	0.01	0.01	0.01	0.02	0.02	0.02	0.02	0.02
	≥2	0.00	0.00	0.00	0.01	0.01	0.01	0.01	0.02	0.02	0.02	0.02	0.03	0.03	0.03
Z	1.35~1.51	0.01	0.01	0.01	0.02	0.02	0.02	0.02	0.03	0.03	0.04	0.04	0.04	0.05	0.05
	≥2	0.01	0.02	0.02	0.02	0.03	0.03	0.03	0.04	0.04	0.04	0.05	0.05	0.06	0.06
A	1.35~1.51	0.04	0.07	0.08	0.08	0.11	0.13	0.15	0.19	0.23	0.26	0.30	0.34	0.38	0.47
	≥2	0.05	0.09	0.10	0.11	0.15	0.17	0.19	0.24	0.29	0.34	0.39	0.44	0.48	0.60
B	1.35~1.51	0.10	0.17	0.20	0.23	0.30	0.36	0.39	0.49	0.59	0.69	0.79	0.89	0.99	1.24
	≥2	0.13	0.22	0.25	0.30	0.38	0.46	0.51	0.63	0.76	0.89	1.01	1.14	1.27	1.60
C	1.35~1.51	0.14	0.21	0.27	0.34	0.41	0.48	0.55	0.65	0.82	0.99	1.10	1.23	1.37	1.51
	≥2	0.18	0.26	0.35	0.44	0.53	0.62	0.71	0.83	1.06	1.27	1.41	1.59	1.79	1.94
D	1.35~1.51	0.49	0.73	0.97	1.22	1.46	1.70	1.95	2.31	2.92	3.52	3.89	4.98		
	≥2	0.63	0.94	1.25	1.56	1.88	2.19	2.50	2.97	3.75	4.53	5.00	5.62		
E	1.35~1.51	0.96	1.45	1.93	2.41	2.89	3.38	3.86	4.58	5.61	6.83				
	≥2	1.24	1.86	2.48	3.10	3.72	4.34	4.96	5.89	7.21	8.78				

表 7-13　单根窄 V 带 $i \neq 1$ 时传动功率的增量 ΔP_1　　　　　　　　　kW

型号	传动比 i	主动轮转速 $n_1/$ (r·min^{-1})												
		200	400	730	800	980	1 200	1 460	1 600	2 000	2 400	2800	3 200	3 600	4 000
SPZ	1.39~1.57	0.02	0.05	0.09	0.10	0.12	0.15	0.18	0.20	0.25	0.30	0.35	0.40	0.45	0.50
	≥3.39	0.03	0.06	0.12	0.13	0.15	0.19	0.23	0.26	0.32	0.39	0.45	0.51	0.58	0.64
SPA	1.39~1.57	0.06	0.13	0.23	0.25	0.30	0.38	0.46	0.51	0.64	0.76	0.89	1.02	1.14	1.27
	≥3.39	0.08	0.16	0.30	0.33	0.40	0.49	0.59	0.66	0.82	0.99	1.15	1.32	1.48	1.65

续表

型号	传动比 i	主动轮转速 n_1/(r·min^{-1})												
		200	400	730	800	980	1 200	1 460	1 600	2 000	2 400	2800	3 200	3 600	4 000
SPB	1.39~1.57	0.13	0.26	0.47	0.53	0.63	0.79	0.95	1.05	1.32	1.58	1.85	2.11	2.38	
	≥3.39	0.17	0.34	0.62	0.68	0.82	1.03	1.23	1.37	1.71	2.05	2.40	2.74	3.07	
SPC	1.39~1.57	0.40	0.79	1.43	1.58	1.90	2.38	2.85	3.17	3.96	4.75				
	≥3.39	0.51	1.03	1.85	2.06	2.47	3.09	3.70	4.11	5.14	6.17				

表 7-14 包角修正系数 K_α

α_1	180°	175°	170°	165°	160°	155°	150°	145°	140°	135°	130°	125°	120°	110°	100°	90°
K_α	1	0.99	0.98	0.96	0.95	0.93	0.92	0.91	0.89	0.88	0.86	0.84	0.82	0.78	0.74	0.69

表 7-15 带长修正系数 K_L

基准长度 L_d/mm	K_L					基准长度 L_d/mm	K_L				
	Y	Z	A	B	C		Z	A	B	C	D	E
200	0.81					800	1.00	0.85				
224	0.82					900	1.03	0.87	0.82			
250	0.84					1 000	1.06	0.89	0.84			
280	0.87					1 120	1.08	0.91	0.86			
315	0.89					1 250	1.11	0.93	0.88			
355	0.92					1 400	1.14	0.96	0.90			
400	0.96	0.87				1 600	1.16	0.99	0.92	0.83		
450	1.00	0.89				1 800	1.18	1.01	0.95	0.86		
500	1.02	0.91				2 000		1.03	0.98	0.88		
560		0.94				2 240		1.06	1.00	0.91		
630		0.96	0.81			2 500		1.09	1.03	0.93		
710		0.99	0.83			2 800		1.11	1.05	0.95	0.83	

续表

基准长度 L_d/mm	K_L						基准长度 L_d/mm	K_L					
	Z	A	B	C	D	E		Z	A	B	C	D	E
3 150		1.13	1.07	0.97	0.86		9 000				1.21	1.08	1.05
3 550		1.17	1.09	0.99	0.88		10 000				1.23	1.11	1.07
4 000		1.19	1.13	1.02	0.91		11 200					1.14	1.10
4 500		1.15	1.04	0.93	0.90		12 500					1.17	1.12
5 000			1.18	1.07	0.96	0.92	14 000					1.20	1.15
5 600			1.09	0.98	0.95		16 000					1.22	1.18
6 300			1.12	1.00	0.97								
7 100			1.15	1.03	1.00								
8 000			1.18	1.06	1.02								

2. 设计计算的已知条件和设计内容

（1）普通 V 带传动设计计算的已知条件

1）传动的用途和工作情况；

2）传递的功率 P；

3）主动轮、从动轮的转速 n_1、n_2（或传动比 i）；

4）传动位置要求和外廓尺寸要求；

5）原动机的类型等。

（2）设计内容

设计内容为确定带的型号、长度和根数，带轮的尺寸、结构和材料，传动的中心距，带的初拉力和压轴力，张紧及防护装置等。

3. 设计计算的步骤和参数选择

（1）确定设计功率 P_d

根据传递的功率 P、载荷性质、原动机种类和工作情况等确定设计功率，即

$$P_d = K_A P \tag{7-24}$$

式中，P——所需传递的功率，kW；

K_A——工况系数，见表 7-16。

按表 7-16 选取工况系数时，在反复启动、正反转频繁、工作条件恶劣等场合下，K_A 应乘以 1.2。

表 7-16 工况系数 K_A

工况		K_A					
		空、轻载启动			重载启动		
		每天工作时间/h					
		<10	10~16	>16	<10	10~16	>16
载荷变动最小	液体搅拌机、通风机和鼓风机（≤7.5 kW）、离心式水泵和压缩机、轻负荷输送机	1.0	1.1	1.2	1.1	1.2	1.3
载荷变动小	带式输送机（不均匀负荷）、通风机（>7.5 kW）、旋转式水泵和压缩机（非离心式）、发电机、金属切削机床、印刷机、旋转筛、木工机械	1.1	1.2	1.3	1.2	1.3	1.4
载荷变动较大	制砖机、斗式提升机、往复式水泵和压机、起重机、磨粉机、冲剪机床、橡胶机械、振动筛、纺织机械、重载输送机	1.2	1.3	1.4	1.4	1.5	1.6
载荷变动很大	破碎机（旋转式、颚式）、磨碎机（球磨、棒磨、管磨）	1.3	1.4	1.5	1.5	1.6	1.8

注：① 空、轻载启动——电动机（交流启动、三角启动、直流并励），四缸以上内燃机，装有离心式离合器、液力联轴器的动力机。
② 重载启动——电动机（联机交流启动、直流复励或串励）、四缸以下内燃机。

（2）选择带型

根据带传动的设计功率 P_d 和小带轮转速 n_1，按图 7-7 和图 7-8 初选带型。所选带型是否符合要求，需考虑传动的空间位置要求以及带的根数等才能最后确定。

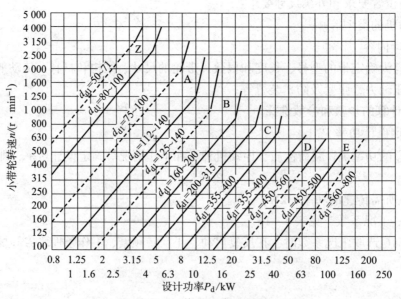

图 7-7 普通 V 带选型图

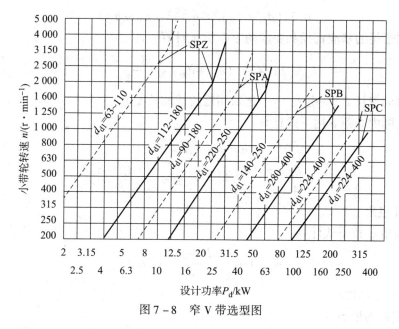

图 7-8 窄 V 带选型图

(3) 确定带轮基准直径 d_{d1}、d_{d2}

普通 V 带传动的国家标准中规定了带轮的最小基准直径和带轮的基准直径系列，见表 7-3。

当其他条件不变时，带轮的基准直径越小，带传动越紧凑，但带内的弯曲应力越大，这将导致带的疲劳强度和传动效率下降。选择小带轮的基准直径时，应使 $d_{d1} \geq d_{dmin}$，并取标准直径。传动比要求精确时，大带轮的基准直径应由式（7-25）确定，即

$$d_{d2} = id_{d1}(1-\varepsilon) = \frac{n_1}{n_2}d_{d1}(1-\varepsilon) \tag{7-25}$$

一般可忽略滑动率的影响，则有

$$d_{d2} = id_{d1} = \frac{n_1}{n_2}d_{d1} \tag{7-26}$$

式中，d_{d2} 按表 7-3 取标准值。

(4) 验算带速

带速的计算公式为

$$v = \frac{\pi d_{d1} n_1}{60 \times 1\,000} \tag{7-27}$$

带速 v 太高，则会导致离心力过大，使带与带轮间的正压力减小、传动能力下降，易发生打滑。带速太低，则要求有效拉力 F 过大，会使带的根数过多。一般 v 为 5~25 m/s，当 v 为 10~20 m/s 时，其传动效能可得到充分利用。若 v 过高或过低，可通过调整 d_{d1} 或 n_1 来改善。

(5) 确定中心距和带长

中心距 a 的大小直接关系到传动尺寸和带在单位时间内的绕转次数。中心距 a 越大，则传动尺寸越大，但在单位时间内绕转次数减少，可增加带的疲劳寿命，同时使包角 α_1 增大，并提高传动能力。一般按下式初选中心距 a_0。

$$0.7(d_{d1}+d_{d2}) \leq a_0 \leq 2(d_{d1}+d_{d2}) \tag{7-28}$$

带长根据带轮的基准直径和要求的中心距 a_0 计算,即

$$L_{d0} = 2a_0 + \frac{\pi}{2}(d_{d1}+d_{d2}) + \frac{(d_{d2}-d_{d1})^2}{4a_0} \tag{7-29}$$

根据初算的带长 L_{d0},由表 7-1 选取相近的基准长度 L_d。

传动的实际中心距 a 用下式计算:

$$a = A + \sqrt{A^2 - B} \tag{7-30}$$

式中, $A = \frac{L_d}{4} - \frac{\pi(d_{d1}+d_{d2})}{8}$, $B = \frac{\pi(d_{d2}-d_{d1})}{8}$

(6) 验算包角

小带轮包角 α_1 按下式计算:

$$\alpha_1 = 180° - \frac{d_{d2}-d_{d1}}{a} \times 57.3° \tag{7-31}$$

一般要求 $90° \leq \alpha_1 \leq 120°$。

(7) 确定带的根数

$$z \geq \frac{P_d}{[P]} = \frac{P_d}{(P_1 + \Delta P_1) K_\alpha K_L} \tag{7-32}$$

带的根数 z 应根据计算值进行圆整。当 z 过大时,应改选带轮基准直径或改选带型,重新设计。

(8) 确定初拉力

初拉力 F_0 过小,则带传动的传动能力小,易出现打滑。当 F_0 过大时,则带的寿命短,对轴及轴承的压力也大。一般认为,既能发挥带的传动能力,又能保证带的寿命的单根 V 带的初拉力应为

$$F_0 = 500 \times \frac{(2.5 - K_\alpha) P_d}{K_\alpha z v} + qv^2 \tag{7-33}$$

(9) 计算压轴力

为了设计轴和轴承,应计算带对轴的压力 F_Q。可近似地按带两边的初拉力 F_0 的合力计算 F_Q,如图 7-9 所示。

$$F_Q \approx 2zF_0 \sin\frac{\alpha_1}{2} \tag{7-34}$$

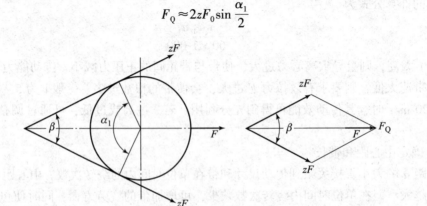

图 7-9 带作用在轴上的压力

§7.4 V带轮的设计

7.4.1 V带轮的设计基本要求

设计V带轮时应满足的要求包括以下几方面：
1) 质量小；
2) 结构工艺性好；
3) 无过大的铸造内应力；
4) 质量分布均匀，转速高时要经过动平衡；
5) 轮槽工作面要经过精细加工，以减少带的磨损；
6) 各槽的尺寸和角度应保持一定的精度，以使载荷分布较为均匀等。

7.4.2 V带轮的材料

带轮的材料主要采用铸铁，常用材料的牌号为HT150或HT200；转速高时宜采用铸钢（或用钢板冲压后焊接而成）；小功率时可用铸铝或塑料。

7.4.3 V带轮的结构尺寸

铸铁制V带轮的典型结构有以下几种形式：
1) 实心式，如图7-10（a）所示；
2) 腹板式，如图7-10（b）所示；
3) 孔板式，如图7-10（c）所示；
4) 椭圆轮辐式，如图7-10（d）所示。

当带轮基准直径$D \leq 2.5d \sim D \leq 3d$（$d$为轴的直径，mm）时，可采用实心式；当$D \leq 300$ mm时可采用腹板式；当$D_1 - d_1 \geq 100$ mm时，可采用孔板式；当$D > 300$ mm时，可采用轮辐式。

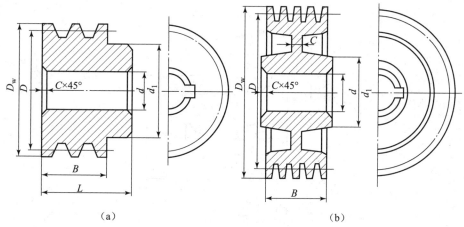

图7-10 V带轮的结构

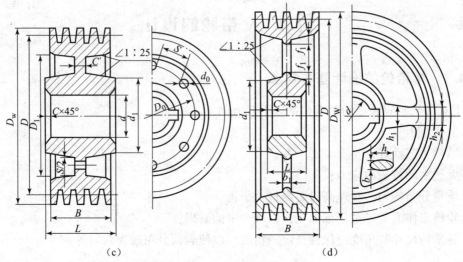

(c)   (d)

图 7-10 V 带轮的结构（续）

$d_1 = (1.8 \sim 2)d$，d 为轴的直径；

$D_0 = 0.5(D_1 + d_1)$；

$d_0 = (0.2 \sim 0.3)(D_1 - d_1)$；

$C' = \left(\dfrac{1}{7} \sim \dfrac{1}{4}\right)B$；

$L = (1.5 \sim 2.0)d$，当 $B < 1.5d$ 时，$L = B$；

$h_1 = 290\sqrt[3]{\dfrac{P}{nz_a}}$；

$h_2 = 0.8h_1$；

$b_1 = 0.4h_1$；

$b_2 = 0.8b_1$；

$S = C'$；

$L = (1.5 \sim 2.0)d$，$B < 1.5d$ 时，$L = B$；

$f_1 = 0.2h_1$；

$f_2 = 0.2h_2$。

式中，P——传递的功率（kW）；n——带轮的转速（r/min）；z_a——轮辐数

带轮的结构设计主要是根据带轮的基准直径来选择结构形式；根据带的截型来确定轮槽尺寸，如表 7-17 所示；带轮的其他结构尺寸可参照图 7-10 所示的经验公式来计算。确定了带轮的各部分尺寸后，即可绘制出零件图，并按工艺要求标注出相应的技术条件等。

表 7-17 V 带的截面尺寸   mm

续表

项目和符号			槽型					
			Y	Z	A	B	C	D	E
基准宽度 b_d			5.3	8.5	11.0	14.0	19.0	27.0	32.0
基准线上槽深 h_{min}			1.6	2.0	2.75	3.5	4.8	8.1	9.6
基准线下槽深 h_{fmin}			4.7	7.0	8.7	10.8	14.3	19.9	23.4
槽间距 e			8±0.3	12±0.3	15±0.3	19±0.3	25.5±0.3	37±0.3	44.5±0.3
槽边距 f_{min}			6	7	9	11.5	16	23	28
最小轮缘厚 δ_{min}			5	5.5	6	7.5	10	12	15
外径 d_a			$d_a = d_d + 2h_a$						
带轮宽 B			$B = (z-1)e + 2f_z$						
轮槽角	32°	基准直径 d_d	≤60						
	34°			≤80	≤118	≤190	≤315		
	36°		>60					≤475	≤600
	38°			>80	>118	>190	>315	>475	>600

§7.5 V带轮传动的张紧方式

普通V带不是完全的弹性体,它长期在张紧状态下工作时,会因出现塑性变形而松弛。这就使带传动的初拉力减小,传动能力下降,甚至失效。为保证带传动的正常工作,必须适时地为其补充张紧。常见的张紧装置有定期张紧装置和自动张紧装置两类。

7.5.1 定期张紧

定期张紧是采用定期改变中心距的方法来调节带的预紧力,使带重新张紧的方法。在水平或倾斜角度不大的传动中,可用如图7-11(a)所示的方法,将装有带轮的电动机安装在制有滑轨的基板1上。要调节带的预紧力时,先松开基板上各螺栓的螺母2,旋动调节螺钉3,再将电动机向左推移到所需的位置,而后拧紧螺母2。在垂直或接近垂直的传动中,可用如图7-11(b)所示的方法,将装有带轮的电动机安装在可调的摆动架上。

7.5.2 自动张紧

自动张紧是将装有带轮的电动机安装在浮动的摆动架上,如图7-12所示,利用电动机的自重,使带轮随同电动机绕固定轴摆动,以自动保持张紧力的方法。

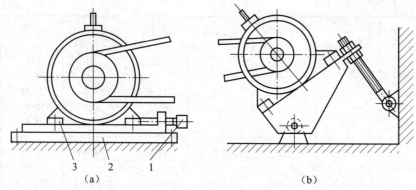

图 7 - 11 带的定期张紧装置

(a) 滑轨式；(b) 摆驾式

1—基板；2—螺母；3—螺钉

7.5.3 张紧轮张紧

当中心距不能调节时，可采用张紧轮将带张紧，如图 7 - 13 所示。张紧轮一般应放在松边的内侧，使带只受单向弯曲。同时张紧轮还应尽量靠近大轮，以免过分影响带在小带轮上的包角。张紧轮的轮槽尺寸与带轮相同，且直径小于小带轮的直径。

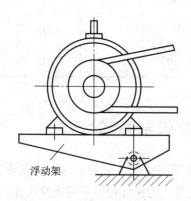

图 7 - 12 带的自动张紧装置

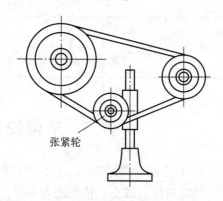

图 7 - 13 张紧轮装置

【例 7 - 1】 设计一带式输送机中的普通 V 带传动。原动机为 YL100L2—4 异步电动机，其额定功率 $P=3$ kW，满载转速 $n_1=1\,420$ r/min，从动轮转速 $n_2=410$ r/min，采取两班制工作，载荷变动较小，要求中心距 $a\leqslant 600$ mm。

解： (1) 计算设计功率 P_d

由表 7 - 16 查得 $K_A=1.2$，故

$$P_d = K_A P = 1.2 \times 3 = 3.6 \text{ (kW)}$$

(2) 选择带型

根据 $P_d=3.6$ kW，$n_1=1420$ r/min，由图 7 - 7 初选 A 型。

(3) 选取带轮基准直径 d_{d1} 和 d_{d2}

由表 7 - 3 取 $d_{d1}=100$ mm，由式 (7 - 25) 得

$$d_{d2} = id_{d1}(1-\varepsilon) = \frac{n_1}{n_2}d_{d1}(1-\varepsilon) = \frac{1\,420}{410} \times 100 \times (1-0.02)$$
$$= 339.4 \text{ (mm)}$$

由表 7-3 取 $d_{d2} = 355$ mm。

(4) 验算带速 v

$$v = \frac{\pi d_{d1} n_1}{60 \times 1\,000} = \frac{\pi \times 100 \times 1420}{60 \times 1\,000} = 7.44 \text{ (m/s)}$$

v 在 5~25 m/s 范围内，带速合适。

(5) 确定中心距 a 和带的基准长度 L_d

初选中心距 $a_0 = 450$ mm，符合

$$0.7(d_{d1} + d_{d2}) \leq a \leq 2(d_{d1} + d_{d2})$$

由式 (7-29) 得带长

$$L_{d0} = 2a + \frac{\pi}{2}(d_{d1} + d_{d2}) + \frac{(d_{d2} - d_{d1})^2}{4a_0} = 2 \times 450 + \frac{3.14}{2} \times (100 + 355) + \frac{(355-100)^2}{4 \times 450}$$
$$= 1650.5 \text{ (mm)}$$

由表 7-1 对于 A 型 V 带选取基准长度 $L_d = 1\,800$ mm，计算其实际中心距

$$A = \frac{L_d}{4} - \frac{\pi(d_{d1} + d_{d2})}{8} = \frac{1\,800}{4} - \frac{3.14 \times (100+355)}{8} = 271.3 \text{ (mm)}$$

$$B = \frac{(d_{d2} - d_{d1})^2}{8} = \frac{(355-100)^2}{8} = 8\,128.1 \text{ (mm)}$$

$$a = A + \sqrt{A^2 - B} = 271.3 + \sqrt{271.3^2 - 8\,128.1} = 527.2 \text{ (mm)}$$

取 $a = 525$ mm。

(6) 计算小带轮包角 α_1

由式 (7-31) 得，

$$\alpha_1 = 180° - \frac{d_{d2} - d_{d1}}{a} \times 57.3° = 180° - \frac{355-100}{525} \times 57.3° \approx 152.17° > 120°$$

则小带轮包角合适。

(7) 确定带的根数 z

由 $d_{d1} = 100$ mm，$n_1 = 1\,420$ r/min，并查表 7-7，由内插法得 $P_1 = 1.29$ kW；

由式 (7-16) 得

$$i = \frac{n_1}{n_2} = \frac{d_{d2}}{d_{d1}(1-\varepsilon)} = \frac{355}{100 \times (1-0.02)} \approx 3.62 > 2$$

查表 7-13，由内插法得 $\Delta P_1 = 0.167$ kW。

因 $\alpha_1 = 152.17°$，查表 7-14，由内插法得 $K_\alpha = 0.94$。因为 $L_d = 1\,800$ mm，查表 7-15 得 $K_L = 1.01$。

由式 (7-32) 得

$$z \geq \frac{P_d}{[P]} = \frac{P_d}{(P_1 + \Delta P_1)K_\alpha K_L} = \frac{3.6}{(1.29 + 0.167) \times 0.924 \times 1.01} = 2.65$$

则取 $z = 3$ 根。

(8) 确定初拉力 F_0

查表 7-4 得 A 型 V 带的线密度 $q = 0.11$ kg/m，由式（7-33）得

$$F_0 = 500 \times \frac{(2.5 - K_\alpha) P_d}{K_\alpha z v} + qv^2 = 500 \times \frac{(2.5 - 0.924) \times 3.6}{0.924 \times 3 \times 7.44} + 0.11 \times 7.44^2 \approx 143.1(\text{N})$$

(9) 计算压轴力 F_Q

由式（7-34），得压轴力

$$F_Q \approx 2zF_0 \sin\frac{\alpha_1}{2} \approx 2 \times 3 \times 143.1 \times \sin\left(\frac{152.17°}{2}\right) = 833.4(\text{N})$$

(10) 带传动的结构设计从略

习 题

7-1 V带为什么比平带的承载能力大？

7-2 传动带工作时有哪些应力？其最大应力点在什么位置？

7-3 已知一普通V带传动时，主、从动带轮直径分别为125 mm和335 mm，中心距为615 mm，主动带轮的转速为1 440 r/min。试求：①主动带轮包角；②带的长度；③不考虑带传动的弹性滑动时，从动带轮的转速；④滑动率 $\varepsilon = 0.015$ 时，从动带轮的实际转速。

7-4 一普通A型V带传动，已知主、从动带轮的直径分别为100 mm和250 mm，初定中心距 $a_0 = 400$ mm。试求：①带的基准长度 L_d；②实际中心距 a。

7-5 试设计一带式输送机中的普通V带传动，已知从动带轮的转速 $n_2 = 650$ r/min，单班工作，电动机的额定功率为7.5 kW，转速 $n_1 = 1 440$ r/min。

第8章 链传动

§8.1 链传动的特点及应用

链传动由主动链轮、从动链轮和链条组成。因链条是刚性挠性件，所以它是具有中间挠性件的啮合传动，该传动在机械中应用较广。

与带传动相比，链传动的特点是：能保持准确的平均传动比；当传动尺寸相同时，其传动能力更大、传动效率更高；张紧力小，压轴力较小；可在温度较高、湿度较大、有油污、腐蚀等恶劣条件下工作；工作中有冲击，噪声较大，不如带传动平稳；只能用于平行轴间的传动。

与齿轮传动相比，其特点是：容易安装，成本低廉，能实现远距离传动，且结构仍比较轻便；但其瞬时速度不均匀，瞬时传动比不恒定；传动效率较低；磨损后易跳齿；不宜在载荷变化很大和急速反向的传动中应用。

链传动的应用范围很广，用于一般机械传动时，其传动功率 $P \leqslant 100$ kW，传动效率 $\eta = 0.92 \sim 0.96$，工作速度 $v \leqslant 15$ m/s，传动比 $i \leqslant 8$。

按用途不同，链可分为传动链、起重链和曳引链三种。一般机械传动中，常用传动链，而起重链和曳引链主要用于起重机械和运输机械中。

按传动链结构形式的不同，其主要分为短节距精密滚子链（简称滚子链）、短节距精密套筒链（简称套筒链）和齿形链等类型。其中滚子链的应用最广，本章主要介绍滚子链。

8.1.1 套筒滚子链的结构和规格

1. 滚子链的结构

滚子链的结构如图 8-1 所示。它是由滚子 1、套筒 2、销轴 3、内链板 4 和外链板 5 所组成。内链板与套筒之间、外链板与销轴之间分别用过盈配合固连。滚子与套筒之间、套筒与销轴之间均为间隙配合。当内、外链板相对挠曲时，套筒可绕销轴自由转动。滚子是活套在套筒上的，工作时，滚子沿链轮齿廓滚动，这样就可以减轻齿廓的磨损。链的磨损主要发生在销轴与套筒的接触面上。因此，内、外链板间应留有少许间隙，以便润滑油渗入销轴和套筒的摩擦面之间。

链板一般制成 8 字形，以便它的各个横截面具有相近的抗拉强度，同时，这样也能减小链的质量和运动时的惯性力。

当传递大功率时，可采用双排链（如图 8-2 所示）或多排链。多排链的承载能力与排数成正比。但由于其精度的影响，各排所受的载荷不易均匀，故排数不宜过多。

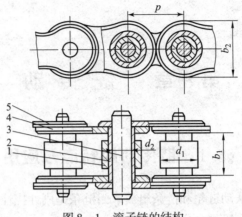

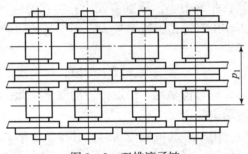

图8-1 滚子链的结构

1—滚子；2—套筒；3—销轴；4—内链板；5—外链板

图8-2 双排滚子链

滚子链的接头形式如图8-3所示。当链节数为偶数时，接头处可用开口销或弹簧卡片来固定，如图8-3（a）和图8-3（b）所示。一般前者用于大节距的情况，后者用于小节距的情况；当链节数为奇数时，需采用如图8-3（c）所示的过渡链节。由于过渡链节的链板要受到附加弯矩的作用，所以在一般情况下，最好不要使用奇数链节。

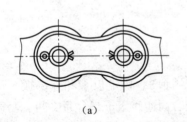 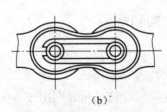 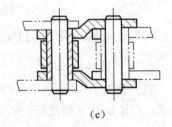

（a） （b） （c）

图8-3 滚子链的接头型式

如图8-1所示，滚子链和链轮啮合的基本参数为节距 p、滚子外径 d_1 和内链节内宽 b_1（对于多排链而言，还有节距 p_t，如图8-2所示）。其中节距 p 是滚子链的主要参数，当节距增大时，链条中各零件的尺寸也会相应增大，其可传递的功率也随之增大。链的使用寿命在很大程度上取决于链的材料及热处理方法。因此，组成链的所有元件均需经过热处理，以提高其强度、耐磨性和耐冲击性。

2. 滚子链的规格

在国际上，几乎所有国家均采用英制单位来表示链节距，我国的链条标准中规定节距的单位应使用英制折算成米制的单位。表 8-1 所示为 GB/T 1243—2006 规定的几种规格的滚子链的主要尺寸和极限拉伸载荷。

表 8-1 滚子链的基本参数及主要尺寸

链号	节距 p/mm	滚子外径 d_{1max}/mm	销轴直径 d_{2max}/mm	内链节内宽 b_{1min}/mm	链条通道高 h_{1min}/mm	多排链排距 p_t/mm	单排极限拉伸载荷 F_Q/kN	单排质量 q/(kg·m^{-1})
08A	12.70	7.95	3.96	7.85	12.33	14.38	13.80	0.6
10A	15.875	10.16	5.08	9.40	15.35	18.11	21.80	1.0
12A	19.05	11.91	5.94	12.57	18.34	22.78	31.10	1.50
16A	25.40	15.88	7.92	15.75	24.39	29.29	55.60	2.60
20A	31.75	19.05	9.53	18.90	30.48	35.76	86.70	3.80
24A	38.10	22.23	11.10	25.22	36.55	45.44	124.60	5.60
28A	44.45	25.40	12.70	25.22	42.67	48.87	169.00	7.50
32A	50.80	28.58	14.27	31.55	48.74	58.55	222.40	10.10

滚子链分为 A、B 两个系列，本章仅介绍最常用的 A 系列滚子链传动的设计。

滚子链的标记为：名称　链号—排数×整链链节　标准编号

例如，按国家标准 GB/T 1243—2006 制造的 A 系列、节距为 12.7 mm、单排、88 节的滚子链可标记为：

滚子链　08A—1×88　GB/T 1243—2006

8.1.2 链轮的结构

链轮分为整体式、孔板式和组合式三种，如图 8-4 所示。其齿圈与轮毂可用不同的材料制造，其连接方式可以是焊接式或用螺栓连接（轮齿磨损后便于更换）。轮齿的齿形应保证链节能平稳地进入和退出啮合，且受力良好，不易脱链，便于加工制造。

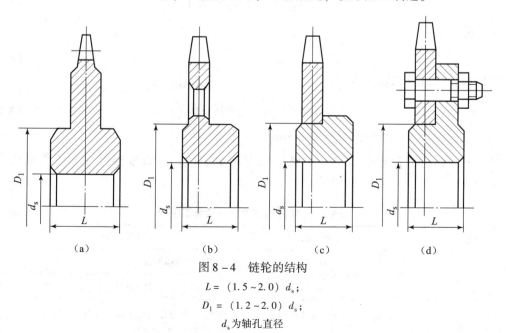

图 8-4 链轮的结构

$L = (1.5 \sim 2.0) d_s$;

$D_1 = (1.2 \sim 2.0) d_s$;

d_s 为轴孔直径

滚子链链轮的齿形已经标准化（GB/T 1243—2006），其中，常用的是三圆弧一直线齿形，如图8-5所示。其实际齿槽形状在最大、最小范围内都可以使用，因而，链轮齿廓曲线的几何形状可以有很大的灵活性。因齿形是用标准刀具加工，在链轮工作图中不必画出，只需在图上注明"齿形按3R GB/T1243—2006 规定制造"即可。

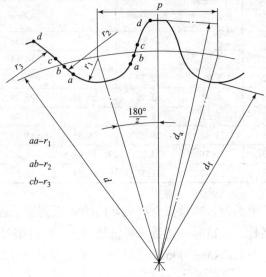

图8-5 滚子链链轮的端面齿形

链轮分度圆直径 d、齿顶圆直径 d_a、齿根圆直径 d_f 的计算公式如下：

分度圆直径

$$d = \frac{p}{\sin\frac{180°}{z}} \tag{8-1}$$

齿顶圆直径

$$d_a = p\left(0.54 + \cot\frac{180°}{z}\right) \tag{8-2}$$

齿根圆直径

$$d_f = d - d_1 \tag{8-3}$$

齿侧凸缘（或排间距）直径

$$d_g < p\cot\frac{180°}{z} - 1.04h - 0.76 \tag{8-4}$$

滚子链链轮轴面齿形的几何尺寸可查阅有关手册。

链轮的材料应能保证轮齿具有足够的强度和耐磨性，一般根据尺寸和工作条件参照表8-2选取。

表8-2 常用的链轮材料及齿面硬度   mm

链轮材料	齿面硬度	应用范围
15、20	50~60HRC	$z \leq 25$，有冲击载荷的链轮
35	160~200HBC	正常工作条件下，$z > 25$ 的链轮
45、ZG310-570	40~45HRC	无剧烈冲击、振动条件下工作的链轮

续表

链轮材料	齿面硬度	应用范围
15Cr、20Cr	50~60HRC	有动载荷和传递较大功率的重要链轮
40Cr、35SiMn、35CrMo	40~50HRC	采用优质链条传动的重要齿轮
Q235、Q255	140HRC	中速、中等功率、直径较大的链轮
HT150、HT200、HT250	260~280HRC	$z>50$ 的从动链轮
夹布橡胶		功率 $P<6$ kW，速度较高，且要求传动平稳、噪声小的链轮

§8.2 链传动的运动分析和受力分析

8.2.1 链传动的运动分析

链条绕上链轮后会形成折线，因此，链传动相当于一对多边形轮子之间的传动，如图8-6所示。多边形的边长等于节距 p，边数等于链轮齿数 z，则链轮旋转一周，链条就移动一个多边形周长 zp。设主、从动链轮的齿数分别为 z_1、z_2，其转速分别为 n_1、n_2 (r/min)，则其链速 v (m/s) 为

$$v = \frac{z_1 p n_1}{60 \times 1\,000} = \frac{z_2 p n_2}{60 \times 1\,000} \tag{8-5}$$

链传动的传动比

$$i = \frac{n_1}{n_2} = \frac{z_2}{z_1} \tag{8-6}$$

由以上两式求得的链速和传动比都是平均值。实际上，由于多边形效应，其瞬时速度和瞬时传动比都是周期性变化的。

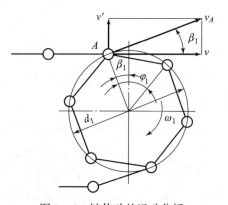

图8-6 链传动的运动分析

为了便于分析，设链的主动边（紧边）始终处于水平位置，如图8-6所示。当某链节在 A 点处绕上主动链轮时，它的销轴中心 A 随链轮以角速度 ω_1 做等速圆周运动，其圆周速度 v_A 为

$$v_A = \frac{d_1}{2} \omega_1 \tag{8-7}$$

v_A 可以分解为沿着链条前进的水平分速度 v 和垂直分速度 v_2,则

$$\left. \begin{array}{l} v = v_A\cos\beta_1 = \dfrac{d_1\omega_1}{2}\cos\beta_1 \\ v' = v_A\sin\beta_1 = \dfrac{d_1\omega_1}{2}\sin\beta \end{array} \right\} \quad (8-8)$$

主动链轮上的链节所对应的中心角 $\varphi_1 = \dfrac{360°}{z}$,则 β_1 的变化范围为 $\left(-\dfrac{\varphi_1}{2} \sim +\dfrac{\varphi_1}{2}\right)$。当 $\beta_1 = \pm\dfrac{\varphi_1}{2}$ 时,链速最小,$v_{\min} = \dfrac{d_1\omega_1}{2}\cos\dfrac{180°}{z_1} = \dfrac{d_1\omega_1}{2}\cos\dfrac{\varphi_1}{2}$;当 $\beta_1 = 0$ 时,链速最大,$v_{\max} = \dfrac{d_1\omega_1}{2}$。由此可知,当主动轮角速度 ω_1 为常数时,链条的瞬时速度 v 周期性地由小变大,再由大变小,链条每转过一个节距,v 就变化一次。

同理 v' 的大小从 $\dfrac{d_1\omega_1}{2}\sin\dfrac{\varphi_1}{2}$(向上)变化为 0,又从 0 到 $\dfrac{d_1\omega_1}{2}\sin\dfrac{\varphi_1}{2}$(向下)做周期性变化,即链轮每转过一齿,链速就重复一次上述变化。

这种链速 v 时快时慢,而 v' 忽上忽下地发生的变化,称为链传动的"多边形效应"。因而,其传动不平稳,链条会产生周期性的振动。

从动链轮上的链节所对应的中心角 $\varphi_2 = \dfrac{360°}{z_2}$,则 β_2 的变化范围为 $\left(-\dfrac{\varphi_2}{2} \sim +\dfrac{\varphi_2}{2}\right)$。由于链速 $v \neq$ 常数及 β_2 的变化,因此,其角速度 ω_2 也不断变化,从而导致链传动的瞬时传动比 i 不恒定。只有当两链轮的齿数相等且紧边的长度又恰好为链节距的整数倍时,ω_2 和 i 才具有恒定值。

链速和从动轮角速度的周期性变化,使得链传动产生运动不均匀性和附加动载荷。链轮的齿数越少,其运动的不均匀性就越大。链轮的齿数越少,其节距越大,转速越高,动载荷也将越大。

8.2.2 链传动的受力分析

链传动在工作时,其紧边和松边的拉力不相等,如图 8-7 所示。若不考虑动载荷,则链在传动中的主要作用力有:

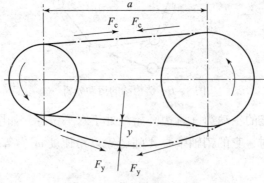

图 8-7 作用在链上的力

1. 工作拉力 F

工作拉力 F（N）可根据传递的功率 P（kW）和链速 v（m/s）进行计算，即

$$F = \frac{1\,000P}{v} \tag{8-9}$$

2. 离心拉力 F_c

链的两边所受的离心拉力 F_c（N）可按下式计算：

$$F_c = qv^2 \tag{8-10}$$

式中，q——每米链长的质量，kg/m，见表 8-1。

3. 悬垂拉力 F_y

悬垂拉力 F_y（N）可采用近似的方法计算，如图 8-8 所示，即

$$F_y = K_y q g a \tag{8-11}$$

式中，a——链传动的中心距，m；

g——重力加速度，$g = 9.81$，m/s^2；

K_y——垂度系数，即下垂量 $y = 0.02a$ 时的拉力系数。

K_y 值与两链轮轴线所在的平面与水平面的倾角有关。垂直布置时，$K_y = 1$；水平布置时，$K_y = 7$；倾角为 30°时，$K_y = 6$；倾角为 60°时，$K_y = 4$；倾角为 75°时，$K_y = 2.5$。

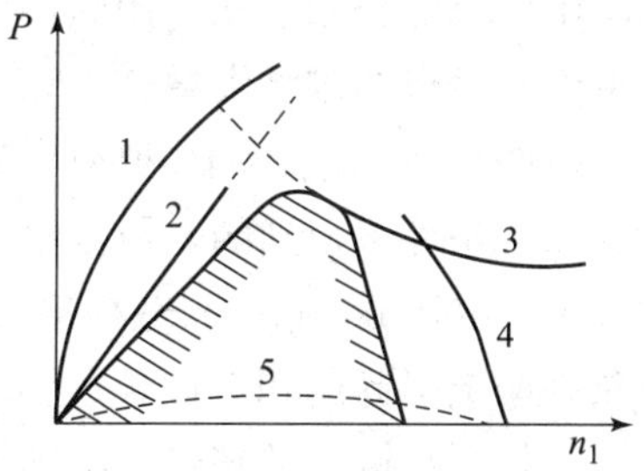

由此可得，链紧边和松边的拉力为：

紧边总拉力　　$F_1 = F + F_c + F_y$ (8-12)

松边总拉力　　　　　　$F_2 = F_c + F_y$ (8-13)

图 8-8　滚子链的极限功率曲线

链作用在轴上的压轴力 F_Q 可近似地取为 $F_Q = (1.2 \sim 1.3) F$，有冲击和振动时取大值。

§8.3　套筒滚子链的设计计算

8.3.1　套筒滚子链传动的设计约束分析

1. 滚子链传动的失效形式

实践证明，链传动的失效一般是由于链条的失效引起的，其主要失效形式有以下几种：

（1）链的疲劳破坏

工作时，链周而复始地由松边到紧边不断地运动，因而，它的每个元件都是在变应力下工作的，经过一定的循环次数以后，链板将会出现疲劳断裂，或者套筒、滚子表面将会出现疲劳点蚀（多边效应引起的冲击疲劳）。因此，链条的疲劳强度就成为决定链传动承载能力的主要因素。

（2）链条铰链的磨损

链条在工作过程中，由于铰链的销轴与套筒间会承受较大的压力，且传动时彼此又会产生相对转动，从而导致铰链磨损，使链条总长伸长，从而使链的松边垂度发生变化，使动载荷增大，并发生振动、引起跳齿、增大噪声以及其他破坏，如销轴因磨损削弱而断裂等。

（3）链条铰链的胶合

当链轮转速高达一定数值时，链节啮入时受到的冲击能量增大，销轴和套筒间的润滑油膜被破坏，使两者的工作表面在很高的温度和压力下直接接触，从而导致胶合。因此，胶合在一定程度上限制了链传动的极限转速。

(4) 链条静力拉断

低速（$v<0.6$ m/s）的链条过载，并超过了链条的静力强度时，链条就会被拉断。

2. 滚子链传动的额定功率

链传动的各种失效形式都在一定条件下限制了它的承载能力。因此，在选择链条的型号时，必须全面考虑各种失效形式产生的原因及条件，从而确定其能传递的额定功率。

图8-8所示为通过实验作出的单排滚子链的极限功率曲线。曲线1是在正常润滑的条件下，铰链磨损限定的极限功率曲线；曲线2是链板疲劳强度限定的极限功率曲线；曲线3是套筒和滚子冲击疲劳强度限定的极限功率曲线；曲线4是铰链胶合限定的极限功率曲线。图中阴影部分为实际使用的许用功率（区域）。若润滑不良及工作情况恶劣，磨损将会很严重，其极限功率将大幅度下降，如图8-8中虚线5所示。

图8-9所示为10种型号的滚子链的额定功率曲线，它是在标准实验条件下得到的，即在以下条件下得到的：单排链，两轮安装在水平轴上，两链轮共面；小链轮齿数$z_1=19$，链长$L_p=100$节，$i=3$；载荷平稳；按推荐的润滑方式润滑；能连续满负荷工作15 000 h；链条因磨损引起的相对伸长量不超过3%。

根据小链轮的转速，在图8-9上可查出各种链条在链速$v>0.6$m/s的情况下允许传递的额定功率P_0。

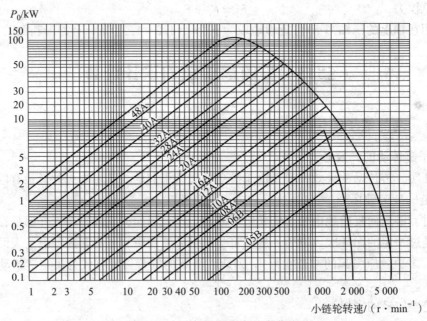

图8-9 滚子链的额定功率曲线

设计时，若实际选用的参数与上述实验条件不同，则需要引入一系列相应的修正系数对图中的额定功率P_0进行修正。若润滑条件与图示要求不同，则需要根据链速v的不同，将图中的P_0值降低。当链速$v\leqslant 1.5$ m/s时，P_0值降低到50%；当1.5 m/s$\leqslant v\leqslant 7$ m/s时，P_0降低到25%；当$v>7$ m/s而润滑又不当时，则不宜采用链传动。

单排链传动的额定功率应按下式确定,即

$$P_0 \geq \frac{K_A P}{K_z K_L K_p} \tag{8-14}$$

式中,P——链传动传递的功率(kW);

K_A——工作情况系数(见表8-3);

K_z——小链轮齿数系数(见表8-4),当工作点落在图8-10中某曲线的顶点左侧时(属于链板疲劳),查表中K_z值;当工作点落在其右侧时(属于套筒、滚子冲击疲劳),查表中K_z'值;

K_L——链长系数(见图8-10),图中曲线1为链板疲劳计算时使用,曲线2为套筒、滚子冲击疲劳计算时使用;当失效形式无法预先估计时,取曲线中的小值代入计算;

K_p——多排链系数(见表8-5)。

表8-3 工作情况系数 K_A

工作机		原动机		
		电动机汽轮机	内燃机	
			液压传动	机械传动
载荷平稳	载荷变动小的带式输送机、链式输送机、离心泵、离心式鼓风机和载荷不变的机械	1.0	1.0	1.2
中等冲击载荷	离心式压缩机、粉碎机、载荷有变动的输送机、一般机床、压气机、一般工程机械	1.3	1.2	1.4
较大冲击载荷	冲床、破碎机、矿山机械、石油机械、振动机械和受冲击的机械	1.5	1.4	1.7

表8-4 小链轮齿数系数 K_z 和 K_z'

z_1	9	10	11	12	13	14	15	16	17
K_z	0.446	0.50	0.554	0.609	0.664	0.719	0.775	0.831	0.887
K_z'	0.326	0.382	0.441	0.502	0.566	0.633	0.701	0.773	0.846
z_1	19	21	23	25	27	29	31	33	35
K_z	1.00	1.11	1.23	1.34	1.46	1.58	1.70	1.82	1.93
K_z'	1.00	1.16	1.33	1.51	1.69	1.89	2.08	2.29	2.50

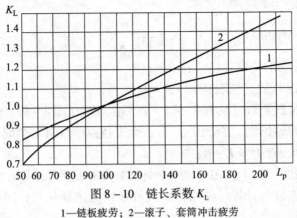

图 8-10 链长系数 K_L
1—链板疲劳；2—滚子、套筒冲击疲劳

表 8-5 多排链系数 K_p

排数	1	2	3	4	5	6
K_p	1	1.7	2.5	3.3	4.0	4.6

8.3.2 套筒滚子链传动的设计

链传动在不同的工作条件下，具有不同的失效形式，因而，它涉及的计算方法不同。对于链速 $v \geq 0.6$ m/s 的链传动而言，一般按功率曲线进行设计计算。对于链速 $v < 0.6$ m/s 的链传动，则按静强度设计计算。

设计滚子链传动时依据的原始数据为传动的功率 P、小链轮与大链轮的转速 n_1 和 n_2（或传动比 i）、原动机的种类、载荷性质及传动用途等。若设计的步骤为：

1. $v \geq 0.6$ m/s 的一般链传动的设计计算和参数选择

（1）链轮齿数 z_1、z_2 和传动比

小链轮齿数 z_1 对链传动的平稳性和使用寿命有较大的影响。齿数少可减少其外廓尺寸，但齿数过少时，将会导致以下几方面的问题：

1) 传动的不均匀性和动载荷增大；
2) 链条进入和退出啮合时，链节间的相对转角增大，使铰链的磨损加剧；
3) 链传递的圆周力增大，从而加速链条和链轮的损坏。

由此可见，增加 z_1 对传动是有利的，但 z_1 如果选得太大，大链轮的齿数 z_2 将更大，这除了会增大传动的尺寸和质量外，也易于因链条节距的伸长而发生跳齿和脱链现象，同样会缩短链条的寿命。销轴和套筒磨损后，链节距的增量 Δp 和分度圆直径的增量 Δd（如图 8-11 所示）的关系为

$$\Delta d = \frac{\Delta p}{\sin \frac{180°}{z}} \tag{8-15}$$

当 Δp 一定时，链轮齿数越多，Δd 越大，则链节向齿顶移动越大，这时容易发生跳齿或脱链现象，为此，通常限定其最大齿数 $z_{max} \leq 120$。为使 z_2 不致过大，可参照表 8-6 选择 z_1 或取 $z_1 = 29 - 2i$，$z_2 = iz_1$。

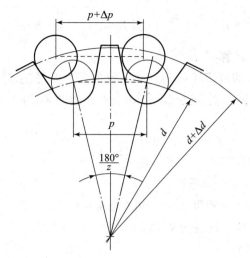

图 8-11 链节距增量与分度圆直径增量的关系

表 8-6 小齿轮齿数 z_1

链速 $v/(\text{m} \cdot \text{s}^{-1})$	0.6~3	3~8	>8
z_1	≥15~17	≥19~21	≥23~25

由于链节数通常是偶数,考虑磨损均匀的问题,链轮齿数一般应取与链节数互为质数的奇数,并优先选用以下数列:17、19、21、23、25、38、57、76、95、114。

(2) 初定中心距 a_0

确定中心距首先应考虑结构的要求,一般情况下,推荐取 $a_0 = (30 \sim 50)p$,$a_{0\max} = 80p$。为保证小链轮上的包角不小于 120°,且大小链轮互不干涉,推荐传动比 $i < 4$ 时,取 $a_{0\min} = 0.2z_1(i+1)p$;$i \geqslant 4$ 时,取 $a_{0\min} = 0.33z_1(i-1)p$。

(3) 确定链的型号和节距 p

节距越大,其承载能力越高。当链轮齿数一定时,节距 p 越大,分度圆的直径 d 也越大,其运动不均匀性和冲击就越严重。设计时,在满足传递功率的情况下,应尽量选用较小的节距。当高速、大功率传动时,可选用小节距的多排链。

设计时,先根据链的额定功率及小链轮转速 n_1 从图 8-9 中选取链条型号,再根据链条型号从表 8-1 中查出节距 p。

(4) 确定中心距和链节数

链的长度常用链节数 L_p 表示,则链条的总长度为

$$L = 2a_0 + \frac{\pi}{2}(d_1 + d_2) + \frac{(d_2 - d_1)^2}{4a_0} \tag{8-16}$$

链节数的计算公式为

$$L_p = \frac{2a_0}{p} + \frac{(z_1 + z_2)}{2} + \frac{p}{a_0}\left(\frac{z_2 - z_1}{2\pi}\right)^2 \tag{8-17}$$

L_p 应圆整为整数,且最好取为偶数。根据圆整后的链节数 L_p 确定中心距 a,则

$$a = \frac{p}{4}\left[\left(L_p - \frac{z_1+z_2}{2}\right) + \sqrt{\left(L_p - \frac{z_1+z_2}{2}\right)^2 - 8\left(\frac{z_2-z_1}{2\pi}\right)^2}\right] \quad (8-18)$$

2. 低速链传动的设计计算

对于链速 $v<0.6$ m/s 的低速链传动，其失效形式主要是链条因过载而被拉断，故应按其抗拉静强度条件进行计算，根据已知的传动条件，由图 8-9 初选链条的型号，而后再校核安全系数 S。

$$S = \frac{F_Q}{K_A F} \geqslant [S] \quad (8-19)$$

式中，S——静强度计算的安全系数；

F_Q——链条的最低破坏载荷（N），可查表 8-1；

K_A——工作情况系数，可查表 8-3；

F——工作拉力（N）；

$[S]$——许用静强度安全系数，一般 $[S]=4\sim8$。

§8.4 链传动的润滑与布置

8.4.1 链传动的润滑

链传动的润滑十分重要，尤其对于高速、重载的链传动更为重要。良好的润滑可以缓和冲击、减轻磨损、延长链条的使用寿命，还可以起到冷却作用。图 8-12 中所推荐的润滑方法和要求列于表 8-7 中。

表 8-7 链传动的润滑方法和供油量

方式	润滑方法	供油量
人工润滑	用刷子或油壶定期在链条的松边内和外链板间隙中注油	每班注油一次
滴油润滑	装有简单外壳，用油杯滴油	单排链，每分钟供油 5~20 滴，速度高时取大值
油浴润滑	采用不漏油的外壳，使链条从油槽中通过	链条浸入油面过深，搅油损失大，油易发热变质。一般浸油深度为 6~12 mm
飞溅润滑	采用不滴油的外壳，在链轮侧边安装甩油盘，进行飞溅润滑。甩油盘的圆周速度 $v>3$ m/s。当链条宽度大于 125 mm 时，链轮两侧应各装一个甩油盘	甩油盘浸油深度为 12~35 mm
压力供油	采用不漏油的外壳，油泵强制供油，喷油管口设在链条啮入处，循环油可起到冷却作用	每个喷油口供油量可根据链节距及链速大小查阅有关手册

润滑油推荐采用的牌号为 L-AN32、L-AN46 和 L-AN68 的全损耗系统用油。当温度低时，取前者。对于开式及重载低速传动，可在润滑油中加入 MoS2、WS2 等添加剂。对于不便使用润滑油的场合，允许涂抹润滑脂，但应定期清洗与涂抹。

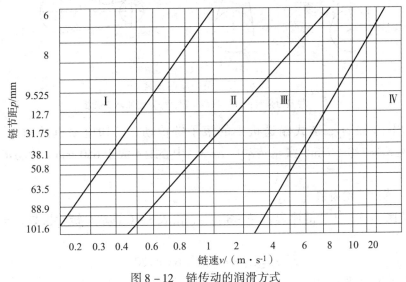

图 8-12　链传动的润滑方式

Ⅰ—人工定期润滑；Ⅱ—油滴润滑；Ⅲ—油浴润滑；Ⅳ—压力喷油润滑

8.4.2　链传动的布置与张紧

1. 链传动的布置

链传动一般应布置在铅垂平面内，尽可能避免布置在水平或倾斜平面内；如确有需要，则应考虑加装托板或张紧轮等装置，并且应设计较为紧凑的中心距。链传动的布置应考虑以下几项原则：

1）两链轮的回转平面必须布置在同一垂直平面内，不能布置在水平或倾斜平面内；

2）两链轮的中心连线最好是水平的，也可以与水平面成 45°以下的倾斜角，尽量避免垂直传动，以免链的垂度增大时，链与下链轮啮合不良或脱离啮合；

3）一般应使链的紧边在上、松边在下。

2. 链传动的张紧

链传动张紧的目的主要是避免在链条的垂度过大时产生啮合不良和链条的振动现象，同时也可增加链条与链轮的啮合包角。当两轮的轴心连线倾斜角大于 60°时，通常应设张紧装置。

张紧的方法有很多种，当链传动的中心距可调时，可通过调节中心距来控制其张紧程度；当中心距不能调整时，可通过设置张紧轮来控制其张紧程度，如图 8-13 所示。张紧轮一般设置在紧压在松边并靠近小链轮处。

张紧轮可以是链轮，也可以是无齿的滚轮。张紧轮的直径应与小链轮的直径相近。张紧轮有自动张紧（见图 8-13（a）和图 8-13（b）），及定期调整（见图 8-13（c））两种，前者多用弹簧、砝码等自动张紧装置，后者可用螺旋、偏心等调整装置，另外还可用压板和托板来张紧。

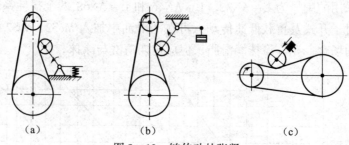

图 8-13 链传动的张紧
(a) 弹簧力张紧；(b) 砝码张紧；(c) 定期调整张紧

【例 8-1】 设计一链式输送机中的滚子链传动。已知电动机的输入的功率 $P = 7.5$ kW，转速 $n_1 = 720$ r/min，要求传动比 $i = 3$，中心距不大于 650 mm，传动水平布置，载荷平稳。

解：(1) 选择链轮齿数 z_1、z_2

根据传动比 $i = 3$，估计链速为 $v = 3 \sim 8$ m/s，由表 8-6 选取小链轮齿数 $z_1 = 21$，则大链轮齿数

$$z_2 = iz_1 = 3 \times 21 = 63 < 120$$

链轮总齿选取合适。

(2) 确定计算功率 P_c

根据已知载荷平稳，电动机驱动，由表 8-3 查得 $K_A = 1.0$，计算功率为

$$P_c = K_A P = 7.5 \text{ kW}$$

(3) 确定中心距 a_0 及链节数 L_p

初定中心距 $a_0 = 30 \sim 50p$，取 $a_0 = 30p$。

由式 (8-17) 得

$$L_p = \frac{2a_0}{p} + \frac{(z_1 + z_2)}{2} + \frac{p}{a_0}\left(\frac{z_2 - z_1}{2\pi}\right)^2 = 103.49$$

取 $L_p = 104$。

(4) 确定链条型号和节距 p

首先确定系数 K_z、K_L 和 K_p。根据链速估计链传动可能会产生链板疲劳破坏，由表 8-4 查得小链轮齿数系数 $K_z = 1.11$，由图 8-10 查得 $K_L = 1.01$。考虑到其传递功率不大，故选择单排链，由表 8-5 查得 $K_p = 1.0$。

所需传递的额定功率为

$$P_0 = \frac{P_c}{K_z K_L K_p} = \frac{K_A P}{K_z K_L K_p} = 6.69 \text{ kW}$$

由图 8-9 选择滚子链型号为 10A，链节距 $P = 15.875$ mm。由图 8-10 证实其工作点落在曲线顶点左侧，确定为链板疲劳，前面的假设成立。

(5) 验算链速

$$v = \frac{z_1 p n_1}{60 \times 1\,000} = 4 \text{ m/s}$$

链速在估计范围内。

(6) 确定链长 L 和中心距 a

链长
$$L = \frac{L_p \times p}{1\,000} = 1.651 \text{ m}$$

中心距
$$a = \frac{p}{4}\left[\left(L_p - \frac{z_1 + z_2}{2}\right) + \sqrt{\left(L_p - \frac{z_1 + z_2}{2}\right)^2 - 8\left(\frac{z_2 - z_1}{2\pi}\right)^2}\right] \approx 480.39 \text{ mm}$$

$a < 650$ mm，符合要求。

(7) 确定作用在轴上的力

工作拉力
$$F = \frac{1\,000\,P}{v} = 1\,875 \text{ N}$$

由于工作平稳，取压轴力系数为 1.2，则压轴力为
$$F_Q = 1.2F = 2\,250 \text{ N}$$

(8) 选择润滑方式

根据链速 $v = 4$ m/s，节距 $p = 15.875$ mm，按图 8-13 选择油浴或飞溅润滑的方法进行润滑。

设计结果：滚子链型号 10A—1×104（GB/T 1243—2006），链轮齿数 $z_1 = 21$，$z_2 = 63$，中心距 $a = 480.39$ mm，压轴力 $F_Q = 2\,250$ N。

(9) 结构设计（略）

习 题

8-1 如何布置链传动？

8-2 链传动有哪些润滑方式？在设计中应如何选取？

8-3 一滚子链传动，已知链轮齿数 $z_1 = 21$、$z_2 = 63$，链条型号为 08A，链节数 $L_p = 100$ 节。试求：①两链轮的分度圆直径；②中心距 a。

8-4 一滚子链传动，已知主动链轮的齿数 $z_1 = 17$，采用 08A 链，中心距 $a = 500$ mm，水平布置，转速功率 $P = 2.2$ kW，转速 $n_1 = 120$ r/min，工作情况系数 $K_A = 1.2$，$S = 6$。试验算此链传动。

第9章 齿轮传动

齿轮传动是由装在两轴上的主、从动齿轮所组成的机构,它通过轮齿间的啮合不仅可以用来传递运动,而且可以用来传递动力。因此,齿轮传动必须解决两个基本的问题——传动平稳和具有足够的承载能力。有关齿轮传动平稳方面的问题,在《机械原理》一书中已有论述。本章则着重讨论齿轮传动承载能力方面的问题。

齿轮传动设计的一般步骤包括以下几项:

1) 根据齿轮的工作要求、失效形式等因素选择其材料、热处理方式和齿面硬度;
2) 根据齿轮主要的失效形式和相应的设计准则,进行强度计算,确定其主要尺寸,然后对其他失效形式进行必要的校核;
3) 进行齿轮的结构设计和零件工作图的绘制;
4) 选择齿轮传动的润滑。本章将以此步骤为序逐项进行介绍。

§9.1 齿轮的失效形式及设计准则

工作条件和齿面硬度不同,则齿轮的失效形式及设计准则也不相同。

9.1.1 齿轮的工作条件与齿面硬度

齿轮传动按其工作条件,可分为闭式齿轮传动、开式齿轮传动和半开式齿轮传动三种。闭式齿轮传动(齿轮箱)的齿轮装在经过精确加工、封闭严密的箱体内,这样能保证良好的润滑和工作条件,其各轴的安装精度及系统的刚度比较高,能保证较好的啮合条件。重要的齿轮传动都采用闭式传动。开式齿轮传动的齿轮则完全暴露在外,不能保证良好的润滑,而且易落入灰尘、异物等,因而,其轮齿齿面容易磨损,但该传动的成本较低。半开式齿轮传动则装有简单的防护罩,有时还将大齿轮部分地浸入油池中。开式或半开式齿轮传动往往用于低速、不太重要或尺寸过大不易封闭严密的场合。

齿轮传动按齿面硬度,可分为软齿面($\leqslant 350$ HB)齿轮传动和硬齿面(>350 HB)齿轮传动两种。当啮合传动的一对齿轮中至少有一个为软齿面齿轮时,则称此传动为软齿面齿轮传动;当两齿轮均为硬齿面齿轮时,则称此传动为硬齿面齿轮传动。软齿面齿轮传动常用于对精度要求不太高的一般中、低速的齿轮传动,而硬齿面齿轮传动常用于要求承载能力强、结构紧凑的齿轮传动。

9.1.2 齿轮的失效形式及设计准则

在具体的工作情况下,齿轮传动具有不同的失效形式。失效形式是齿轮传动设计的依据。

1. 齿轮的失效形式

正常情况下，齿轮传动的失效主要发生在轮齿部位。轮齿的失效形式有很多种，但归结起来可分为齿体损伤失效（如轮齿折断）和齿面损伤失效（如点蚀、胶合、磨损、塑性变形）两大类。

（1）轮齿折断

就损伤机理来说，轮齿折断分为疲劳折断和过载折断两种。轮齿工作时相当于一个悬臂梁，其齿根处产生的弯曲变应力最大，再加上齿根过渡部分的截面突变及加工刀痕等引起的应力集中作用，轮齿重复受载后，当其弯曲应力超过弯曲疲劳极限时，齿根受拉一侧将产生微小的疲劳裂纹。随着变应力的反复作用，裂纹不断扩展，最终将引起轮齿折断，这种折断称为疲劳折断。由于冲击载荷过大、短时间严重过载或轮齿磨损严重变薄，导致静强度不足而引起的轮齿折断，称为过载折断。

从形态上来看，轮齿折断有整体折断和局部折断两种。直齿轮的轮齿一般发生整体折断，如图9-1（a）所示。接触线倾斜的斜齿轮和人字齿轮，以及齿宽较大而载荷沿齿向分布不均的直齿轮，多发生轮齿局部折断，如图9-1（b）所示。

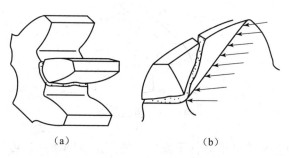

图9-1 轮齿折断
(a) 整体折断；(b) 局部折断

增大齿根过渡圆角半径、降低表面粗糙度、对齿面进行强化处理和减轻齿面加工损伤等方法，均有利于提高轮齿的抗疲劳折断能力。增大轴及支承的刚性，尽可能消除载荷的分布不均匀现象，则有可能避免轮齿局部折断情况的发生。

为防止轮齿折断，在设计中，应对齿轮进行抗弯曲疲劳强度和抗弯静强度的计算。

（2）齿面点蚀

点蚀又称鳞剥。轮齿工作时，其工作表面上任一点处所产生的接触应力是按脉动循环变化的。齿面长时间在这种应力的作用下，将导致齿面金属有甲壳状的小片微粒剥落，这种现象称为齿面点蚀。齿面点蚀通常发生在润滑良好的闭式齿轮传动中。在开式传动中，由于齿面磨损较快，点蚀还来不及出现或扩展即被磨掉，所以一般看不到点蚀现象。

实践证明，点蚀多发生在轮齿节线附近靠齿根的一侧，如图9-2所示。这是由于在齿面节线附近的相对滑动速度小，难以形成润滑油膜，且摩擦力较大，特别是对于直齿轮传动，其在节线附近通常只有一对轮齿啮合，接触应力也较大。总之，轮齿在靠近节线处的齿根面抵抗点蚀的能力最差（即接触疲劳强度最低）。

提高齿面的硬度、降低齿面的表面粗糙度、采用合理的变位、采用黏度较高的润滑油和减小动载荷等方法，都能防止或减轻点蚀的发生。

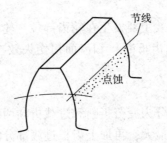

图9-2 齿面点蚀形状特异的制件

(3) 齿面胶合

胶合是相啮合齿面的金属在一定压力下直接接触发生黏着，同时随着齿面的相对运动使相黏结的金属从齿面上撕脱，并在轮齿表面沿滑动方向形成沟痕的过程。在齿轮传动中，齿面上瞬时温度越高、滑动系数越大的地方，越易发生胶合，尤其在齿轮顶部最为明显，如图9-3所示。

图9-3 齿面胶合

一般来说，胶合总是在重载的条件下发生。按其形成的条件，可分为热胶合和冷胶合两种。热胶合发生于高速、重载的齿轮传动中。由于其相对运动速度较快，啮合区温度升高或齿面压力增大，使齿面油膜破裂，造成齿面金属直接接触，其啮合处的高温使两齿面接触点处的金属融焊而发生黏着。冷胶合发生于低速、重载的齿轮传动中，由于齿面接触处的局部压力过大，且速度较低不易形成油膜，使两接触齿面间的表面膜被刺破而产生黏着，此时，齿面的瞬时温度并无明显增高。提高齿面的硬度、降低齿面的表面粗糙度、对于低速齿轮传动采用黏度较大的润滑油、对于高速传动采用抗胶合能力强的润滑油等方法，均可防止或减轻齿面胶合的发生。

(4) 齿面磨损

齿面磨损通常包括磨粒磨损和跑合磨损两种。由于灰尘、硬屑粒等进入齿面间而引起的磨粒磨损，在开式齿轮传动中是难以避免的。磨粒磨损不仅会导致轮齿失去正确的齿形，如图9-4所示，而且由于其齿厚不断变薄最终将引起断齿。新的齿轮副，由于加工后表面具有一定的表面粗糙度，其受载时实际上只有部分峰顶接触，且接触处压强很高，因而在开始运转期间，其磨损速度和磨损量都较大，当磨损达到一定程度后，其摩擦面逐渐光洁，压强逐渐减小，磨损速度逐渐缓慢，这种磨损称为跑合磨损。人们有意使齿轮副在轻载下进行跑合，以为随后的正常磨损创造有利的条件。改用闭式齿轮传动是避免齿面发生磨粒磨损最有效的方法。通过提高齿面硬

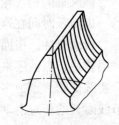

图9-4 齿面过度磨损

度、降低齿面表面粗糙度并保持良好的润滑等方法，可大大减轻齿面磨损的程度。

（5）齿面塑性变形

用硬度较低的钢或其他较软材料制造的齿轮，当其承受重载荷时，由于摩擦力的作用，材料的塑性流动方向和齿面上所受的摩擦力方向一致，而齿轮工作时，主动轮齿面受到的摩擦力方向背离节圆，从动轮齿面受到的摩擦力方向指向节圆，所以在主动轮的轮齿上相对滑动速度为零的节线处将被碾出沟槽，而在从动轮的轮齿上则在节线处被挤出凸棱，如图9-5所示。这种失效形式多发生在低速、重载和启动频繁的传动中。提高轮齿的齿面硬度，采用高黏度或加有极压添加剂的润滑油均有利于减缓或防止齿面塑性变形的发生。

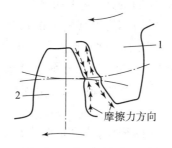

图9-5 齿面的塑性变形
1—主动齿；2—从动齿

2. 齿轮传动的设计准则

齿轮传动不同的失效形式对应不同的设计准则。因此，设计齿轮传动时，应根据具体的工作条件，在分析其主要失效形式的前提下，选用相应的设计准则来进行设计计算。

由于目前对于轮齿的齿面磨损、塑性变形尚未建立起一套实用、完整的设计计算方法和数据；而对于一般齿轮传动，齿轮抗胶合能力的计算又不太必要，且计算方法复杂。所以目前，在设计一般的齿轮传动时，通常只按齿根的弯曲强度和齿面的接触强度两种准则进行计算。

对于闭式软齿面齿轮传动，其主要失效形式为齿面点蚀，故通常先按其齿面接触强度进行设计，然后再校核其轮齿的抗弯曲强度。对于闭式硬齿面齿轮传动，其主要失效形式为轮齿折断，故通常先按其轮齿的抗弯曲强度进行设计，然后再校核其齿面的接触强度。

对于开式、半开式齿轮传动，其主要失效形式是齿面磨损和因磨损导致的轮齿折断。通常只需进行齿根的抗弯曲强度计算，考虑到磨损对齿厚的影响，可采用降低轮齿许用弯曲疲劳应力（如将闭式传动的许用应力乘以0.7～0.8）或将计算出来的模数适当增大（增大5%～15%）的办法来解决此问题。

对于齿轮的轮毂、轮辐和轮缘等部位的尺寸，通常仅做结构设计，而不进行强度计算。

§9.2 齿轮材料及热处理

由轮齿的失效形式可知，设计齿轮传动时，应使齿面具有较高的抗点蚀、抗胶合、抗磨损及抗塑性变形的能力，并使齿体具有较高的抗折断的能力。因此，理想的齿轮材料应具有齿面硬度高、齿芯韧性好的特点。

9.2.1 齿轮的材料及其选用

齿轮的材料最常用的是钢，其次是铸铁，还包括有色金属和非金属材料等。

1. 钢

钢材的韧性好，耐冲击性好，强度高，还可通过适当的热处理或化学处理改善其力学性能及提高齿面的硬度，所以钢材是最理想的齿轮材料。

（1）锻钢

锻钢的力学性能比铸钢要好。毛坯经锻造加工后，可以改善材料的性能，并使其内部形成有利的纤维方向，有利于轮齿强度的提高。除尺寸过大或结构形状复杂只适宜铸造的齿轮外，一般都用锻钢制造齿轮，常用的锻钢为含碳量在 0.15% ~ 0.60% 的碳钢或合金钢。

1）软齿面齿轮。软齿面齿轮常用于强度、速度及精度都要求不高的场合。常用的材料有 35、45、50 钢及 40Cr、38SiMnMo、35SiMn 合金钢。齿轮毛坯经过正火（正常化）或调质处理后切齿，加工比较容易，生产效率较高，且易于跑合，不需要磨齿等设备。其齿轮精度一般为 8 级，精切时可达 7 级。

2）硬齿面齿轮。硬齿面齿轮用于高速、重载、要求尺寸紧凑及精密的机器中，常用的材料有 45、40Cr、40CrNi、20Cr、20CrMnTi 和 40MnB 等。齿轮毛坯经调质或正火处理后切齿，再经表面硬化处理，最后进行磨齿等精加工，其精度可达 5 级或 4 级。

（2）铸钢

铸钢的耐磨性及强度均较好，但切齿前需经过退火、正火处理，必要时也可对其进行调质。铸钢常用于尺寸较大（顶圆直径 $d_a \geq 400$ mm）或结构形状复杂的齿轮。常用的铸钢材料有 ZG310-570 和 ZG340-640 等。

尺寸较小而又要求不高的齿轮可选用圆钢制造。

2. 铸铁

灰铸铁的铸造性能和切削性能好、价廉、抗点蚀和抗胶合能力强，但其弯曲强度低、冲击韧性差，因此常用于工作平稳、速度较低且功率不大的场合。灰铸铁内的石墨可以起到自润滑的作用，尤其适用于制作润滑条件较差的开式传动齿轮，其常用牌号有 HT200 ~ HT350。

球墨铸铁的耐冲击等力学性能比灰铸铁高很多，并具有良好的韧性和塑性。在冲击力不大的情况下，其可代替钢制齿轮。但由于其生产工艺比较复杂，目前使用尚不普遍。

3. 有色金属和非金属材料

有色金属如铜、铝、铜合金、铝合金等常用于制造有特殊要求的齿轮。对高速、轻载、噪声小及精度不高的齿轮传动，可采用夹布塑胶与尼龙等非金属材料制作小齿轮。非金属材料的弹性模量较小，可减轻因制造和安装不精确所引起的不利影响，且传动时的噪声小。由于非金属材料的导热性差，与其啮合的配对大齿轮仍采用钢或铸铁制造，以利于散热。为使大齿轮具有足够的抗磨损及抗点蚀的能力，其齿面的硬度应为 250 ~ 350 HBS。

9.2.2 齿轮的热处理

齿轮常用的热处理方法主要有以下几种：

1. 调质

调质一般用于中碳钢和中碳合金钢，如45、40Cr 和 40MnB 等。经过调质处理后，其机械强度、韧性等综合性能均较好，其齿面硬度一般为 220～260 HBS。因其硬度不高，故可在热处理后进行精切齿形，以消除热处理变形，并使其在使用中易于跑合。

2. 正火

经正火处理后可使材料的晶粒细化，以增大机械强度和韧性，消除内应力，改善其切削性能。对机械强度要求不高的齿轮可用中碳钢正火处理，对于大直径的齿轮可采用铸钢正火处理。

3. 表面淬火

表面淬火常用于中碳钢或中碳合金钢。经表面淬火后，其齿面硬度可达 50 HRC 左右，而齿芯部因未淬硬而仍具有较高的韧性，故其接触强度高、耐磨性好，能承受中等的冲击载荷。中、小尺寸的齿轮可采用中频或高频感应加热，大尺寸的齿轮可采用乙炔火焰加热。当批量生产齿轮，欲进行表面淬火时，应使用齿轮淬火机床以保证产品的质量。表面淬火后轮齿变形不大，不需要磨齿。

4. 渗碳淬火

渗碳钢为含碳量在 0.15%～0.25% 的低碳钢或低碳合金钢，如20、20Cr 等。经渗碳淬火后的齿面硬度可达 56～62 HRC，而其齿芯部仍保持有较高的韧性。这种齿轮的齿面接触强度高、耐磨性好，常用于受冲击载荷的重要齿轮传动中。但齿轮经渗碳淬火后，其轮齿变形较大，需进行磨齿或用硬质合金滚刀进行滚刮。

5. 渗氮

齿面经渗氮（氮化）处理后，其齿面硬度可达 60～62 HRC。因氮化处理的温度低，轮齿的变形小，不需要磨齿，但渗氮层很薄，容易压碎，所以不适用于受冲击载荷和有严重磨损的场合。常用的氮化钢为 38CrMoAl。

6. 碳氮共渗

碳氮共渗又称为氰化，其处理时间短，且具有渗氮的优点，可以代替渗碳淬火，但其硬化层薄，且氰化物有剧毒，因而，其应用受到限制。

在上述热处理中，经调质和正火处理后的齿面硬度较低，为软齿面；而经表面淬火、渗碳淬火、渗氮及碳氮共渗等处理后的齿面硬度较高，为硬齿面。

一对齿轮中材料的搭配很重要。在设计中，对于大、小齿轮都是软齿面的齿轮传动，考虑到小齿轮的齿根较薄，弯曲强度较低，且啮合次数多于大齿轮，为使大、小齿轮的寿命比较接近，一般应使小齿轮的齿面硬度比大齿轮的硬度高 30～50 HBS，且传动比越大，其硬度差也应越大。当小齿轮与大齿轮的齿面具有较大的硬度差（如小齿轮为硬齿面，大齿轮为软齿面），且速度又较高时，较硬的小齿轮齿面对较软的大齿轮齿面会起到较显著的冷作硬化效应，从而可提高大齿轮齿面接触疲劳许用应力约20%，但应注意的是，硬度高的齿面的表面粗糙度值也要相应地减小。当大、小齿轮都是硬齿面时，小齿轮的硬度应略高，也可和大齿轮相等。为了提高抗胶合性能，建议小齿轮和大齿轮采用不同牌号的钢来制造。

常用的齿轮材料及其热处理方式见表 9-1。

表 9-1 常用的齿轮材料及其热处理方式

类别	牌号	热处理	硬度
优质碳素钢	35	正火	150~180 HBS
		调质	180~210 HBS
		表面淬火	40~45 HRC
	45	正火	170~210 HBS
		调质	210~230 HBS
		表面淬火	43~48 HRC
	50	正火	180~220 HBS
合金结构钢	40Cr	调质	240~285 HBS
		表面淬火	52~56 HRC
	35SiMn	调质	200~260 HBS
		表面淬火	40~45 HRC
	40MnB	调质	240~280 HBS
		表面淬火	45~55 HRC
	20Cr	渗碳淬火	56~62 HRC
	20CrMnTi		
	12Cr2Ni4		
	38CrMoAl	渗氮	60 HRC
铸钢	ZG270-500	正火	140~170 HBS
	ZG310-570		160~200 HBS
	ZG340-640		180~220 HBS
	ZG35SiMn	正火	160~220 HBS
		调质	200~250 HBS
	ZG50CrMo	调质	220~260 HBS
灰铸铁	HT250		170~241 HBS
	HT300		187~255 HBS
	HT350		197~269 HBS
球墨铸铁	QT500-7A		147~241 HBS
	QT600-3A		229~302 HBS
夹布塑胶			25~35 HBS

§9.3 直齿圆柱齿轮传动的受力分析和计算载荷

为了计算齿轮强度、设计支承齿轮的轴和轴承装置等，必须先分析齿轮轮齿上的作用力。

9.3.1 轮齿的受力分析

在理想情况下，齿轮工作时作用于轮齿上的力是沿接触线均匀分布的，为简化分析，常用作用在齿宽中点处的集中力来代替，并忽略摩擦力（齿轮传动一般均加以润滑）的影响。

图 9-6 所示为直齿圆柱齿轮传动的轮齿受力情况。轮齿间的作用力沿着啮合线作用在齿面上，该力的方向即为齿面在该点的法线方向，称为法向力 F_n。为了明确力的作用效果，将法向力 F_n 分解为正交的切向力 F_t（切于分度圆的圆周力）和径向力 F_r（沿直径方向的力）。

则力的大小为：

$$\left. \begin{array}{ll} 切向力 & F_t = \dfrac{2T_1}{d_1} = \dfrac{2T_2}{d_2} \\ 径向力 & F_r = F_t \tan\alpha \\ 法向力 & F_n = \dfrac{F_t}{\cos\alpha} \end{array} \right\} \qquad (9-1)$$

式中，d_1——小齿轮的分度圆直径，mm；

d_2——大齿轮的分度圆直径，mm；

T_1——小齿轮的名义转矩，N·mm，$T_1 = 9.55 \times 10^6 \dfrac{P_1}{n_1}$，其中 P_1 为小齿轮传递的功率，kW；

T_2——大齿轮的名义转矩，N·mm；

n_1——小齿轮的转速，r/min；

α——分度圆压力角。

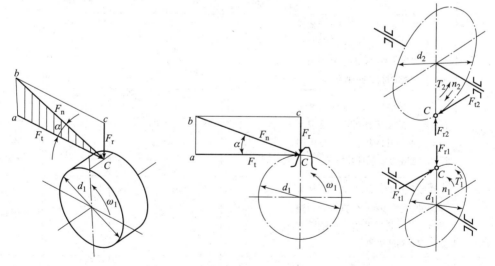

图 9-6 直齿圆柱齿轮传动的受力分析

力的方向判断如下：切向力 F_t，在从动轮上为驱动力，与其回转方向相同；F_t 在主动轮上为工作阻力，与其回转方向相反。径向力 F_r，对于外齿轮，指向其齿轮中心；对于内齿轮，则背离其齿轮中心。

两轮所受力之间的关系：作用在主动轮和从动轮上同名的力大小相等、方向相反，即

$$F_{t1} = -F_{t2}, \quad F_{r1} = -F_{r2}$$

9.3.2 计算载荷

前文面讨论的各力 F_t、F_r、F_n 以及转矩 T_1、T_2 等均为齿轮的名义载荷（公称载荷），而实际工作时，由于受原动机和工作机的性能、齿轮制造和安装误差、齿轮及其支承件变形等因素的影响，齿轮上的实际载荷要比名义载荷大。为此，在进行强度计算时，通常引入载荷系数 K 来考虑上述因素的影响。通过修正计算得到的载荷，称为计算载荷。以齿轮的法向力 F_n 为例，其计算载荷 F_{nc} 可表示为：

$$F_{nc} = KF_n$$

载荷系数 K 包括使用系数 K_A、动载系数 K_V、齿间载荷分配系数 K_α 及齿向载荷分布系数 K_β，即

$$K = K_A K_v K_\alpha K_\beta \tag{9-2}$$

1. 使用系数 K_A

使用系数 K_A 是考虑原动机和工作机的特性、联轴器的缓冲能力等齿轮的外部因素而引起的对附加动载荷的影响的系数。它可通过精密测量或对传动系统有关因素进行全面计算求得，一般可按表 9-2 查取。

表 9-2 使用系数 K_A

工作机		原动机			
工作特性	举例	均匀平稳	轻微冲击	中等冲击	严重冲击
		电动机 汽轮机	蒸汽机、电动机（经常启动）	多缸内燃机	单缸内燃机
均匀平稳	发电机、均匀传送的带式或板式输送机、螺旋输送机、轻型升降机、通风机、机床进给机构、轻型离心机、均匀密度材料的搅拌机等	1.00	1.10	1.25	1.50
轻微冲击	不均匀传送的带式或板式输送机、机床的主传动机构、重型离心泵、重型升降机、工业与矿用风机、变密度材料搅拌机等	1.25	1.35	1.50	1.75
中等冲击	橡胶挤压机、木工机械、轻型球磨机、做间断工作的橡胶和塑料搅拌机、提升装置、单缸活塞泵、钢坯初轧机等	1.50	1.60	1.75	2.00
严重冲击	挖掘机、破碎机、重型球磨机、重型给水泵、带材冷轧机、旋转式钻探装置、压坯机、压砖机等	1.75	1.85	2.00	≥2.25

注：①表中所列 K_A 值仅适用于减速传动中，对于增速传动，K_A 值应取为标值的 1.1 倍；
②对非经常启动或启动转矩不大的电动机、小型汽轮机按均匀平稳的情况考虑；
③当外部机械与齿轮装置间有挠性连接时，K_A 值可适当减小。

2. 动载系数 K_v

动载系数 K_v 是考虑齿轮副自身的啮合误差引起的对内部动载荷的影响的系数。由于齿轮加工和载荷引起的轮齿变形产生的基节误差（如图 9-7 所示）、齿形误差，都会引起一对轮齿节点位置的改变，瞬时传动比也随之发生了变化，这样，即使主动轮的转速稳定不变，从动轮的转速也会发生变化，从而产生动载荷。齿轮的速度越高、加工精度越低，齿轮的动载荷就越大，所以 K_v 决定于齿轮制造的精度及其圆周速度，可由图 9-8 查取。

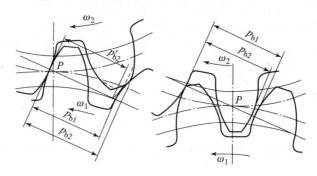

图 9-7 基节误差对传动平稳性的影响

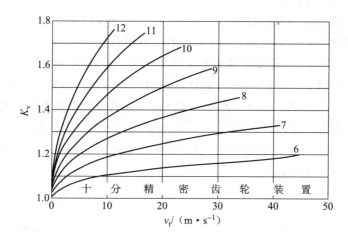

图 9-8 动载系数 K_v

通过提高齿轮的制造精度、减小齿轮的直径以降低圆周速度、增加轮齿及支承件的刚度、对齿轮进行适当的齿顶修形等方法，都可以达到降低动载荷的目的。

3. 齿间载荷分配系数 K_α

齿轮传动的重合度总是大于 1，这说明一对轮齿在啮合过程中，部分时间必有两对以上的齿同时啮合，在理想状态下，载荷应该由啮合对均等分担，但实际上，由于制造误差和轮齿变形等原因，载荷在各啮合齿对之间的分配并不均匀。为考虑总载荷在各齿对间分配不均所造成的个别齿对受力增大对齿轮强度的影响，引入齿间载荷分配系数 K_α 对其加以修正。在齿面接触疲劳强度计算和齿根抗弯疲劳强度计算中，齿间载荷分配系数 K_α 分别用 $K_{H\alpha}$ 和 $K_{F\alpha}$ 表示，可由表 9-3 查得。齿轮精度越低，则齿间载荷分配不均匀现象越严重。齿轮硬度越高，则以跑合来减轻载荷分配不均匀的效果越差，齿间载荷分配系数 K_α 越大。

表 9-3 齿间载荷分配系数 $K_{H\alpha}$、$K_{F\alpha}$

$K_A F_t b$		≥100 N/mm				<100 N/mm
精度等级Ⅱ组		5	6	7	8	5~9
表面硬化直齿轮	$K_{H\alpha}$	1.0	1.1	1.2		≥1.2
	$K_{F\alpha}$					≥1.2
表面硬化斜齿轮	$K_{H\alpha}$	1.0	1.1	1.2	1.4	≥1.4
	$K_{F\alpha}$					
非表面硬化直齿轮	$K_{H\alpha}$	1.0			1.1	≥1.2
	$K_{F\alpha}$					≥1.2
非表面硬化斜齿轮	$K_{H\alpha}$	1.0	1.1	1.2		≥1.4
	$K_{F\alpha}$					

注：① 对修形齿轮取 $K_{H\alpha} = K_{F\alpha} = 1$。
② 当齿轮副中的两齿轮分别由软、硬齿面构成时，取其平均值；若大、小齿轮的精度等级不同时，则按精度等级较低的取值。

4. 齿向载荷分布系数 K_β

当轴承相对于齿轮做不对称配置时，齿轮受载前，轴无弯曲变形，轮齿正常啮合；齿轮受载后，轴产生弯曲变形，引起轴上的齿轮偏斜，导致作用在齿面上的载荷沿齿宽方向分布不均匀，如图 9-9 所示，齿轮相对轴承布置越不对称，其偏载现象越严重。轴受转矩作用发生扭转变形时，同样会产生载荷沿齿宽分布不均匀的现象，齿轮离转矩输入（输出）端越近，载荷分布不均的现象越严重。此外，轴承、支座的变形以及制造、装配的误差等也会影响齿面上的载荷分布。为减轻这些影响，可以通过提高相关零件的精度、刚度，以减小轴的变形；也可以通过将轮齿做成鼓形齿，如图 9-10 所示，当轴产生弯曲变形而导致齿轮偏斜时，可避免轮齿某一端受载过大。

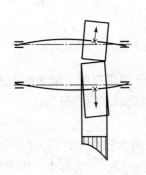
图 9-9 轴变形引起的偏载

图 9-10 鼓形齿

齿向载荷分布系数 K_β 是用以考虑由于轴的弯曲变形和扭转变形以及传动装置的制造和安装误差等原因，引起载荷沿齿宽方向分布不均匀的影响的系数，按图 9-11 选取。

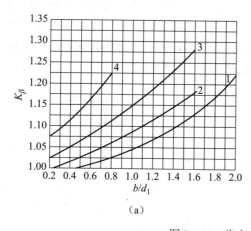
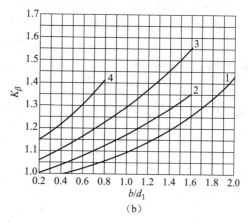

图 9-11 齿向载荷分布系数 K_β
(a) 软齿面传动齿轮；(b) 硬齿面传动齿轮
1—齿轮在两轴承间对称布置；2—齿轮在两轴承间非对称布置，轴刚度较大；
3—齿轮在两轴承间非对称布置，轴刚度较小；4—齿轮悬臂布置

§9.4 直齿圆柱齿轮传动的强度计算

为避免齿轮传动的失效，必须对齿轮进行相应的强度计算。由齿轮传动设计准则可知，齿轮传动的强度计算包括齿面接触强度计算和齿根弯曲强度计算两种。

9.4.1 直齿圆柱齿轮传动的齿面接触强度计算

齿面疲劳点蚀与齿面接触应力的大小有关。为防止齿面发生疲劳点蚀，应使齿面的最大接触应力 σ_H 小于其许用接触应力 $[\sigma_H]$，即

$$\sigma_H \leqslant [\sigma_H]$$

1. 齿面接触疲劳强度计算公式

一对齿轮的啮合，可以看作是以啮合点处的齿廓曲率半径 ρ_1、ρ_2 为半径的两圆柱体的接触。因此，齿面的最大接触应力 σ_H 可由赫兹公式求得，即齿面不发生接触疲劳强度的条件为

$$\sigma_H = \sqrt{\frac{F_{nc}}{\pi L} \cdot \frac{\dfrac{1}{\rho_1} \pm \dfrac{1}{\rho_2}}{\dfrac{1-\mu_1^2}{E_1} + \dfrac{1-\mu_2^2}{E_2}}} \leqslant [\sigma_H] \tag{9-3}$$

式中，F_{nc}——轮齿的法向计算载荷，N；

L——轮齿的工作宽度，mm；

E_1，E_2——圆柱体 1、2 材料的弹性模量，MPa；

μ_1，μ_2——圆柱体 1、2 材料的泊松比；

ρ_1，ρ_2——圆柱体 1、2 的曲率半径，"+"用于外啮合，"-"用于内啮合，mm。

(1) 曲率半径

在齿轮的工作过程中,齿廓啮合点的位置是变化的,又因为渐开线齿廓上各点的曲率半径不等,因此,啮合点的综合曲率半径将随其位置的变化而变化。理论上齿面接触应力的最大值应发生在综合曲率半径最小处,可事实上综合曲率半径最小处恰好是多对齿啮合区,其载荷由它们共同承担。实践已证明,点蚀多发生在轮齿节线附近靠近齿根的一侧,故常取节点处的接触应力为计算依据。

由图 9-12 可知,其节点处的齿廓曲率半径

$$\rho_1 = N_1 C = r_1 \sin \alpha = \frac{d_1}{2}\sin \alpha ; \rho_2 = N_2 C = r_2 \sin \alpha = \frac{d_2}{2}\sin \alpha$$

令

$$\frac{d_2}{d_1} = \frac{z_2}{z_1} = u$$

则中心距

$$a = \frac{1}{2}(d_2 \pm d_1) = \frac{d_1}{2}(u \pm 1)$$

式中,u——大轮与小轮的齿数比;对于减速齿轮传动,$u = i$;对于增速齿轮传动,$u = 1/i$。

由此可得

$$\frac{1}{\rho_1} \pm \frac{1}{\rho_2} = \frac{\rho_2 \pm \rho_1}{\rho_1 \rho_2} = \frac{2(d_2 \pm d_1)}{d_1 d_2 \sin \alpha} = \frac{u \pm 1}{u} \frac{2}{d_1 \sin \alpha} \tag{a}$$

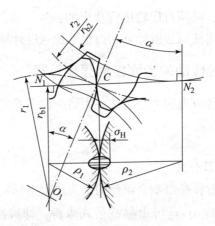

图 9-12 齿面上接触应力

(2) 轮齿法向计算载荷 F_{nc}、轮齿工作宽度 L

计算载荷 F_{nc} 为

$$F_{nc} = KF_n = \frac{KF_t}{\cos \alpha} = \frac{2KT_1}{d_1 \cos \alpha} \tag{b}$$

轮齿工作宽度 L:

由于其重合度 $\varepsilon > 1$,故 $L > b$。我们可以认为:重合度 ε 越大,其承载的接触线总长度越大,则单位接触载荷越小。轮齿工作宽度 L 可按下式计算,即

$$L = \frac{b}{Z_\varepsilon^2} \tag{c}$$

式中，b——齿轮的宽度；

Z_ε——重合度系数。

(3) 齿面接触强度计算公式

将式（a）、式（b）和式（c）代入式（9-3），整理后得

$$\sigma_H = Z_\varepsilon \sqrt{\dfrac{1}{\pi\left(\dfrac{1-\mu_1^2}{E_1}+\dfrac{1-\mu_2^2}{E_2}\right)}} \sqrt{\dfrac{2}{\sin\alpha\cos\alpha}} \sqrt{\dfrac{2KT_1}{bd_1^2}\dfrac{u\pm1}{u}} \leqslant [\sigma_H]$$

令

$$Z_E = \sqrt{\dfrac{1}{\pi\left(\dfrac{1-\mu_1^2}{E_1}+\dfrac{1-\mu_2^2}{E_2}\right)}}; \quad Z_H = \sqrt{\dfrac{2}{\sin\alpha\cos\alpha}}$$

得直齿圆柱标准齿轮传动的齿面接触强度验算公式为

$$\sigma_H = Z_H Z_E Z_\varepsilon \sqrt{\dfrac{2KT_1}{bd_1^2}\dfrac{u\pm1}{u}} \leqslant [\sigma_H] \qquad (9-4)$$

引入齿宽系数 $\psi_d = \dfrac{b}{d_1}$，于是得直齿圆柱标准齿轮传动的齿面接触强度设计公式为

$$d_1 \geqslant \sqrt[3]{\dfrac{2KT_1}{\psi_d}\cdot\dfrac{u\pm1}{u}\left(\dfrac{Z_H Z_E Z_\varepsilon}{[\sigma_H]}\right)^2} \qquad (9-5)$$

式中，Z_H——节点区域系数，由图9-13确定；

Z_E——弹性系数，由表9-4确定；

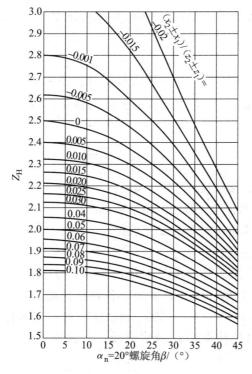

图9-13 节点区域系数 Z_H

Z_ε——重合度系数，按式（9-6）计算。

$$Z_\varepsilon = \sqrt{\frac{4-\varepsilon}{3}} \tag{9-6}$$

式中，ε——重合度，可近似按式（9-7）计算。

$$\varepsilon = 1.88 - 3.2\left(\frac{1}{Z_1} \pm \frac{1}{Z_2}\right) \tag{9-7}$$

表 9-4 材料弹性系数 Z_E $\sqrt{MPa}$

齿轮材料 \ 弹性模量 E/MPa	配对齿轮材料				
	灰铸铁	球墨铸铁	铸钢	锻钢	夹布塑胶
	11.8×10^4	17.5×10^4	20.2×10^4	20.6×10^4	0.785×10^4
锻钢	162.0	181.4	188.9	189.8	56.4
铸钢	161.4	180.5	188.0		
球墨铸铁	156.6	173.9			
灰铸铁	143.7				

注：表中所列尼龙的泊松比为0.5，其余材料的泊松比均为0.3。

由式（9-5）可知，当齿轮的材料、齿数比和齿宽系数一定时，齿轮传动的齿面接触疲劳强度取决于其传动的外廓尺寸中心距 a 或分度圆直径，而与其模数 m 的大小无关。

2. 许用接触应力

齿轮传动的许用接触应力 $[\sigma_H]$ 是用齿轮试件在特定的试验条件下获得的。当实际工作条件与试验条件不同时，应对该试验数据进行修正。对于普通用途的齿轮，可按下式计算

$$[\sigma_H] = \frac{Z_N \sigma_{Hlim}}{S_H} \tag{9-8}$$

式中，σ_{Hlim}——试件齿轮的接触疲劳极限，MPa；

Z_N——齿面接触疲劳强度计算的寿命系数；

S_H——齿面接触疲劳强度计算的安全系数。

（1）试件齿轮的接触疲劳极限 σ_{Hlim}

接触疲劳极限是指某种材料的齿轮，在试验条件下，经过长期持续的循环载荷作用，当其失效概率为1%时的接触疲劳极限。各种材料的齿轮的接触疲劳极限 σ_{Hlim} 可按图 9-14～图 9-17 查取。图中 ML、MQ、ME 分别表示当齿轮材料和热处理质量达到最低、中等、很高要求时的疲劳极限的取值线。若齿面硬度超出图中推荐的范围，可按外插法取相应的极限应力值。

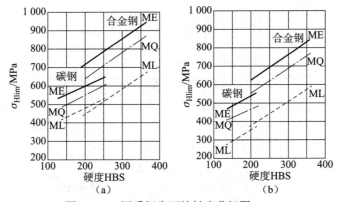

图 9-14 调质钢齿面接触疲劳极限 σ_{Hlim}
(a) 锻钢；(b) 铸钢

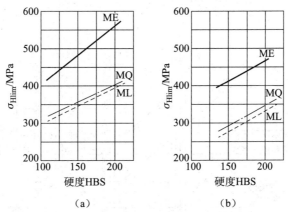

图 9-15 正火钢齿面接触疲劳极限 σ_{Hlim}
(a) 锻钢；(b) 铸钢

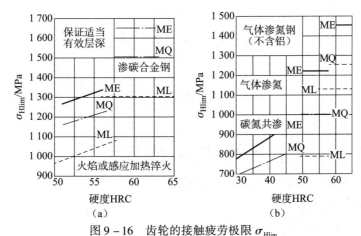

图 9-16 齿轮的接触疲劳极限 σ_{Hlim}
(a) 渗碳和表面硬化钢；(b) 渗氮和碳氮共渗钢

(2) 齿面接触疲劳强度计算的寿命系数 Z_N

它是考虑当齿轮只要求有限寿命时，其许用应力可提高的系数，可由图 9-18 查得。

图 9-18 中所示的横坐标应力循环次数 N 或当量循环次数 N_V 的计算方法有两种情况：

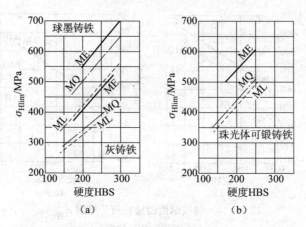

图 9-17 齿轮的接触疲劳极限 σ_{Hlim}
(a) 球墨铸铁、灰铸铁；(b) 珠光体可锻铸铁

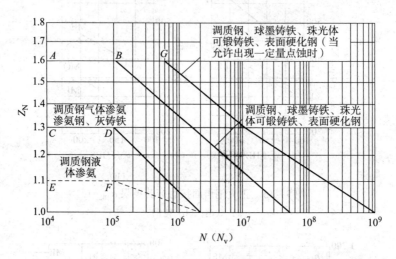

图 9-18 接触寿命系数 Z_N

载荷稳定时

$$N = 60\gamma n t_h$$

载荷不稳定时

$$N = N_v = 60\gamma \sum_{i=1}^{k} n_i t_{hi} \left(\frac{T_i}{T_{max}}\right)^m \tag{9-9}$$

式中，γ——齿轮每转一周同一侧齿面的啮合次数；

n——齿轮转速，r/min；

t_h——齿轮的设计寿命，h；

T_{max}——较长期作用的最大转矩；

T_i，n_i，t_{hi}——第 i 个循环的转矩、转速和工作小时数；

m——指数，见表 9-5。

在图 9-18 中，每条接触寿命系数 Z_N 曲线由三部分构成：当 $N_v \geq N_0$ 时，Z_N 取最小值的水平直线部分（$Z_N = 1$）；当 $N_j < N_V < N_0$ 时，Z_N 为倾斜直线部分；当 $N_V < N_j$ 时，Z_N 取最大值的水平直线部分。这三部分分别对应于齿面接触疲劳强度的无限寿命计算、有限寿命计算和静强度计算。

表 9-5 应力循环基数 N_0 和指数 m

齿轮材料	接触疲劳极限		弯曲疲劳极限	
	应力循环基数 N_0	指数 m	应力循环基数 N_0	指数 m
调质钢、球墨铸铁、珠光体可锻铸铁	5×10^7	6.6	3×10^6	6.2
表面硬化钢				8.7
调质钢或渗氮钢经气体渗氮、灰铸铁	2×10^6	5.7		17
调质钢经液体渗氮或碳氮共渗		15.7		84

(3) 齿面接触疲劳强度计算的安全系数 S_H

齿面接触疲劳安全系数 S_H 可参照表 9-6 选取。当计算方法粗略、数据准确性不高时，可将查出的 S_{Hmin} 值适当增大到 (1.2~1.6) S_{Hmin}。

表 9-6 最小安全系数 S_{Hmin} 和 S_{Fmin}

安全系数	软齿面	硬齿面	重要的传动、渗碳淬火齿轮或铸造齿轮
S_H	1.0~1.1	1.1~1.2	1.3
S_F	1.3~1.4	1.4~1.6	1.6~2.2

3. 齿面接触疲劳强度计算的说明

1) 若两齿轮的许用应力 $[\sigma_{H1}]$ 和 $[\sigma_{H2}]$ 的值不同，则应代入其中较小者计算。因配对齿轮的接触应力相等，即 $\sigma_{H1} = \sigma_{H2}$，而它们的材料和热处理方法不尽相同，那么两个齿轮中只要有一个齿轮出现齿面点蚀便可导致传动失效，即 $[\sigma_H]$ 小者首先被破坏。

2) 计算式 (9-4) 和式 (9-5) 是计算齿轮传动齿面接触疲劳强度的两种形式，使用中应视具体条件选择其中一个。式中"±"的意义为"+"用于外啮合，"-"用于内啮合。

3) 提高接触强度的措施有增大 a 或 d_1、提高 $[\sigma_H]$、增加 b，但不宜增加过大。

9.4.2 直齿圆柱齿轮传动的齿根弯曲强度计算

轮齿的疲劳折断与齿轮的材料和轮齿的弯曲应力大小有关。为了防止轮齿折断，除了合理选择材料外，还必须使轮齿最大的弯曲应力 σ_F 小于其许用应力 $[\sigma_F]$，即

$$\sigma_F \leq [\sigma_F]$$

1. 齿根弯曲强度计算公式

计算齿根弯曲应力时，首先要确定作用在轮齿上载荷的作用点和齿根危险截面的位置。

(1) 载荷作用点

计算轮齿的弯曲应力时，可将轮齿看作悬臂梁，因此，其齿根处的弯曲疲劳强度最弱。齿根处最大的弯矩并不是发生在轮齿在齿顶啮合时（由于此时参与啮合的齿对数较多），而是发生在轮齿啮合点位于单对齿啮合区的最高点时。因此，计算齿根弯曲强度时，载荷的作

用点也应是单对齿啮合区的最高点。但由于这样计算比较复杂，为简化计算，通常假定全部载荷由一对齿承受，且按力作用于齿顶来进行分析，另外考虑重合度的影响应对齿根弯曲应力予以修正。如图 9-19 所示。

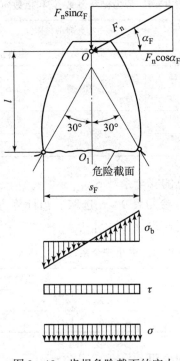

图 9-19 齿根危险截面的应力

（2）齿根危险截面

齿根危险截面的具体位置可用 30°切线法来确定，即作与轮齿对称线成 30°角的两直线与齿根圆角过渡曲线相切，则过两切点并平行于齿轮轴线的截面即为齿根的危险截面。

为了计算方便，将作用于齿顶的名义载荷 F_n 沿其作用线滑移至轮齿对称中心线上的点 O 处。将 F_n 分解为正交的两个分力 $F_n \cos \alpha_F$ 和 $F_n \sin \alpha_F$，其中 α_F 为法向力与轮齿对称中心线的垂线的夹角。

$F_n \cos \alpha_F$ 在齿根产生弯曲应力 σ_b 和切应力 τ；$F_n \sin \alpha_F$ 产生压应力 σ；切应力和压应力与弯曲应力相比均很小，故计算时可暂不考虑，因此，其齿根危险截面的弯曲强度条件为

$$\sigma_F \approx \sigma_b = \frac{M}{W} \leq [\sigma_F]$$

齿根危险截面的弯曲力矩为

$$M = KF_n l \cos \alpha_F = K \frac{2T_1}{d_1 \cos \alpha} l \cos \alpha_F$$

危险截面的弯曲截面系数为

$$W = \frac{bS_F^2}{6}$$

式中，b——齿宽；

S_F——危险截面处齿厚。

故危险截面的弯曲应力为

$$\sigma_F = \frac{M}{W} = \frac{2KT_1}{bd_1}\frac{6l\cos\alpha_F}{S_F^2\cos\alpha} = \frac{2KT_1 6\left(\dfrac{l}{m}\right)\cos\alpha_F}{bd_1 m\left(\dfrac{S_F}{m}\right)^2\cos\alpha}$$

令

$$Y_{Fa} = \frac{6\left(\dfrac{l}{m}\right)\cos\alpha_F}{\left(\dfrac{S_F}{m}\right)^2\cos\alpha}$$

得

$$\sigma_F = \frac{2KT_1 Y_{Fa}}{bd_1 m}$$

式中，Y_{Fa}——载荷作用于齿顶的齿形系数。

实际计算 σ_F 时，还应引入应力修正系数 Y_{Sa}、重合度系数 Y_ε，因而得齿根抗弯曲疲劳强度的验算公式为

$$\sigma_F = \frac{2KT_1 Y_{Fa}Y_{Sa}Y_\varepsilon}{bd_1 m} = \frac{2KT_1 Y_{Fa}Y_{Sa}Y_\varepsilon}{bm^2 z} \leqslant [\sigma_F] \qquad (9-10)$$

代入 $b = \psi_d d_1$，$d_1 = mz_1$，可求得齿根抗弯曲疲劳强度设计公式为

$$m \geqslant \sqrt[3]{\frac{2KT_1}{\psi_d z_1^2[\sigma_F]}Y_{Fa}Y_{Sa}Y_\varepsilon} \qquad (9-11)$$

关于齿形系数 Y_{Fa}、应力修正系数 Y_{Sa}、复合度系数 Y_ε 的说明如下：

(1) **齿形系数 Y_{Fa}**

齿形系数 Y_{Fa} 为量纲为 1 的量，由于其表达式中的 l 和 S_F 均与模数成正比，故标准齿轮的外齿轮的 Y_{Fa} 只取决于轮齿的形状，即齿数 z 和变位系数 x，而与模数大小无关。齿数少，齿根厚度薄，则 Y_{Fa} 大，即弯曲强度低。对于正变位齿轮，其齿根厚度大，Y_{Fa} 变小，则弯曲强度提高。对于外齿轮，其齿形系数 Y_{Fa} 可由图 9 - 20 查取；对于内齿轮，则取 $Y_{Fa} = 2.053$。

(2) **应力修正系数 Y_{Sa}**

应力修正系数 Y_{Sa} 是考虑齿根过渡曲线处的应力集中效应及弯曲应力以外的其他应力对齿根应力的影响系数。对于外齿轮，Y_{Sa} 可由图 9 - 21 查取；对于内齿轮，则取 $Y_{Sa} = 2.65$。

(3) **重合度系数**

重合度系数 Y_ε 可以理解为载荷作用于单对齿啮合区的上界点与载荷作用于齿顶时引起的应力之比。它可按下式计算，即

$$Y_\varepsilon = 0.25 + \frac{0.75}{\varepsilon} \qquad (9-12)$$

式中，ε——重合度，按式 (9-7) 计算。

式 (9-8)、式 (9-10) 和式 (9-11) 中各参数的单位为：T_1——N·mm；b，m——mm；$[\sigma_H]$，σ_H——MPa。

2. 许用弯曲应力

许用弯曲应力 $[\sigma_F]$ 可按下式计算，即

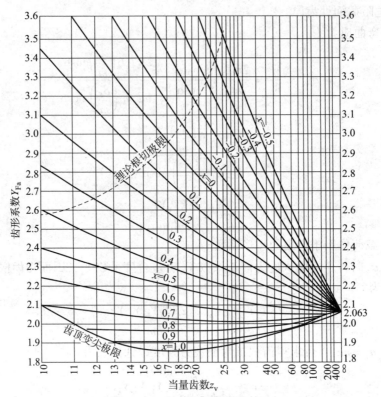

图 9-20 外齿轮齿形系数 Y_{Fa}

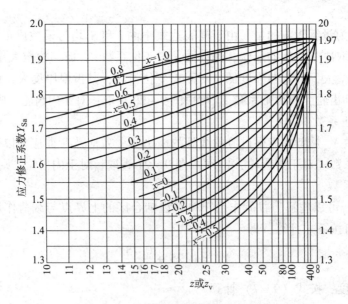

图 9-21 外齿轮齿根应力修正系数 Y_{Sa}

$$[\sigma_F] = \frac{2\sigma_{Flim} Y_N Y_x}{S_F} \quad (9-13)$$

式中，S_F——齿根弯曲疲劳安全系数；

σ_{Flim}——试验齿轮的齿根弯曲疲劳极限;

Y_N——抗弯曲疲劳强度计算的寿命系数;

Y_x——尺寸系数。

(1) 齿根弯曲疲劳安全系数 S_F

由于材料抗弯曲疲劳强度的离散性比接触疲劳强度离散性大,同时断齿比点蚀的危害更为严重,因此抗弯曲疲劳强度的安全裕量更大一些,可按表9-6查取。当计算方法粗略、数据准确性不高时,可将查出的 S_{Fmin} 值适当增大到 $1.3 \sim 3.0 S_{Fmin}$。

(2) 试验齿轮的齿根弯曲疲劳极限 σ_{Flim}

按图9-22~图9-25查取试验齿轮的齿根弯曲疲劳极限值,该图是用各种材料的齿轮在单侧工作时测得的,对于长期双侧工作的齿轮传动(如行星轮、惰轮等)来说,因其齿根弯曲应力为对称循环变应力,则应将图中 σ_{Flim} 的数据乘以0.7。当双向运转时,所乘系数可稍大于0.7。

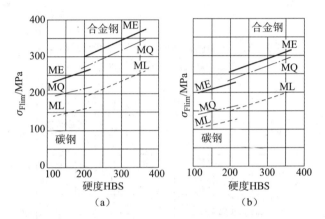

图9-22 调质钢齿根弯曲疲劳极限 σ_{Flim}
(a) 锻钢;(b) 铸钢

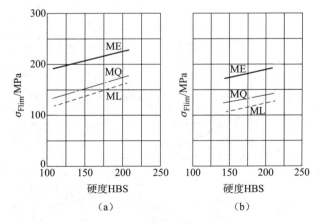

图9-23 正火钢齿根弯曲疲劳极限 σ_{Flim}
(a) 锻钢;(b) 铸钢

（3）弯曲寿命系数 Y_N

弯曲寿命系数 Y_N 是考虑齿轮要求有限寿命时，其许用弯曲应力可以提高的系数，可由图 9-26 查取。图 9-26 中所示的横坐标应力循环次数 N 或当量循环次数 N_V 仍按式 (9-9) 计算。

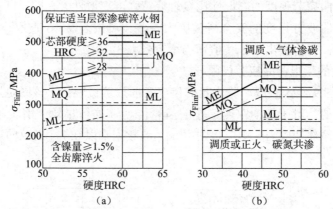

图 9-24　表面硬化钢的齿根弯曲疲劳极限 σ_{Flim}
（a）渗碳和表面硬化钢；（b）渗氮和碳、氮共渗钢

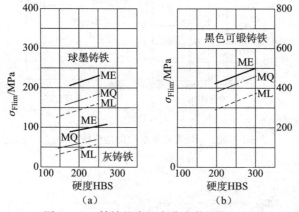

图 9-25　铸铁的齿根弯曲疲劳极限 σ_{Flim}
（a）球墨铸铁和灰铸铁；（b）珠光体可锻铸铁

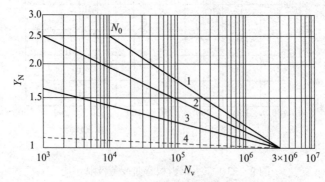

图 9-26　弯曲寿命系数 Y_N
1—调质钢、结构钢、球墨铸铁、珠光体可锻铸铁；2—渗碳钢、表面硬化钢；
3—经气体渗氮的调质钢或渗氮钢、灰铸铁；4—经液体渗氮的调质钢

(4) 尺寸系数 Y_x

尺寸系数 Y_x 是考虑计算齿轮的尺寸比试验的齿轮大时，会使材料强度降低而引入的修正系数。Y_x 可由图 9-27 确定。

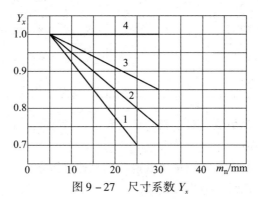

图 9-27　尺寸系数 Y_x

1—灰铸铁；2—表面硬化钢；3—结构钢、球墨铸铁、可锻铸铁；4—所有材料（静强度）

3. 齿根弯曲强度计算的说明

1) 式 (9-10) 是按小齿轮的扭矩和几何参数推导出来的。在验算大齿轮的齿根弯曲疲劳强度时，仍可使用该式，即式中仍代入小齿轮的扭矩 T_1 和小齿轮的齿数 z_1，但大齿轮的齿形系数 Y_{Fa2} 和应力修正系数 Y_{Sa2} 应按大齿轮的齿数 z_2 查取，其许用齿根弯曲疲劳应力 $[\sigma_{F2}]$ 也应按大齿轮的材料计算。

2) 一般情况下，配对齿轮的齿数不相等，所以它们的弯曲应力也是不相等的。配对齿轮的材料或热处理方式不尽相同，因此其许用弯曲应力也不相等，故在进行轮齿弯曲强度校核时，两齿轮应分别计算。而在使用式 (9-11) 设计时，配对齿轮的轮齿弯曲强度可能不同，则 $Y_{Fa}Y_{Sa}/[\sigma_F]$ 应代入两齿轮的 $Y_{Fa1}Y_{Sa1}/[\sigma_{F1}]$ 和 $Y_{Fa2}Y_{Sa2}/[\sigma_{F2}]$ 中的较大者进行计算。

3) 由式 (9-11) 求得模数后，应将其圆整成标准模数系列值。为防止轮齿太小引起意外断齿，传递动力的齿轮模数一般不小于 1.5~2.0 mm。

当有短时过载时，还应进行静强度计算。可参考有关资料进行设计。

4. 齿轮主要参数和传动精度的选择

在齿轮传动设计中，齿宽系数、齿轮齿数和齿轮精度等级如何选择，将直接影响到齿轮传动的外廓尺寸及传动质量。

(1) 齿宽系数 ψ_d (b/d_1)

增大齿宽 b 可提高其承载能力；当载荷一定时，增大齿宽 b 可减小齿轮的直径，使传动外廓尺寸减小，圆周速度降低；但齿宽 b 过大时，由于结构的刚性不够，齿轮制造、安装不准确等原因，会导致载荷沿齿向分布不均的现象更严重，使齿轮的承载能力降低。因此，齿宽系数 ψ_d 应适当地选择。对于一般用途的齿轮，可按表 9-7 选取。

表 9-7 齿宽系数 ψ_d

齿面硬度 齿轮相对于轴承的位置	软齿面	硬齿面
对称布置	0.8 ~ 1.4	0.4 ~ 0.9
非对称布置	0.6 ~ 1.2	0.3 ~ 0.6
悬臂布置	0.3 ~ 0.4	0.2 ~ 0.25

对于直圆柱齿轮应取较小值，对于斜圆柱齿轮应取较大值；载荷平稳、支承刚度大时应取较大值，否则应取较小值。

对于多级齿轮传动，由于其转矩是从低速级向高速级逐渐递增，为使各级传动尺寸趋于协调，一般将低速级的齿宽系数适当取大些。

根据 d_1 和 ψ_d 可计算出齿轮的工作齿宽 $b = \psi_d d_1$。考虑到圆柱齿轮装配时可能需要做轴向挪动，为保证齿轮传动时有足够的啮合宽度，一般取小齿轮的齿宽 $b_1 = [b + (5 \sim 10)]$ mm，取大齿轮的齿宽 $b_2 = b$，b 为啮合宽度（圆整值）。进行强度计算时，应按大齿轮的齿宽计算。

(2) 齿数 z

中心距 a 一定时，齿轮齿数增多，齿轮传动的重合度将增大，它会改善传动的平稳性；齿数多，则模数小，齿顶圆直径小，齿高降低，并可节省材料、减小质量；模数小，则齿槽小，可减少加工量，从而降低成本；此外，降低齿高能减小滑动速度并减小磨损及胶合的危险性。但模数过小时，轮齿的弯曲强度可能不足。因此，当齿轮传动的承载能力主要取决于齿面接触强度时，如闭式软齿面齿轮传动，可选取较多的齿数，通常取 $z_1 = 20 \sim 40$；当齿轮传动的承载能力主要取决于轮齿的抗弯强度时，如硬齿面或开式（半开式）齿轮传动，应适当取较小的齿数，一般可取 $z_1 = 17 \sim 20$。对于开式齿轮传动，用于载荷平稳、不重要的或手动机械中时，甚至可取 $z_1 = 13 \sim 14$（有轻微切齿干涉）。

对于高速齿轮传动，不论闭式还是开式，软齿面还是硬齿面，均应取 $z_1 \geqslant 25$。

大齿轮齿数 $z_2 = iz_1$。对于载荷平稳的齿轮传动，为利于跑合，两轮齿数 z_1 和 z_2 应取为简单的整数比；对于载荷不稳定的齿轮传动，两轮齿数 z_1 和 z_2 应互为质数，以防止轮齿失效集中发生在几个齿上。齿数经圆整或调整后，传动比 i 可能与要求的值有所出入，一般允差不超过 $\pm 3\% \sim \pm 5\%$ 的误差。

(3) 中心距 a

中心距 a 按承载能力求得后，如不为整数，应尽可能通过调整齿数使中心距为整数，最好其尾数为 0 或 5。a 数值不得小于按齿面接触承载能力计算出的中心距值，否则齿面接触承载能力可能不足。

(4) 齿轮精度

齿轮精度等级应根据传动的用途、使用条件、传动功率、运动精度和圆周速度等因素来确定。齿轮副中两个齿轮的精度一般应相同，也允许相差一级。单个齿轮的精度一般是按节圆的圆周速度来确定第Ⅱ公差组的精度等级的，如无特殊要求，其他两组的精度应与第Ⅱ组的精度相同。表 9-8 所示为常用 5~9 级精度齿轮的允许最大圆周速度，可供选择时参考。

表9-8 动力齿轮传动的最大圆周速度 v m/s

第Ⅱ公差组精度等级	圆柱齿轮传动		锥齿轮传动	
	直齿	斜齿	直齿	斜齿
5级及其以上	≥15	≥30	≥12	≥20
6级	<15	<30	<12	<20
7级	<10	<15	<8	<10
8级	<6	<10	<4	<7
9级	<2	<4	<1.5	<3

注：锥齿轮传动的圆周速度按平均直径计算。

【例题9-1】 设计某二级直齿圆柱齿轮减速器低速级齿轮传动。动力机为电动机，传动不逆转，载荷平稳。已知：低速级传递功率 $P_1 = 32$ kW，传动比为 $i = 4$，$n_1 = 300$ r/min，单班工作，预期寿命为10年（每年按250天计算）。

解题分析：根据题意，本题属于设计题。其解题步骤为：选择齿轮材料，确定许用应力，通过承载能力计算确定齿轮传动的参数和尺寸。在计算承载能力前，必须明确齿轮的设计准则，以确定相应的设计和校核公式。

解：（1）选择齿轮材料并确定初步参数

1) 选择材料及热处理方式：

小齿轮：40Cr，调质处理，齿面硬度为260 HBS，选择材料参考表9-1；

大齿轮：45钢，调质处理，齿面硬度为230 HBS。

2) 初选齿数：

取小齿轮齿数 $z_1 = 30$，则大齿轮齿数 $z_2 = iz_1 = 4 \times 30 = 120$。

3) 选择齿宽系数 ψ_d 和传动精度等级：

参照表9-7，取齿宽系数 $\psi_d = 1$；

初估小齿轮直径： $d_{1估} = 120$ mm

则齿宽

$$b = \psi_d d_1 = 1 \times 120 = 120 (\text{mm})$$

齿轮圆周速度

$$v_{估} = \frac{\pi d_1 n_1}{60 \times 1000} = \frac{\pi \times 120 \times 300_1}{60 \times 1000} = 1.88 (\text{mm/s})$$

参照表9-8，可选齿轮精度为8级。

4) 计算两齿轮应力循环次数 N_1、N_2：

小齿轮

$$N_1 = 60\gamma n t_h = 60 \times 1 \times 300 \times (10 \times 250 \times 8) = 3.6 \times 10^8$$

大齿轮

$$N_2 = \frac{N_{H1}}{i} = \frac{3.6 \times 10^8}{4} = 9 \times 10^7$$

5) 计算寿命系数 Z_{N1}、Z_{N2}：

由图 9-18 得 $Z_{N1}=1$，$Z_{N2}=1$（不允许有一定量点蚀）。

6) 计算接触疲劳极限 σ_{Hlim1}、σ_{Hlim2}：

由图 9-14（a），查 MQ 线得 $\sigma_{Hlim1}=720$ MPa，$\sigma_{Hlim2}=580$ MPa。

7) 计算安全系数 S_H：

参照表 9-6，取 $S_H=1$。

8) 计算许用接触应力 $[\sigma_{H1}]$、$[\sigma_{H2}]$：

根据式（9-8）得

$$[\sigma_{H1}] = \frac{\sigma_{Hlim1} Z_{N1}}{S_H} = \frac{720 \times 1}{1} = 720(\text{MPa})$$

$$[\sigma_{H2}] = \frac{\sigma_{Hlim2} Z_{N2}}{S_H} = \frac{580 \times 1}{1} = 580(\text{MPa})$$

（2）分析失效形式并确定设计准则

由于本设计的齿轮传动是闭式软齿面传动，其主要失效形式为齿面点蚀，因此其设计准则为：先按齿面接触疲劳强度设计公式确定传动的尺寸，再按轮齿弯曲疲劳强度公式进行校核。

（3）按齿面接触疲劳强度设计公式计算齿轮的主要参数

根据设计式（9-5）得

$$d_1 \geq \sqrt[3]{\frac{2KT_1}{\psi_d} \cdot \frac{u+1}{u} \left(\frac{Z_H Z_E Z_\varepsilon}{[\sigma_H]}\right)^2}$$

1) 确定公式内的各计算数值：

① 计算小齿轮转矩 T_1 为：

$$T_1 = 9.55 \times 10^6 \frac{P_1}{n_1} = 9.55 \times 10^6 \times \frac{32}{300} = 1.02 \times 10^6 (\text{N} \cdot \text{mm})$$

② 确定载荷系数 K：

使用系数 K_A：按电动机驱动，载荷平稳，查表 9-2，取 $K_A=1$；

动载系数 K_v：按 8 级精度和速度，查图 9-8，取 $K_v=1.12$；

齿间载荷分配系数 $K_{H\alpha}$：

根据条件得，

$$\frac{K_A F_t}{b} = \frac{2K_A T_1}{bd_1} = \frac{2 \times 1 \times 1.02 \times 10^6}{120 \times 120} = 141.7(\text{N} \cdot \text{mm}) > 100 \text{ N} \cdot \text{mm}$$

由表 9-3 可知，$K_{H\alpha} = K_{F\alpha} = 1.1$；

齿向载荷分布系数 K_β：由图 9-11（a），取 $K_\beta = 1.09$；

因此，载荷系数为

$$K = K_A K_v K_{H\alpha} K_\beta = K_A K_v K_{F\alpha} K_\beta = 1 \times 1.12 \times 1.09 \times 1.1 = 1.34$$

③ 确定弹性系数 Z_E：由表 9-4，查得 $Z_E = 190 \sqrt{\text{MPa}}$；

④ 确定节点区域系数 Z_H：由图 9-13，查得 $Z_H = 2.5$；

⑤ 确定重合度系数 Z_ε：

由式（9-7），重合度为：

$$\varepsilon = 1.88 - 3.2\left(\frac{1}{Z_1} + \frac{1}{Z_2}\right) = 1.88 - 3.2 \times \left(\frac{1}{30} + \frac{1}{120}\right) = 1.75$$

由式（9-6），重合度系数为：

$$Z_\varepsilon = \sqrt{\frac{4-\varepsilon}{3}} = \sqrt{\frac{4-1.75}{3}} = 0.866$$

2）求所需小齿轮的直径 d_1

$$d_1 \geq \sqrt[3]{\frac{2KT_1}{\psi_d} \cdot \frac{u+1}{u}\left(\frac{Z_H Z_E Z_\varepsilon}{[\sigma_H]}\right)^2}$$

$$= \sqrt[3]{\frac{2 \times 1.34 \times 1.02 \times 10^6}{1} \times \frac{4+1}{4} \times \left(\frac{190 \times 2.5 \times 0.866}{580}\right)^2}$$

$$= 119.8(\text{mm})$$

与初估大小基本相符（若与初估大小相差较大，则应返回初估小轮直径的步骤）。

3）确定中心距 a、模数 m 等主要几何参数

① 中心距 a：

初算中心距

$$a_0 = \frac{d_{1\min}(u+1)}{2} = \frac{119.8 \times (4+1)}{2} = 299.5(\text{mm})$$

圆整取中心距 $a = 300$ mm；

② 模数 m：

$$m = \frac{2a}{z_1 + z_2} = \frac{2 \times 300}{30 + 120} = 4(\text{mm})$$

由标准模数系列表取标准模数 $m = 4$ mm（注意：若计算出的模数不符合标准系列，取标准系列值后应采用变位齿轮或调整齿数的方法，用来满足其几何关系）。

③ 分度圆直径 d_1、d_2 为：

$$d_1 = mz_1 = 4 \times 30 = 120(\text{mm})$$
$$d_2 = mz_2 = 4 \times 120 = 480(\text{mm})$$

④ 确定齿宽 b：取大齿轮齿宽 $b = 120$ mm，小齿轮齿宽 $b_1 = 125$ mm。

(4) 齿根弯曲疲劳强度校核

1）求许用弯曲应力 $[\sigma_F]$：

$$\sigma_F = \frac{2\sigma_{Flim} Y_N Y_x}{S_F}$$

① 求寿命系数 Y_{N1}、Y_{N2}：由图 9-26，取 $Y_{N1} = Y_{N2} = 1$；
② 求极限应力 σ_{Flim1}、σ_{Flim2}：由图 9-22（a），取 $\sigma_{Flim1} = 300$ MPa，$\sigma_{Flim2} = 220$ MPa；
③ 求尺寸系数 Y_{x1}、Y_{x2}：由图 9-27，取 $Y_{x1} = Y_{x2} = 1$；
④ 求安全系数 S_F：参照表 9-6，取 $S_F = 1.6$；
⑤ 求许用弯曲应力 $[\sigma_{F1}]$、$[\sigma_{F2}]$ 为：

$$[\sigma_{F1}] = \frac{2\sigma_{Flim1} Y_{N1} Y_{x1}}{S_F} = \frac{2 \times 300 \times 1 \times 1}{1.6} = 375(\text{MPa})$$

$$[\sigma_{F2}] = \frac{2\sigma_{Flim2} Y_{N2} Y_{x2}}{S_F} = \frac{2 \times 220 \times 1 \times 1}{1.6} = 275(\text{MPa})$$

2）校核齿根弯曲疲劳强度：
由式（9-10）得

$$\sigma_F = \frac{2KT_1 Y_F Y_{Sa} Y_\varepsilon}{bm^2 z_1} \leqslant [\sigma_F]$$

①齿形系数 Y_{Fa1}、Y_{Fa2}：由图 9-20，取 $Y_{Fa1}=2.52$，$Y_{Fa2}=2.18$；
②应力修正系数 Y_{Sa1}、Y_{Sa2}：由图 9-21，取 $Y_{Sa1}=1.625$、$Y_{Sa2}=1.81$；
③重合度系数 Y_ε：由式（9-12）得

$$Y_\varepsilon = 0.25 + \frac{0.75}{\varepsilon} = 0.25 + \frac{0.75}{1.75} = 0.68$$

④校核齿根弯曲疲劳强度：

$$\sigma_{F1} = \frac{2KT_1 Y_{Fa1} Y_{Sa1} Y_\varepsilon}{bm^2 z_1} = \frac{2 \times 1.34 \times 1.02 \times 10^6 \times 2.52 \times 1.625 \times 0.68}{120 \times 4^2 \times 30}$$

$$= 132.15(\text{MPa}) < [\sigma_{F1}]$$

$$\sigma_{F2} = \sigma_{F1} \frac{Y_{Fa2} Y_{Sa2}}{Y_{Fa1} Y_{Sa1}} = 132.15 \times \frac{2.18 \times 1.81}{2.52 \times 1.625} = 127.34(\text{MPa}) < [\sigma_{F2}]$$

§9.5 斜齿圆柱齿轮传动强度计算的特点

对于斜齿圆柱齿轮传动，因其轮齿的接触线是倾斜的，重合度大，同时啮合的轮齿多，故它具有传动平稳、噪声小、承载能力较高的特点，常用于速度较高、载荷较大的传动系统中。

9.5.1 轮齿上的作用力

在斜齿圆柱齿轮传动中，齿轮的受力分析如图 9-28 所示。与直齿圆柱齿轮传动的受力分析一样，我们忽略齿间的摩擦，将作用于齿面的分布力用作用于齿宽中点且垂直于齿面的集中力 F_n 代替。F_n 可以分解为三个互相垂直的分力，即圆周力 F_t、径向力 F_r 和轴向力 F_a。

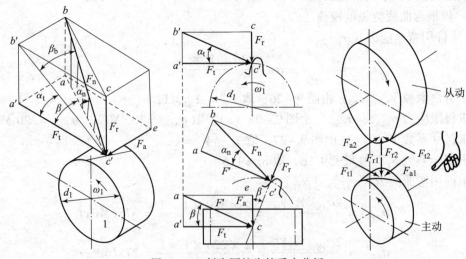

图 9-28 斜齿圆柱齿轮受力分析

各力的大小分别为：

圆周力

$$F_t = \frac{2T_1}{d_1} = \frac{2T_2}{d_2}$$

径向力

$$F_r = F_t \tan \alpha_t = \frac{F_t}{\cos \beta} \tan \alpha_n$$

轴向力

$$F_a = F_t \tan \beta$$

法向力

$$F_n = \frac{F_t}{\cos \alpha_n \cos \beta} = \frac{F_t}{\cos \alpha_t \cos \beta_b}$$

(9-14)

式中，α_t——端面压力角；

β——分度圆螺旋角；

β_b——基圆螺旋角；

α_n——法向压力角，对于标准斜齿轮 $\alpha_n = 20°$。

各分力方向的判断如下：切向力 F_t，在从动轮上为驱动力，其方向与其回转方向相同；F_t 在主动轮上为工作阻力，其方向与其回转方向相反。径向力 F_r，对于外齿轮，其方向指向其齿轮中心；对于内齿轮，其方向背离其齿轮中心。轴向力 F_a，主动轮左旋用左手，主动轮右旋用右手，从动轮左旋用右手，从动轮右旋用左手，用握紧的四指表示轮的回转方向，则大拇指伸直的方向表示主动轮所受轴向力的方向。

主、从两轮所受力之间的关系为：作用在主动轮和从动轮上同名的力大小相等、方向相反，即

$$F_{t1} = -F_{t2};\ F_{r1} = -F_{r2};\ F_{a1} = -F_{a2};\ F_{n1} = F_{n2}$$

由式（9-14）可知，轴向力 F_{a1} 随螺旋角的增大而增大。当 F_{a1} 过大时，会给轴承部件的设计带来困难，因此，斜齿圆柱齿轮传动的螺旋角 β 不宜选得过大，通常 $\beta = 8° \sim 20°$。在人字齿轮和双斜齿轮传动中，按力学分析可知，同一个齿轮上的两个齿向的轴向分力大小相等、方向相反，如图 9-29 所示，轴向分力的合力为零，因而人字齿轮和双斜齿轮的螺旋角可取较大 $\beta = 27° \sim 45°$。

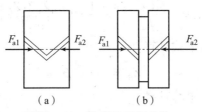

图 9-29 人字和双斜齿轮

【例 9-2】 如图 9-30（a）所示，在二级展开式斜齿圆柱齿轮减速器中，已知输入轴 I 的转向和齿轮 1 的旋向，欲使中间轴 II 上的齿轮 2 和齿轮 3 的轴向力互相抵消一部分，试确定齿轮 2、3、4 的旋向，并在图中标出各轴的转向及各齿轮在啮合点处所受的各力。

解题分析：本题为受力分析题。应先明确一对斜齿圆柱齿轮传动正确啮合的条件，分清主、从动轮；再根据斜齿轮受力分析的知识求解。

解：如图 9-30（b）所示。

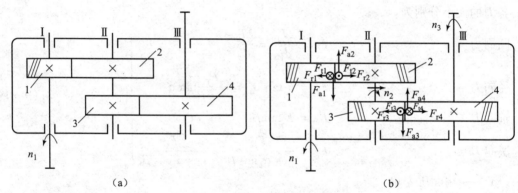

图 9-30 斜齿圆柱齿轮减速器

9.5.2 强度计算

斜齿圆柱齿轮传动在法面内相当于直齿圆柱齿轮传动，因此，斜齿圆柱齿轮传动的强度计算是按其当量直齿圆柱齿轮进行分析推导的，这里将公式的推导过程略去。

1. 齿面接触疲劳强度计算

斜齿圆柱齿轮传动与直齿圆柱齿轮传动的不同点在于：节点处的曲率半径应在法面内计算，在法面内斜齿轮的当量齿轮的分度圆半径较大；斜齿圆柱齿轮轮齿的接触线是倾斜的，其接触线总长度随啮合点的变化而变化，齿轮传动的重合度受端面重合度 ε_α 和纵向重合度 ε_β 的共同影响。因此，斜齿轮的接触应力比直齿轮有所降低，公式中应引入螺旋角系数 Z_β 来考虑接触线倾斜的影响，重合度系数 Z_ε 的计算式也将发生变化。

斜齿圆柱齿轮齿面接触承载能力验算式为

$$\sigma_H = Z_H Z_E Z_\varepsilon Z_\beta \sqrt{\frac{2KT_1}{bd_1^2} \cdot \frac{u \pm 1}{u}} \leq [\sigma_H] \tag{9-15}$$

将 $b = \psi_d d_1$ 代入上式，可得其齿面接触承载能力设计式为

$$d_1 \geq \sqrt[3]{\frac{2KT_1}{\psi_d} \cdot \frac{u \pm 1}{u} \cdot \left(\frac{Z_H Z_E Z_\varepsilon Z_\beta}{[\sigma_H]}\right)^2} \tag{9-16}$$

式中，Z_β——螺旋角系数，按下式计算：

$$Z_\beta = \sqrt{\cos \beta} \tag{9-17}$$

式中，Z_ε——重合度系数，按下式计算：

$$\left.\begin{array}{l} \varepsilon_\beta < 1, Z_\varepsilon = \sqrt{\dfrac{4-\varepsilon_\alpha}{3}(1-\varepsilon_\beta) + \dfrac{\varepsilon_\alpha}{\varepsilon_\beta}} \\ \varepsilon_\beta \geq 1, Z_\varepsilon = \sqrt{\dfrac{1}{\varepsilon_\alpha}} \end{array}\right\} \tag{9-18}$$

对于标准和未修缘的斜齿轮传动，其重合度可按下式近似计算：

端面重合度 $\quad \varepsilon_\alpha = \left[1.88 - 3.2\left(\dfrac{1}{z_1} \pm \dfrac{1}{z_2}\right)\right]\cos\beta$

纵向重合度 $\quad \varepsilon_\beta = \dfrac{b\sin\beta}{\pi m_n} = \dfrac{\psi_d z_1}{\pi}\tan\beta \tag{9-19}$

总重合度 $\varepsilon_\gamma = \varepsilon_\beta + \varepsilon_\alpha$

其他参数的意义与直齿圆柱齿轮相同。

按式（9-16）求出小齿轮直径 d_1 后，可由选定的齿数 z_1、z_2 和螺旋角 β（或模数 m_n），按下式计算其中心距 a 及模数 m_n（或螺旋角 β）。

$$a = \frac{d_1(u+1)}{2}, \quad m_n = \frac{2a\cos\beta}{z_1+z_2} \text{ 或 } \beta = \arccos\frac{m_n(z_1+z_2)}{2a}$$

求得的模数应圆整为标准值，螺旋角的计算应精度应到"秒"。

使用式（9-15）和式（9-16）时，应保持各量单位的一致性。T_1 的单位为 N·mm；b 和 a 的单位为 mm；σ_H 和 $[\sigma_H]$ 的单位为 MPa。

2. 齿根弯曲疲劳强度计算

斜齿圆柱齿轮传动的接触线是倾斜的，故轮齿往往发生局部折断。又因其在啮合过程中接触线和危险截面的位置都在不断变化，故按局部折断进行弯曲强度计算相当困难，通常仍按其当量直齿圆柱齿轮进行计算，通过分析法向截面，设计的模数为法向模数 m_n，考虑螺旋角和重合度的影响，应引入螺旋角系数 Y_β 和重合度系数 Y_ε。

斜齿圆柱齿轮轮齿弯曲疲劳承载能力的验算式为

$$\sigma_F = \frac{2KT_1 Y_{Fa} Y_{Sa} Y_\varepsilon Y_\beta}{bd_1 m_n} \leqslant [\sigma_F] \tag{9-20}$$

由 $b = \psi_d d_1$，$d_1 = \dfrac{m_n z_1}{\cos\beta}$，式（9-20）可变换为下列设计式

$$m_n \geqslant \sqrt[3]{\frac{2KT_1\cos^2\beta}{\psi_d z_1^2 [\sigma_F]} Y_{Fa} Y_{Sa} Y_\varepsilon Y_\beta} \tag{9-21}$$

式中，m_n——法向模数；

Y_{Fa}——齿形系数，应根据当量齿数 $z_v = \dfrac{z}{\cos^3\beta}$，由图 9-20 查得；

Y_{Sa}——应力修正系数，根据其当量齿数 z_v，由图 9-21 查得；

Y_β——螺旋角系数，由图 9-31 查得；

Y_ε——重合度系数，按式（9-22）计算。

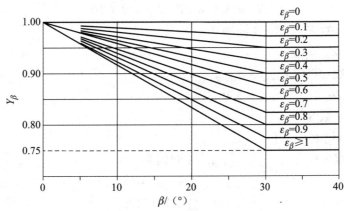

图 9-31 螺旋角影响系数 Y_β

$$Y_\varepsilon = 0.25 + \frac{0.75}{\varepsilon_{\alpha n}} \tag{9-22}$$

$$\varepsilon_{\alpha n} = \frac{\varepsilon_\alpha}{\cos^2\beta_b} \tag{9-23}$$

式中，$\varepsilon_{\alpha n}$——当量齿轮的端面重合度；
β_b——基圆螺旋角。

当有短时过载时，还应进行静强度计算，可参考有关资料进行设计。

【例 9-3】 若例题 9-1 中的条件不变，改用斜齿圆柱齿轮传动，试重新设计此传动。

解题分析：本题属于设计题，其设计步骤同例 9-1 题，只是应采用斜齿圆柱齿轮的设计和校核式。

解：(1) 选择齿轮材料并确定初步参数

1) 选择材料及热处理（同例 9-1）：

小齿轮：40Cr，调质处理，齿面硬度为 260 HBS（见表 9-1）；

大齿轮：45 钢，调质处理，齿面硬度为 230 HBS（见表 9-1）。

2) 初选齿数：

取小齿轮齿数 $z_1 = 28$，大齿轮齿数 $z_2 = iz = 112$。

3) 选择齿宽系数 ψ_d 和传动精度等级：

参照表 9-7，取齿宽系数 $\psi_d = 1$；

初估小齿轮直径：$d_{1估} = 110$ mm；

初选螺旋角：$\beta = 15°$；

则齿宽

$$b = \psi_d d_1 = 1 \times 110 = 110(\text{mm})$$

齿轮圆周速度

$$v_{估} = \frac{\pi d_1 n_1}{60 \times 1\,000} = \frac{\pi \times 110 \times 300}{60 \times 1\,000} = 1.73(\text{mm/s})$$

参照表 9-8，仍选齿轮精度为 8 级。

4) 计算两齿轮应力循环次数 N_1、N_2（同例 9-1）：

$$N_1 = 3.6 \times 10^8, \ N_2 = 9 \times 10^7$$

5) 计算寿命系数 Z_{N1}、Z_{N2}（同例 9-1）：

仍取 $Z_{N1} = 1$，$Z_{N2} = 1$。

6) 计算接触疲劳极限 σ_{Hlim1}、σ_{Hlim2}：

仍取 $\sigma_{Hlim1} = 720$ MPa，$\sigma_{Hlim2} = 580$ MPa。

7) 计算安全系数 S_H：

参照表 9-6，仍取 $S_H = 1$。

8) 计算许用接触应力 $[\sigma_{H1}]$、$[\sigma_{H2}]$（同例 9-1）：

$$[\sigma_{H1}] = 720 \text{ MPa}$$
$$[\sigma_{H2}] = 580 \text{ MPa}$$

(2) 分析失效并确定设计准则（同例 9-1）

(3) 按齿面接触疲劳强度设计式计算齿轮的主要参数

根据式（9-16）得

$$d_1 \geqslant \sqrt[3]{\frac{2KT_1}{\psi_d} \cdot \frac{u \pm 1}{u} \cdot \left(\frac{Z_H Z_E Z_\varepsilon Z_\beta}{[\sigma_H]}\right)^2}$$

1）确定公式内的各计算数值：

①计算小齿轮转矩 T_1（同例 9-1）：

$$T_1 = 1.02 \times 10^6 \text{ N} \cdot \text{mm}$$

②确定载荷系数 K（同例 9-1）：

使用系数 $K_A = 1$；

动载系数 K_v：按 8 级精度和速度，查图 9-8，取 $K_v = 1.11$；

齿向载荷分布系数 K_β：由图 9-11，取 $K_\beta = 1.08$；

齿间载荷分配系数 $K_{H\alpha}$：

根据条件得

$$\frac{K_A F_t}{b} = \frac{2K_A F}{bd_1} = \frac{2 \times 1 \times 1.02 \times 10^6}{110 \times 110} = 168.6(\text{N} \cdot \text{mm}) > 100 \text{ N} \cdot \text{mm}$$

查表 9-3 得 $K_{H\alpha} = K_{F\alpha} = 1.2$；

载荷系数

$$K = K_A K_v K_{H\alpha} K_\beta = K_A K_v K_{F\alpha} K_\beta = 1 \times 1.11 \times 1.08 \times 1.2 = 1.44$$

③确定弹性系数 Z_E：由表 9-4，查得 $Z_E = 190 \sqrt{\text{MPa}}$；

④确定节点区域系数 Z_H：由图 9-13，查得 $Z_H = 2.43$；

⑤确定重合度系数 Z_ε：

端面重合度为

$$\varepsilon_\alpha = \left[1.88 - 3.2\left(\frac{1}{z_1} \pm \frac{1}{z_2}\right)\right]\cos\beta = \left[1.88 - 3.2 \times \left(\frac{1}{28} \pm \frac{1}{112}\right)\right]\cos 15° = 1.68$$

纵向重合度为

$$\varepsilon_\beta = \frac{\psi_d z_1}{\pi}\tan\beta = \frac{1 \times 28}{\pi}\tan 15° = 2.39$$

计算重合度系数：

因 $\varepsilon_\beta > 1$，由式（9-18）得

$$Z_\varepsilon = \sqrt{\frac{1}{\varepsilon_\alpha}} = \sqrt{\frac{1}{1.68}} = 0.77$$

⑥确定螺旋角系数：

由式（9-17）得

$$Z_\beta = \sqrt{\cos\beta} = \sqrt{\cos 15°} = 0.98$$

2）求所需小齿轮直径 d_1：

$$d_1 \geqslant \sqrt[3]{\frac{2KT_1}{\psi_d}\frac{u+1}{u}\left(\frac{Z_H Z_E Z_\varepsilon Z_\beta}{[\sigma_H]}\right)^2}$$

$$= \sqrt[3]{\frac{2 \times 1.44 \times 1.02 \times 10^6}{1} \times \frac{4+1}{4} \times \left(\frac{2.43 \times 190 \times 0.77 \times 0.98}{580}\right)} = 109.8(\text{mm})$$

与初估数值大小基本相符。

3）确定中心距 a、模数 m 等主要几何参数：

①求中心距 a：

初算中心距

$$a_0 = \frac{d_{1\min}(u+1)}{2} = \frac{109.8 \times (4+1)}{2} = 274.6(\text{mm})$$

圆整取中心距 $a = 290$ mm。

②求模数 m：

$$m_n = \frac{2a\cos\beta}{z_1+z_2} = \frac{2 \times 290\cos 15°}{28+112} = 4(\text{mm})$$

由标准模数系列表取标准模数 $m_n = 4$ mm。

螺旋角

$$\beta = \arccos\frac{(z_1+z_2)m_n}{2a} = \arccos\frac{(28+112)\times 4}{2 \times 290} = 15°5'24''$$

与初设 $\beta = 15°$ 相差不大。

③求分度圆直径 d_1、d_2：

$$d_1 = \frac{m_n z_1}{\cos\beta} = \frac{4 \times 28}{\cos 15°5'24''} = 116(\text{mm})$$

$$d_2 = \frac{m_n z_2}{\cos\beta} = \frac{4 \times 112}{\cos 15°5'24''} = 464(\text{mm})$$

④确定齿宽 b：

取大齿轮齿宽 $b = 110$ mm，小齿轮齿宽 $b_1 = 115$ mm。

（4）按齿根弯曲疲劳强度校核

根据式（9-20）得

$$\sigma_F = \frac{2KT_1 Y_{Fa} Y_{Sa} Y_\varepsilon Y_\beta}{bd_1 m_n} \leqslant [\sigma_F]$$

确定公式内的各计算数值：

1）求许用弯曲应力 $[\sigma_F]$：

由式（9-13）得

$$[\sigma_F] = \frac{2\sigma_{Flim} Y_N Y_x}{S_F}$$

①寿命系数 Y_{N1}、Y_{N2}：由图 9-26，取 $Y_{N1} = Y_{N2} = 1$；

②极限应力 σ_{Flim1}、σ_{Flim2}：由图 9-22（a），取 $\sigma_{Flim1} = 300$ MPa，$\sigma_{Flim2} = 230$ MPa；

③尺寸系数 Y_{x1}、Y_{x2}：由图 9-27，取 $Y_{x1} = Y_{x2} = 1$；

④安全系数 S_F：参照表 9-6，取 $S_F = 1.6$；

⑤许用弯曲应力 $[\sigma_{F1}]$、$[\sigma_{F2}]$：

$$[\sigma_{F1}] = \frac{2\sigma_{Flim1} Y_{N1} Y_{x1}}{S_F} = \frac{2 \times 300 \times 1 \times 1}{1.6} = 375(\text{MPa})$$

$$[\sigma_{F2}] = \frac{2\sigma_{Flim2} Y_{N2} Y_{x2}}{S_F} = \frac{2 \times 230 \times 1 \times 1}{1.6} = 287.5(\text{MPa})$$

2）求齿形系数 Y_{Fa1}、Y_{Fa2}：

$$z_{v1} = \frac{z_1}{\cos^3\beta} = \frac{28}{\cos^3 15°5'24''} = 31.1$$

$$z_{v2} = \frac{z_2}{\cos^3\beta} = \frac{112}{\cos^3 15°5'42''} = 124.4$$

由图 9-20，取 $Y_{Fa1} = 2.51$，$Y_{Fa1} = 2.17$

3) 求应力修正系数 Y_{Sa1}、Y_{Sa2}：由图 9-21，取 $Y_{Sa1} = 1.63$，$Y_{Sa2} = 1.81$。

4) 求重合度系数 Y_ε：

端面压力角

$$\alpha_t = \arctan\left(\frac{\tan\alpha_n}{\cos\beta}\right) = \arctan\left(\frac{\tan 20°}{\cos 15°5'24''}\right) = 20.65°$$

基圆螺旋角

$$\beta_b = \arctan(\tan\beta\cos\alpha_t) = \arctan(\tan 15°5'24'' \cos 20.65°) = 14.16°$$

当量齿轮端面重合度

由式 (9-23)

$$\varepsilon_{\alpha n} = \frac{\varepsilon_\alpha}{\cos^2\beta_b} = \frac{1.7}{\cos^2 14.16°} = 1.81$$

由式 (9-22)

$$Y_\varepsilon = 0.25 + \frac{0.75}{\varepsilon_{\alpha n}} = 0.25 + \frac{0.75}{1.81} = 0.664$$

5) 求螺旋角系数 Y_β：查图 9-31 得，$Y_\beta = 0.87$。

6) 校核齿根弯曲疲劳强度：

$$\sigma_{F1} = \frac{2KT_1 Y_{Fa1} Y_{Sa1} Y_\varepsilon Y_\beta}{bd_1 m_n}$$

$$= \frac{2 \times 1.44 \times 1.02 \times 10^6 \times 2.51 \times 1.63 \times 0.664 \times 0.87}{110 \times 110 \times 4}$$

$$= 143.45(\text{MPa}) < [\sigma_{F1}]$$

$$\sigma_{F2} = \sigma_{F1}\frac{Y_{Fa2} Y_{Sa2}}{Y_{Fa1} Y_{Sa1}} = 143.45 \times \frac{2.17 \times 1.81}{2.51 \times 1.63} = 137.7(\text{MPa}) < [\sigma_{F2}]$$

抗弯曲强度足够。

比较例 9-1 和例 9-3 的计算结果可知，在工作条件完全相同的情况下，采用斜齿轮传动比采用直齿轮传动的结构更为紧凑；也可以说，在相同的传动几何尺寸情况下，斜齿轮传动比直齿轮传动具有较大的承载能力。

【例 9-4】 某闭式二级斜齿圆柱齿轮减速器的传递功率为 20 kW，电动机驱动，电动机转速 $n = 1\,470$ r/min，双向传动，载荷有中等冲击，高速级传动比为 $i = 3.5$，要求结构紧凑，双班工作，预期寿命为 10 年，每年按 250 天计算。试设计此高速级齿轮传动。

解题分析：本题属于设计题，其设计步骤同例 9-1 题。考虑到其要求结构紧凑，所以应采用硬齿面齿轮，其设计准则为：先按轮齿弯曲强度进行设计，再按齿面接触强度进行校核；因其双向传动，轮齿的弯曲疲劳极限值应乘以稍大于 0.7 的系数。

解：(1) 选择齿轮材料并确定初步参数和许用接触应力

1) 选材料：

小齿轮用20Cr，渗碳淬火，齿面硬度为60HRC（见表9-1）；
大齿轮用40Cr，表面淬火，齿面硬度为54HRC（见表9-1）。

2）初选齿数：

取小齿轮齿数 $z_1 = 20$，取大齿轮齿数 $z_2 = iz = 3.5 \times 20 = 70$。

3）选择齿宽系数 ψ_d 和传动精度等级：

参照表9-7，取齿宽系数 $\psi_d = 0.5$；

则齿宽

$$b = \psi_d d_1 = 0.5 \times 70 = 35 (\text{mm})$$

初估小齿轮直径：$d_{1估} = 70$ mm；

初选螺旋角：$\beta = 15°$；

齿轮圆周速度

$$v_{估} = \frac{\pi d_1 n_1}{60 \times 1\ 000} = \frac{\pi \times 70 \times 1470}{60 \times 1\ 000} = 5.39 (\text{mm/s})$$

参照表9-8，可选齿轮精度为8级。

4）计算两齿轮应力循环次数 N_1、N_2

小齿轮

$$N_1 = 60\gamma n_1 t_h = 60 \times 1 \times 1\ 470 \times (10 \times 250 \times 16) = 3.5 \times 10^9$$

大齿轮

$$N_2 = \frac{N_1}{i} = \frac{3.5 \times 10^9}{3.5} = 1 \times 10^9$$

5）求寿命系数 Y_{N1}、Y_{N2}：

由图9-26得 $Y_{N1} = Y_{N2} = 1$。

6）求尺寸系数 Y_{x1}、Y_{x2}：

由图9-27，取 $Y_{x1} = Y_{x2} = 1$。

7）求弯曲疲劳极限 σ_{Flim1}、σ_{Flim2}：

由图9-24查MQ线得 $\sigma_{Flim1} = 470$ MPa，$\sigma_{Flim2} = 370$ MPa。

8）求安全系数 S_F：参照表9-6，取 $S_F = 1.6$。

9）求许用弯曲应力 $[\sigma_{F1}]$、$[\sigma_{F2}]$：

根据式（9-13），得

$$\sigma_{F1} = 0.8 \times \frac{2\sigma_{Flim1} Y_{N1} Y_{x1}}{S_F} = 0.8 \times \frac{2 \times 470 \times 1 \times 1}{1.6} = 470 (\text{MPa})$$

$$\sigma_{F2} = 0.8 \times \frac{2\sigma_{Flim2} Y_{N2} Y_{x2}}{S_F} = 0.8 \times \frac{2 \times 370 \times 1 \times 1}{1.6} = 370 (\text{MPa})$$

（2）按齿根弯曲疲劳强度设计式计算齿轮的主要参数

根据式（9-21）得

$$m_n \geq \sqrt[3]{\frac{2KT_1 \cos^2\beta}{\psi_d z_1^2 [\sigma_F]} Y_{Fa} Y_{Sa} Y_\varepsilon Y_\beta}$$

1）确定公式内的各计算数值：

① 计算小齿轮转矩 T_1

$$T_1 = 9.55 \times 10^6 \frac{P}{n_1} = 9.55 \times 10^6 \times \frac{20}{1470} = 1.3 \times 10^5 (\text{N} \cdot \text{mm})$$

② 确定载荷系数 K：

使用系数 K_A：按电动机驱动，载荷有中等冲击，查表 9-2，可得 $K_A = 1.5$；

动载系数 K_v：按 8 级精度和速度，查图 9-8，取 $K_v = 1.21$；

齿向载荷分布系数 K_β：由图 9-11，取 $K_\beta = 1.06$；

齿间载荷分配系数 $K_{F\alpha}$：

根据条件

$$\frac{K_A F_t}{b} = \frac{2 K_A T_1}{b d_1} = \frac{2 \times 1.5 \times 1.3 \times 10^5}{35 \times 70} = 159.18 (\text{N} \cdot \text{mm}) > 100 \text{ N} \cdot \text{mm}$$

查表 9-3，$K_{H\alpha} = K_{F\alpha} = 1.4$；

载荷系数

$$K = K_A K_v K_{H\alpha} K_\beta = K_A K_v K_{F\alpha} K_\beta = 1.5 \times 1.21 \times 1.06 \times 1.4 = 2.69$$

③ 确定齿形系数 Y_{Fa1}、Y_{Fa2}：

根据

$$z_{v1} = \frac{z_1}{\cos^3 \beta} = \frac{20}{\cos^3 15°} = 22.19, \quad z_{v2} = \frac{z_2}{\cos^3 \beta} = \frac{70}{\cos^3 15°} = 77.67$$

查图 9-20，取 $Y_{Fa1} = 2.73$，$Y_{Fa2} = 2.24$

④ 应力修正系数 Y_{Sa1}、Y_{Sa2}：

由图 9-21，取 $Y_{Sa1} = 1.57$，$Y_{Sa2} = 1.77$；

⑤ 重合度系数 Y_ε：

纵向重合度

$$\varepsilon_\beta = \frac{\psi_d z_1}{\pi} \tan \beta = \frac{0.5 \times 20}{\pi} \tan 15° = 0.85$$

端面压力角

$$\alpha_t = \arctan\left(\frac{\tan \alpha_n}{\cos \beta}\right) = \arctan\left(\frac{\tan 20°}{\cos 15°}\right) = 20.65°$$

基圆螺旋角

$$\beta_b = \arctan(\tan \beta \cos \alpha_t) = \arctan(\tan 15° \cos 20.65°) = 14.08°$$

当量齿轮端面重合度

由式 (9-23) 得

$$\varepsilon_{\alpha n} = \frac{\varepsilon_\alpha}{\cos^2 \beta_b} = \frac{1.62}{\cos^2 14.08°} = 1.72$$

由式 (9-22) 得

$$Y_\varepsilon = 0.25 + \frac{0.75}{\varepsilon_{\alpha n}} = 0.25 + \frac{0.75}{1.72} = 0.686$$

⑥ 螺旋角系数 Y_β：

查图 9-31 得，$Y_\beta = 0.91$；

⑦比较 $\dfrac{Y_{Fa1}Y_{Sa1}}{[\sigma_{F1}]}$、$\dfrac{Y_{Fa2}Y_{Sa2}}{[\sigma_{F2}]}$ 的大小：

$$\dfrac{Y_{Fa1}Y_{Sa1}}{[\sigma_{F1}]} = \dfrac{2.73 \times 1.57}{470} = 0.009 \ ; \ \dfrac{Y_{Fa2}Y_{Sa2}}{[\sigma_{F2}]} = \dfrac{2.24 \times 1.77}{370} = 0.01$$

2）应按大齿轮的弯曲疲劳强度进行计算，则：

①求模数 m：

$$m_n \geqslant \sqrt[3]{\dfrac{2KT_1 \cos^2\beta}{\psi_d z_1^2 [\sigma_F]} Y_{Fa} Y_{Sa} Y_\varepsilon Y_\beta}$$

$$= \sqrt[3]{\dfrac{2 \times 2.69 \times 1.3 \times 10^5 \times \cos^2 15°}{0.5 \times 20^2 \times 370} \times 2.24 \times 1.77 \times 0.686 \times 0.91} = 2.79$$

由标准模数系列表取标准模数 $mn = 3$ mm。

②求中心距 a：

中心距

$$a = \dfrac{m_n(z_1 + z_2)}{2\cos\beta} = \dfrac{3 \times (20 + 70)}{2\cos 15°} = 139.76(\text{mm})$$

圆整，取 $a = 140$ mm；

螺旋角

$$\beta = \arccos \dfrac{(z_1 + z_2)m_n}{2a} = \arccos \dfrac{(20 + 70) \times 3}{2 \times 140} = 15°21'32''$$

与初设 $\beta = 15°$ 相差不大。

③计算大、小齿轮分度圆直径 d_1、d_2：

$$d_1 = \dfrac{m_n z_1}{\cos\beta} = \dfrac{3 \times 20}{\cos 15°21'32''} = 62.222(\text{mm})$$

$$d_2 = \dfrac{m_n z_2}{\cos\beta} = \dfrac{3 \times 70}{\cos 15°21'32''} = 217.778(\text{mm})$$

④确定齿宽 b：

取大齿轮齿宽 $b = 35$ mm，小齿轮齿宽 $b_1 = 40$ mm。

（3）按齿面接触疲劳强度校核

根据式（9-15）得，

$$\sigma_H = Z_H Z_E Z_\varepsilon Z_\beta \sqrt{\dfrac{2KT_1}{bd_1^2} \cdot \dfrac{u \pm 1}{u}} \leqslant [\sigma_H]$$

确定公式内的各计算数值。

1）许用接触应力 $[\sigma_{H1}]$、$[\sigma_{H2}]$：

根据式（9-8），得

$$[\sigma_H] = \dfrac{\sigma_{Hlim1} Z_{N1}}{S_H}$$

①寿命系数 Z_{N1}、Z_{N2}：由图 9-18 得，$Z_{N1} = Z_{N2} = 1$（不允许有一定量点蚀）；

②接触疲劳极限 σ_{Hlim1}、σ_{Hlim2}：由图 9-16（a），查 MQ 线得 $\sigma_{Hlim1} = 1\,500$ MPa，$\sigma_{Hlim2} = 1\,200$ MPa；

③安全系数 S_H：参照表 9-6，取 $S_H = 1.2$；

$$[\sigma_{H1}] = \frac{\sigma_{Hlim1} Z_{N1}}{S_H} = \frac{1\,500 \times 1}{1.2} = 1\,250 (\text{MPa})$$

$$[\sigma_{H2}] = \frac{\sigma_{Hlim2} Z_{N2}}{S_H} = \frac{1\,200 \times 1}{1.2} = 1\,000 (\text{MPa})$$

2) 节点区域系数 Z_{H1}、Z_{H2}：由图 9-13，取 $Z_{H1} = Z_{H2} = 2.42$；

3) 材料弹性系数 Z_E：由表 9-4，取 $Z_E = 190\ \sqrt{\text{MPa}}$；

4) 重合度系数 Z_ε：由式（9-18）得

$$\varepsilon_\beta < 1, Z_\varepsilon = \sqrt{\frac{4-\varepsilon_\alpha}{3}(1-\varepsilon_\beta) + \frac{\varepsilon_\beta}{\varepsilon_\alpha}} = \sqrt{\frac{4-1.62}{3} \times (1-0.85) + \frac{0.85}{1.62}} = 0.8$$

5) 螺旋角系数 Z_β：由式（9-17）得

$$Z_\beta = \sqrt{\cos\beta} = \sqrt{\cos 15°21'32''} = 0.982$$

校核齿面接触疲劳强度，由式（9-15）得

$$\sigma_H = Z_H Z_E Z_\varepsilon Z_\beta \sqrt{\frac{2KT_1}{bd_1^2} \cdot \frac{u \pm 1}{u}}$$

$$= 1 \times 190 \times 0.8 \times 0.982 \sqrt{\frac{2 \times 2.69 \times 1.3 \times 10^5}{32 \times 62.22^2} \times \frac{3.5+1}{3.5}}$$

$$= 402.12(\text{MPa}) < [\sigma_{H2}]$$

齿面接触强度足够。

§9.6 直齿圆锥齿轮的传动强度计算特点

锥齿轮用于传递两相交轴之间的运动和动力，其类型按齿形可分为直齿、斜齿和曲线齿三种。斜齿锥齿轮的应用较少，它已逐渐被曲线齿锥齿轮代替，直齿锥齿轮是最常用的。曲线齿锥齿轮传动在本章结尾附有简介，在此只讨论最常用的轴交角 $\Sigma = 90°$ 的直齿锥齿轮传动的强度计算。

直齿锥齿轮传动的几何关系如图 9-32 所示，图中 d_1、d_{m1}、δ_1 和 d_2、d_{m2}、δ_2 分别为小齿轮和大齿轮的大端分度圆直径、平均直径和分度圆锥角；R 为锥距；b 为齿宽。

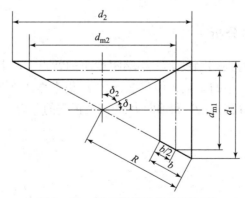

图 9-32 直齿锥齿轮的几何关系

其主要参数的确定方法如下：

1. 模数 m

直齿锥齿轮以大端模数为标准值，其标准模数的系列见表9-9。

表9-9 直齿锥齿轮的模数标准 m　　　　　　　　　　　　mm

1	1.125	1.25	1.5	1.75	2	2.25	2.5	2.75
3	3.25	3.5	3.75	4	4.5	5	5.5	6
6.5	7	8	9	10	11	12	14	16
18	20	22	25	28	30	32	36	40

2. 小端、大端分度圆直径

$$d_1 = mz_1, \quad d_2 = mz_2$$

3. 齿数比

$$u = \frac{z_2}{z_1} = \frac{d_2}{d_1} = \tan\delta_2, \quad \tan\delta_1 = \frac{d_1/2}{d_2/2} = \frac{z_1}{z_2} = \frac{1}{u}$$

4. 锥距 R

$$R = \frac{1}{2}\sqrt{d_1^2 + d_2^2} = \frac{d_1}{2}\sqrt{1+u^2} = \frac{m}{2}\sqrt{z_1^2 + z_2^2}$$

5. 齿宽系数 ψ_R

$\psi_R = \dfrac{b}{R}$，常用 $\psi_R = 0.25 \sim 0.3$。

6. 平均直径 d_m

$$d_m = zm_m$$

$$d_{m1} = d_1 - 2 \times \frac{b}{2} \times \sin\delta_1 = d_1(1 - 0.5\psi_R)$$

$$d_{m2} = d_2 - 2 \times \frac{b}{2} \times \sin\delta_2 = d_2(1 - 0.5\psi_R)$$

7. 平均直径 m_m

$$d_{m2} = \frac{d_{m1}}{z_1} = \frac{d_1(1 - 0.5\psi_R)}{z_1} = (1 - 0.5\psi_R)m$$

9.6.1 齿轮的受力分析

锥齿轮轮齿的刚度具有大端刚度大、小端刚度小的特点，故其沿齿宽的载荷分布不均匀。若忽略摩擦力和载荷集中的影响，假设法向力 F_n 集中作用在齿宽节线中点处，该集中力 F_n 可分解为圆周力 F_t、径向力 F_r 和轴向力 F_a 三个正交的分力。图9-33所示为直齿锥齿轮轮齿的受力情况。

各力的大小计算如下：

$$\left.\begin{array}{ll}\text{圆周力} & F_{t1} = \dfrac{2T_1}{d_{m1}} \\ \text{径向力} & F_{r1} = F_{t1}\tan\alpha\cos\delta_1 \\ \text{轴向力} & F_{a1} = F_{t1}\tan\alpha\sin\delta_1 \\ \text{法向力} & F_n = \dfrac{F_{t1}}{\cos\alpha}\end{array}\right\} \quad (9-24)$$

式中，T_1——小锥齿轮的转矩，N·mm；

d_1——小锥齿轮齿宽中点的分圆直径，mm；

δ_1——小锥齿轮的分锥角。

各力方向的判断如下：主动轮圆周力的方向与轮的回转方向相反，从动轮圆周力的方向与轮的回转方向相同；径向力分别指向各轮轮心；轴向力分别指向各轮大端。

主、从两轮所受力之间的关系为：(负号表示指向相反)

$$F_{t1} = -F_{t2}; \quad F_{r1} = -F_{a2}; \quad F_{a1} = -F_{r2}$$

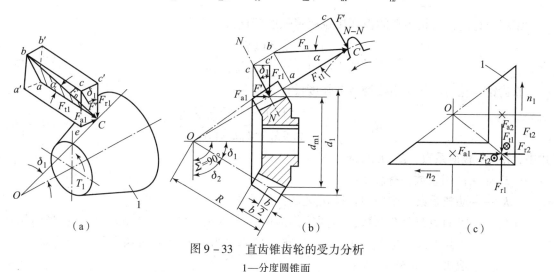

图 9-33 直齿锥齿轮的受力分析
1—分度圆锥面

9.6.2 强度计算

由于锥齿轮在轴向各截面的齿廓大小不同，其受载后变形复杂，故直齿锥齿轮传动的强度计算比较复杂。为简化计算，我们可近似地认为：一对直齿锥齿轮传动和位于齿宽中点处的当量圆柱齿轮的强度相等；整个啮合过程中的载荷由一对齿承担，即无重合度的影响；强度计算的有效齿宽 $b_e = 0.85b$（b 为锥齿轮齿宽）。这样直齿锥齿轮传动的强度计算即可引用直齿圆柱齿轮传动的相应公式。

1. 齿面接触疲劳强度计算

直齿圆锥齿轮的当量齿轮齿面的接触强度验算公式，由式（9-4）得

$$\sigma_H = Z_H Z_E Z_\varepsilon \sqrt{\dfrac{2KT_{v1}}{b_e d_{v1}^2} \dfrac{u_v \pm 1}{u_v}} \leq [\sigma_H]$$

式中，T_{v1}——当量小齿轮传递的名义转矩；

d_{v1}——当量小齿轮的分度圆直径；

u_{v1}——当量齿数比。

式中代入 $\psi_R = \dfrac{b}{R}$，b 为齿宽，R 为外锥距，则

$$d_{v1} = \frac{d_{m1}}{\cos\delta_1} = d_{m1}\sqrt{\frac{1+u^2}{u}} = d_1(1-0.5\psi_R)\frac{\sqrt{1+u^2}}{u}$$

$$T_{v1} = F_{t1}\frac{d_{v1}}{2} = F_{t1}\frac{d_{m1}}{2\cos\delta_1} = \frac{T_1}{\cos\delta_1} = T_1\frac{\sqrt{1+u^2}}{u}$$

$$u_{v1} = \frac{Z_{v1}}{Z_{v2}} = \frac{\dfrac{Z_2}{\cos\delta_2}}{\dfrac{Z_1}{\cos\delta_1}} = \frac{Z_2\cos\delta_1}{Z_1\cos\delta_2} = u\tan\delta_2 = u^2$$

$$b_e = 0.85b = 0.85\psi_R R = \frac{0.85\psi_R d_1\sqrt{1+u^2}}{2}$$

整理得直齿锥齿轮传动的齿面接触疲劳强度校核公式为

$$\sigma_H = Z_E Z_H \sqrt{\frac{4.71KT_1}{(1-0.5\psi_R)^2 \psi_R d_1^3 u}} \geqslant [\sigma_H] \tag{9-25}$$

直齿锥齿轮传动的齿面接触疲劳强度设计公式为

$$d_1 \geqslant \sqrt[3]{\frac{4.71KT_1}{(1-0.5\psi_R)^2 \psi_R u}\left(\frac{Z_E Z_H}{[\sigma_H]}\right)^2} \tag{9-26}$$

式中，K——载荷系数，$K = K_A K_\beta K_v$；

K_A——使用系数，查表 9-2；

K_v——动载系数，按平均直径 d_m 处的圆周速度 v_m，查图 9-8；

K_β——齿向载荷分布系数，当两轮都为两端支承时，取 $K_\beta = 1.50 \sim 1.65$；当两轮均为悬臂时，取 $K_\beta = 1.88 \sim 2.25$；当两轮当中一个为两端支承一个为悬臂时，取 $K_\beta = 1.65 \sim 1.88$。

式（9-26）中其余各符号意义及单位同直齿圆柱齿轮。

2. 齿根弯曲疲劳强度计算

由直齿圆柱齿轮齿根弯曲强度的验算式（9-10）得

$$\sigma_F = \frac{2KT_1 Y_{Fa} Y_{Sa}}{bd_1 m} = \frac{2KT_1 Y_{Fa} Y_{Sa}}{bm^2 z_1} \leqslant [\sigma_F]$$

直齿锥齿轮的弯曲疲劳强度可近似地按平均分度圆处的当量圆柱齿轮进行计算，于是其当量齿轮的齿根抗弯疲劳强度的验算式为：

$$\sigma_F = \frac{2KT_{v1} Y_{Fa} Y_{Sa}}{b_e d_{m1} m_m} \leqslant [\sigma_F]$$

将前面相应参数的表达式代入上式，整理得直齿锥齿轮的齿根抗弯疲劳强度的校核公式为：

$$\sigma_F = \frac{4.71KT_1 Y_{Fa} Y_{Sa}}{\psi_R(1-0.5\psi_R)^2 z_1^2 m^3 \sqrt{u^2+1}} \leqslant [\sigma_F] \tag{9-27}$$

直齿锥齿轮齿根抗弯疲劳强度的设计公式为

$$m \geq \sqrt[3]{\frac{4.71KT_1 Y_{Fa} Y_{Sa}}{\psi_R (1-0.5\psi_R)^2 z_1^2 [\sigma_F] \sqrt{u^2+1}}} \tag{9-28}$$

式中各符号的意义和单位同直齿圆柱齿轮;其中,齿形系数 Y_{Fa}、齿根应力修正系数 Y_{Sa} 都按当量齿数 $z_v = \dfrac{z}{\cos\delta}$ 查取。

【例 9-5】 设计闭式单级正交的直齿锥齿轮传动。已知:输出转矩 $T_2 = 480$ N·m,高速轴转速为 960 r/min,传动比 $i=3$,小齿轮悬臂布置,电动机驱动,单向传动,载荷平稳,按无限寿命计算。

解题分析:本题属于设计题,其设计步骤同例 9-1 题。由于直齿锥齿轮加工难于磨齿,故采用闭式软齿面齿轮,其设计准则为:先按齿面接触强度进行设计,再按轮齿的弯曲强度进行校核。

解:(1)选择齿轮材料并确定初步参数

1)选材料:

小齿轮:40Cr,调质处理,齿面硬度为 250HBS(表 9-1);

大齿轮:45,调质处理,齿面硬度为 220HBS(表 9-1)。

2)初选齿数:

取小齿轮齿数 $z_1 = 27$,大齿轮齿数 $z_2 = iz_1 = 3 \times 27 = 81$。

3)选择齿宽系数,ψ_d 和传动精度等级:

一般齿宽系数 $\psi_R = 0.25 \sim 0.3$,取齿宽系数 $\psi_d = 0.3$。

4)初取小齿轮的平均圆周速度:

$v_{m1} = 5.2$ m/s,参照表 9-8,可选齿轮精度为 8 级。

5)寿命系数 Z_{N1}、Z_{N2}:

由已知条件取 $Z_{N1} = Z_{N2} = 1$。

6)接触疲劳极限 σ_{Hlim1}、σ_{Hlim2}:

由图 9-14(a),查 MQ 线得 $\sigma_{Hlim1} = 700$ MPa,$\sigma_{Hlim2} = 560$ MPa。

7)安全系数 S_H:参照表 9-6,取 $S_H = 1$。

8)求许用接触应力 $[\sigma_{H1}]$、$[\sigma_{H2}]$:

根据式(9-8)得

$$[\sigma_{H1}] = \frac{\sigma_{Hlim1} Z_{N1}}{S_H} = \frac{700 \times 1}{1} = 700 \text{(MPa)}$$

$$[\sigma_{H2}] = \frac{\sigma_{Hlim2} Z_{N2}}{S_H} = \frac{560 \times 1}{1} = 560 \text{(MPa)}$$

(2)按齿面接触疲劳强度设计式计算齿轮主要参数

根据设计式(9-26)得

$$d_1 \geq \sqrt[3]{\frac{4.71KT_1}{(1-0.5\psi_R)^2 \psi_R u} \left(\frac{Z_E Z_H}{[\sigma_H]}\right)^2}$$

1)确定公式内的各计算数值:

①计算小齿轮转矩 T_1

$$T_1 = \frac{T_2}{i} = \frac{480}{3} = 1.6 \times 10^5 (\text{N} \cdot \text{mm})$$

②确定载荷系数 K：

使用系数 K_A：按电动机驱动，载荷平稳，查表9-2，可得 $K_A = 1$；

动载系数 K_v：按8级精度和速度，查图9-8，取 $K_v = 1.2$；

齿向载荷分布系数 K_β：由小齿轮悬臂布置，取 $K_\beta = 1.75$；

载荷系数
$$K = K_A K_v K_{H\beta} = K_A K_v K_{F\beta} = 1 \times 1.2 \times 1.75 = 2.1$$

②确定弹性系数 Z_E：由表9-4，查得 $Z_E = 190 \sqrt{\text{MPa}}$；

③确定节点区域系数 Z_H：由图9-13，查得 $Z_H = 2.5$。

2）求所需小齿轮直径 d_1：

$$d_1 \geqslant \sqrt[3]{\frac{4.71 K T_1}{(1 - 0.5\psi_R)^2 \psi_R u} \left(\frac{Z_E Z_H}{[\sigma_H]}\right)^2}$$

$$= \sqrt[3]{\frac{4.71 \times 2.1 \times 1.6 \times 10^5}{(1 - 0.5 \times 0.3)^2 \times 0.3 \times 3} \times \left(\frac{190 \times 2.5}{560}\right)^2} = 120.5 (\text{mm})$$

验算平均线速度 v_{mt}：

$$v_{mt} = \frac{\pi d_{m1} n_1}{60 \times 1000} = \frac{\pi \times d_1 (1 - 0.5\psi_R) n_1}{60 \times 1000}$$

$$= \frac{\pi \times 120.5 \times (1 - 0.5 \times 0.3) \times 960}{60 \times 1000} = 5.15 (\text{m/s})$$

确定模数 m：

$$m = \frac{d_1}{z_1} = \frac{120.5}{27} = 4.46 (\text{mm})$$

由标准模数系列表9-9，取标准模数 $m = 4.5$ mm，$d_1 = mz_1 = 4.5 \times 27 = 121.5$ （mm）

(3) 按齿根弯曲疲劳强度校核

1）求许用弯曲应力 $[\sigma_F]$：

$$[\sigma_F] = \frac{2\sigma_{Flim} Y_N Y_x}{S_F}$$

①寿命系数 Y_{N1}、Y_{N2}：取 $Y_{N1} = Y_{N2} = 1$；

②极限应力 σ_{Flim1}、σ_{Flim2}：由图9-22（a），取 $\sigma_{Flim1} = 290$ MPa，$\sigma_{Flim2} = 220$ MPa；

③尺寸系数 Y_{x1}、Y_{x2}：由图9-27，取 $Y_{x1} = Y_{x2} = 1$；

④安全系数 S_F：参照表9-6，取 $S_F = 1.4$；

⑤求许用弯曲应力 $[\sigma_{F1}]$、$[\sigma_{F2}]$：

$$[\sigma_{F1}] = \frac{2\sigma_{Flim1} Y_{N1} Y_{x1}}{S_F} = \frac{2 \times 290 \times 1 \times 1}{1.4} = 414.29 (\text{MPa})$$

$$[\sigma_{F2}] = \frac{2\sigma_{Flim2} Y_{N2} Y_{x2}}{S_F} = \frac{2 \times 220 \times 1 \times 1}{1.4} = 314.29 (\text{MPa})$$

2）校核齿根弯曲疲劳强度：

由式（9-27）得

$$\sigma_{\text{F}} = \frac{4.71KT_1 Y_{\text{Fa}} Y_{\text{Sa}}}{\psi_{\text{R}}(1-0.5\psi_{\text{R}})^2 z_1^2 m^3 \sqrt{u^2+1}} \leqslant [\sigma_{\text{F}}]$$

①齿形系数 Y_{Fa1}、Y_{Fa2}:

分锥角 δ_1、δ_2:

$$\delta_2 = \arctan u = \arctan 3 = 71.57°, \quad \delta_1 = 90° - 71.57° = 18.43°$$

当量齿数 z_{v1}、z_{v2}:

$$z_{\text{v1}} = \frac{z_1}{\cos\delta_1} = \frac{27}{\cos 18.43°} = 28.5, \quad z_{\text{v2}} = \frac{z_2}{\cos\delta_2} = \frac{81}{\cos 71.57°} = 256.2$$

由图 9-20, 取 $Y_{\text{Fa1}} = 2.56$, $Y_{\text{Fa2}} = 2.11$;

②应力修正系数 Y_{Sa1}、Y_{Sa2}: 由图 9-21, 取 $Y_{\text{Sa1}} = 1.62$, $Y_{\text{Sa2}} = 1.88$;

③校核齿根弯曲疲劳强度:

$$\sigma_{\text{F1}} = \frac{4.71KT_1 Y_{\text{Fa1}} Y_{\text{Sa1}}}{\psi_R(1-0.5\psi_R)^2 z_1^2 m^3 \sqrt{u^2+1}}$$

$$= \frac{4.71 \times 2.1 \times 1.6 \times 10^5 \times 2.56 \times 1.62}{0.3 \times (1-0.5 \times 0.3)^2 \times 27^2 \times 4.5^3 \times \sqrt{3^2+1}}$$

$$= 144.14(\text{MPa}) \leqslant [\sigma_{\text{F1}}]$$

$$\sigma_{\text{F2}} = \sigma_{\text{F1}} \frac{Y_{\text{Fa2}} Y_{\text{Sa2}}}{Y_{\text{Fa1}} Y_{\text{Sa1}}} = 144.1 \times \frac{2.11 \times 1.88}{2.56 \times 1.62} = 137.83(\text{MPa}) < [\sigma_{\text{F2}}]$$

抗弯曲强度足够。

§9.7 齿轮的结构设计

通过齿轮传动的强度计算, 只能确定出齿轮的主要尺寸, 如齿数、模数、齿宽、螺旋角等, 而齿轮的轮缘、轮辐和轮毂的结构形式及其尺寸大小都由结构设计确定。齿轮的结构设计由齿轮的几何尺寸、材料、毛坯类型、生产批量、加工方法、使用要求和经济性等因素决定, 通常是按齿轮的直径大小, 选定合适的结构形式, 而其余各部分尺寸则由经验公式来确定。

9.7.1 齿轮轴

对于直径很小的圆柱齿轮, 如果其从齿根到键槽底部的距离 $x \leqslant 2.5m_\text{n}$ (m_n 为齿轮模数) 时, 或对于直径很小的锥齿轮, 如果其从小端齿根到键槽底部的距离 $x \leqslant 1.6m$ (m 为大端模数), 须将齿轮与轴做成一个整体, 称为齿轮轴, 如图 9-34 所示。若 x 值超过上述尺寸, 则齿轮与轴应分开制造较合理。

9.7.2 腹板式齿轮和实心式齿轮

当顶圆直径 $d_\text{a} \leqslant 200$ mm 或高速传动且要求低噪声时, 可将其做成实心结构的齿轮, 如图 9-35 所示, 并使用锻钢或轧制圆钢毛坯。

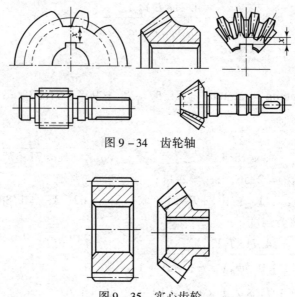

图 9-34 齿轮轴

图 9-35 实心齿轮

当顶圆直径 $d_a \leqslant 500$ mm 时，通常将其做成腹板式结构的齿轮，如图 9-36 所示，以减轻质量，并常用锻钢毛坯。腹板上开孔的数目应按结构尺寸大小及需要决定。

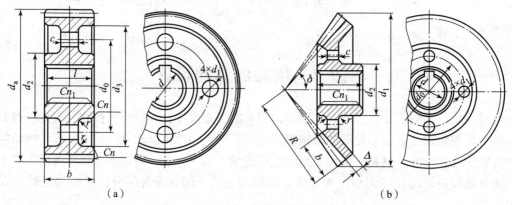

图 9-36 腹板式齿轮

$d_2 \approx 1.6d$（钢材）；$d_2 \approx 1.7d$（铸铁）；n_1 根据轴的过渡圆角确定

圆柱齿轮：$d_0 \approx 0.5(d_2+d_3)$；$d_1 \approx 0.25(d_3-d_2) \geqslant 10$ mm；$d_3 \approx d_a-(10\sim14)m_n$；

$c \approx (0.2\sim0.3)b$；$n \approx 0.5m_n$；$r \approx 5$ mm；$l \approx (1.2\sim1.5)d \geqslant b$

圆锥齿轮：$\Delta \approx (3\sim4)m \geqslant 10$ mm；$l \approx (1\sim1.2)d$；$c \approx (0.1\sim0.7)R \geqslant 10$ mm；

d_0、d_1、r 由结构确定

9.7.3 轮辐式齿轮

当顶圆直径 $d_a \geqslant 400$ mm 时，常将其做成轮辐式结构的齿轮，如图 9-37 所示，此时，不宜锻造毛坯，而常用铸铁或铸钢的铸造毛坯。轮辐的剖面形状可采用椭圆形（轻载）、十字形（中载）和工字形（重载）等。

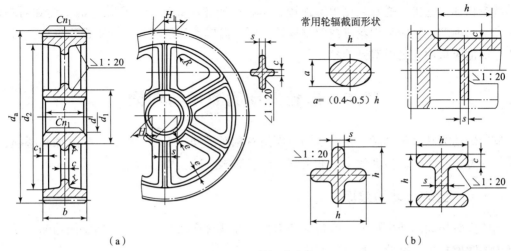

图 9-37 轮辐式齿轮

$c \approx 0.2H$；$H \approx 0.8d$；$s \approx 1/6H \geqslant 10$ mm；$e \approx 0.2d$；$H_1 \approx 0.8H$；$d_1 \approx (1.6 \sim 1.8)\ d$；$l \approx (1.2 \sim 1.5)\ d \geqslant b$；
$R \approx 0.5H$；$r \approx 5$ mm；$c_1 \approx 0.8c$；$n \approx 0.5m_n$；n 根据轴的过渡圆角确定

为了节约优质的钢材，大型齿轮可采用镶套式结构。如采用优质锻钢做轮缘，用铸钢或铸铁做轮芯，两者用过盈连接，再在配合接缝上用 4~8 个紧定螺钉连接起来，如图 9-38 所示。单件生产的大型齿轮，不便于铸造时，可采用焊接式结构，如图 9-39 所示。

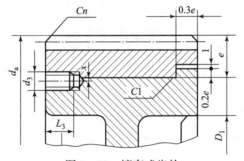

图 9-38 镶套式齿轮

$n \approx 0.5\ m_n$

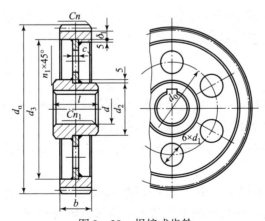

图 9-39 焊接式齿轮

$d \approx 1.6d$；$\delta_1 \approx 2.5m_n \geqslant 8$ mm；$d_3 \approx d_f - 2\delta_1$；$n \approx 0.5m_n$；$d_0 \approx 0.5\ (d_2 + d_3)$；$l \approx (1.2 \sim 1.8)\ d \geqslant b$；
$d_1 \approx 0.25\ (d_3 - d_2)$；$n_1$ 根据轴的过渡圆角确定；其余倒角为 $C2$

齿轮和轴的连接，通常采用单键连接。当齿轮转速较高时，考虑轮芯的平衡和对中性，这时齿轮和轴的连接应采用花键或双键连接。对于沿轴滑移的齿轮，为了操作灵活，齿轮和轴的连接也应采用花键或双键连接。

§9.8 齿轮传动的效率与润滑

齿轮传动为啮合传动时，相啮合的齿面间有相对滑动，工作中就会产生摩擦和磨损，并会增加动力消耗，降低传动效率。润滑则是改善摩擦、减缓磨损的有效方法。

9.8.1 齿轮传动的效率

闭式齿轮传动的功率损耗一般包括三部分，即啮合摩擦损失、搅动润滑油的油阻损失和轴承中的摩擦损失。因此，其总效率为

$$\eta = \eta_1 \eta_2 \eta_3 \tag{9-29}$$

式中，η_1——考虑齿轮啮合损失的效率；

η_2——考虑搅油损失的效率；

η_3——轴承的效率。

当齿轮速度不高且采用滚动轴承时，计入上述三种损失后的传动效率可由表9-10查取。

表9-10 采用滚动轴承时齿轮传动的效率

传动类型	闭式传动（油润滑）		开式传动（脂润滑）
	6级或7级精度	8级精度	
圆柱齿轮传动	0.98	0.97	0.95
圆锥齿轮传动	0.97	0.96	0.94

9.8.2 齿轮传动的润滑

在轮齿啮合面间加注润滑剂，可避免两金属直接接触，并能减少摩擦、减缓磨损，同时，润滑剂还有散热、防锈蚀和缓和冲击等改善工作条件的作用，以确保齿轮传动的预期工作寿命。

1. 润滑方式

对于开式或半开式齿轮传动，或速度较低的闭式齿轮传动，因其圆周速度v较低，通常采用人工定期加油（脂）润滑及油杯滴油润滑的方式。

一般闭式齿轮传动的润滑方式常根据齿轮的圆周速度的大小决定。

（1）浸油润滑

当齿轮的圆周速度$v \leqslant 12$ m/s时，多采用浸油润滑，如图9-40所示。将大齿轮浸入油池中一定的深度，齿轮运转时会把润滑油带入啮合区，同时也将油甩到箱壁上，借以散热。圆柱齿轮浸油深度以一个齿高为宜，但一般不小于10 mm；圆锥齿轮应将全齿宽浸入油中，至少应浸入齿宽的一半。当齿轮圆周速度很低时，浸油深度可达齿顶圆半径的1/3。

对于闭式多级齿轮传动，如果高速级和低速级大齿轮的直径相差较大，则可以采用惰轮蘸油润滑，如图 9-41 所示。

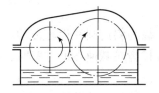

图 9-40 浸油润滑

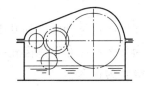

图 9-41 惰轮的浸油润滑

（2）喷油润滑

当齿轮圆周速度 $v > 12$ m/s 时，速度高、离心力大，齿轮上的油大多被甩掉而达不到啮合区；同时，搅油过于激烈，会使油温升高，降低其润滑性能，并会搅起箱底沉淀的杂质，从而加速齿轮的磨损，故此时最好采用喷油润滑，如图 9-42 所示，即用油泵将一定压力的润滑油直接喷到啮合区。

当齿轮圆周速度 $v \leq 25$ m/s 时，喷油嘴应位于啮合点（啮入边或啮出边均可）；当齿轮圆周速度 $v > 25$ m/s 时，喷油嘴应位于啮出边，以便借润滑油及时冷却刚啮合过的轮齿，同时也对轮齿进行润滑。

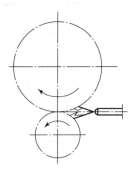

图 9-42 喷油润滑

喷油润滑也常用于齿轮速度不太高但工作较繁重、散热条件不好的重要闭式齿轮传动中。

2. 润滑剂的选择

开式齿轮传动主要采用润滑脂进行润滑。

闭式齿轮传动一般用润滑油进行润滑。黏度是润滑油最重要的性能指标，也是选用润滑油的主要依据。润滑油的黏度高，可减轻齿面的磨损，也可提高齿面抗疲劳点蚀和抗胶合的能力，但黏度过高时，齿轮的动力损耗大、温升高，油易氧化。润滑油的黏度一般是根据齿轮的圆周速度来选择的，可按表 9-11 查取其黏度，然后再根据查得的黏度选定润滑油的牌号。

表 9-11 齿轮传动润滑油黏度荐用值

齿轮材料	强度极限 σ_b/MPa	圆周速度 $v/$（m·s^{-1}）						
		<0.5	0.5~1	1~2.5	2.5~5	5~12.5	12.5~25	≥25
		运动黏度 ν/cSt（40℃）						
塑料、铸铁、青铜	—	350	220	150	100	80	55	—
钢	450~1 000	500	350	220	150	100	80	55
	1 000~1 250	500	500	350	220	150	100	80
渗碳或表面淬火钢	1 250~1 580	900	500	500	350	220	150	100

注：对于多级齿轮传动，应按各级传动的圆周速度的平均值选取其润滑油黏度。

习 题

9-1 在两级圆柱齿轮传动中，如其中有一级为斜齿圆柱齿轮传动，它一般应安排在高速级还是低速级？为什么？在布置锥齿轮——圆柱齿轮减速器的方案时，锥齿轮传动应布置在高速级还是低速级？为什么？

9-2 分析并标出图9-43所示的直齿圆柱齿轮传动的各轮转动的方向和啮合点处各力的作用线及方向。

(1) 当轮1为主动轮，转动方向为顺时针时；
(2) 当轮2为主动轮，转动方向为逆时针时。

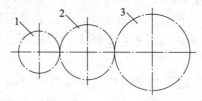

图9-43 题9-2图

9-3 如图9-44所示的二级展开式斜齿圆柱齿轮减速器中，已知：动力从Ⅰ轴输入，Ⅲ轴输出，其转动方向如图9-44所示，齿轮4的轮齿旋向为右旋。试解答：

(1) 标出输入轴Ⅰ和中间轴Ⅱ的转向；
(2) 确定并标出齿轮1、2和3的轮齿旋向，要求使Ⅱ轴上所受的轴向力尽可能小；
(3) 标出各齿轮在啮合点处所受各分力的作用线和方向；
(4) 画出Ⅱ轴联同齿轮2和齿轮3一体的空间受力图。

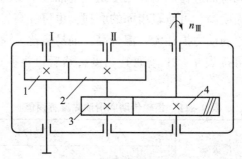

图9-44 题9-3图

9-4 图9-45所示为由二级斜齿圆柱齿轮减速器和一对开式直齿锥齿轮所组成的传动系统。已知动力由Ⅰ轴输入，转动方向如图9-45所示。为使Ⅱ轴和Ⅲ轴上的轴向力尽可能小，试确定图中各斜齿轮的轮齿旋向，并标出各轮在啮合点处所受圆周力F_t、径向力F_r和轴向力F_a的作用线和方向。

9-5 已知直齿圆锥——斜齿圆柱齿轮减速器布置和转向如图9-46所示，欲使中间轴Ⅱ上的轴向力尽可能小，试画出作用在斜齿轮3、4和锥齿轮1、2上的圆周力F_t、径向力F_r和轴向力F_a的作用线和方向。

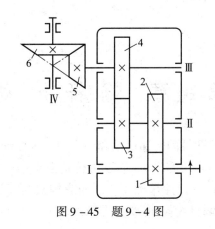

图 9-45 题 9-4 图

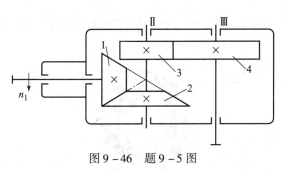

图 9-46 题 9-5 图

9-6 有一通用机械上使用的闭式斜齿圆柱齿轮传动，已知：齿数 $z_1 = 20$，齿数比 $u = 3$，模数 $m = 6$，齿宽 $b_1 = 125$ mm，$b_2 = 120$ mm，齿轮制造精度为 8 级，螺旋角 $\beta = 16°15'36''$，小齿轮用 45 钢调质 255 HBS，大齿轮用 45 钢正火 200 HBS；传递功率 $P_1 = 22$ kW，转速 $n_1 = 740$ r/min，单向转动，电动机驱动，工作中有中等冲击，试校核该齿轮传动的强度。

第10章 蜗杆传动

蜗杆传动是在空间交错的两轴间传递运动和动力的一种传动机构，如图10-1所示，两轴线交错的夹角可为任意值，常用的为90°。这种传动由于具有结构紧凑、传动比大、传动平稳以及在一定的条件下具有自锁性等优点，因而应用颇为广泛；其不足之处是传动效率低、常需耗用有色金属等。蜗杆传动通常用于减速装置，但也有在个别机器中用作增速装置。

随着机器功率的不断提高，近年来市面上陆续出现了多种新型的蜗杆传动，其效率低的缺点正在逐步得到改善。

图10-1 圆柱蜗杆传动
1—蜗轮；2—蜗杆

§10.1 蜗杆传动的材料和失效形式

10.1.1 蜗杆传动的材料

考虑到蜗杆传动难以保证高的接触精度，且滑动速度又较大，以及蜗杆容易发生变形等原因，故蜗杆、蜗轮不能都使用硬材料制造，二者其中之一（通常为蜗轮）应该使用减摩性良好的软材料来制造。

蜗轮材料通常是指蜗轮齿冠部分的材料，其主要有以下几种：

1）铸锡青铜适，用于 $v_s \geq 12 \sim 26$ m/s 和持续运转的工况，采用离心铸造时，可得到致密的细晶粒组织，可取大值，砂型铸造的取小值。

2）铸铝青铜适，用于 $v_s \leq 10$ m/s 的工况，其抗胶合能力差，蜗杆硬度不应低于45 HRC。

3）铸铝黄铜，其点蚀强度高，但磨损性能差，适用于低滑动速度的场合。

4）灰铸铁和球墨铸铁适用于 $v_s \leq 2$ m/s 的工况，前者表面经硫化处理后有利于减轻磨损，后者若与淬火蜗杆配对能用于重载的场合。直径较大的蜗轮常用铸铁来制造。

蜗杆材料分为蜗杆碳钢和合金钢。蜗轮直径很大时，也可以用青铜蜗杆，蜗轮则采用铸铁制造。按热处理方式不同，蜗杆分为硬面蜗杆和调质蜗杆。首先应考虑选用硬面蜗杆。在要求持久性高的动力传动中，可选用渗碳钢淬火，也可选用中碳钢表面或整体淬火以得到必要的硬度，且制造时必须经过磨削。用氮化钢渗氮处理的蜗杆可以不进行磨削，但需要抛光。只有在缺乏磨削设备时才选用调质蜗杆。受短时冲击载荷的蜗杆，不应采用渗碳钢淬火，最好选用调质钢。铸铁蜗轮与镀铬蜗杆配对有利于提高传动的承载能力和滑动速度。

10.1.2 蜗杆传动的失效形式

蜗杆传动的失效形式和齿轮传动类似。其失效形式有疲劳点蚀、胶合、磨损和轮齿折断等。在一般情况下，蜗轮的强度较弱，所以失效总是在蜗轮上发生。又由于蜗轮和蜗杆之间的相对滑动较大，因此，更容易产生胶合和磨粒磨损。蜗轮轮齿的材料通常比蜗杆的材料要软很多，当发生胶合时，蜗轮表面的金属粘到蜗杆的螺旋面上去，使蜗轮的工作齿面形成沟痕。

蜗轮轮齿的磨损比齿轮传动严重得多，这是因为其啮合处的相对滑动较大所致。在开式传动和润滑油不清洁的闭式传动中，磨损尤其明显。因此，蜗杆齿面的表面粗糙度值应小一些，在闭式传动中还应注意润滑油的清洁。

在蜗杆传动中，点蚀通常只出现在蜗轮的轮齿上。

10.1.3 蜗杆传动的结构设计

1. 蜗杆结构

蜗杆螺旋部分的直径不大，所以它常和轴做成一个整体，其结构形式如图 10-2 所示，其中图 10-2（a）所示的结构无退刀槽，加工螺旋部分时只能用铣制的办法；图 10-2（b）所示的结构则设有退刀槽，其螺旋部分可以车制，也可以铣制，但这种结构的刚度比前一种要差。当蜗杆螺旋部分的直径较大时，可以将蜗杆与轴分开制作。

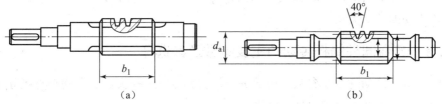

图 10-2　蜗杆的结构形式

2. 蜗轮结构

常用的蜗轮结构形式有以下几种：

（1）齿圈式

如图 10-3（a）所示的齿圈式结构由青铜齿圈及铸铁轮芯组成。齿圈与轮芯多用 H7/R6 配合，并加装 4~6 个紧定螺钉（或用螺钉拧紧后将头部锯掉），以增强连接的可靠性。螺钉直径取 $(1.2 \sim 1.5)m$，m 为蜗轮的模数。螺钉拧入深度为 $(0.3 \sim 0.4)B$，B 为蜗轮的宽度。为了便于钻孔，应将螺孔中心线由配合缝向材料较硬的轮芯部分偏移 (2~3) mm。这种结构多用于尺寸不太大或工作温度变化较小的地方，以免因为热胀冷缩而影响配合的质量。

（2）螺栓连接式

如图 10-3（b）所示的这种结构可用普通螺栓连接，或用铰制孔用螺栓连接，螺栓的尺寸和数目可参考蜗轮的结构尺寸取定，然后做适当校核。这种结构装拆比较方便，多用于尺寸较大或容易磨损的蜗轮。

（3）整体浇铸式

如图 10-3（c）所示的这种结构主要用于铸铁蜗轮或尺寸很小的青铜蜗轮。

（4）拼铸式

如图 10-3（d）所式的拼铸式结构是在铸铁轮芯上加铸青铜齿圈，然后切齿。它只用于成批制造的蜗轮。

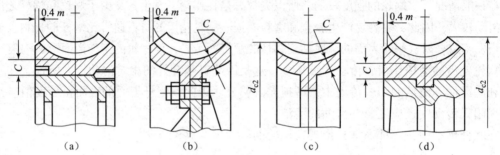

图 10-3　蜗轮的结构形式（m 为蜗轮模数，m 和 C 的单位均为 mm）

(a) $C \approx 1.5m \sim 1.6m$；(b) $C \approx 1.5m$；(c) $C \approx 1.5m$；(d) $C \approx 1.5m \sim 1.6m$

§10.2　普通圆柱蜗杆传动的主要参数及几何尺寸计算

在中间平面上，普通圆柱蜗杆传动就相当于齿条与齿轮的啮合传动，故在设计蜗杆传动时，均取中间平面上的参数（如模数、压力角等）和尺寸（如齿顶圆、分度圆等）为基准，并沿用齿轮传动的计算关系。

10.2.1　普通圆柱蜗杆传动的主要参数及其选择

普通圆柱蜗杆传动的主要参数有模数 m、压力角 α、蜗杆头数 z_1 和蜗轮直径 d_1 等。进行蜗杆传动的设计时，首先要正确地选择参数。

1. 模数 m 和压力角 α

和齿轮传动一样，蜗杆传动的几何尺寸也以模数为主要计算参数。蜗杆和蜗轮啮合时，在中间平面上，蜗杆的轴面模数、压力角应与蜗轮的端面模数、压力角相等，即

$$m_{a1} = m_{t2} = m \tag{10-1}$$

$$\alpha_{a1} = \alpha_{t2} \tag{10-2}$$

阿基米德蜗杆（ZA 蜗杆）的轴向压力角 α_d 为标准值 20°，法向直廓蜗杆（ZN 蜗杆）、渐开线蜗杆（ZI 蜗杆）和锥面包络圆柱蜗杆（ZK 蜗杆）的法向压力角 α_n 也为标准值 20°，蜗杆轴向压力角与法向压力角的关系为

$$\tan\alpha_d = \frac{\tan\alpha_n}{\cos\gamma} \tag{10-3}$$

式中，γ——导程角。

2. 蜗杆的分度圆直径 d_1

在蜗杆传动中，为了保证蜗杆与配对蜗轮的正确啮合，常用与蜗杆具有同样尺寸的蜗轮滚刀来加工与其配对的蜗轮。这样，只要有一种尺寸的蜗杆，就得有一种对应的蜗轮滚刀。对于同一模数，可以有很多种不同直径的蜗杆，因而针对每一模数就要配备很多把蜗轮滚刀。显然，这样做很不经济。为了限制蜗轮滚刀的数目及便于滚刀的标准化，我们对每一标准模数规定了一定数量的蜗杆分度圆直径 d_1，其定义比值为

$$q = \frac{d_1}{m} \quad (10-4)$$

式中，q——蜗杆的直径系数。d_1 与 q 已有标准值，常用的标准模数 m 和蜗杆分度圆直径 d_1 及直径系数 q 见表 10-2。如果采用非标准滚刀或飞刀切制蜗轮，则 d_1 与 q 值可不受标准的限制。

3. 蜗杆头数 z_1

蜗杆头数 z_1 可根据要求的传动比和效率来选定。单头蜗杆传动的传动比可以较大，但其效率较低。如需提高效率，应增加蜗杆的头数，但蜗杆头数过多，又会给加工带来困难，所以，蜗杆头数通常取为 1、2、4、6。

4. 导程角 γ

蜗杆的直径系数 q 和蜗杆头数 z_1 选定后，蜗杆分度圆上的导程角 γ 即可确定，即

$$\tan \gamma = \frac{p_z}{\pi d_1} = \frac{z_1 p_a}{\pi d_1} = \frac{z_1 m}{d_1} = \frac{z_1}{q_1} \quad (10-5)$$

式中，p_a——蜗杆轴向齿距。

5. 传动比 i 和齿数比 u

（1）传动比

$$i = \frac{n_1}{n_2} \quad (10-6)$$

式中，n_1——蜗杆的转速，r/min；

n_2——蜗轮的转速，r/min。

（2）齿数比

$$u = \frac{z_2}{z_1} \quad (10-7)$$

式中，z_2——蜗轮的齿数。

当蜗杆为主动时

$$i = \frac{n_1}{n_2} = \frac{z_2}{z_1} \quad (10-8)$$

6. 蜗轮齿数 z_2

蜗轮齿数 z_2 主要根据传动比来确定。注意：为了避免用蜗轮滚刀切制蜗轮时产生根切与干涉现象，理论上应使 $z_{2\min} \geq 17$。但当 $z_2 < 26$ 时，啮合区会显著减小，这将影响传动的平稳性；而当 $z_2 > 30$ 时，则可始终保持有两对以上的齿啮合，所以通常规定 $z_2 > 28$。对于动力传动，z_2 一般不大于 80。这是由于当蜗轮直径不变时，z_2 越大，模数就越小，这将削弱轮齿

的弯曲强度；当模数不变时，蜗轮尺寸将会增大，这会使相啮合的蜗杆支承间距加长，从而导致蜗杆的弯曲刚度降低，容易产生挠曲而影响正常的啮合；z_1、z_2 的荐用值见表 10-1（具体选择时可考虑表 10-2 中的匹配关系），当设计非标准或分度传动时，z_2 的选择可不受限制。

表 10-1 蜗杆头数 z_1 与蜗轮齿数 z_2 的推荐值

$i=\dfrac{z_1}{z_1}$	z_1	z_2
5	6	29~31
7~15	4	29~61
14~30	2	29~61
29~82	1	29~82

7. 蜗杆传动的标准中心距 a

蜗杆传动的标准中心距为

$$a = \frac{1}{2}(d_1 + d_2) = \frac{1}{2}(q + z_2)m \tag{10-9}$$

标准普通圆柱蜗杆传动的基本尺寸和参数列于表 10-2。设计普通圆柱蜗杆减速装置时，在按接触强度或弯曲强度确定了中心距 a 或 $m^2 d_1$ 后，一般应用 a 的值按表 10-2 的数据来确定蜗杆与蜗轮的尺寸和参数，并按表值予以匹配。如可自行加工蜗轮滚刀或减速器箱体，也可不按表 10-2 选配参数。

表 10-2 普通圆柱蜗杆的基本尺寸和参数以及蜗轮参数的匹配

中心距 a/mm	模数 m/mm	分度圆直径 d/mm	$m^2 d_1$ /mm³	蜗杆头数 z_1	直径系数 q	分度圆导程角 γ	蜗轮齿数 z_2	变位系数 x
40	1	18	18	1	18.00	3°10′47″	62	0
50							82	0
40	1.25	20	31.25	1	16.00	3°34′35″	49	-0.500
50		22.4	35		17.92	3°11′38″	62	+0.040
63							82	+0.440
50	1.6	20	51.2	1	12.50	4°34′26″	51	-0.500
				2		90°5′25″		
				4		17°44′41″		
63		28	71.68	1	17.50	3°16′14″	62	+0.125
80							82	+0.250
40	2	22.4	89.6	1	11.20	5°6′8″	29	-0.100
80		35.5	142	1	17.75	3°10′47″	62	+0.125
100							82	+0.125

续表

中心距 a/mm	模数 m/mm	分度圆直径 d/mm	$m^2 d_1$ /mm³	蜗杆头数 z_1	直径系数 q	分度圆导程角 γ	蜗轮齿数 z_2	变位系数 x
50	2.5	28	175	1	11.20	5°6′8″	29	−0.100
100		45	281.25	1	18.00	3°10′47″	62	0
63	3.15	35.5	352.25	1	11.27	5°4′15″	29	−0.1349
125		56	555.66		11.778	3°13′10″	62	−0.2063
100	5	50	1 250	1	10.00	5°42′38″	31	−0.500
200		90	2 250	1	18.00	3°10′47″	62	0
160	8	80	5 120	1	10.00	5°42′38″	31	−0.500
(200)				2		11°18′36″	(41)	(−0.500)
(225)				4		21°48′5″	(47)	(−0.375)
(250)				6		30°57′50″	(52)	(+0.250)

10.2.2 蜗杆传动的几何尺寸计算

蜗杆传动的几何尺寸及其计算公式见表 10 - 3 和表 10 - 4。

表 10 - 3 普通圆柱蜗杆传动基本几何尺寸的计算关系式

名称	代号	计算关系式	说明
中心距	a	$a = \dfrac{d_1 + d_2 + 2xm}{2}$	按规定
蜗杆头数	z_1		按规定
蜗轮齿数	z_2		按传动比
齿形角	α	$\alpha = 20°$	按蜗杆类型
模数	m	$m = \dfrac{m_n}{\cos\gamma}$	
传动比	i	$i = \dfrac{n_1}{n_2}$	
齿数比	u	$u = \dfrac{z_2}{z_1}$	
蜗轮变位系数	x	$x = \dfrac{a}{m} - \dfrac{d_1 + d_2}{2m}$	
蜗杆直径系数	q	$q = \dfrac{d_1}{m}$	
蜗杆轴向齿距	p_a	$p_a = \pi m$	
蜗杆导程	l	$l = \pi m z_1$	
蜗杆分度圆直径	d_1	$d_1 = mq$	按规定
蜗杆齿顶圆直径	d_{a1}	$d_{a1} = d_1 + 2h_{a1} = d_1 + 2h_a^* m$	
蜗杆齿根圆直径	d_{f1}	$d_{f1} = d_1 - 2h_{f1} = d_1 - 2(h_a^* + c^*)m$	
渐开线蜗杆基圆直径	d_{b1}	$d_{b1} = \dfrac{d_1 \cdot \tan\gamma}{\tan\gamma_b} = \dfrac{mz_1}{\tan\gamma_b}$	
顶隙	c	$c = c^* m$	按规定

续表

名称	代号	计算关系式	说明
蜗杆齿顶高	h_{a1}	$h_{a1} = h_a^* m$	按规定
蜗杆齿根高	h_{f1}	$h_{f1} = (h_a^* + c^*) m$	
蜗杆导程角	γ	$\tan\gamma = \dfrac{mz_1}{d_1}$	
渐开线蜗杆基圆导程角	γ_b	$\cos\gamma_b = \cos\gamma\cos\alpha$	
蜗杆齿宽	b_1	见表 10-4	
蜗轮分度圆直径	d_2	$d_2 = mz_2 = 2a - d_1 - 2x_2 m$	
蜗轮喉圆直径	d_{a2}	$d_{a2} = d_2 + 2h_{a2}$	
蜗轮齿根圆直径	d_{f2}	$d_{f2} = d_2 - 2h_{f2}$	
蜗轮齿顶高	h_{f2}	$h_{f2} = 0.5(d_2 - d_{f2})$	
蜗轮齿高	h_2	$h_2 = h_{a2} + h_{f2}$	
蜗轮咽喉母圆半径	r_{g2}	$r_{g2} = a - 0.5d_{a2}$	
蜗轮齿宽	b_2	见表 10-4	
蜗轮齿宽角	θ	$\theta = 2\arcsin\left(\dfrac{b_2}{d_1}\right)$	
蜗杆轴向齿厚	s_a	$s_a = 0.5\pi m$	
蜗杆法向齿厚	s_n	$s_n = s_t\cos\gamma$	
蜗轮齿厚	s_t	按蜗杆节圆处轴向齿槽宽确定	
蜗杆节圆直径	d_1'	$d_1' = d_1 + 2x_2 m = (q + 2x_2) m$	
蜗轮节圆直径	d_2'	$d_2' = d_2$	

表 10-4 蜗轮宽度 B、顶圆直径 d_{e2}、蜗杆齿宽 b_1 的计算

z_1	B	d_{e2}	x_2/mm	b_1
1		$\leq d_{a2} + 2m$	0	$\geq m(11 + 0.06z_2)$
2	$\leq 0.75 d_{a1}$	$\leq d_{a2} + 1.5m$	-0.5	$\geq m(8 + 0.06z_2)$
			-1.0	$\geq m(10.5 + z_2)$
			0.5	$\geq m(12 + 0.1z_2)$
			1.0	$\geq m(11 + 0.1z_2)$
4	$\leq 0.67 d_{a1}$	$\leq d_{a2} + m$	0	$\geq m(12.5 + 0.09z_2)$
			-0.5	$\geq m(9.5 + 0.09z_2)$
			-1.0	$\geq m(10.5 + z_2)$
			0.5	$\geq m(12.5 + 0.1z_2)$
			1.0	$\geq m(13 + 0.1z_2)$

§10.3 蜗杆传动的受力分析和强度计算

10.3.1 受力分析

蜗杆传动的受力分析和斜齿圆柱齿轮传动相似。在进行蜗杆传动的受力分析时,通常不考虑摩擦力的影响。

图 10-4 所示为以右旋蜗杆为主动件,并沿图 10-4 所示的方向旋转时,蜗杆螺旋面上的受力情况。设 F_n 为集中作用于节点 P 处的法向载荷,它作用于法向截面 $Pabc$ 内,如图 10-4 (a) 所示,F_n 可分解为三个互相垂直的分力,即圆周力 F_t、径向力 F_r 和轴向力 F_a。显然,在蜗杆与蜗轮间,相互作用着 F_{t1} 与 F_{a2}、F_{r1} 与 F_{r2} 和 F_{a1} 与 F_{t2} 这三对大小相等、方向相反的力,如图 10-4 (c) 所示。

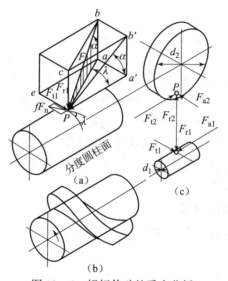

图 10-4 蜗杆传动的受力分析

在确定各力的方向时,尤其需要确定蜗杆所受轴向力的方向。因为轴向力的方向是由螺旋线的旋向和蜗杆的转向来决定的。如图 10-4 (b) 所示,该蜗杆为右旋蜗杆,当其为主动件并沿图 10-4 (c) 所示的方向(由左端视之为逆时针方向)回转时,其蜗杆齿的右侧为工作面(推动蜗轮沿图 (c) 所示方向转动),故蜗杆所受的轴向力 F_{a1}(即蜗轮轮齿给它的阻力的轴向分力)必然指向左端(见图 10-4 (c) 下部)。如果该蜗杆的转向相反,则蜗杆齿的左侧为工作面(推动蜗轮沿图 (c) 所示方向的反向转动),故此时蜗杆所受的轴向力必指向右端。至于蜗杆所受圆周力 F_{t1} 的方向,它总是与其转向相反;径向力的方向则总是指向轴心的。关于蜗轮上各力的方向,可由图 10-4 (c) 所示的关系定出。

当不计摩擦力的影响时,各力的大小可按下列各式计算:

圆周力
$$F_{t1} = F_{a2} = \frac{2T_1}{d_1} \quad (10-10)$$

轴向力
$$F_{a1} = F_{t2} = \frac{2T_2}{d_2} \quad (10-11)$$

径向力
$$F_{r1} = F_{r2} = F_{t2}\tan\alpha \quad (10-12)$$

法向载荷
$$F_n = \frac{F_{a1}}{\cos\alpha_n \cos\gamma} = \frac{2T_2}{d_2 \cos\alpha_n \cos\gamma} \quad (10-13)$$

式中，T_1——蜗杆上的公称转矩；
  T_2——蜗轮上的公称转矩；
  d_1——蜗杆的分度圆直径；
  d_2——蜗轮的分度圆直径。

10.3.2 强度计算

蜗杆传动的强度计算主要为齿面接触疲劳强度计算和轮齿弯曲疲劳强度计算。在这两种计算中，蜗轮轮齿都是薄弱环节。对于闭式传动，传动尺寸主要取决于齿面的接触疲劳强度以防止齿面的点蚀和胶合，但必须校核轮齿的弯曲疲劳强度。对于开式传动，传动尺寸主要取决于轮齿的弯曲疲劳强度，无须进行齿面接触疲劳强度计算。

此外，蜗杆传动还须进行蜗杆挠度和传动温度的计算，两者都属于验算性质。

在进行设计计算之前，除应知道传动功率及其载荷性质、转速及其变动情况等数据外，还应了解其他有关情况，例如，蜗杆主动或从动，蜗杆上置或下置，蜗杆的齿形，环境通风状况，允许传动的最高温度等。

1. 蜗轮齿面接触疲劳强度计算

蜗轮齿面接触疲劳强度计算的原始公式仍来源于赫兹公式，其接触应力 σ_H（单位为 MPa）为

$$\sigma_H = \sqrt{\frac{KF_n}{L_0 \rho_m}} \times Z_E \quad (10-14)$$

式中，F_n——啮合齿面上的法向载荷，N；
  L_0——接触线总长，mm；
  K——载荷系数；
  Z_E——材料的弹性影响系数，$\sqrt{MPa}$，对于青铜或铸铁蜗轮与钢蜗杆配对时，取 $Z_E = 160\sqrt{MPa}$。

将以上公式中的法向载荷 F_n 换算成蜗轮的分度圆直径 d_2（单位为 mm）与蜗轮转矩 T_2（单位为 N·mm）的关系式，再将 d_2、L_0、ρ_m 等换算成中心距 a（单位为 mm）的函数后，即可得蜗轮齿面接触疲劳强度的验算公式为

$$\sigma_H = Z_E Z_\rho \sqrt{\frac{KT_2}{a^3}} \leq [\sigma_H] \quad (10-15)$$

式中，Z_ρ——蜗杆传动的接触线长度和曲率半径对接触强度的影响系数，可从图 10-5 中查得；

K——载荷系数，$K = K_A K_\beta K_v$，其中 K_A 为使用系数，查表 10-5；K_β 为齿向载荷分布系数。当蜗杆传动在平稳载荷下工作时，载荷分布不均现象将由于工作表面良好的磨合而得到改善，此时可取 $K_\beta = 1$；当载荷变化较大，或有冲击、振动时，可取 $K_\beta = 1.3 \sim 1.6$；K_v 为动载系数，由于蜗杆传动一般较平稳，其动载荷要比齿轮传动的小得多，故 K_v 值可取为：对于精确制造，且蜗轮圆周速度 $v_2 \leq 3$ m/s 时取 $K_v = 1.0 \sim 1.1$，当 $v_2 > 3$ m/s 时取 $K_v = 1.1 \sim 1.2$；

σ_H，$[\sigma_H]$——蜗轮齿面的接触应力与许用接触应力，MPa。

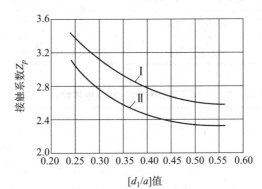

图 10-5 接触系数
Ⅰ用于 ZI 型蜗杆（ZA、ZN 型也适用）；Ⅱ用于 ZC 型蜗杆

表 10-5 使用系数 K_A

工作类型	Ⅰ	Ⅱ	Ⅲ
载荷性质	均匀、无冲击	不均匀、小冲击	不均匀、大冲击
每小时起动次数	<25	25~50	>50
起动载荷小	较大	大	起动载荷小
K_A	1	1.15	1.2

当蜗轮材料为灰铸铁或高强度青铜（$\sigma_H \geq 300$ MPa）时，蜗杆传动的承载能力主要取决于齿面胶合强度。但因目前尚无完善的胶合强度计算公式，故采用接触强度计算是一种条件性计算，在查取蜗轮齿面的许用接触应力时，要考虑相对滑动速度的大小。由于胶合不属于疲劳失效，故 $[\sigma_H]$ 的值与应力循环次数 N 无关。因而可直接从表 10-6 中查出许用接触应力 $[\sigma_H]$ 的值。

若蜗轮材料为强度极限 $\sigma_H < 300$ MPa 的锡青铜，因蜗轮主要为接触疲劳失效，故应先从表 10-7 中查出蜗轮的基本许用接触应力 $[\sigma_H]'$，再按 $[\sigma_H] = K_{HN}[\sigma_H]'$ 计算其许用接触应力。其中 K_{HN} 为接触强度的寿命系数，$K_{HN} = \left(\dfrac{10^7}{N}\right)^{\frac{1}{8}}$。应力循环次数

$$N = 60 j n_2 L_h$$

式中，n_2——蜗轮转速，r/min；

L_h——工作寿命，h；

j——蜗轮每转一转，每个轮齿啮合的次数。

表 10-6 灰铸铁及铸铝青铜蜗轮的许用接触应力 $[\sigma_H]$ MPa

材料		滑动速度 v_s						
蜗杆	蜗轮	<0.25	0.25	0.5	1	2	3	4
20 或 20Cr 渗碳、淬火，45 钢淬火、齿面硬度 >45 HRC	灰铸铁 HT150	206	166	150	127	95	—	—
	灰铸铁 HT200	250	202	182	154	115	—	—
	铸铝青铜 ZCuAl10Fe3	—	—	250	230	210	180	160
45 钢或 Q275	灰铸铁 HT150	172	139	125	106	79	—	—
	灰铸铁 HT200	208	168	152	128	96	—	—

表 10-7 铸锡青铜蜗轮的基本许用接触应力 $[\sigma_H]'$ MPa

蜗轮材料	铸造方法	蜗杆螺旋面的硬度	
		≤45 HRC	>45 HRC
铸锡磷青铜 ZCuSn10P1	砂模铸造	150	180
	金属模铸造	220	268
铸锡锌铅青铜 ZCuSn5Pb5Zn5	砂模铸造	113	135
	金属模铸造	128	140

注：锡青铜的基本许用接触应力为应力循环次数 $N=10^7$ 时的值，当 $N \neq 10^7$ 时，应将表中数据乘以寿命系数。当 $N>25 \times 10^7$ 时，取 $N=25 \times 10^7$；当 $N<2.6 \times 10^5$ 时，取 $N=2.6 \times 10^5$。

从式（10-5）中可得到按蜗轮接触疲劳强度条件设计计算的公式为

$$a \geq \left[KT_2\left(\frac{Z_E Z_\rho}{[\sigma_H]}\right)^2\right]^{\frac{1}{3}} \qquad (10-16)$$

从式（10-16）算出蜗杆传动的中心距 a 后，可根据预定的传动比 i，从表 10-2 中选择一合适的 a 值，以及相应的蜗杆、蜗轮的参数。

2. 蜗轮齿根弯曲疲劳强度计算

蜗轮轮齿因弯曲强度不足而失效的情况，多发生在蜗轮齿数较多的传动或开式传动中，因此，对闭式蜗杆传动通常只做弯曲强度的校核计算，但这种计算是必须进行的。因为校核蜗轮轮齿的弯曲强度决不只是为了判别其弯曲断裂的可能性，对那些承受重载的动力蜗杆副而言，蜗轮轮齿的弯曲变形量还直接影响到蜗杆副的运动平稳性及精度。

由于蜗轮轮齿的齿形比较复杂，要精确计算齿根的弯曲应力是比较困难的，所以常用条件性齿根弯曲疲劳强度计算方法。通常是把蜗轮近似地当作斜齿圆柱齿轮来考虑，可得蜗轮齿根的弯曲应力为

$$\sigma_F = \frac{KT_2}{b_2 d_2 m_n} \cdot Y_F Y_S Y_\varepsilon Y_\beta \qquad (10-17)$$

式中，b_2——蜗轮轮齿的弧长，$b_2 = \dfrac{\pi d_1 \theta}{360°\cos\gamma}$，其中 θ 为蜗轮的轮齿宽角，可按 100° 计算；

m_n——法面模数，$m_n = m\cos\gamma$，mm；

Y_S——齿根应力校正系数，放在 $[\sigma_F]$ 中考虑；

Y_ε——弯曲疲劳强度的重合度系数，取 $Y_\varepsilon = 0.667$；

Y_β——螺旋角影响系数，$Y_\beta = 1 - \dfrac{\gamma}{140°}$。

将以上参数代入式（10-17）得

$$\sigma_F \dfrac{1.53 K T_2}{b_2 d_2 m} Y_F Y_\beta \leq [\sigma_F] \qquad (10-18)$$

式中，σ_F——蜗轮齿根弯曲应力，MPa；

Y_F——蜗轮齿形系数，可由蜗轮的当量齿数 $z_{v2} = \dfrac{z_2}{\cos^3\gamma}$ 及蜗轮的变位系数 x_2 从表 10-8 中查得。

$[\sigma_F]$——蜗轮的许用弯曲应力，MPa，$[\sigma_F] = K_{FN}[\sigma_F]'$，其中 $[\sigma_F]'$ 为计入齿根应力校正系数 Y_S 后蜗轮的基本许用应力，在表 10-9 中选取；K_{FN} 为寿命系数，$K_{FN} = \left(\dfrac{10^6}{N}\right)^{\frac{1}{9}}$，其中 N 为应力循环次数。

式（10-18）为蜗轮弯曲疲劳强度的校核公式，经整理后可得蜗轮轮齿按弯曲疲劳强度条件，设计的公式为

$$m^2 d_1 \geq \dfrac{1.53 K T_2}{z_2 [\sigma_F]} \cdot Y_F Y_\beta \qquad (10-19)$$

计算出 $m^2 d_1$ 后，可从表 10-2 中查出相应参数。

表 10-8 蜗轮的齿性系数 Y_F（$\alpha = 20°$、$h_a^* = 1$）

z \ Y_F \ γ	20	24	26	28	30	32	35	37	40	45	56	60	80	100	150	300
4°	2.79	2.65	2.60	2.55	2.52	2.49	2.45	2.42	2.39	2.35	2.32	2.27	2.22	2.18	2.14	2.09
7°	2.75	2.61	2.56	2.51	2.48	2.44	2.40	2.38	2.35	2.31	2.28	2.23	2.17	2.14	2.09	2.05
11°	2.66	2.52	2.47	2.42	2.39	2.35	2.31	2.29	2.26	2.22	2.19	2.14	2.08	2.05	2.00	1.96
16°	2.49	2.35	2.30	2.26	2.22	2.19	2.15	2.13	2.10	2.06	2.02	1.98	1.92	1.88	1.84	1.79
20°	2.33	2.19	2.14	2.09	2.06	2.02	1.98	1.96	1.93	1.89	1.86	1.81	1.75	1.72	1.67	1.63
23°	2.18	2.05	1.99	1.95	1.91	1.88	1.84	1.82	1.79	1.75	1.72	1.67	1.61	1.58	1.53	1.49
26°	2.03	1.89	1.84	1.80	1.76	1.73	1.69	1.67	1.64	1.60	1.57	1.52	1.46	1.43	1.38	1.34
27°	1.98	1.84	1.79	1.75	1.71	1.68	1.64	1.62	1.59	1.55	1.52	1.47	1.41	1.38	1.33	1.29

表 10-9　蜗轮的基本许用弯曲应力 $[\sigma_F]'$　　　　　MPa

蜗轮材料		铸造方法	蜗杆螺旋面的硬度	
			单侧工作	双侧工作
铸锡青铜 ZCuSn10P1		砂模铸造	40	29
		金属模铸造	56	40
铸锡锌铅青铜 ZCuSn5Pb5Zn5		砂模铸造	26	22
		金属模铸造	32	26
铸铝铁青铜 ZCuAl10Fe3		砂模铸造	80	57
		金属模铸造	90	64
灰铸铁	HT150	砂模铸造	40	28
	HT200	金属模铸造	48	34

注：锡青铜的基本许用接触应力为应力循环次数 $N=10^6$ 时的值，当 $N \ne 10^6$ 时，应将表中数据乘以寿命系数。当 $N > 25 \times 10^7$ 时，取 $N = 25 \times 10^7$；当 $N < 10^5$ 时，取 $N = 10^5$。

10.3.3　刚度计算

蜗杆受力后如产生过大的变形，就会造成轮齿上的载荷集中，影响蜗杆与蜗轮的正确啮合，所以蜗杆还须进行刚度校核。校核蜗杆的刚度时，通常是把蜗杆的螺旋部分看作以蜗杆齿根圆直径为直径的轴段，主要是校核蜗杆的弯曲刚度，其最大挠度 y 可按下式作近似计算，并得到其刚度的条件为

$$y = \frac{\sqrt{F_{t1}^2 + F_{r1}^2}}{48EI} L_1^3 \leq [y] \tag{10-20}$$

式中，F_{t1}——蜗杆所受的圆周力，N；

F_{r1}——蜗杆所受的径向力，N；

E——蜗杆材料的弹性模量，MPa；

I——蜗杆危险截面的惯性矩，$I = \frac{\pi d_{f1}^4}{64}$，其中 d_{f1} 为蜗杆齿根圆直径，mm；

L_1——蜗杆两端支承间的跨距，mm，其值应视具体结构要求而定，初步计算时可取 $L_1 \approx 0.9 d_2$，d_2 为蜗轮的分度圆直径，mm；

$[y]$——许用最大挠度，$[y] = \frac{d_1}{1\,000}$，d_1 为蜗杆的分度圆直径，mm。

10.3.4　普通圆柱蜗杆传动的精度等级及其选择

GB/T 10089—1988 对蜗杆、蜗轮和蜗杆传动规定了 12 个精度等级，其中 1 级精度最高，其余的按序依次降低。与齿轮公差相似，蜗杆、蜗轮和蜗杆传动的公差也分成三个公差组。普通圆柱蜗杆传动的精度，一般以 6~9 级应用得最多。6 级精度的传动用于中等精度机床的分度机构、发动机调节系统的传动以及武器读数装置的精密传动，它允许的蜗轮圆周速度 $v_2 > 5$ m/s。7 级精度常用于运输和一般工业中的中等速度（$v_2 < 7.5$ m/s）的动力传动。8 级精度常用于每昼夜只有短时工作的次要的低速（$v_2 \leq 3$ m/s）传动。

§10.4 蜗杆传动的效率、润滑和热平衡计算

10.4.1 蜗杆传动的效率和润滑

1. 蜗杆传动的效率

闭式蜗杆传动的功率损耗一般包括三部分，即啮合摩擦损耗、轴承摩擦损耗及浸入油池中的零件搅油时的溅油损耗。因此，其总效率为

$$\eta = \eta_1 \eta_2 \eta_3$$

式中，η_1，η_2，η_3——单独考虑啮合摩擦损耗、轴承摩擦损耗及溅油损耗时的效率。而蜗杆传动的总效率主要取决于计入啮合摩擦损耗时的效率 η_1，当蜗杆主动时，则

$$\eta_1 = \frac{\tan\gamma}{\tan(\gamma + \varphi_v)} \quad (10-21)$$

式中，γ——普通圆柱蜗杆分度圆柱上的导程角；

φ_v——当量摩擦角，$\varphi_v = \arctan f_v$，其值可根据滑动速度 v_s 查表 10-6 选取。

当 $\gamma \leq \varphi_v = \arctan f_v$ 时，蜗杆传动满足自锁条件。

滑动速度 v_s 由图 10-6 得

$$v_s = \frac{v_1}{\cos\gamma} = \frac{\pi d_1 n_1}{60 \times 1\,000 \cos\gamma} \quad (10-22)$$

式中，v_1——蜗杆分度圆的圆周速度，m/s；

d_1——蜗杆分度圆直径，mm；

n_1——蜗杆的转速，r/min。

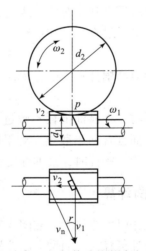

图 10-6 蜗杆传动的滑动速度

由于轴承摩擦及溅油这两项功率损耗不大，一般取 0.95~0.96，则总效率 η 为

$$\eta = \eta_1 \eta_2 \eta_3 = (0.95 \sim 0.96)\eta_1$$

在设计之初，为了近似地求出蜗轮轴上的扭矩 T_2，η 值可从表 10-10 估取。

表 10–10 η 值的选用

蜗杆头数 z_1	1	2	4	6
总效率 η	0.7	0.8	0.9	0.95

2. 蜗杆传动的润滑

润滑对蜗杆传动来说，具有特别重要的意义。因为当润滑不良时，其传动效率将显著降低，并且会带来剧烈的磨损和胶合破坏的危险，所以往往采用黏度大的矿物油对其进行良好的润滑，在润滑油中还常加入添加剂，以提高其抗胶合能力。

蜗杆传动所采用的润滑油、润滑方法及润滑装置与齿轮传动的基本相同。

(1) 润滑油

润滑油的种类有很多，需根据蜗杆、蜗轮配对材料和运转条件合理地选用。

在钢蜗杆配青铜蜗轮时，常用的润滑油见表 10–11。

表 10–11   蜗杆传动常用的润滑油

全损耗系统用油牌号 L—AN	68	100	150	220	320	460	680
运动黏度 ν_{40}/(cSt)	61.2~74.8	90~110	135~165	198~242	288~352	414~506	612~748
黏度指数不小于	90							
闪点（开口）/(℃) 不低于	180			200			220
倾点/(℃) 不高于	–8						–5

注：其余指标可参看国标。

(2) 润滑油黏度及给油方法

润滑油黏度及给油方法，一般应根据其相对滑动速度及载荷类型进行选择。对于闭式传动，常用的润滑油黏度及给油方法可通过查表获知；对于开式传动，则应采用黏度较高的齿轮油或润滑脂。

如果采用喷油润滑，喷油嘴应对准蜗杆啮入端；蜗杆正反转时，需控制一定的油压。

(3) 润滑油量

对闭式蜗杆传动采用油池润滑时，在搅油损耗不致过大的情况下，应具有适当的油量。这样不仅有利于动压油膜的形成，而且有助于散热。对于蜗杆下置式或蜗杆侧置式的传动，浸油深度应为蜗杆的一个齿高；当为上蜗杆时，浸油深度约为蜗轮外径的 1/3。

10.4.2 蜗杆传动的热平衡计算

蜗杆传动由于效率低，所以工作时发热量大。在闭式传动中，如果产生的热量不能及时散逸，将使油温不断升高而使润滑油稀释，从而增大摩擦损失，甚至发生胶合。所以，必须根据单位时间内的发热量 Φ_1 等于同时间内的散热量 Φ_2 的条件进行热平衡计算，以保证油温处于规定的范围内。

由于摩擦损耗的功率 $P_f = P(1-\eta)$（单位 kW），则产生的热流量（单位为 J/s = W）为

$$\Phi_1 = 1\,000P(1-\eta)$$

式中，P——蜗杆传递的功率，kW。

以自然冷却方式，从箱体外壁散发到周围空气中去的热流量为

$$\Phi_2 = \alpha_d S(t_0 - t_a)$$

其中，α_d——箱体的表面传热系数，可取 $\alpha_d = (8.15 \sim 17.45)$ W/$(m^2 \cdot ℃)$，当周围空气流通良好时，应取偏大值；

S——内表面能被润滑油所飞溅到，而外表面又可为周围空气所冷却的箱体表面的面积，m^2；

t_0——油的工作温度，一般限制在 60℃～70℃，最高不应超过 80℃；

t_a——周围空气的温度，常温情况下可取为 20℃。

按热平衡条件 $\Phi_1 = \Phi_2$，可求得在既定工作条件下的油温为

$$t_0 = t_a + \frac{1\,000 P(1-\eta)}{\alpha_d} \tag{10-23}$$

或在既定条件下，保持正常工作温度所需要的散热面积为

$$S = \frac{1\,000 P(1-\eta)}{\alpha_d(t_0 - t_a)} \tag{10-24}$$

在 $t_0 > 80℃$ 或当有效的散热面积不足时，则必须采取措施，以提高其散热能力。通常采取的措施有以下几项：

1）加散热片以增大散热面积。

2）在蜗杆轴端加装风扇，如图 10-7（a）所示，以加速空气的流通。

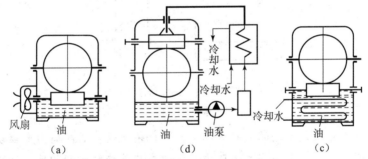

图 10-7 蜗杆减速器的强制冷却法

(a) 风扇冷却；(b) 外冷却器冷却；(c) 内水管冷却

由于在蜗杆轴端加装风扇会增加功率损耗。因此，其总的功率损耗为

$$P_t = (P - \Delta P_F)(1 - \eta) \tag{10-25}$$

式中，ΔP_F——风扇消耗的功率，可按下式计算：

$$\Delta P_F \approx \frac{1.5 v_F^3}{10^5} \tag{10-26}$$

式中，v_F——风扇叶轮的圆周速度，$v_F = \dfrac{\pi D_F n_F}{60 \times 1\,000}$，其中 D_F 为风扇叶轮的外径，mm。n_F 为风扇叶轮的转速，r/min。

由摩擦消耗的功率所产生的热流量为

$$\Phi_1 = 1\,000(P - \Delta P_F)(1 - \eta) \tag{10-27}$$

散发到空气中的热流量为

$$\Phi_2 = (\alpha'_d S_1 + \alpha_d S_2)(t_0 - t_a) \tag{10-28}$$

式中，S_1——风冷面积，m^2；

S_2——自然冷却面积，m^2；

α'_d——风冷时的表面传热系数，按表 10-12 选取。

表 10-12 风冷时的表面传热系数 α'_d

蜗杆转速/$(r \cdot min^{-1})$	750	1 000	1 250	1 550
$\alpha'_d/(W \cdot m^{-2} \cdot \text{°C})$	27	31	35	38

③在传动箱内安装循环冷却管路，如图 10-7（b）和图 10-7（c）所示。

§10.5 蜗杆传动工程应用

【例 10-1】 在图 10-8 所示的蜗杆传动中，已知蜗杆主动、右旋，其回转方向如图 10-8 所示。试画出蜗杆和蜗轮所受的各力，并画出蜗轮的回转方向。

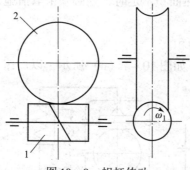

图 10-8 蜗杆传动

1—蜗杆；2—蜗轮

解题分析：首先应确定蜗轮的旋转方向。因为蜗轮从动，其圆周力为驱动力，方向应与旋转方向相同；蜗杆主动，其圆周力为阻力，方向应与其旋转方向相反；蜗杆的轴向力与蜗轮的圆周力以及蜗轮的轴向力与蜗杆的圆周力均分别大小相等、方向相反，并作用在通过啮合点的同一条直线上；径向力均自啮合点指向各自的轴心，如图 10-9 所示。

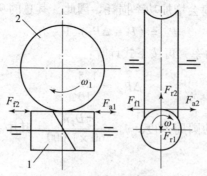

图 10-9 蜗轮和蜗杆的受力

1—蜗杆；2—蜗轮

第10章 蜗杆传动

【例 10 – 2】 具有自锁性能的蜗杆传动其啮合效率为什么小于 0.5？

解题分析： 由反行程自锁的条件代入啮合效率公式，即可得到所需结果。

解： 蜗杆传动的啮合效率为

$$\eta_1 = \frac{\tan \gamma}{\tan(\gamma + \Phi_v)} = \frac{\tan \gamma(1 - \tan \gamma \times \tan \Phi_v)}{\tan \gamma + \tan \Phi_v} < \frac{\tan \gamma}{\tan(\gamma + \Phi_v)}$$

代入反行程自锁的条件 $\gamma \leqslant \varphi_v$，$\tan \gamma = \tan f_v$，得

$$\eta_1 < \frac{\tan \gamma}{2\tan \gamma} = \frac{1}{2}$$

【例 10 – 3】 设计一闭式蜗杆减速器中的普通圆柱蜗杆传动。已知：输入功率 $P = 8$ kW，蜗杆转速 $n_1 = 1\,450$ r/min。传动比为 20，传动不反向，工作载荷较稳定，但有不大的冲击，要求寿命 L_h 为 12 000 h。

解：（1）选择蜗杆传动类型

根据 GB/T 10085—1988，应采用渐开线蜗杆（ZI）。

（2）选材料

蜗杆螺旋齿面要求淬火，硬度为 45～55 HRC，蜗轮用铸锡磷青铜 ZCuSn10P1，金属模铸造。为了节约贵重的有色金属，齿圈用青铜制造，而轮芯用灰铸铁 HT100 制造。

（3）按齿面接触疲劳强度进行设计

根据闭式蜗杆传动的设计准则，先按齿面接触疲劳强度设计，再校核齿根的弯曲疲劳强度。

传动中心距

$$a \geqslant \left\{ KT_2 \left(\frac{Z_E Z_\rho}{\sigma_H}\right)^2 \right\}^{\frac{1}{3}}$$

计算上式中的主要参数：

1）确定作用在蜗轮上的转矩 T_2：

按 $z_1 = 2$，$\eta = 0.8$，则：

$$T_2 = 9.55 \times 10^6 \frac{P_2}{n_2} = \left(9.55 \times 10^6 \times \frac{8 \times 0.8}{\frac{1\,450}{20}}\right) = 843\,034.48\,(\text{N} \cdot \text{mm})$$

2）确定载荷系数 K：

因载荷稳定，$K_\beta = 1$；

工作情况系数 $K_A = 1.15$（查表 10 – 5）；

由于转速不高，冲击不大，$K_v = 1.05$，则

$$K = K_A K_\beta K_v = 1.15 \times 1 \times 1.05 = 1.21$$

3）确定弹性影响系数 Z_E：

$$Z_E = 160\,\sqrt{\text{MPa}}$$

4）确定接触系数 Z_ρ：

假设 $\dfrac{d_1}{a} = 0.35$，查图 10 – 5，$Z_\rho = 2.9$。

5）确定许用接触应力 $[\sigma_H]$：

查表 10 – 7，蜗轮基本许用应力 $[\sigma_H]' = 268$ MPa。

应力循环系数

$$N = 60jn_2L_h = 60 \times 1 \times \frac{1\,450}{20} \times 12\,000 = 5.22 \times 10^7$$

寿命系数

$$K_{HvN} = \left(\frac{10^7}{5.22 \times 10^7}\right)^{\frac{1}{8}} \approx 0.813\,4$$

$$[\sigma_H] = K_{HN}[\sigma_H]' = 0.813\,4 \times 268 = 218(\text{MPa})$$

6）计算中心距：

$$a \geqslant \left[1.21 \times 843\,034.48 \times \left(\frac{160 \times 2.9}{218}\right)^2\right]^{\frac{1}{3}} = 166.56(\text{mm})$$

取中心距 $a = 200$ mm，由于 $i = 20$，查表 10-2，模数 $m = 8$，蜗杆分度圆直径 $d_1 = 80$ mm，而

$$\frac{d_1}{d_2} = \frac{80}{200} = 0.4$$

可以用。

(4) 蜗杆和蜗轮的主要参数与几何尺寸

1) 蜗杆：

轴向齿距 $p_a = 25.133$ mm；直径系数 $q = 10$；齿顶圆直径 $d_{a1} = 96$ mm；齿根圆直径 $d_{f1} = 60.8$ mm；分度圆导程角 $\gamma = 11°18'36''$；蜗杆轴向齿厚 $S_a = 12.566\,4$ mm。

2) 蜗轮：

蜗轮齿数 $z_2 = 41$；变位系数 $x_2 = -0.5$；

验算传动比 $i = \frac{41}{2} = 20.5$，传动比误差 $\Delta i = \frac{20.5 - 20}{20} \times 100\% = 2.5\%$，可以用。

蜗轮分度圆直径：$d_2 = mz_2 = 8 \times 41 = 328$ (mm)；

蜗轮喉圆直径：$d_{a2} = d_2 + 2h_{a2} = (328 + 2 \times 8) = 344$ (mm)；

蜗轮齿根圆直径：$d_{f2} = d_2 - 2h_{f2} = (328 - 2 \times 1.2 \times 8) = 308.8$ (mm)；

蜗轮咽喉圆半径：$r_{g2} = a - \frac{1}{2}d_{a2} = 200 - \frac{1}{2} \times 344 = 28(\text{mm})$。

(5) 校核齿根弯曲疲劳强度

$$\sigma_F = \frac{1.53KT_2}{b_2d_2m}Y_FY_\beta \leqslant [\sigma_F]$$

1) 当量齿数：

$$z_{v2} = \frac{z_2}{\cos^3\gamma} = \frac{41}{\cos^3 11.31°} = 43.48$$

根据 $x_2 = -0.4$，$z_{v2} = 43.48$，从表 10-9 中查得齿形系数 $Y_F = 2.87$。

2) 螺旋角系数：

$$Y_\beta = 1 - \frac{\gamma}{140°} = 1 - \frac{11.31°}{140°} = 0.919$$

3) 许用弯曲应力：

$$[\sigma_F] = [\sigma_F]'K_{FN}$$

查表得 $[\sigma_F]' = 56$ MPa。

4) 寿命系数：

$$K_{FN} = \left(\frac{10^6}{5.22 \times 10^7}\right)^{\frac{1}{9}} = 0.644$$

$$[\sigma_F] = 56 \times 0.644 = 36.086(\text{MPa})$$

$$\sigma_F = \frac{1.53 \times 1.21 \times 843\,034}{80 \times 328 \times 8} \times 2.87 \times 0.919 = 19.609(\text{MPa})$$

弯曲强度满足要求。

（6）精度等级公差和表面粗糙度的确定

考虑蜗杆传动是动力传动，蜗轮应选 8 级精度，侧隙种类为 8f。从有关手册可查得其表面粗糙度（略）。

（7）热平衡校核（略）

（8）绘制工作图（略）

习 题

10-1 为什么对蜗杆传动要进行热平衡计算？其计算原理是什么？当其热平衡不满足要求时，应采取什么措施？

10-2 图 10-10 所示为二级蜗杆传动，已知Ⅰ轴为输入轴，Ⅲ轴为输出轴，蜗杆螺旋线右旋，转向如图 10-10 所示。在图中标出：

（1）两个蜗轮轮齿的螺旋线方向；

（2）Ⅰ和Ⅱ轴的转向；

（3）蜗杆 3 和蜗轮 4 啮合点的受力方向；

（4）分析Ⅱ轴上两轮所受的轴向力与两轮的螺旋线方向之间的关系。

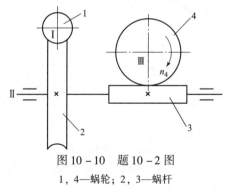

图 10-10 题 10-2 图
1，4—蜗轮；2，3—蜗杆

10-3 某一设备中的非变位普通圆柱蜗杆传动，其蜗杆由电动机驱动，$n_1 = 1\,440$ r/min，传动比 $i = 21$。由于结构的限制，应使蜗杆传动的中心距 $a < 200$ mm。蜗杆用 45 钢淬火，齿面硬度不小于 45HRC，蜗轮采用 ZCuAl10Fe3 砂模铸造，滚刀加工，$z_2 < 80$。折合一班制工作，使用寿命 7 年（每年 300 天），单向转动，工作稳定。试按能传递最大功率或按具有最大啮合效率的要求设计其主要参数。

第11章 滑动轴承

§11.1 机械设计中的摩擦、磨损和润滑

机器中在相互摩擦条件下工作的零件有很多,其结果是造成能量损耗、效率降低、温度升高和表面磨损。过度磨损会使机器丧失应有的精度,从而产生振动和噪声,并缩短使用寿命。在失效的零件中,因磨损而失效的零件占很大的比例,约为80%。润滑是工程中用来降低摩擦和功耗、提高机器效率和减轻磨损的最经济、最有效、也是最常用的方法。

在摩擦条件下工作的零件主要有两类:一类要求摩擦阻力小、功耗少,如滑动轴承等动连接以及啮合传动;一类要求摩擦阻力大,并利用摩擦传递动力(如带传动、摩擦无级变速器、摩擦离合器)、制动(如摩擦制动器)或吸收能量起到缓冲阻尼作用(如环形弹簧、多板弹簧)。前一类零件要求用减摩材料制造,如滑动轴承材料;后一类零件则要求用耐磨材料制造,如摩擦面材料。

11.1.1 机械中的摩擦

在外力的作用下,一物体相对于另一物体做运动或有运动趋势时,在其摩擦表面上所产生的切向阻力叫作摩擦力,这一现象称为摩擦。按摩擦状态不同,可将其分为干摩擦、边界摩擦、流体摩擦和混合摩擦等,如图11-1所示。

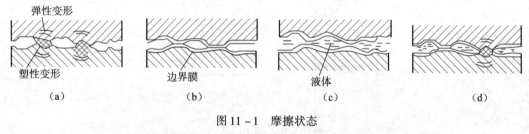

图11-1 摩擦状态
(a) 干摩擦;(b) 边界摩擦;(c) 液体摩擦;(d) 混合摩擦

两摩擦表面直接接触,不加入任何润滑剂的摩擦称为干摩擦。两摩擦表面被一流体层(液体或气体)隔开,摩擦性质取决于流体内部分子间黏性阻力的摩擦,称为流体摩擦。两摩擦表面被吸附在其表面的边界膜隔开,摩擦性质不取决于流体黏度,而与边界膜和表面的吸附性质有关的摩擦,称为边界摩擦。在实际使用中,有较多的摩擦副处于干摩擦、边界摩擦、流体摩擦的混合状态,这些摩擦称为混合摩擦。

一般说来,干摩擦的摩擦阻力最大,磨损也最严重,零件的使用寿命最短,应力求避免。流体摩擦的摩擦阻力小,没有磨损,使用寿命长,但它必须在一定载荷、速度和流体黏

度等工况下才能实现。边界摩擦和混合摩擦能有效地降低摩擦阻力、减轻磨损、提高承载能力并延长零件的使用寿命。边界摩擦和混合摩擦有时统称为边界摩擦。对于要求低摩擦的摩擦副，流体摩擦是比较理想的摩擦状态，维持边界摩擦或混合摩擦为其最低要求。对于要求高摩擦的摩擦副，则其大多处于干摩擦或边界摩擦状态。

流体摩擦、边界摩擦、混合摩擦，都必须在一定的润滑条件下实现，所以又常称为流体润滑、边界润滑和混合润滑。混合润滑时，其摩擦磨损行为主要取决于边界摩擦状态，而载荷则有相当一部分由弹性流体动力润滑承担。当载荷很大、工作温度非常低或非常高时，应采用石墨、二硫化钼等固体润滑剂，这种润滑称为固体润滑。

图 11-2 所示为摩擦特性曲线。依据 $\dfrac{\eta n}{p}$ 的不同，摩擦副分别处于边界润滑、混合润滑和流体润滑状态，其相应的间隙变化也如图 11-2 所示。

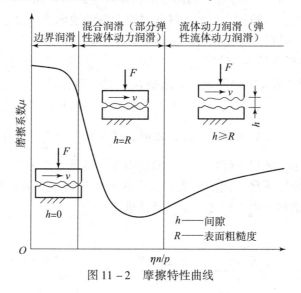

图 11-2 摩擦特性曲线

图 11-3 所示为磨损曲线，随着载荷的增加，摩擦副分别处于不同的润滑状态。当载荷小于 F_y 时，磨损率较低，能保持一定的工作寿命。增大载荷，则工作温度随之增加，摩擦副将发生胶合磨损，甚至咬死。润滑油中含有极压添加剂时的磨损曲线如图 11-3 中的虚线所示。

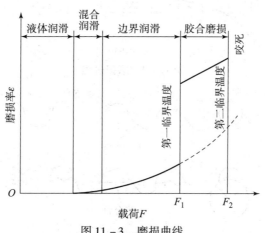

图 11-3 磨损曲线

11.1.2 机械中的磨损

使摩擦表面的物质不断损失的现象称为磨损。除非采取特殊措施（如静压润滑，电、磁悬浮等），否则磨损很难避免。在规定年限内，只要磨损量不超过允许值，我们就认为这是正常磨损。磨损并非都有害，如跑合、研磨都是有益的磨损。

单位时间内（或单位行程、每一转、每一次摆动）材料的磨损量称为磨损率。磨损量可以用体积、质量或厚度来衡量。磨损率是很重要的参数。在规定的磨损率下可以通过试验测定摩擦材料的许用 $[p]$、$[v]$ 和 $[pv]$ 值；或者在一定 p 和 v 的作用下测定磨损率，以便对不同的摩擦材料进行耐磨性比较。

耐磨性是指磨损过程中材料抵抗脱落的能力，常用磨损率的倒数来表示。

图 11-4 所示为磨损的过程图。Ⅰ 为跑合磨损阶段。跑合是指在机器使用的初期，改善机器零件的适应性、表面形貌和摩擦相容性的过程。滑动轴承能自行适应轴的挠曲和少量不对中而保持正常运转的性能称为适应性；固体表面的微观几何形状称为表面形貌；配对摩擦材料抵抗黏着磨损的性能称为摩擦相容性。跑合后，尖峰高度降低，峰顶半径增大（见图 11-5），这将有利于增大接触面积，降低磨损速度。跑合时，应注意由轻至重、缓慢加载，并注意油的清洁，防止磨屑进入摩擦面而造成剧烈磨损和发热。跑合阶段结束，润滑油应进行过滤后再使用。Ⅱ 为稳定磨损阶段，这时，磨损率 $\varepsilon = \dfrac{\Delta q}{\Delta t} =$ 常数。磨损率也即磨损曲线的斜率，斜率越小，磨损率越低，零件的使用寿命越长。Ⅲ 为剧烈磨损阶段，零件经若干时间的使用后，其精度下降，间隙增大，润滑状况恶化（油易被挤出），从而产生振动、冲击和噪声，此时，磨损加剧，温度升高，零件迅速报废。

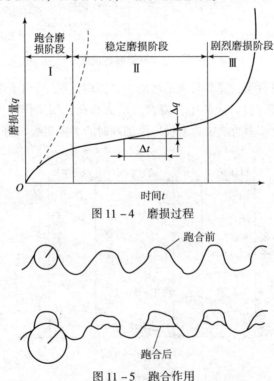

图 11-4 磨损过程

图 11-5 跑合作用

在正常情况下，零件经短期跑合后即进入稳定磨损阶段，但若压强过大、速度过高、润滑不良，则跑合期很短，零件立即转入剧烈磨损阶段，这将使零件很快报废，如图11-4中的虚线所示。

按破坏机理的不同，磨损主要分为四种基本类型：黏着磨损、表面疲劳磨损、磨粒磨损和腐蚀磨损。磨损常以复合形式出现。

11.1.3 机械中的润滑

流体摩擦润滑的性质取决于黏性流体的内摩擦力。黏度是衡量内摩擦力大小的指标，黏度越大，摩擦力越大。

要维持流体润滑，必须在两滑动表面间建立压力油膜。按建立压力油膜的原理不同，流体润滑主要有流体动力润滑、弹性流体动力润滑和流体静力润滑等。

1. **流体动力润滑**

获得流体动力润滑的基本条件包括以下几方面：
1) 两滑动表面沿运动方向的间隙必须呈由大变小的形状；
2) 其相对速度必须足够大，以便流体能连续泵入油楔中，依据油楔的作用，建立压力油膜。雷诺方程是流体动力润滑的基本方程，见本章式（11-9）。

2. **弹性流体动力润滑**

在流体动力润滑计算中，通常都忽略润滑表面的弹性变形和压力对润滑油黏度的影响。这对于低副接触，由于其压强不大（多数滑动轴承的压强 $p < 10$ MPa），比较符合实际情况，而计算也可以大为简化。对于高副接触（如齿轮副、滚动轴承，最大压强 p 可达 1 000 MPa），则与实际情况相差过大。考虑弹性变形和压力两个因素对黏度的影响的流体动力润滑称为弹性流体动力润滑。当流体油膜薄到一定程度，需要进一步考虑表面形貌的峰顶干扰影响时，就称为部分弹性流体动力润滑。

3. **流体静力润滑**

利用外部供油（气）装置将一定压力的流体送入摩擦面之间，以建立压力油膜的润滑称为流体静力润滑。流体静力润滑的工作原理如图11-6所示。其全部载荷由油垫面上的液体静压力所平衡。正常使用时，压力油不断从节流间隙外泄，又不断得到补充。随着载荷的变化，油膜厚度的变化规律不仅和载荷大小有关，而且和流量补偿的性能有关。如果流量补偿随时和排出流量相等，则油膜厚度将恒定不变，油膜就具有无穷大的刚度，油膜厚度也将减小。补偿流量的装置称为补偿元件，常用的补偿元件有毛细管节流器、小孔节流器和定量泵等。补偿元件的性能对油垫的承载能力和油膜刚度具有很大的影响。用气体作润滑剂的润滑称为气体静力润滑。

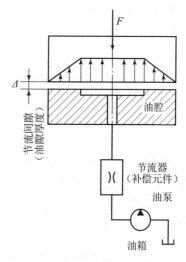

图11-6 液体静力润滑

流体静力润滑的主要优点有以下几方面：

1）其压力油膜的建立与速度无关，所以其速度适用范围很宽，可以从极低速（甚至为零）至高速。

2）在正常使用情况下，装置启动、工作和停止时，始终不会发生金属直接接触，所以其使用寿命很长，精度保持性很好。又因为其油膜刚度很大，所以运转精度很高，抗振性能好。

3）只要合理选择参数和结构，就比较容易满足设计者对承载能力、油膜刚度等性能方面的要求。基于上述的一些优点，液体静力润滑已在重型、精密、高效率的机器上成功地用于轴承、导轨、蜗杆和传动螺旋等零件中，并取得了良好的效果。其主要缺点是需要一套供油装置，从而增加了设备费用。

§11.2 滑动轴承概述

11.2.1 滑动轴承的特点与分类

1. 滑动轴承的特点

1）滑动轴承寿命长、适用于高速回转运动，当设计正确时，可保证在液体摩擦条件下长期工作，如大型汽轮机、发电机多采用液体摩擦滑动轴承。对高速运转的轴，如高速内圆磨头，转速可达几十万转，多采用气体润滑的滑动轴承，如采用滚动轴承则寿命过短。

2）滑动轴承能承受冲击和振动载荷。滑动轴承工作表面间的油膜能起到缓冲和吸振作用，如冲床、轧钢机械及往复式机械中多采用滑动轴承。

3）滑动轴承运转精度高、工作平稳无噪声。因滑动轴承所包含的零件比滚动轴承少，制造、安装可达到较高的精度，故其运转精度、工作平稳性都优于滚动轴承。

4）滑动轴承结构简单、装拆方便。滑动轴承常做成剖分式，这给拆装带来了方便，如曲轴的轴承多采用剖分式滑动轴承。

5）滑动轴承的承载能力大，可用于重载的场合。液体摩擦滑动轴承具有较高的承载能力，适宜做重载轴承。若采用滚动轴承则需要专门设计制造，从而导致成本上升。

6）非液体摩擦滑动轴承的摩擦损失大；液体摩擦滑动轴承的摩擦损失与滚动轴承相差不多，但其对设计、制造、润滑及维护的要求高。

2. 滑动轴承的分类

1）按照承受载荷的方向不同，轴承可分为向心轴承和推力轴承两类。轴承上的反作用力的方向与轴中心线垂直的轴承称为向心轴承；而轴承上的反作用力的方向与轴中心线方向一致的轴承称为推力轴承。

2）根据轴承工作的摩擦性质不同，它又可分为滑动摩擦轴承（简称滑动轴承）和滚动摩擦轴承（简称滚动轴承）两类。本章只讨论滑动轴承。

11.2.2 滑动轴承的设计内容

滑动轴承的设计包括下列几方面的内容：

1）决定轴承的结构型式；

2）选择轴瓦和轴承衬的材料；

3) 决定轴承的结构参数;
4) 选择润滑剂和润滑方法;
5) 计算轴承的工作能力。

11.2.3 滑动轴承的摩擦润滑状态

1. 干摩擦

1) 工程上认为两摩擦表面直接接触,不添加任何润滑剂的摩擦为干摩擦。事实上,即使在很洁净的表面上,也存在脏污膜和氧化膜,因此它们的摩擦系数比真空下测定的纯洁净表面的摩擦系数小得多。干摩擦的摩擦阻力大,磨损最严重,零件使用寿命最短,应力求避免。

2) 干摩擦常用库仑公式来表达摩擦力 F、法向力 N 和摩擦系数 f 之间的关系,即

$$f = \frac{F}{N}$$

3) 库仑定律只适用于粗糙表面。

2. 液体摩擦润滑

两摩擦表面被一流体层(液体或气体)隔开,摩擦性质取决于流体内部分子间黏性阻力的摩擦,称为液体摩擦。液体摩擦的摩擦阻力小,其摩擦系数为 0.001~0.008。这种摩擦没有磨损,且使用寿命长,是最理想的摩擦状态,但它必须在一定的条件下才能实现。一般可以采用两种方法来建立液体摩擦润滑,其一是依靠轴颈(向心轴承)或轴环(推力轴承)的运动将润滑油带进楔形间隙,产生流体动压力以形成液体摩擦润滑,这就是动压式滑动轴承;其二是通过外界的压力源将具有一定压力的润滑油送入轴承间隙以形成液体摩擦润滑,这就是静压式滑动轴承。

3. 边界摩擦润滑

两摩擦表面被吸附在表面的边界膜隔开,摩擦性质不取决于液体黏度,而与边界膜和表面的吸附性质有关的摩擦,称为边界摩擦润滑。边界润滑又称为薄膜润滑。处于这种润滑状态下的两摩擦表面被一层极薄的润滑薄膜(厚度通常为 0.1~0.2 μm)所隔开,其摩擦系数比液体摩擦润滑大,为 0.01~0.10。处于液体摩擦润滑的滑动轴承在启动和停车过程中,由于其转速低,油膜不能承受整个外载荷,此时两摩擦表面就处于边界摩擦润滑的状态下。此外,当轴承载荷较大,润滑油黏度较低时,也会出现边界摩擦润滑状态。

边界膜包括物理吸附膜、化学吸附膜和化学反应膜。由分子吸引力形成的吸附膜称为物理吸附膜,由化学结合力而形成的吸附膜称为化学吸附膜。后者的强度比前者高,适用于速度、载荷、温度均较高的场合。化学反应膜是在润滑油中加入含硫、磷、氯等元素的化合物(即添加剂)与金属表面进行化学反应而生成的膜,这种膜的熔点高,剪切强度低,常应用于重载、高速、高温的摩擦副。

4. 混合摩擦润滑

在实际使用中,有较多的摩擦副处于干摩擦、边界摩擦、液体摩擦的混合状态,称为混合摩擦。由于摩擦表面不可能是理想光滑的,而是在微观上凹凸不平的。这样,在两表面凸起部分就可能形成边界润滑。

处于液体润滑状态下工作的滑动轴承常称为液体摩擦滑动轴承,处于边界润滑和混合润

滑状态下的滑动轴承称为非液体摩擦滑动轴承。

§11.3 滑动轴承的结构形式

11.3.1 向心滑动轴承

常用的向心滑动轴承有整体式和剖分式两大类。

1. 整体式向心滑动轴承

图 11-7 所示为一种常见的整体式向心滑动轴承。最常用的轴承座的材料为铸铁。轴承座用螺栓与机座连接，顶部设有装油杯的螺纹孔。在轴承孔内压入用减摩材料制成的轴套，轴套上开有油孔，并在其内表面上开设油沟，以输送润滑油。整体式轴承构造简单，常用于低速、载荷不大的间歇工作的机器上。但它有下列几方面的缺点：

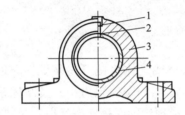

图 11-7 整体式向的滑动轴承图
1—油杯螺纹孔；2—油孔；3—轴承座；4—轴套

1）当滑动表面磨损且间隙过大时，它无法调整轴承间隙；
2）其轴颈只能从端部装入，对于粗重的轴或者具有中轴颈的轴安装不方便。
如果采用剖分式轴承，就可以克服这两个缺点。

2. 剖分式向心滑动轴承

图 11-8 所示为剖分式轴承，其由轴承座、轴承盖、剖分轴瓦和轴承盖螺柱等组成。轴瓦是轴承直接和轴颈相接触的零件。为了节省贵重金属或其他需要，常在轴瓦内表面贴附一层轴承衬。对于不重要的轴承也可以不安装轴瓦。在轴瓦内壁不负担载荷的表面上开设油沟，润滑油通过油孔和油沟流进轴承间隙。其剖分面最好与载荷方向近乎垂直。多数轴承的剖分面是水平的，也有倾斜的。轴承盖和轴承座的剖分面常做成阶梯形，以便定位和防止工作时发生错动。

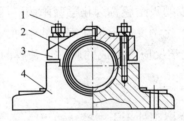

图 11-8 剖分式向的滑动轴承
1—双头螺柱；2—部分轴瓦；3—轴承盖；4—轴承座

3. 调心式向心滑动轴承

当轴的弯曲变形较大，或由于安装误差较大时，轴颈偏斜会引起轴承两端的边缘接触，如图 11-9 所示。这时，载荷集中，会加剧磨损和发热，并降低轴承的寿命。轴承宽度越大，这种情况越严重。所以，轴承宽度 B 与轴颈直径 d 的比值（宽径比）不能太大，一般宽径比 $B/d = 0.5 \sim 1.5$。当 $B/d > 1.5$ 时，常采用调心式轴承，如图 11-9 所示。调心式轴承又称为自位轴承，其特点是：轴瓦外表面做成球面形状，与轴承盖及轴承座的球形内表面相配合，轴瓦可以自动调心以适应轴颈的偏斜。

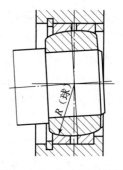

图 11-9 自动调心轴承

11.3.2 推力滑动轴承

常见的推力轴承的止推面的形状如图 11-10 所示。其实心端面推力轴颈由于跑合时中心与边缘的磨损不均匀，越接近边缘部分磨损越快，以致中心部分压强极高。采用空心轴颈和环状轴颈可以克服这一缺点。当载荷很大时，可以采用多环轴颈，它能承受双向的轴向载荷。

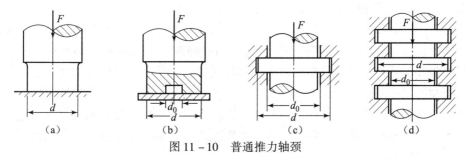

图 11-10 普通推力轴颈

(a) 实心端面轴颈；(b) 空心端面轴颈；(c) 环状轴颈；(d) 多环轴颈

§11.4 滑动轴承的材料

轴瓦是滑动轴承的重要零件。轴瓦和轴承衬的材料统称为轴承材料。

11.4.1 轴瓦对材料的性能要求

轴瓦的主要失效形式是磨损，由于强度不足而出现的疲劳损坏和由于工艺原因而出现的轴承衬脱落等现象也时有发生。

对轴瓦材料的性能要求主要需要考虑以下几方面：
1) 强度、塑性、顺应性和嵌藏性；
2) 磨合性、减摩性和耐磨性；
3) 耐腐蚀性；
4) 润滑性能和热学性质（传热性及热膨胀性）；
5) 工艺性；
6) 经济性。

强度包括冲击强度、抗压强度和疲劳强度。顺应性是轴承材料补偿对中误差和顺应其他几何误差的能力。弹性模量低、塑性好的材料，其顺应性就好。嵌藏性是轴承材料嵌藏污物和外来微粒，以防止刮伤和磨损的能力。顺应性好的金属材料，一般嵌藏性也好。而非金属材料则不然，如碳－石墨，其弹性模量低，顺应性好，但质硬，嵌藏性不好。

磨合性是指材料消除表面不平度而使轴瓦表面和轴颈表面相互吻合的性质。减摩性是指材料具有较低的摩擦阻力的性质。耐磨性是指材料抵抗磨粒磨损和胶合磨损的性质。轴承材料的减摩性和耐磨性与轴颈材料及润滑剂有关。本章中提到的材料的这两种性质是针对与钢轴颈相配合并使用一般的润滑油而言的。

11.4.2 滑动轴承的材料

轴承材料分为以下三大类：
1) 金属材料——轴承合金、青铜、铝基合金、锌基合金、减摩铸铁等；
2) 多孔质金属材料（粉末冶金材料）；
3) 非金属材料——塑料、橡胶、硬木等。

现简要分述如下：

1. 轴承合金（又称白合金、巴氏合金）

锡（Sn）、铅（Pb）、锑（Sb）和铜（Cu）的合金统称为轴承合金。它是以锡或铅作基体，并悬浮锑锡（Sb－Sn）及铜锡（Cu－Sn）的硬晶粒。硬晶粒起耐磨作用，软基体则能增加材料的塑性。硬晶粒受重载时可以嵌陷到软基体里，使载荷由更大的面积承担。它的弹性模量和弹性极限都很低。在所有轴承材料中，轴承合金的嵌藏性和顺应性最好，且很容易和轴颈磨合，它与轴颈的抗胶合能力也较好。巴氏合金的机械强度较低，通常将它贴附在软钢、铸铁或青铜的轴瓦上使用。锡基合金的热膨胀性质比铅基合金好，所以前者更适合用于高速轴承，但价格较高。

2. 轴承青铜

青铜也是常用的轴承材料，其中铸锡锌铅青铜具有很好的疲劳强度，广泛应用于一般轴承。铸锡磷青铜是一种很好的减摩材料，其减摩性和耐磨性都很好，机械强度也较高，适用于重载的轴承。铜铅合金具有优良的抗胶合性能，在高温时可以从摩擦表面析出铅，并在铜基体上形成一层薄的敷膜，从而起到润滑的作用。

3. 多孔质金属材料

多孔质金属是一种粉末冶金材料，它具有多孔的组织。我们将通过采取措施而使轴承所有细孔都充满润滑油的轴承称为含油轴承，因此它具有自润滑性能。常用的含油轴承材料有多孔铁（铁－石墨）与多孔青铜（青铜－石墨）两种。

4. 轴承塑料

非金属轴承材料以塑料用得最多。塑料轴承具有自润滑性能，也可用油或水润滑。其主要优点是：
1) 摩擦系数较小；
2) 具有足够的抗压强度和疲劳强度，可承受冲击载荷；
3) 耐磨性和跑合性好；
4) 塑性好，可以嵌藏外来杂质，以防止损伤轴颈。

但它的导热性差（只有青铜的几百分之一），线膨胀系数大（为金属的 3～10 倍），吸水或吸油后体积会膨胀，受载后有冷流性等，这些因素不利于轴承尺寸的稳定性。常用的金属轴瓦材料的许用值和性能比较见表 11-1，常用的非金属轴瓦材料的许用值见表 11-2。

表 11-1　常用的金属轴瓦材料的许用值和性能比较

轴瓦材料	最大许用值[①]			最高工作温度/℃	最小轴颈硬度/HB	性能比较[②]					备注
	$[p]$/MPa	$[v]$/(m·s^{-1})	$[pv]$/(MPa·m·s^{-1})			抗咬合性	顺应性	嵌藏性	耐蚀性	耐疲劳性	
锡基											用于高速、重载下工作的重要轴承，其在变载荷下易于疲劳，价格高
ZCuSnSb12-4-10	平稳载荷			150	150	1	1	1	5		
ZCuSnSb11-6	25	80	20								
ZCuSnSb8-4	冲击载荷										
ZCuSnSb4-4	20	60	15								
铅基											用于中速、中载下工作的轴承，其不宜受显著冲击，可作为锡锑轴承合金的代用品
ZCuPbSb16-16-2	15	12	10	150	150	1	1	3	5		
ZCuPbSb15-15-3	5	8	5								
ZCuPbSb15-10	20	15	15								
锡青铜											用于中速、重载、变荷与中载的轴承
ZCuSn10Pb1	15	10	15	280	200	3	5	1	1		
ZCuSn5Pb5Zn5	8	3	15								
铝青铜											最适用于润滑充分的低速、重载轴承
ZCuAl10Fe3	15	4	12	280	200	5	5	5	2		
ZCuAl10Fe3Mn2	20	5	15								
铅青铜											用于高速、重载轴承，其能承受变载荷和冲击
ZQPb30	25	12	30	280	300	3	4	4	2		
黄铜											用于低速、中载轴承
ZCuZn38Mn2Pb2	10	1	10	200	200	3	5	1	1		
ZCuZn16Si4											

续表

轴瓦材料	最大许用值①			最高工作温度/℃	最小轴颈硬度/HB	性能比较②					备注
	$[p]$/MPa	$[v]$/(m·s^{-1})	$[pv]$/(MPa·m·s^{-1})			抗咬合性	顺应性	嵌藏性	耐蚀性	耐疲劳性	
电镀合金											在钢背上镀铅锡青铜作中间层，再镀 10~30 μm 的三元减摩层，其疲劳强度高，顺应性、嵌藏性好
三元电镀合金（如铝-硅-镉度层）	25			170	250	1	2	2	3		
铸铁											宜用于低速、轻载的不重要轴承，且价廉
HT150、HT200、HT250	0.1 4	2 0.5			250	4	5	1	1		

注：①最大许用值为一般值，润滑良好，$[pv]$ 值适用于混合润滑的工况，对于液体润滑，因其与散热条件有很大关系，所以不需要限制 $[pv]$ 值；
②性能比较：1—最佳，5—最差。

表 11-2 常用的非金属轴瓦材料的许用值

轴瓦材料	最大许用值			最高工作温度/(℃)	备注
	$[p]$/MPa	$[v]$/(m·s^{-1})	$[pv]$/(MPa·m·s^{-1})		
酚醛塑料	41	13	0.18	120	由棉织物、石棉等填料经酚醛树脂黏接而成。其抗胶合性好，强度和抗振性好，能耐酸碱，导热性差，重载时需用水或油充分润滑，易膨胀，轴承间隙宜取大值
尼龙	14	3	0.11 (0.05 m/s) 0.09 (0.5 m/s)	90	摩擦系数低，耐磨性好，无噪声。其金属瓦上覆以尼龙薄层，能承受中等载荷，加入石墨、二硫化钼等填料可提高其机械性能、刚性和耐磨性；加入耐热成分的尼龙可提高其工作温度
聚碳酸酯	7	5	0.03 (0.05 m/s) 0.01 (0.5 m/s)	105	物理性能好，易于喷射成型，比较经济。醛缩醇和聚碳酸酯的稳定性好，填充石墨的聚酰亚胺温度可达 280℃
醛缩醇 聚酰亚胺	14 —	3 —	0.1 4 (0.05 m/s)	100 260	

续表

轴瓦材料	最大许用值			最高工作温度/(℃)	备注
	$[p]$/MPa	$[v]$/(m·s^{-1})	$[pv]$/(MPa·m·s^{-1})		
聚氟乙烯 PTFE	3	1.3	0.04（0.05 m/s） 0.06（0.5 m/s） <0.09（5 m/s）	250	摩擦系数很低，自润滑性能好，能耐任何化学药品的侵蚀，适用温度范围宽。但其成本高，承载力低。当使用玻璃丝、石墨等惰性材料为填料时，其承载力和 $[pv]$ 值将大大提高
填充 PTFE	17	5	0.5	250	
碳－石墨	4	13	0.5（干） 5.25（湿）	400	有自润滑性能，高温稳定性好，耐蚀能力强，常用于要求清洁的机械中
木材（枫木、铁梨木）	14	10	0.5	65	有自润滑性能，耐酸、油及其他强化学药品，常用于要求清洁的机械中
橡胶	0.34	5	0.53	65	橡胶能隔振、降低噪声、减小冲载、补偿误差。其导热性差，需加强冷却。常用于水、泥浆等工业设备中，且温度高、易老化

11.4.3 轴瓦的结构

1. 轴瓦和轴承衬

剖分轴瓦的结构如图 11-11 所示。为了改善轴瓦表面的摩擦性质，常在其内表面上浇注一层或多层减摩材料，如图 11-12 所示，通常称为轴承衬，所以轴瓦又分为双金属轴瓦和三金属轴瓦。轴承衬的厚度应随轴承直径的增大而增大，一般由零点几毫米到 6 毫米。

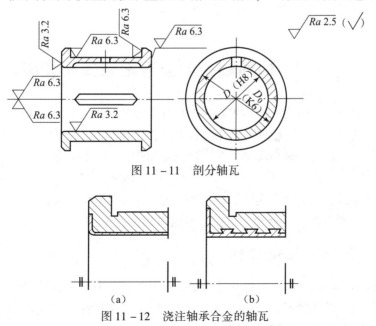

图 11-11 剖分轴瓦

图 11-12 浇注轴承合金的轴瓦

2. 油孔、油沟和油室

油孔用来供应润滑油，油沟则用来输送和分布润滑油。轴向油沟也可以开在轴瓦的剖分面上。油沟的形状和位置会影响轴承中油膜的压力分布情况。润滑油应该自油膜压力最小的地方输入轴承。油沟不应该开在油膜承载区内，否则会降低油膜的承载能力，如图11-13所示。轴向油沟应比轴承宽度稍短，以免油从油沟端部大量流失。图11-14所示为油室的结构，它可使润滑油沿轴向均匀分布，并起到贮油和稳定供油的作用。此结构用于往复转动的重载轴承，其双向进油并设有大的油室。关于轴瓦、轴承衬的结构尺寸和标准可查阅有关资料。

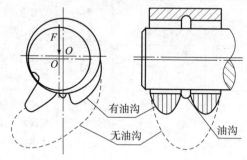

图11-13 不正确的油沟布置会降低油膜的承载能力

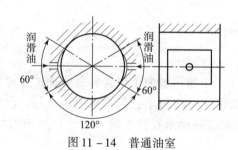

图11-14 普通油室

§11.5 滑动轴承的润滑剂和润滑装置

滑动轴承种类繁多，使用条件和重要程度往往也相差较大，因而它对润滑剂的要求也各不相同。下面仅就滑动轴承常用润滑剂的选择方法作一个简要的介绍。

轴承润滑的主要目的是减小摩擦功耗，降低磨损率，同时还可起到冷却、防尘、防锈以及吸振等作用。

常用的润滑材料是润滑油和润滑脂。此外，还有使用固体（如石墨、二硫化钼）或气体（如空气）作润滑剂的。润滑油中以矿物油用得最多。

11.5.1 润滑剂及其性能指标

在摩擦面间加入润滑剂不仅可以降低摩擦，减轻磨损，保护零件不遭锈蚀，而且在采用循环润滑时还能起到散热降温的作用。由于液体的不可压缩性，所以润滑油膜还具有缓冲、吸振的能力。使用膏状的润滑脂，既可防止内部的润滑剂外泄，又可阻止外部杂质侵入，还能避免加剧零件的磨损,起到密封的作用。

润滑剂可分为气体、液体、半固体和固体四种基本类型。在液体润滑剂中应用最广泛的是润滑油,包括矿物油、动植物油、合成油和各种乳剂。半固体润滑剂主要是指各种润滑脂,它是润滑油和稠化剂的稳定混合物。固体润滑剂是任何可以形成固体膜以减少摩擦阻力的物质,如石墨、二硫化钼和聚四氟乙烯等。任何气体都可以作为气体润滑剂,其中用得最多的是空气,它主要用在气体轴承中。下面仅对润滑油及润滑脂作介绍。

1. 润滑油

润滑油的主要物理及化学性能指标是黏度、黏度指数、油性、闪点、凝点、酸值和残余含碳量等。对于动压润滑轴承,黏度是最重要的指标,也是选择轴承用油的主要依据。

润滑油的黏度可定性地定义为它的流动阻力,它是润滑油最重要的性能之一。

(1) 动力黏度

牛顿在1687年提出了黏性液的摩擦定律(简称黏性定律),即在流体中任意一点处的切应力均与该处流体的速度梯度成正比。若用数学形式表示这一定律,即为:

$$\tau = -\eta \frac{\partial u}{\partial y} \tag{11-1}$$

式中,τ——流体单位面积上的剪切阻力,即切应力;

$\frac{\partial u}{\partial y}$——流体沿垂直于运动方向的速度梯度,式中的"$-$"号表示 u 随 y 的增大而减小;

η——比例常数,即流体的动力黏度。

摩擦学中把凡是服从这个黏性定律的流体都叫作牛顿液体。

动力黏度的国际单位(SI制)是 Pa·s,绝对单位(C.G.S制)是 P(泊),其换算关系为

$$1\text{ P} = 0.1\text{ Pa·s}$$

(2) 运动黏度

工程中常用动力黏度 η(单位为 Pa·s)与同温度下该液体的密度 ρ(单位为 kg/m³)的比值来表示黏度,称为运动黏度 ν(单位为 m²/s),即:

$$\nu = \frac{\eta}{\rho} \tag{11-2}$$

在 C.G.S 制中运动黏度的单位是 St(斯),1St = 1 cm²/s。在 GB/T 3141—1994 中规定,采用润滑油在40℃时的运动黏度的中心值作为润滑油的牌号。润滑油的实际运动黏度在相应的中心黏度值的±10%偏差以内。常用的工业润滑油的黏度分类及相应的运动黏度值见表11-3。例如牌号为 L-AN15 的全损耗系统用油(旧名10号机械油)在40℃时的运动黏度中心值为15 cSt(厘斯),1 cSt = 0.01 cm²/s,其实际运动黏度范围为13.5~16.5 cSt。

表11-3 常用的工业润滑油的黏度分类及相应的黏度值   cSt

黏度等级	运动黏度中心值	运动黏度范围	黏度等级	运动黏度中心值	运动黏度范围
2	2.2	1.98~2.42	7	6.8	6.12~7.48
3	3.2	2.88~3.52	10	10	9.00~11.00
5	4.6	4.14~5.06	15	15	13.5~16.5

续表

黏度等级	运动黏度中心值	运动黏度范围	黏度等级	运动黏度中心值	运动黏度范围
22	22	19.8~24.2	220	220	198~242
32	32	28.8~35.2	320	320	288~352
46	46	41.4~50.6	460	460	414~506
68	68	61.2~74.8	680	680	612~748
100	100	90.0~110.0	100	100	900~1 100
150	150	135~165	1 500	1 500	1 350~1 650

注：表中数据均指40℃时的值。

各种流体的黏度，特别是润滑油的黏度，随温度变化而变化的情况十分明显，其黏度一般随温度的升高而降低。压力对流体黏度的影响，只有在压力超过 20 MPa 时，黏度才随压力的增高而加大，高压时的变化则更为显著。因此，在一般的润滑条件下不予考虑这一因素的影响。

2. 润滑脂

润滑脂是除润滑油以外应用最多的一类润滑剂。它是润滑油与稠化剂（如钙、锂、钠的金属皂）的膏状混合物。根据调制润滑脂所用皂基的不同，润滑脂主要有以下几类：

（1）钙基润滑脂

这种润滑脂具有良好的抗水性，但其耐热能力差，工作温度不宜超过 55℃~65℃。

（2）钠基润滑脂

这种润滑脂具有较高的耐热性，工作温度可达 120℃，但其抗水性差。由于它能与少量水发生乳化，从而保护金属免遭腐蚀，比钙基润滑脂具有更好的防锈能力。

（3）锂基润滑脂

这种润滑脂既能抗水、耐高温（工作温度不宜高于 145℃），又具有较好的机械安定性，是一种多用途的润滑脂。

（4）铝基润滑脂

这种润滑脂具有良好的抗水性，对金属表面具有较高的吸附能力，故可起到很好的防锈作用。

润滑脂的主要质量指标有以下几个：

（1）锥（针）入度（或稠度）

这是指一个质量为 1.5 N 的标准锥体，于 25℃ 恒温情况下，由润滑脂表面经 5 s 后刺入的深度（以 0.1 mm 计）。它标志着润滑脂内阻力的大小和流动性的强弱。锥入度越小则表明润滑脂越稠。锥入度是润滑脂的一项主要指标，润滑脂的牌号就是该润滑脂锥入度的等级。

（2）滴点

在规定的加热条件下，润滑脂从标准测量杯的孔口滴下第一滴时的温度叫润滑脂的滴点。润滑脂的滴点决定了它的工作温度。润滑脂的工作温度至少应低于滴点 20℃。

11.5.2 润滑剂的选择

1. 润滑脂及其选择

使用润滑脂可以形成将滑动轴承表面完全分开的一层薄膜。由于润滑脂属于半固体润滑剂，其流动性极差，故不具有冷却效果。它常用在那些要求不高、难以经常供油，或者低速、重载以及做摆动运动之处的轴承中。

选择润滑脂的一般原则为：

1) 当压力高和滑动速度低时，应选择针入度小一些的润滑脂品种；反之，则应选择锥入度大一些的品种。

2) 所用润滑脂的滴点，一般应较轴承的工作温度高 20℃~30℃，以免造成工作时润滑脂过多流失。

3) 在潮湿的环境下，应选择防水性强的钙基或铝基润滑脂。在温度较高的情况下，应选用钠基或复合钙基润滑脂。

选择润滑脂牌号时可参考表 11-4。

表 11-4 滑动轴承润滑脂的选择

压力 p/MPa	轴颈圆周速度 v/(m·s^{-1})	最高工作温度/℃	选用的牌号
≤1.0	≤1	75	3号钙基脂
1.0~6.5	0.5~5	55	2号钙基脂
≥6.5	≤0.5	75	3号钙基脂
≤6.5	0.5~5	120	2号钠基脂
>6.5	≤0.5	110	1号钙钠基脂
1.0~6.5	≤1	-50~100	锂基脂
>6.5	0.5	60	2号压延机脂

注：①在潮湿环境中，温度在 75℃~120℃的条件下，应考虑用钙-钠基润滑脂；
②工作温度在 110℃~120℃可用锂基脂或钡基脂；
③集中润滑时，稠度要小些。

2. 润滑油及其选择

选择轴承用润滑油的黏度时，应考虑轴承压力、滑动速度、摩擦表面状况和润滑方式等条件，一般的选择原则如下：

1) 在压力大或冲击、变载等工作条件下，应选用黏度较高的油。

2) 滑动速度高时，容易形成油膜，为了减小摩擦功耗，应采用黏度较低的油。

3) 加工粗糙或未经跑合的表面，应选用黏度较高的油。

4) 循环润滑、芯捻润滑或油垫润滑时，应选用黏度较低的油。飞溅润滑时，应选用高品质、能防止与空气接触而氧化变质或因激烈搅拌而乳化的油。

5) 低温工作的轴承应选用凝点低的油。

液体动力润滑轴承的润滑油黏度可以通过计算和参考同类轴承的使用经验来初步确定。例如，可在同一机器和相同工作条件下，对不同的润滑油进行试验，选择功耗小而温升又较低的润滑油，其黏度较为适宜。

混合润滑轴承的润滑油选择可参考表 11-5。

润滑油是滑动轴承中应用最广的润滑剂。液体动压轴承通常采用润滑油作为润滑剂。一般来说,当转速高、压力小时,应选用黏度较低的油;反之,当转速低、压力大时,应选用黏度较高的油。

表 11-5 混合润滑轴承的润滑油选择(工作温度 <60℃)

轴颈速度/(m·s^{-1})	平均压强 $P<3$ MPa	轴颈速度/(m·s^{-1})	平均压强 $P=3\sim7.5$ MPa
<0.1	机械油 AN100、AN150	<0.1	机械油 AN150
0.1~0.3	机械油 AN68、AN1050	0.1~0.3	机械油 AN100、AN150
0.3~2.5	机械油 AN46、AN68 汽轮机油 TSA46	0.3~0.6	机械油 AN100
2.5~5	机械油 AN32、AN46 汽轮机油 TSA46	0.6~1.2	机械油 AN68、AN100
5~9	机械油 AN15、AN32 汽轮机油 TSA32	1.2~2	机械油 AN68、AN150
>9	机械油 AN7、AN10、AN15		

注:表中机器油号和汽轮机牌号数字都是 40℃ 时的运动黏度中间值。

因润滑油黏度随温度的升高而降低,故在较高温度下工作的轴承(例如 $t>60℃$),所用油的黏度应比通常使用的油的黏度高一些。选样润滑油牌号时可参考表 11-3 和表 11-5。

3. 固体润滑剂

固体润滑剂可在摩擦表面上形成固体膜以减小摩擦阻力,它通常只用于一些有特殊要求的场合。

二硫化钼用黏结剂调配涂在轴承摩擦表面上可以大大提高摩擦副的磨损寿命。在金属表面上涂镀一层钼,然后放在含硫的气氛中加热,可生成 MoS_2 膜。这种膜黏附最为牢固,且承载能力极高。在用塑料或多孔质金属制造的轴承材料中渗入 MoS_2 粉末,能在摩擦过程中连续对摩擦表面提供 MoS_2 薄膜。将全熔金属注到石墨或碳—石墨零件的孔隙中,或经过烧结将其制成轴瓦可获得较高的黏附能力。聚四氟乙烯片材可冲压成轴瓦,也可以用烧结法或黏结法形成聚四氟乙烯膜黏附在轴瓦内表面上。软金属薄膜(如铅、金、银等薄膜)主要用于真空及高温的场合。

11.5.3 润滑方法

向轴承提供润滑油或润滑脂的方法很重要,尤其是油润滑,轴承的润滑状态与润滑油的供给方法有关。润滑脂是半固体状的油膏,其供给方法与润滑油不同。

1. 油润滑

润滑油供给可以是间歇的或是连续的,其中,连续供油比较可靠。用油壶注油或提起针阀,通过油杯(见图 11-15)注油,只能达到间歇润滑的作用。连续供油主要有下列几种方法:

(1)滴油润滑

图 11-15（c）所示为针阀式注油油杯。当手柄卧倒时，针阀受到弹簧推压向下而堵住底部油孔。手柄旋转90°变为直立状态时，针阀向上提，下端油孔敞开，润滑油流进轴承，通过调节油孔开口大小可以调节流量。针阀式注油油杯也可用于连续润滑。

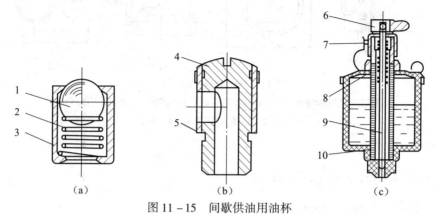

图 11-15 间歇供油用油杯
（a）压配式压注油杯；（b）旋套式注油油杯；（c）针阀式注油油杯
1—钢球；2，8—弹簧；3，4，10—杯体；5—旋套；
6—手柄；7—调节螺母；9—针阀

（2）芯捻或线纱润滑

这种润滑方式是用毛线或棉线做成芯捻，如图 11-16（a）所示，或用线纱做成线团浸在油槽内，并利用毛细管作用把油引到滑动表面上。这两种方法不易调节供油量。

（3）油环润滑

采用这种方式时，其轴颈上套有轴环，如图 11-16（b）所示，油环下垂浸到油池里，轴颈回转时会把油带到轴颈上去。这种装置只能用于水平而连续运转的轴颈，其供油量与轴的转速、油环的截面形状和尺寸以及润滑油黏度等有关。它适用的转速范围为 $60 \sim 100 \text{ r/min} < n < 1\,500 \sim 2\,000 \text{ r/min}$。速度过低时，油环不能把油带起；速度过高时，环上的油会被甩掉。

（4）飞溅润滑

以齿轮减速器为例，飞溅润滑是利用浸入油中的齿轮转动时，会使润滑油飞溅，形成的油沫会沿箱壁和油沟流入轴承的方法进行润滑。

（5）浸油润滑

浸油润滑是通过部分轴承直接浸在油中以达到润滑轴承的目的，如图 11-16（c）所示。

（6）压力循环润滑

压力循环润滑，如图 11-16（d）所示。这种方法可以供应充足的油量来润滑和冷却轴承。在重载、振动或交变载荷的工作条件下，这种方法能取得良好的润滑效果。

2. 脂润滑

润滑脂只能间歇供油。润滑杯是应用得最广的脂润滑装置。润滑脂贮存在杯体里，杯盖用螺纹与杯体连接，旋拧杯盖可将润滑脂压送到轴承孔内，也常见使用黄油枪向轴承补充润滑脂。脂润滑也可以集中供应。滑动轴承的润滑方式可根据系数 k 来选定：

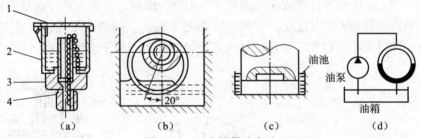

图 11-16 连续供油方法

(a) 芯捻或线纱润滑；(b) 油环润滑；(c) 浸油润滑；(d) 压力循环润滑

1—盖；2—杯体；3—接头；4—油芯

$$k = \sqrt{pv^3} \tag{11-3}$$

式中，p——平均压强，$p = \dfrac{F}{dB}$，MPa；

v——轴颈的线速度，m/s；

当 $k \leqslant 2$ 时，采用润滑脂，油杯润滑；当 $k = 2 \sim 16$ 时，采用针阀式注油油杯润滑；当 $k = 16 \sim 32$ 时，采用油环或飞溅润滑；当 $k > 32$ 时，采用压力循环润滑。

§11.6 不完全液体摩擦滑动轴承的计算

11.6.1 向心滑动轴承

混合润滑轴承的计算准则有以下几种：

1. 限制轴承的平均压强 p

为了不产生过度磨损，应限制轴承所受的单位面积的压力，即

$$p = \frac{F}{dB} \leqslant [p] \tag{11-4}$$

式中，F——轴承的向心载荷，N；

d——轴颈直径，mm；

B——轴颈有效宽度，mm；

$[p]$——许用压强，MPa。

式 (11-4) 也可以用来求轴承尺寸，低速轴或间歇转动轴的轴承只需进行压强校核。

2. 限制轴承的 pv 值

对于速度较高的轴承，常需限制其 pv 值。v 是轴颈的圆周速度，即工作表面间的相对滑动速度。轴承的发热量与其单位面积上表征摩擦功耗的 μpv 成正比，μ 可认为是常数，故限制 pv 值也就是限制轴承的温升，即

$$pv \approx \frac{Fn}{20\ 000B} \leqslant [pv] \tag{11-5}$$

3. 限制滑动速度 v

当压强 p 较小时，即使 p 与 pv 都在许用范围内，也可能由于滑动速度过高而加速磨损，因而要求

$$v = \frac{\pi dn}{60 \times 1\,000} \leq [v] \tag{11-6}$$

轴承材料的最高许用 $[p]$、$[pv]$ 和 $[v]$ 值见表 11-1 和表 11-2。常用机器向心轴承的许用 $[p]$、$[pv]$ 和 ψ 值见表 11-6。ψ 为相对间隙，见式 (11-10)。

表 11-6 常用的机器中的向心轴承的许用 $[p]$、$[pv]$ 和 ψ 值

机械名称	轴承	$[p]$/MPa	$[pv]$/(MPa·m·s^{-1})	ψ
汽车发电机	主轴承	6~15	>50	0.001
	连杆轴承	6~20	>80	0.001
	活塞销轴承	18~40	—	<0.001
汽轮机	主轴承	1~3	85	0.001
金属切削机床	主轴承	0.5~5	1~5	<0.001
传动装置		0.15~0.3	1~2	0.001
			1~2	0.001
齿轮减速器	轴承		5~10	0.001

注：许用 $[p]$ 值的小值用于滴油、油环及飞溅润滑，其轴瓦材料强度较低；其大值用于压力供油润滑，其轴瓦材料的强度较高。

11.6.2 推力滑动轴承

常见的推力轴承止推面的形状如图 11-17 所示。其实心端面的推力轴颈由于跑合时中心与边缘的磨损不均匀，越接近边缘部分磨损越快，以致其中心部分压强极高。采用空心轴颈和环状轴颈可以克服这一缺点。载荷很大时可以采用多环轴颈，它能承受双向的轴向载荷。混合摩擦润滑的推力轴承，应验算压强 p 和 pv 值

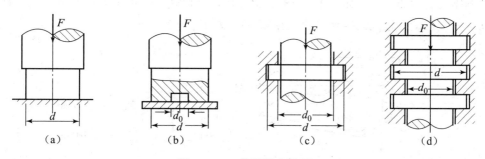

图 11-17 普通推力轴颈

(a) 实心端面轴颈；(b) 空心端面轴颈；(c) 环状轴颈；(d) 多环轴颈

$$p = \frac{F}{\frac{\pi}{4}(d^2 - d_0^2)z} \leq [p] \tag{11-7}$$

$$pv = \frac{Fn}{30\,000(d - d_0)z} \leq [pv] \tag{11-8}$$

式中，F——轴向载荷，N；

v——推力轴颈平均直径处的圆周速度，m/s；
n——轴转速，r/min；
d_0——轴颈内径，mm；
d——轴颈外径，mm；
z——轴环数。

许用 $[p]$ 和 $[pv]$ 值见表11-1和表11-2。对于多环轴承，其各环受力不均匀，$[p]$ 和 $[pv]$ 值应降低50%。

液体动力润滑轴承在启动和停车时处于混合摩擦润滑状态，所以设计时也需进行上述计算。

§11.7 液体动力润滑向心滑动轴承的设计计算

用润滑油把摩擦表面完全分隔开时的摩擦，称为液体摩擦。因为其两个表面并不直接接触，所以这种摩擦的性质取决于所使用的润滑油黏度，而与两个摩擦表面的材料无关。

要获得液体摩擦主要有两种方法：

1）在滑动表面间，用足以平衡外载荷的压力输入润滑油，人为地使两个表面分离。或者说，用油压把轴颈顶起，用这种方法来实现液体摩擦的轴承称为液体静压轴承。

2）利用轴颈本身回转时的泵油作用，把油带入摩擦面间，建立压力油膜面，从而把摩擦面分开，用这种方法来实现液体摩擦的轴承称为液体动压轴承。

静压轴承需要附加设备，其应用不如动压轴承普遍。

11.7.1 流体动力润滑的基本方程

1. 雷诺动力润滑方程式

两刚体被润滑油隔开，如图11-18所示。移动件以速度v沿x方向滑动，另一刚体静止不动。一维雷诺方程式的推导是建立在以下假设的基础上，即

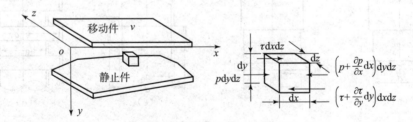

图11-18 动力分析

1）忽略压力对润滑油黏度的影响；
2）润滑油沿z向没有流动；
3）润滑油是层流流动；
4）油与工作表面吸附牢固，表面油分子随工作表面一同运动或静止；
5）不计油的惯性力和重力的影响；
6）润滑油不可压缩。

取微单元体进行分析，p 及 $p + \frac{\partial p}{\partial x}\mathrm{d}x$ 是作用在微单元体左右两侧的压力；τ 及 $\tau + \frac{\partial \tau}{\partial y}\mathrm{d}y$ 是作用在微单元体上下两面的切应力。根据 x 方向力系的平衡，得

$$p\mathrm{d}y\mathrm{d}z - \left(p + \frac{\partial p}{\partial x}\mathrm{d}x\right)\mathrm{d}y\mathrm{d}z + \tau \mathrm{d}x\mathrm{d}z - \left(\tau + \frac{\partial \tau}{\partial y}\mathrm{d}y\right)\mathrm{d}x\mathrm{d}z = 0$$

$$\frac{\partial p}{\partial x} = \frac{\partial \tau}{\partial y}$$

将 $\tau = \frac{F}{A} = \eta \frac{\partial u}{\partial y}$ 代入上式，得

$$\frac{\partial p}{\partial x} = \eta \frac{\partial^2 u}{\partial y^2}$$

积分上式，得

$$u = \frac{1}{2\eta}\frac{\partial p}{\partial x}y^2 + C_1 y + C_2$$

由图 11-18 可知，当 $y = 0$ 时，$u = v$（随移动件移动）；$y = h$（油膜厚度）时，$u = 0$（随静止件不动），利用这两个边界条件可解出

$$u = \frac{v}{h}(h - y) + \frac{1}{2\eta}\frac{\partial p}{\partial x}(y - h)y$$

再分析任何截面沿 x 方向的单位宽度流量为

$$q_x = \int_0^h u\mathrm{d}y = \frac{v}{2}h - \frac{1}{12\eta}\frac{\partial p}{\partial x}h^3 \tag{a}$$

设油压最大处的间隙为 h_0（即 $\frac{\partial p}{\partial x} = 0$ 时 $h = h_0$），则在这一截面上

$$q_x = \frac{1}{2}vh_0 \tag{b}$$

连续流动时流量不变，故式（a）=式（b），（b）由此得

$$\frac{\partial p}{\partial x} = 6\eta v \frac{h - h_0}{h^3} \tag{11-9}$$

式（11-9）为一维雷诺动力润滑方程式。

2. 油楔承载机理

由式（11-9）可以看到，油压的变化与润滑油的黏度、表面滑动速度和油膜厚度的变化有关。利用式（11-9），可求出油膜中各点的油膜压力 p（简称油压）。全部油膜压力之和，即为油膜的承载能力。在正常工作的情况下，油膜承载力应与外载荷 F 相平衡。油膜承载力的建立必须满足以下几个条件：

1）润滑油要有一定的黏度，黏度越大，其承载能力也越大；
2）要具有相当的相对滑动速度，在一定范围内，油膜承载力与滑动速度成正比；
3）有足够充分的供油量；
4）相对滑动面之间必须形成收敛形间隙（通称油楔）。

由图 11-19（a）可以看出，在油膜厚度为 h_0 的左边，$h > h_0$，根据式（11-9）可知，$\frac{\partial p}{\partial x} > 0$，即油压随 x 的增加而增大；在 h_0 截面的右边，$h < h_0$，根据式（11-9）可知，$\frac{\partial p}{\partial x} <$

0,即油压随 x 的增加而减小。这表示,油膜必须呈收敛形油楔,才能使油楔内各处的油压都大于入口和出口处的压力,从而产生正压力以支承外载。

若两滑动表面平行,如图 11-19(b)所示,则其任何截面的油膜厚度 $h=h_0$,亦即 $\frac{\partial p}{\partial x}=0$。这表示平行油膜各处的油压总是等于入口和出口处的压力,因此不能产生高于外面压力的油压以支承外载。

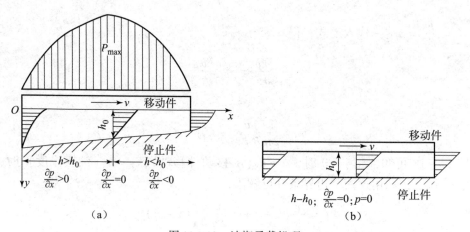

图 11-19 油楔承载机理

若两滑动表面呈扩散楔形,即移动件带着润滑油从小口走向大口,其油压必将低于出口和入口处的压力,不仅不能产生油压支承外载,反而会产生使两表面相吸的作用力。

11.7.2 向心滑动轴承形成液体动力润滑的过程

1. 几何条件

在图 11-20 中,R、r 分别为轴承孔和轴颈的半径,两者之差称为半径间隙,用 δ 表示,即 $\delta=R-r$,半径间隙与轴颈半径之比 ψ 称为相对间隙,即

$$\psi=\frac{\delta}{r} \tag{11-10}$$

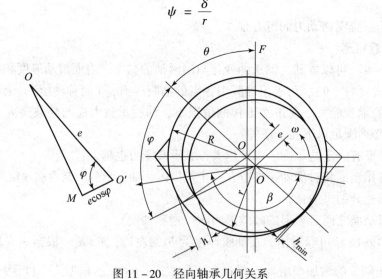

图 11-20 径向轴承几何关系

轴颈中心 O' 偏离轴承孔中心 O 的距离 e 称为偏心距,轴颈的偏心程度用偏心率 ε 表示,即

$$\varepsilon = \frac{e}{\delta} = \frac{e}{R-r} \tag{11-11}$$

偏心率 e 越大,最小油膜厚度 $h_{\min}$ 越小,即

$$h_{\min} = \delta - e = r\psi(1-\varepsilon) \tag{11-12}$$

轴颈中心与轴承孔中心的连心线为 OO',从 OO' 量起,任意 φ 角处的油膜厚度 h 为

$$h \approx R - r + e\cos\varphi = \delta + e\cos\varphi = \delta(1+\varepsilon\cos\varphi) \tag{11-13}$$

2. 动力润滑状态建立

(1) 动力润滑状态建立的过程

向心轴承建立液体动力润滑的过程可分为三个阶段,如图 11-21 所示,即:

1) 轴的启动阶段,如图 11-21 (a) 所示;

2) 不稳定润滑阶段,这时轴颈沿轴承内壁向上爬,不时发生表面接触的摩擦,如图 11-21 (b) 所示;

3) 液体动力润滑运行阶段,这时由于转速足够高,带入到摩擦面间的油量能充满油楔,并建立承载油膜使轴颈抬起,如图 11-21 (c) 所示。

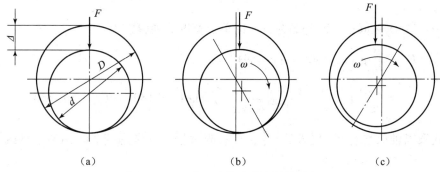

图 11-21 建立液体动力润滑的过程
(a) $n=0$;(b) $n\approx0$;(c) 形成油膜

(2) 承载能力和承载量系数 C_F

在图 11-22 中,β 为轴承包角,即轴瓦连续包围轴颈所对应的角度;$\alpha_1 + \alpha_2$ 为承载油膜角,它只占轴承包角的一部分;θ 为偏位角,是轴承中心 O 与轴颈中心 O' 的连线与载荷作用线之间的夹角,φ 为从 OO' 连线起至任意油膜处的油膜角,φ_1 为油膜起始角,φ_2 为油膜终止角。最小油膜厚度 $h_{\min}$ 和最大轴承间隙都位于 OO' 连线的延长线上。

在 $\varphi = \varphi_0$ 处,油膜压力最大,这时,油膜厚度为 $h_0 = \delta(1+\varepsilon\cos\varphi_0)$。

假设轴承为无限宽,则可认为润滑油沿轴向没有流动。这时,可利用式 (11-9) (一维雷诺动力润滑方程式) 进行计算。为改用极坐标,式中应代入 $dx = rd\varphi$;$h = \delta(1+\varepsilon\cos\varphi)$,$h_0 = \delta(1+\varepsilon\cos\varphi_0)$ 和 $v = r\omega$,则

$$dp = \frac{6\eta\omega}{\psi^2} \frac{\varepsilon(\cos\varphi - \cos\varphi_0)}{(1+\varepsilon\cos\varphi)^3} d\varphi$$

将上式积分,可得在任意 φ 角处的油膜压力

$$p_\varphi = \int_{\varphi_1}^{\varphi} dp = \frac{6\eta\omega}{\psi^2} \int_{\varphi_1}^{\varphi} \frac{\varepsilon(\cos\varphi - \cos\varphi_0)}{(1+\varepsilon\cos\varphi)^3} d\varphi$$

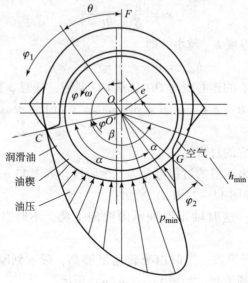

图 11-22 承载油膜

在 φ_1 至 φ_2 区间内，沿外载荷方向的单位宽度的油膜力为

$$F_1 = \int_{\varphi_1}^{\varphi_2} p_\varphi \cos[180° - (\varphi + \theta)] r d\varphi$$

$$= \frac{6\eta\omega}{\psi^2} \int_{\varphi_1}^{\varphi_2} \left[\int_{\varphi_1}^{\varphi} \frac{\varepsilon(\cos\varphi - \cos\varphi_0)}{(1+\varepsilon\cos\varphi)^3} d\varphi\right] \cos[180° - (\varphi + \theta)] r d\varphi$$

将上式乘以轴承宽度 B，代入 $r = \dfrac{d}{2}$，得有限宽轴承不考虑端泄时的油膜承载力 F，经整理后得

$$C_F = \frac{F\psi^2}{Bd\eta\omega} = \frac{F\psi^2}{2\eta vB} = 3\varepsilon \int_{\varphi_1}^{\varphi_2} \left[\int_{\varphi_1}^{\varphi} \frac{\varepsilon(\cos\varphi - \cos\varphi_0)}{(1+\varepsilon\cos\varphi)^3} d\varphi\right] \cos[180° - (\varphi + \theta)] d\varphi$$

(11-14)

式 (11-14) 右端的值称为承载量系数 C_F。由上式 (11-14) 可见：承载量系数是轴承包角 $\beta = \varphi_2 - \varphi_1$ 和偏心率 ε 的函数，承载量系数也是个量纲为 1 的数群，本章建议计算时取下列单位：F 单位为 N，B、d 单位为 m，η 单位为 Pa·s，ω 单位为 rad/s，v 单位为 m/s。调整各参数间的关系，例如在允许的情况下降低相对间隙，提高润滑油黏度，这都有利于获得满意的承载能力，前者的效果更显著。

由式 (11-14) 可得

$$F = \frac{2\eta vB}{\varphi^2} C_F \quad (11-15)$$

其实际的承载能力比上式要低，这是由于端泄不可避免。因此，在实际计算中，常通过查表 11-7 取值。承载量系数 C_F 为轴承包角 β、偏心率 ε 和宽径比 B/d 的函数。B/d 越小的轴承，端泄量越多。

（3）最小油膜厚度的验算

为了安全运转，最小油膜厚度必须满足 $h_{min} \geq [h_{min}]$ 的条件。许用值 $[h_{min}]$ 主要取决于下列各因素，即轴颈和轴承表面的表面粗糙度、轴承工作表面的几何形状误差、制造和安装中的对中误差、轴和轴承的变形以及润滑油的过滤质量等。

表 11-7 有限长轴承的承载量系数 C_F

B/d	ε						
	0.3	0.4	0.5	0.6	0.65	0.7	0.75
	承载量系数 C_F						
0.3	0.0522	0.0826	0.128	0.203	0.259	0.347	0.475
0.4	0.0893	0.141	0.216	0.339	0.431	0.573	0.776
0.5	0.133	0.209	0.317	0.493	0.622	0.819	1.098
0.6	0.182	0.283	0.427	0.655	0.819	1.070	1.418
0.7	0.234	0.361	0.538	0.816	1.014	1.312	1.720
0.8	0.287	0.439	0.647	0.972	1.199	1.538	1.965
0.9	0.339	0.515	0.754	1.118	1.371	1.745	2.248
1.0	0.391	0.589	0.853	1.253	1.528	1.929	2.469
1.1	0.44	0.658	0.947	1.377	1.669	2.097	2.664
1.2	0.487	0.732	1.033	1.489	1.796	2.247	2.838
1.3	0.529	0.784	1.111	1.59	1.912	2.379	2.99
1.5	0.61	0.891	1.248	1.763	2.099	2.600	3.242
2.0	0.763	1.091	1.483	2.07	2.446	2.981	3.671

B/d	ε						
	0.8	0.85	0.9	0.925	0.95	0.975	0.99
	承载量系数 C_F						
0.3	0.699	1.122	2.074	3.352	5.73	15.15	50.52
0.4	1.079	1.775	3.195	5.055	8.393	21.00	65.26
0.5	1.572	2.428	4.261	6.615	10.706	25.62	75.66
0.6	2.001	3.036	5.214	7.956	12.64	29.17	83.21
0.7	2.399	3.580	6.029	9.072	14.14	31.88	88.90
0.8	2.754	4.053	6.721	9.992	15.37	33.99	92.89
0.9	3.067	4.459	7.294	10.753	16.37	35.66	96.35
1.0	3.372	4.808	7.772	11.38	17.18	37.00	98.95
1.1	3.580	5.106	8.168	11.91	17.86	38.12	101.15
1.2	3.787	5.364	8.533	12.35	18.43	39.04	102.90
1.3	3.968	5.586	8.831	12.73	18.91	39.81	104.42
1.5	4.266	5.947	9.304	13.34	19.68	41.07	106.84
2.0	4.778	6.545	10.09	14.34	20.97	43.11	110.79

$$[h_{min}] = (2 \sim 3)(Rz_1 + Rz_2) \quad (11-16)$$

式中，Rz_1、Rz_2 分别为两滑动表面的微观不平度的十点高度，见表 11-8。

表 11-8 表面微观不平度的十点高度 Rz

加工方法	粗车或精镗中等磨光		铰、精磨		钻石刀头镗磨		研磨、抛光超精加工		
表面粗糙度等级	3.2	1.6	0.8	0.4	0.2	0.1	0.05	0.025	0.012
$Rz/\mu m$	10	6.3	3.2	1.6	0.8	0.4	0.2	0.1	0.05

(4) 热平衡计算

轴承工作时，摩擦功将转化为热量。这些热量一部分被流动的润滑油带走，另一部分由于轴承座的温度上升将散发到四周空气中。在热平衡状态下，润滑油和轴承的温度不应超过许用值。

热平衡条件是：单位时间内轴承所产生的摩擦热量等于同时间内流动的油所带走的热量及轴承散发的热量之和。对于非压力供油的向心轴承，则有

$$\mu F v = c_p \rho Q \Delta t + \pi B d \alpha_b \Delta t \tag{11-17}$$

式中，Q——轴承的耗油量，m^3/s；

μ——轴承的摩擦系数；

Δt——润滑油的温升，即润滑油由轴承间隙流出的温度 t_2 和流入间隙时的温度 t_1 之差，℃；

c_p——润滑油的比定压热容，为 1 680～2 100 [J/(kg·℃)]；

ρ——润滑油的密度，为 [850～900 (kg/m^3)]，常取 $c_p \rho = 1.8 \times 10^6$ [J/(m^3·℃)]；

α_b——轴承的表面传热系数，[W/(m^2·℃)]，其值依轴承结构、轴承尺寸、通风条件而定：轻型轴承或在不易散热环境中工作的轴承，其值可取 α_b = 50 W/(m^3·℃)；中型轴承及普通通风条件，其值可取 α_b = 80 W/(m^3·℃)；重型轴承，冷却条件良好的情况，其值可取 α_b = 140 W/(m^3·℃)。

从上式解得

$$\Delta t = \frac{\left(\dfrac{\mu}{\psi}\right)\dfrac{F}{Bd}}{c_p \rho \left(\dfrac{Q}{\psi v B d}\right) + \dfrac{\pi \alpha_b}{\psi v}} \tag{11-18}$$

式中，$\dfrac{Q}{\psi v B d}$——耗油量系数，量纲为1，可查表 11-9 获得；

μ——摩擦系数，$\mu = \dfrac{\pi}{\psi}\dfrac{\eta \omega}{p} + 0.55\psi\zeta$，其中，$p = \dfrac{F}{Bd}$ 为轴承压力，MPa；

ζ——随轴承宽径比而变化的系数，当 $B/d < 1$ 时，$\zeta = (d/B)^{1.5}$；$B/d \geq 1$ 时，$\zeta = 1$。

润滑油的平均温度：
$$t_m = \frac{1}{2}(t_1 + t_2)$$

温升：
$$\Delta t = t_1 - t_2$$

由此可得

$$t_m = t_1 + \frac{\Delta t}{2} \tag{11-19}$$

表 11-9 轴承耗油量的系数 $\dfrac{Q}{\psi vBd}$（包角 180°）

B/d	ε												
	0.3	0.4	0.5	0.6	0.65	0.7	0.75	0.8	0.85	0.9	0.925	0.95	0.975
	$\dfrac{Q}{\psi vBd}$												
0.5	0.109	0.134	0.166	0.194	0.206	0.217	0.222	0.224	0.218	0.208	0.194	0.178	0.145
0.6	0.105	0.129	0.156	0.182	0.192	0.200	0.203	0.203	0.198	0.184	0.170	0.153	0.123
0.7	0.100	0.122	0.147	0.169	0.178	0.185	0.186	0.185	0.176	0.163	0.150	0.134	0.107
0.8	0.095	0.115	0.138	0.158	0.165	0.170	0.172	0.168	0.158	0.146	0.133	0.118	0.099
0.9	0.090	0.107	0.129	0.146	0.153	0.157	0.156	0.153	0.143	0.131	0.119	0.106	0.084
1.0	0.085	0.102	0.121	0.136	0.141	0.145	0.143	0.138	0.130	0.119	0.108	0.096	0.075
1.1	0.081	0.096	0.113	0.127	0.131	0.139	0.132	0.128	0.119	0.109	0.098	0.087	0.068
1.2	0.076	0.091	0.106	0.118	0.122	0.124	0.122	0.129	0.110	0.100	0.090	0.080	0.063
1.3	0.072	0.086	0.100	0.111	0.114	0.117	0.114	0.110	0.102	0.092	0.084	0.074	0.058
1.5	0.065	0.076	0.088	0.098	0.101	0.101	0.090	0.096	0.088	0.080	0.072	0.064	0.050

轴承平均温度一般不应超过 75℃。润滑油入口温度 t_1 常大于工作环境温度，其值依供油方法而定，通常取 $t_1 = 30℃ \sim 45℃$。由于轴承的发热量主要由流动的油带走，故其散热项 $\left[\dfrac{\pi\alpha_b}{(\psi v)}\right]$ 忽略不计时，误差也不大。对于压力循环润滑的轴承，常不计其散热项。

此外，还应根据润滑方式的不同限制轴承的最高温度 $t_{2\min}$，见表 11-10。表中 k 为压力供油润滑时油箱中的油量 Q_0 与每分钟轴承润滑油的体积流量 Q 之比。括号内的数字为特殊工况下的许用值。

表 11-10 轴承的最高温度 $t_{2\min}$

润滑方式	$t_{2\min}$/℃	
	$k \leq 5$	$k > 5$
压力供油润滑	100（105）	110（125）
非压力供油润滑	90（110）	

（5）保证液体动力润滑的条件

要获得液体动力润滑，除必须有充分的油量供应到轴承间隙，并使相对滑动表面能自动形成收敛油楔外，还应保证其最小油膜厚度 $h_{\min}$ 处的表面不平度高峰不直接接触，即

$$h_{\min} = (1-\varepsilon)\dfrac{d}{2}\psi \geq (2\sim3)(Rz_1 + Rz_2) \times 10^{-6} \qquad (11-20)$$

Rz_1 和 Rz_2 分别为轴颈和轴瓦表面微观不平度的十点高度。Rz 的大小与其加工方法有关，其值可见表 11-8。对压力供油的轴承，可参阅有关资料。

（6）参数选择

轴承直径和轴颈直径的名义尺寸是相同的。轴颈直径一般由轴的尺寸和结构确定，除应

满足其强度和刚度要求外,还要满足其润滑及散热等条件。此外,还需要选择轴承的宽径比 B/d、相对间隙 ψ 和压强 p 等参数。

(1) 宽径比 B/d

其常用范围是 $B/d=0.5\sim1.5$。宽径比小时,则占用空间较小。对于高速轻载的轴承,由于压强增大,可提高运转的平稳性。但 B/d 减小时,轴承的承载力也随之降低。目前,B/d 有减小的趋势。

(2) 相对间隙 ψ

一般情况下,ψ 值主要根据载荷和速度来选取:速度高,ψ 值应取大一些,这样可以减少发热;载荷大,ψ 值应取小一些,这样可以提高承载能力。ψ 值可按轴颈的圆周速度 v 参照下列经验公式计算:

$$\psi = (0.6\sim1.0)\times10^{-3}\sqrt[4]{v} \tag{11-21}$$

对于重载、$B/d<0.8$ 和能自动调心的轴承,或当轴承材料硬度较低时,ψ 可取小值,反之应取大值。式中 v 的单位为 m/s。

(3) 平均压强 p

压强 p 取值大一些,可以减小轴承的尺寸,并使运转平稳。但压强过高时,轴承容易损坏。图 11-23 所示为最小油膜厚度 h_{min}、耗油量 q_v、油膜平均温度 t_m、摩擦功率 P_μ 与相对间隙之间的关系,可供选定相对间隙时参考。由图 11-23 可知:当相对间隙为最佳值 ψ_{opt} 时,对应的 h_{min} 值最大,油膜平均温度 t_m 和摩擦功率 P_μ 趋于最低。

当已知轴承的工作载荷 F、转速 n 时,轴承的基本尺寸 (B、d、ψ) 和润滑油牌号即可初步选定。

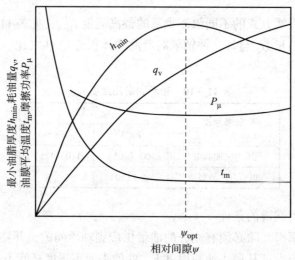

图 11-23 相对间隙 ψ 对轴承性能的影响

(4) 黏度 η

黏度影响轴承的承载力、油温和耗油量。黏度大,则轴承的承载能力可提高,但会导致摩擦阻力大、流量小、油温增高,而温度升高又会使黏度、承载力下降。其选择原则为:低速、重载时,选用黏度大的油;高速、轻载时,选用黏度小的油。对一般轴承,可用下式计算:

$$\eta = \frac{\left(\dfrac{n}{60}\right)^{-\frac{1}{3}}}{10^{\frac{7}{6}}} \tag{11-22}$$

式中，n——轴颈的转速，r/min。

11.7.3 液体动力润滑向心滑动轴承设计步骤

1. 液体动压润滑向心滑动轴承设计的基本原则

1) 保证有足够的最小油膜厚度 $h_{\min}$，能把两摩擦表面完全隔开；
2) 限制轴承温升，使润滑油在工作中保持足够的黏度；
3) 维持足够的润滑油流量，使它能源源不断地补充进油楔。

2. 液体动力润滑向心滑动轴承设计的步骤

（1）选择轴承材料
（2）选择润滑剂和润滑方法
（3）计算承载力
（4）校核层流
（5）计算流量
（6）计算功耗
（7）计算热平衡
（8）计算安全度

【例 11-1】 一向心滑动轴承，工作载荷 $F = 35\,000$ N，轴颈直径 $d = 0.1$ m，轴的转速为 $n = 1\,000$ r/min，试选择轴承材料并进行液体动力润滑计算。

解：取 $B/d = 1$，故轴承宽度 $B = 0.1$ m，试取 $\beta = 180°$。

（1）轴承材料选择

1) 轴承压强：

$$p = \frac{F}{Bd} = \frac{35\,000}{0.1 \times 0.1} = 3.5 \times 10^6 (\text{N/m}^2) = 3.5 \text{ MPa}$$

2) 轴承速度：

$$v = \frac{\pi dn}{60 \times 1\,000} = \frac{\pi \times 100 \times 100}{60 \times 1\,000} = 5.24 (\text{m/s})$$

3) pv 值：

$$pv = 3.5 \times 5.24 = 18.34 (\text{MPa} \cdot \text{m/s})$$

4) 轴承材料：由表 11-1，可选 ZSnSb11Cu6。

（2）润滑剂和润滑方法的选择

1) 选择润滑油牌号为机械油 AN32；
2) 设平均油温为 $t_m = 50$℃；
3) 平均动力黏度：

$$\eta = \frac{\left(\dfrac{n}{60}\right)^{-1/3}}{10^{7/6}} = \frac{\left(\dfrac{1\,000}{60}\right)^{-1/3}}{10^{7/6}} = 0.026\,7 (\text{Pa} \cdot \text{s})$$

选用油 L - AN46;

4) 运动黏度:
$$v' = \frac{\eta}{\rho} \times 10^6 = \frac{0.0267}{900} \times 10^6 \approx 30(\text{cSt})$$

5) 在 $t_m = 50℃$ 时的动力黏度:
$$\eta_{50} = \rho v' = 900 \times 30 \times 10^{-6} = 0.027(\text{Pa} \cdot \text{s})$$

6) 润滑方法的选择:
$$k = \sqrt{pv^3} = \sqrt{3.3 \times 5.24^3} = 22.4$$

选择油润滑。

(3) 承载力计算

1) 相对间隙:
$$\psi = (0.6 \sim 1) \times 10^{-3} \sqrt[4]{v} = (0.6 \sim 1) \times 10^{-3} \sqrt[4]{5.24} = 0.0009 \sim 0.0015$$

取 $\psi = 0.001$;

2) 轴转速:
$$\omega = \frac{2\pi n}{60} = \frac{2\pi \times 1000}{60} = 104.7(\text{rad/s})$$

3) 承载量系数 C_F:
$$C_F = \frac{F\psi^2}{Bd\eta\omega} = \frac{35000 \times 0.00125^2}{0.1 \times 0.1 \times 0.027 \times 104.7} = 1.93$$

(4) 热平衡计算

1) 摩擦系数:
$$\mu = \frac{\pi}{\psi}\frac{\eta\omega}{p} + 0.55\psi\zeta = \frac{\pi}{\psi}\frac{\eta\pi n}{30p} + 0.55\psi\zeta$$
$$= \frac{\pi \times 0.027 \times \pi \times 1000}{0.00125 \times 30 \times 3.5 \times 10^6} + 0.55 \times 0.00125 \times 1 = 0.00272$$

2) 查出耗油量系数 $\frac{Q}{\psi vBd}$:

查表 11-9,可得 $\frac{Q}{\psi vBd} = 0.145$。

3) 计算耗油量 Q:
$$Q = 0.145\psi vBd = 0.145 \times 0.00125 \times 5.24 \times 0.1 \times 0.1 Q = 9.5 \times 10^{-6} \ (\text{m}^3/\text{s})$$

4) 油温升:
$$\Delta t = \frac{\left(\frac{\mu}{\psi}\right)}{c_p\rho\left(\frac{Q}{\psi vBd}\right) + \frac{\pi\alpha_b}{\psi v}} = \frac{\frac{0.00272}{0.00125} \times 3.5 \times 10^6}{1800 \times 900 \times 0.145 + \frac{\pi \times 80}{0.00125 \times 5.24}} = 27.87(℃)$$

5) 进油温度:
$$t_1 = t_m - \frac{\Delta t}{2} = 50 - \frac{27.87}{2} = 36.065(℃)$$

6) 出油温度:

$$t_1 = t_m + \frac{\Delta t}{2} = 50 + \frac{27.87}{2} = 63.9(℃)$$

符合要求。

(5) 安全度计算

1) 最小油膜厚度：

$$h_{\min} = (1 - \varepsilon)\frac{d}{2}\psi = (1 - 0.69) \times \frac{0.1}{2} \times 0.001 = 15.5 \times 10^6(m)$$

2) 轴颈表面粗糙度：

精磨，由表 11–8 查得 $Rz_1 = 1.6\ \mu m$；

3) 轴瓦表面粗糙度：

精车，由表 11–8 查得 $Rz_2 = 3.2\ \mu m$；

4) 安全度：

$$S = \frac{h_{\min}}{(Rz_1 + Rz_2) \times 10^{-6}} = \frac{15.5 \times 10^{-6}}{(1.6 + 3.2) \times 10^{-6}} = 3.23 > 2$$

安全。

(6) 选择轴承配合

1) 计算半径间隙：

$$\delta = \psi r = 0.00125 \times \frac{100}{2} = 0.0625(mm)$$

2) 选用配合：

$\varphi 100H7/d8$，查得轴瓦 $\phi 100^{+0.035}_{0}$，轴颈 $\phi 100^{+0.12}_{-0.174}$。

习 题

11-1 有一非液体润滑的径向滑动轴承，宽径比 $B/d = 1$，轴颈直径 $d = 80$ mm，已知轴承材料的许用值 $[p] = 5$ MPa，$[v] = 5$ m/s，$[pv] = 10$ MPa·m/s，要求轴承在 $n_1 = 320$ r/min 和 $n_2 = 640$ r/min 两种转速下均能正常工作，求轴承的许用载荷大小。

11-2 某径向滑动轴承，宽径比 $B/d = 1$，轴颈直径 $d = 80$ mm，轴承的相对间隙 $\psi = 0.0015$，动压润滑时允许的最小油膜厚度为 6 μm，设计所得的最小油膜厚度为 12 μm。求：

(1) 当轴颈速度提高到 $v' = 1.7v$ 时的油膜厚度；

(2) 当轴颈速度提高到 $v'' = 0.7v$ 时，它能否达到液体动压润滑？

11-3 有一滑动轴承，宽径比 $B/d = 1$，轴颈直径 $d = 100$ mm，直径间隙 $\Delta = 0.12$ mm，转速 $n = 2000$ r/min，径向载荷 $F = 8000$ N，润滑油动力黏度 $\eta = 0.009$ Pa·s，轴颈和轴瓦表面不平度为 $Rz_1 = 1.6$ μm，$Rz_2 = 3.2$ μm。问其是否达到液体动压润滑？若达不到，在保持轴承尺寸不变的条件下，需要改变哪些参数才能达到液体动压润滑？

第 12 章 滚 动 轴 承

§12.1 概 述

滚动轴承是机械工业的重要标准部件之一,广泛应用于各类机械中。滚动轴承由轴承厂家大批量生产,使用者只需根据具体工作条件合理选用轴承类型和尺寸,验算轴承的承载能力,以及进行轴承的组合结构设计即可。

12.1.1 滚动轴承的结构

典型滚动轴承的结构如图 12-1 所示,它由内圈 1、外圈 2、滚动体 3 和保持架 4 四部分组成。内圈装在轴颈上,外圈装在轴承座孔内。通常其外圈固定,内圈随轴回转,但也可以用于内圈不动,而外圈回转,或者是内圈、外圈同时回转的场合。滚动体均匀分布在内、外圈滚道之间,其形状、尺寸、数量的不同对滚动轴承的承载能力和极限转速有很大影响。常用的滚动体如图 12-2 所示。使用时,滚子在内、外圈之间的滚道上做滚动,内、外圈上的滚道起限制滚动体轴向移动的作用。保持架的作用是将滚动体均匀地隔开,以避免其因直接接触而产生剧烈磨损。

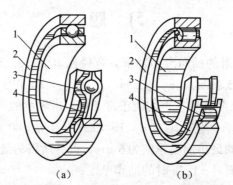

图 12-1 滚动轴承的结构
1—内圈;2—外圈;3—滚动体;4—保持架

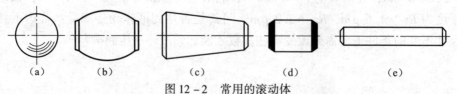

图 12-2 常用的滚动体
(a) 球;(b) 球面滚子;(c) 圆锥滚子;(d) 圆柱滚子;(e) 滚针

为了减小轴承的径向尺寸，有的轴承无内圈、外圈，这时，轴颈或轴承座就起到内、外圈的作用。有的轴承为满足使用中的某种要求，还另外增设如防尘罩、密封圈等特殊元件。

12.1.2 滚动轴承各元件的材料

滚动轴承的内圈、外圈和滚动体一般用含铬的滚动轴承钢（如 GCr15、GCr15SiMn）制造，经热处理后，其硬度应达到 60~65 HRC。由于轴承的这些元件都经过 150℃ 的回火处理，所以当轴承的工作温度不高于 120℃ 时，各元件的硬度均不会下降。保持架分为冲压的（见图 12-1（a））和实体的（见图 12-1（b））两种结构。冲压保持架一般用低碳钢板冲压制成，它与滚动体间有较大的间隙，工作时噪声大；实体保持架常用铜合金、铝合金或塑料经切削加工制成，有较好的隔离和定心作用。

12.1.3 滚动轴承的优缺点

与滑动轴承相比，滚动轴承的优点有以下几方面：
1）摩擦阻力小、效率高、启动容易；
2）润滑方便，互换性好，维护、保养方便；
3）径向游隙较小，可以用预紧的方法提高轴承刚度及旋转精度；
4）滚动轴承的宽度较小，可使机器的轴向尺寸紧凑。

其缺点有以下几方面：
1）承受冲击载荷的能力差；
2）高速运转时噪声大；
3）滚动轴承不能剖分，致使有的时候轴承安装困难，甚至无法安装使用；
4）径向尺寸大，寿命较短。

§12.2 滚动轴承的主要类型及其代号

12.2.1 滚动轴承的类型

滚动轴承的类型繁多，有多种分类方法。

1. 按滚动体的类型

按滚动体的形状，滚动轴承可分为球轴承和滚子轴承。在外廓尺寸相同的条件下，滚子轴承的承载能力比球轴承高；而球轴承比滚子轴承具有较高的旋转精度和极限转速。

2. 按承受的载荷方向

滚动轴承按承受载荷的方向不同，可分为三大类，如图 12-3 所示：只能承受径向载荷 F_r 的轴承叫作向心轴承，如图 12-3（a）所示，其中有几种类型的轴承还能承受不大的轴向载荷；只能承受轴向载荷 F_a 的轴承叫作推力轴承（推力轴承中与轴颈紧套在一起的叫轴圈，与轴承座孔相连接的叫座圈），如图 12-3（b）所示；能同时承受径向载荷 F_r 和轴向载荷 F_a 的轴承叫作向心推力轴承，如图 12-3（c）所示。公称接触角是向心推力轴承的一个重要性能参数，是指滚动体与外圈接触处的法线 $n-n$ 与径向平面（垂直于轴承中心线的平面）的夹角，通常用 α 表示，如图 12-3 所示。α 角的大小反映了轴承承受轴向载荷能力的大小。轴承实际所承受的径向载荷 F_r 和轴向载荷 F_a 的合力与径向平面的夹角叫作载荷角，用 β 表示。

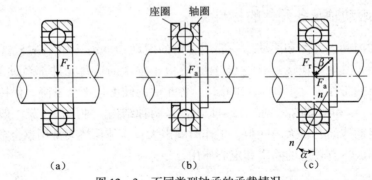

图 12-3 不同类型轴承的承载情况

(a) 向心轴承；(b) 推力轴承；(c) 向心推力轴承

3. 按调心性能

滚动轴承按调心性能，可分为调心轴承和非调心轴承。滚动轴承内、外圈中心线间的相对倾斜称为角偏位，轴承两中心线间允许的最大倾角则称为偏位角，用 θ 表示，如图 12-4 所示。偏位角的大小反映了轴承对安装精度的不同要求。偏位角较大的轴承其自动调心功能较强。

滚动轴承因其结构类型的不同而具有不同的性能和特点，表 12-1 给出了常用的滚动轴承类型、结构简图和性能特点。

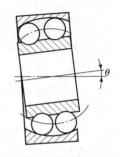

图 12-4 角偏位和偏位角

表 12-1 常用滚动轴承的类型、主要性能和特点

类型代号	简图及承载方向	轴承名称	基本额定动载荷比[1]	极限转速比[2]	轴向承载能力	轴向限位能力[3]	性能和特点
0		双列角接触球轴承	1.6~2.1	中	较大	I	能同时承受径向和双向的轴向载荷，相当于成对安装、背对背的角接触球轴承（$\alpha=30°$）
1		调心球轴承	0.6~0.9	中	少量	I	因其外圈滚道表面是以轴承中点为中心的球面，故能自动调心，允许内圈（轴）对外圈（外壳）轴线有偏斜量，即偏位角 $\theta \leqslant 2° \sim 3°$，一般不宜承受轴向载荷
2		调心滚子轴承	1.8~4.0	低	少量	I	性能、特点与调心球轴承相同，但它具有较大的径向承载能力，允许偏位角 $\theta \leqslant 1.5° \sim 2°$

续表

类型代号	简图及承载方向	轴承名称	基本额定动载荷比[①]	极限转速比[②]	轴向承载能力	轴向限位能力[③]	性能和特点
2		推力调心滚子轴承	1.6~2.5	低	很大	II	用于承受以轴向载荷为主的轴向、径向联合载荷,但径向载荷不得超过轴向载荷的55%。它在运转中,滚动体受离心力作用,会导致轴圈与座圈分离。为保证正常工作,需要加一定的轴向预载荷,允许偏位角 $\theta \leqslant 1.5° \sim 2.5°$
3		圆锥滚子轴承	1.5~2.5 (10°~18°)	中	较大	II	可以同时承受径向载荷及轴向载荷,其外圈可分离,安装时可调整轴承的游隙,一般成对使用
3		大锥角圆锥滚子轴承	1.1~2.1 (27°~30°)	中	很大	II	
4		双列深沟球轴承	1.6~2.3	中	较大	I	能同时承受径向和轴向载荷,其径向刚度和轴向刚度均大于深沟球轴承,允许偏位角 $\theta \leqslant 8' \sim 16'$
5		推力球轴承	1	低	只能承受单向轴向载荷	II	为了防止钢球与滚道之间的滑动,工作时必须加有一定的轴向载荷,它在高速时离心力大,钢球与保持架磨损、发热严重,寿命降低,故极限转速很低;其轴线必须与轴承座底面垂直,载荷必须与轴线重合,以保证钢球载荷的均匀分配
5		双向推力球轴承	1	低	能承受双向轴向载荷	I	
6		深沟球轴承	1	高	很少	I	主要承受径向载荷,也可同时承受小的轴向载荷,其摩擦因数小;在高转速时,可用来承受纯轴向载荷,工作中允许偏位角 $\theta \leqslant 8' \sim 16'$,可大量生产,价格最低

续表

类型代号	简图及承载方向	轴承名称	基本额定动载荷比[1]	极限转速比[2]	轴向承载能力	轴向限位能力[3]	性能和特点
7		角接触球轴承	1.0~1.4 (15°)	高	一般	Ⅱ	可同时承受轴向及径向载荷,也可以单独承受轴向载荷,它能在高转速下正常工作;由于一个轴承只能承受单向轴向力,故一般成对使用,其接触角越大,承受轴向载荷的能力越高
			1.0~1.3 (25°)		较大		
			1.0~1.2 (40°)		更大		
8		推力圆柱滚子轴承	11 12 1.7~1.9	低	能承受单向的轴向载荷	Ⅱ	能承受较大的单向轴向载荷,且轴向刚度高,其极限转速低,不允许轴与外圈轴线有倾斜
N		外圈无挡边的圆柱滚子轴承	1.5~3	高	无	Ⅲ	外圈(或内圈)可以分离,故不能承受轴向载荷,滚子由内圈(或外圈)的挡边轴向定位,工作时允许内、外圈有少量的轴向错动;它有较大的径向承载能力,但内、外圈轴线的允许偏斜量即 θ 角很小,$\theta \leqslant 2' \sim 4'$,这一类轴承还可以不带外圈或内圈
NU		内圈无挡边的圆柱滚子轴承					
NJ		内圈有单挡边的圆柱滚子轴承			少量	Ⅱ	
NA		滚针轴承	—	低	无	Ⅲ	在同样内径的条件下,与其他类型的轴承相比,其外径最小,内圈或外圈可以分离,工作时允许内、外圈有少量的轴向错动;它有较大的径向承载能力,一般不带保持架,且摩擦因数大

续表

类型代号	简图及承载方向	轴承名称	基本额定动载荷比①	极限转速比②	轴向承载能力	轴向限位能力③	性能和特点
QJ		四点接触轴承	1.4~1.8	高	能承受双向的轴向载荷	Ⅰ	具有双半内圈，内、外圈可分离；其两侧接触角均为35°，可承受径向载荷和双向轴向载荷，且旋转精度高
U		外球面球轴承	1	中	少量	Ⅰ	轴承内部结构同深沟球轴承，其两面密封，外圈外表面为球面，并与轴承座的凹球面相配，具有一定的自动调心作用，$\theta \leqslant 2° \sim 5°$，内圈用紧定套或顶丝固定在轴上，装拆方便，结构紧凑

注：① 基本额定动载荷比：指同一尺寸系列（直径及宽度）的各种类型和结构形式的轴承的基本额定动载荷与深沟球轴承（推力轴承则与推力球轴承）的基本额定动载荷之比；
② 极限转速比：指同一尺寸系列0级公差的各类轴承脂润滑时的极限转速与深沟球轴承脂润滑时的极限转速之比。高、中、低的意义为："高"为深沟球轴承极限转速的90%~100%；"中"为深沟球轴承极限转速的60%~90%；"低"为深沟球轴承极限转速的60%以下；
③ 轴向限位能力：Ⅰ—轴的双向轴向位移限制在轴承的轴向游隙范围以内；Ⅱ—限制轴的单向轴向位移；Ⅲ—不限制轴的轴向位移。

12.2.2 滚动轴承的代号

在各类滚动轴承中，每种类型又有不同的结构、尺寸和公差等级，以适应不同的技术要求。为了表达各类轴承的特点，便于生产管理和选用，国家标准 GB/T 272—1993 中规定了轴承代号的表示方法。

滚动轴承代号由三部分组成，即基本代号、前置代号和后置代号，分别用字母和数字等来表示。滚动轴承代号的构成见表 12 – 2。

表 12 – 2 滚动轴承代号构成

前置代号	基本代号					后置代号							
	五	四	三	二	一	1	2	3	4	5	6	7	8
		尺寸系列代号											
轴承分部件代号	类型代号	宽（高）度系列代号	直径系列代号	内径代号		内部结构代号	密封与防尘结构代号	保持架及其材料代号	特殊轴承材料代号	公差等级代号	游隙代号	多轴承配置代号	其他代号

注：基本代号下面的一至五，表示代号自右向左的位置序数；后置代号下面的1~8，表示代号自左向右的位置序数。

1. 滚动轴承的基本代号

滚动轴承的基本代号表示滚动轴承的类型、结构及尺寸等主要特征。它由轴承的内径代号、尺寸系列代号和类型代号组成,按顺序自右向左依次排列。

(1) 轴承的内径代号

轴承的内径代号表示轴承的公称直径,用基本代号右起的第一位、第二位数字表示。对于常用内径 $d=20\sim480$ mm 的轴承,其内径一般为 5 的倍数,表示方法见表 12-3。对于内径为 22 mm、28 mm、32 mm 及 $d<10$ mm 和 $d>500$ mm 的轴承,则用内径毫米数直接表示,但与组合代号之间应用"/"隔开,如深沟球轴承 62/22,表示内径 $d=22$ mm。

表 12-3 轴承的内径代号

轴承的公称直径 d/mm	内径代号	代号示例
10	00	6201
12	01	6:深沟球轴承;
15	02	2:尺寸系列代号 (0) 2;
17	03	01:$d=12$ mm
20~480	04~96 (代号乘以 5 即为内径 d,单位 mm)	N2208 N:圆柱滚子轴承; 22:尺寸系列代号; 08:$d=8\times5=40$ mm
≥500 22、28、32 1~9(整数) 0.6~10	直接用内径尺寸毫米数表示,与尺寸系列代号用"/"分开	230/500,62/22,618/2.5 2、6:轴承类型; 30、(0) 2、18:尺寸系列代号; 500、22、2.5 内径 d,mm

(2) 尺寸系列代号

尺寸系列代号由直径系列代号和宽(高)度系列代号两部分组成,它们在基本代号中分别用右起的第三位、第四位数字表示。

直径系列代号表示结构、内径相同的滚动轴承的外径变化的系列值,直径代号以数字 7、8、9、0、1、2、3、4、5 依次表示外径递增。部分直径系列之间的尺寸对比如图 12-5 所示,向心轴承和推力轴承的尺寸系列代号见表 12-4。

宽(高)度系列代号表示内、外径相同的同类轴承的宽度或高度变化的系列值,宽度系列代号以数字 8、0、1、2、3、4、5、6 依次表示宽度递增。当宽度系列为 0 系列(正常系列)时,对于多数轴承在代号中不标出,但对于调心滚子轴承和圆锥滚子轴承,宽度系列代号 0 应标出。推力轴承用高度系列表示,以数字 7、9、1、2 依次递增表示。

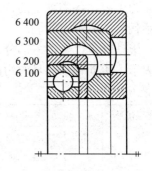

图 12-5 直径系列的对比

(3) 类型代号

类型代号在基本代号右起第五位,类型代号用数字或字母表示,见表 12-1 第一列。

第12章 滚动轴承

表12-4 滚动轴承的尺寸系列代号

直径系列代号①		向心轴承							推力轴承			
		宽度系列代号②							高度系列代号			
		8	0	1	2	3	4	5	6	7	9	1	2
外径依次增加	7	—	—	17	—	37	—	—	—	—	—	—	—
	8	—	08	18	28	38	48	58	68	—	—	—	—
	9	—	09	19	29	39	49	59	69	—	—	—	—
	0	—	00	10	20	30	40	50	60	70	90	10	—
	1	—	01	11	21	31	41	51	61	71	91	11	—
	2	82	02	12	22	32	42	52	62	72	92	12	22
	3	83	03	13	23	33	—	—	—	73	93	13	23
	4	—	04	—	24	—	—	—	—	74	94	14	24
	5										95		

注：①直径系列代号：对向心轴承，0、1 表示特轻系列，2 表示轻系列，3 表示中系列，4 表示重系列；对推力轴承，1 表示特轻系列，2 表示轻系列，3 表示中系列，4 表示重系列；
②宽度系列代号：0 为正常宽度系列，8 为窄系列。

2. 前置代号

轴承的前置代号由字母表示，代号及含义见表12-5。

表12-5 前置代号的含义

代号	含义	示例
L	可分离轴承的可分离内圈或外圈	LN207
R	不带可分离内圈或外圈的轴承	RNU207
K	滚子和保持架组件	K81107
WS	推力圆柱滚子轴承轴圈	WS81107
GS	推力圆柱滚子轴承座圈	GS81107

3. 后置代号

轴承的后置代号用字母和数字表示轴承的结构、公差及材料的特殊要求等。后置代号共 8 位，用字母或数字表示。

（1）内部结构代号

内部结构代号表示同一类型轴承的不同内部结构，用字母表示。如用 C、AC、B 分别表示 $\alpha = 15°$、$25°$、$40°$ 的角接触轴承，α 越大，则轴承承受轴向载荷的能力越强，B 还表示圆锥滚子轴承增大接触角，C 还表示调心滚子轴承；D 表示剖分式轴承；E 表示加强型（改进内部结构设计增大轴承承载能力）等。

（2）公差等级代号

轴承公差等级从低到高依次分为 0、6、6X、5、4、2 共 6 级，分别用/P0、/P6、/6X、/P5、/P4、/P2 表示。其中 0 级为最低（普通级），2 级为最高，6X 级仅用于圆锥滚子轴承。P0 级常用于一般机械，在轴承代号中可省略不标注；P6、P5 用于高精度机械；P4、P2 用于精密机械或精密仪器。

(3) 游隙代号

游隙代号表示径向游隙组别，分 0、1、2、3、4、5 共 6 个组别，径向游隙依次由小到大。要求轴承有高旋转精度时，应选用小径向游隙组；工作温度高时，应选用大径向游隙组。其中 0 游隙组最为常用，故可省略不标注，其他组别的代号对应为 /C1、/C2、/C3、/C4、/C5。当公差等级代号与游隙组别代号需同时表示时，取公差等级代号加上游隙组号（省掉游隙代号中的"/C"）组合表示，如 /P63 表示轴承公差等级 6 级、径向游隙 3 组。

(4) 配置代号

成对安装的轴承有三种配置形式，如图 12-6 所示，分别用三种代号表示：/DB—背对背安装，/DF—面对面安装，/DT—串联安装。例如：32208/DF、7210C/DT。

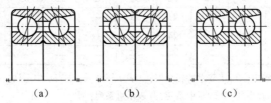

(a)   (b)   (c)

图 12-6 轴承成对安装形式

(a) 背对背安装 (/DB)；(b) 面对面安装 (/DF)；(c) 串联安装 (/DT)

(5) 保持架及材料代号

保持架及材料代号用数字及字母表示，它表示保持架非标准的结构形式及材料，其部分代号及其含义见表 12-6。

表 12-6 保持架结构及材料改变部分代号

代号	含义	代号	含义
A	外圈引导	M	黄铜实体保持架
B	内圈引导	T	酚醛层压布管实体保持架
F1	碳钢实体保持架	J	钢板冲压保持架
Q	青铜实体保持架	Y	铜板冲压保持架

(6) 密封与防尘结构变化代号

密封与防尘结构变化代号用数字及字母表示，其部分代号及其含义见表 12-7。

表 12-7 密封、防尘与外部形状变化部分代号

代号	含义		示例
K	圆锥孔轴承	锥度 1:12	1210K
K30		锥度 1:30	24122K30
N	轴承外圈上有止动槽		6210N
RS	轴承一面带骨架式橡胶密封圈	接触式	6210-RS
RZ		非接触式	6210-RZ
Z	轴承一面带防尘盖		6210-Z
FS	轴承一面带毡圈密封		6203-FS

【例 12-1】 说明轴承代号 6212、30208/P6X、7310C/P5 的含义。

解：6212——6 表示深沟球轴承；2 为尺寸系列代号，已省去宽度系列代号 0，故 2 仅为直径系列代号；12 表示轴承内径 $d = 12 \times 5 = 60$ mm，公差等级为 P0 级（省略）。

30208/P6X——3 表示圆锥滚子轴承；02 为尺寸系列代号，其中 0 为宽度系列代号，2 为直径系列代号；08 表示轴承内径 $d = 8 \times 5 = 40$ mm；P6X 表示公差等级 6X 级。

7310C/P5——7 表示角接触的球轴承；3 仅为直径系列代号，省去宽度系列代号 0；10 表示轴承内径 $d = 10 \times 5 = 50$ mm；C 表示轴承接触角 $\alpha = 15°$；P5 表示轴承公差等级为 5 级。

§12.3 滚动轴承类型的选择

选择滚动轴承的类型时，主要根据轴承的工作载荷（载荷的大小、方向和性质）、转速的高低、调心性能以及安装拆卸等方面的要求进行选择。

12.3.1 载荷的大小、方向及性质

轴承承受载荷的大小、方向及性质是选择轴承类型的主要依据。

(1) 按载荷的大小、性质考虑

在外廓尺寸相同的条件下，滚子轴承比球轴承的承载能力大，适用于载荷较大或有冲击的场合。球轴承适用于载荷较小、振动冲击较小的场合。

(2) 按载荷的方向考虑

当承受纯径向载荷时，通常选用深沟球轴承、圆柱滚子轴承或滚针轴承；当承受纯轴向载荷时，选用推力轴承；当承受较大径向载荷和一定的轴向载荷时，可选用深沟球轴承、接触角不大的角接触轴承或圆锥滚子轴承；当承受较大的轴向载荷和一定的径向载荷时，可选用接触角较大的角接触球轴承或圆锥滚子轴承，或者将向心轴承和推力轴承进行组合，分别承受径向和轴向载荷。

12.3.2 轴承的转速

一般情况下工作转速的高低并不影响轴承类型的选择，只是在转速较高时才会有比较明显的影响。

轴承标准中对各种类型、各种规格尺寸的轴承都规定了油润滑及脂润滑时的极限转速 n_{lim} 值。

根据工作转速选择轴承类型时，可参考以下几点：

1) 球轴承比滚子轴承具有较高的极限转速和旋转精度，高速时优先选用球轴承；

2) 为减小离心惯性力，高速时宜选用同一直径系列中外径较小的轴承。当用一个外径较小的轴承承载能力不能满足要求时，可再安装一个相同的轴承，或者考虑采用宽系列的轴承。外径较大的轴承宜用于低速、重载的场合；

3) 推力轴承的极限转速都很低，当工作转速高、轴向载荷不太大时，可采用角接触轴承或深沟球轴承代替推力轴承；

4) 保持架的结构及材料对轴承的转速影响很大，实体保持架比冲压保持架允许更高的转速；

5）若工作转速略超过样本中规定的极限转速，可以用提高轴承的公差等级，或适当地加大轴承的径向游隙，选用循环润滑或油雾润滑，加强对循环油的冷却等措施来改善轴承的高速性能。若工作转速超过极限转速较多，应选用特制的高速滚动轴承。

12.3.3 轴承的调心性能

不同类型的轴承由于自身结构的特点，使用中能够允许的内、外圈轴线的偏斜程度不同，调心球轴承和调心滚子轴承由于内圈和滚动体可以绕外圈内表面的球心转动，因而具有良好的调心性能。

如果由于加工、装配等条件的限制，所设计的轴系结构无法保证两支点轴承的同轴精度，或轴系工作中的弯曲变形造成支点轴线偏斜，可选择具有良好调心性能的轴承，以改善轴和轴承的受力情况。

12.3.4 安装条件

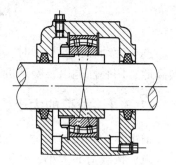

图12-7 安装在圆锥紧定套上的轴承

为了方便安装、拆卸和调整轴承游隙，在安装空间受限制的场合应优先选择内、外圈可分离的轴承（如 N 类、NA 类、3 类等）；如果轴较长，为方便轴承与轴之间的轴向固定，可选用内锥孔带紧定套的轴承，如图12-7所示。

12.3.5 经济性

选用滚动轴承时，应考虑其经济性。通常球轴承比相同尺寸的滚子轴承便宜，相同型号、不同公差等级的轴承比价为 P0∶P6∶P5∶P4≈1∶1.5∶2∶6，如果没有特殊需要，不应盲目选择高精度的轴承。

§12.4 滚动轴承的工作情况

12.4.1 滚动轴承的工作情况分析

1. 滚动轴承工作时各元件间的运动关系

滚动轴承工作时既承担载荷又做旋转运动，作用在滚动轴承上的载荷通过滚动体由一个套圈（指内圈或外圈）传递给另一个套圈，其内、外圈相对转动，滚动体既绕自身轴线自传又绕轴承轴线公转。

2. 滚动轴承工作时轴承元件的受载情况

滚动轴承只承受轴向载荷作用时，可认为各滚动体受载均匀，但在承受径向载荷时，情况就有所不同。如图12-8所示，深沟球轴承在工作的某一瞬间，其径向载荷 F_r 通过轴颈作用于内圈，而位于上半圈的滚动体不受力，载荷由下半圈的滚动体传到外圈再传到轴承座。假定内、外圈是刚体，滚动体为弹性体，滚动体与滚道接触变形在弹性范围内，下半圈滚动体与套圈的接触变形量的大小，决定了各滚动体受载荷的大小。在载荷 F_r 的作用下，内圈将下沉

一个距离 δ_0，不在 F_r 作用线上的其他各点虽然也下沉一个 δ_0，但该点处滚动体的有效变形量是 $\delta_i \approx \delta_0 \cos(i\gamma)$，$i=1$，2，…，即有效变形量在 F_r 作用线两侧对称分布，并向两侧逐渐减小。由此表明，接触载荷也是在 F_r 作用线上的最下面的滚动体受力最大，而远离作用线的各个滚动体，其载荷逐渐减小。各滚动体从开始受载到受载终止所滚过的区域叫作承载区，其他区域称为非承载区。由于轴承存在游隙，故实际承载区的范围将小于180°。如果轴承既承受径向载荷，又承受轴向载荷，则其承载区将扩大。

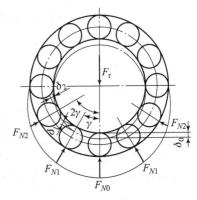

图 12-8 深沟球轴承中径向载荷的分布

根据力平衡原理，所有滚动体作用在内圈上的反力 F_{Ni} 的矢量和必定与径向载荷 F_r 相平衡，即

$$\sum_{i=1}^{n} F_{Ni} + F_r = 0 \tag{12-1}$$

式中，n——受载滚动体的数目。

3. 轴承工作时轴承元件的应力分析

由滚动轴承载荷分布可知，滚动体所处的位置不同，其受力就不同。轴承工作时，各个滚动体所受的载荷将由零逐渐增加到 F_{N2}、F_{N1} 直到最大值 F_{N0}，然后再逐渐降低到 F_{N1}、F_{N2} 直至零，其变化趋势如图 12-9（a）中的虚线所示。就滚动体上的某一点而言，由于滚动体相对内、外套圈滚动，它每自转一周，分别与内、外套圈接触一次，故它的载荷和应力按周期性不稳定脉动循环变化，如图 12-9（a）中的实线所示。

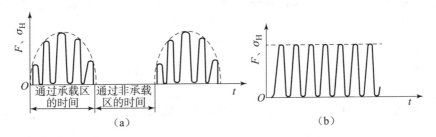

图 12-9 轴承元件上的载荷及应力分布

对于固定的套圈，处于承载区的各接触点，按其所在位置不同，承受的载荷和接触应力也是不相同的。对于套圈滚道上每一个具体点，当滚动体滚过该点的一瞬间，便承受一次载荷，再一次滚过另一个滚动体时，接触载荷和应力是不变的。这说明固定套圈在承载区内的某一点上承受稳定脉动循环载荷，如图 12-9（b）所示。

转动套圈上各点的受载情况，类似于滚动体的受载情况。就其滚道上的某一点而言，处于非承载区时，载荷及应力为零。进入承载区后，每与滚动体接触一次就受载一次，且在承载区的不同位置，其接触载荷和应力也不一样，如图 12-9（a）中实线所示。在 F_r 作用线正下方，载荷和应力最大。

总之，滚动轴承中各承载元件所受载荷和接触应力是周期性变化的。

12.4.2 滚动轴承的失效形式和计算准则

1. 失效形式

滚动轴承常见的失效形式有以下几种：

（1）疲劳点蚀

轴承在安装、润滑维护良好的情况下工作时，由于各承载元件承受周期性变应力的作用，各接触表面的材料将会产生局部脱落，这就是疲劳点蚀，它是滚动轴承主要的失效形式。轴承发生疲劳点蚀破坏后，通常在运转时会出现比较强烈的振动、噪声和发热现象，轴承的旋转精度将逐渐下降，直至丧失正常工作能力。

（2）塑性变形

在过大的静载或冲击载荷作用下，轴承承载元件间的接触应力超过了元件材料的屈服极限，接触部位会发生塑性变形，并形成凹坑，使轴承性能下降，摩擦阻力矩增大，这种失效多发生在低速、重载或做往复摆动的轴承中。

（3）磨损

由于润滑不充分、密封不好或润滑油不清洁，以及工作环境多尘，一些金属屑或磨粒性灰尘进入了轴承的工作部位，使轴承发生严重的磨损，导致轴承内、外圈与滚动体的间隙增大、振动加剧及旋转精度降低而报废。

（4）胶合

在高速、重载条件下工作的轴承，会因摩擦面发热而使温度急剧升高，从而导致轴承元件的回火，严重时将产生胶合失效。

除上述失效形式以外，轴承还可能发生其他的失效形式。如装配不当会使轴承卡死、胀破内圈、挤碎滚动体和保持架；腐蚀性介质进入引起的锈蚀等。在正常使用和维护条件下，这些失效是可以避免的。

2. 计算准则

针对上述失效形式，应对轴承进行寿命和强度计算以保证它能可靠地工作。其计算准则为：

1）一般转速（$n > 10$ r/min）时，轴承的主要失效形式为疲劳点蚀，应进行疲劳寿命计算；

2）极慢转速（$n \leq 10$ r/min）或低速摆动的轴承，其主要失效形式是表面塑性变形，应按静强度计算；

3）高速轴承的主要失效形式为由发热引起的磨损、烧伤，故不仅要进行疲劳寿命计算，还要验算其极限转速。

§12.5 滚动轴承尺寸的选择

12.5.1 滚动轴承的基本额定寿命和基本额定动载荷

1. 轴承寿命

对于一个具体的轴承，轴承的寿命是指轴承中任何一个套圈或滚动体材料首次出现疲劳点蚀扩展之前，一个套圈相对于另一个套圈的转数或者在一定转速下工作的小时数。大量的试验结果表明，一批型号相同的轴承（即结构、尺寸、材料、热处理及加工方法等都相同的轴承），即使在完全相同的条件下工作，它们的寿命也是极不相同的，其寿命差异最大可达几十倍。因此，不能以一个轴承的寿命代表同型号一批轴承的寿命。用一批同类型和同尺寸的轴承在同样工作条件下进行疲劳试验，得到轴承实际转数 L 与这批轴承中不发生疲劳破坏的百分率（即可靠度 R，其值等于某一转数时能正常工作的轴承占投入试验的轴承总数的百分比）之间的关系曲线如图 12-10 所示。由图可知，在一定运转条件下，对应于某一转数，一批轴承中只有一定百分比的轴承能正常工作到该转数，转数增加，轴承的损坏率将增加，而能正常工作到该转数的轴承所占的百分比则相应减少。

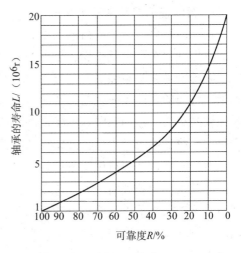

图 12-10 滚动轴承的寿命—可靠度曲线

2. 轴承的基本额定寿命

轴承的基本额定寿命是指一组在相同条件下运转的滚动轴承，10% 的轴承发生点蚀破坏而 90% 的轴承未发生点蚀破坏前的转数或在一定转速下工作的小时数，以 L_{10}（单位 10^6 r）或 L_h（单位 h）表示，即按基本额定寿命选用的一批同型号轴承，可能有 10% 的轴承发生提前破坏，有 90% 的轴承寿命超过其基本额定寿命，其中有些轴承甚至还能工作更长时间。对于一个具体的轴承而言，能顺利地在额定寿命期内正常工作的概率为 90%，而在额定寿命期到达之前发生点蚀破坏的概率为 10%。在做轴承的寿命计算时，必须先根据机器的类型、使用条件及可靠性要求，确定一个恰当的预期计算寿命（即设计机器时所要求的轴承寿命，通常参照机器的大修期限确定）。表 12-8 中给出了根据对机器的使用经验推荐的预期计算寿命值，可供参考。

表 12-8 推荐的轴承预期就是寿命值 L'_h

机器类别	L'_h/h
不经常使用的仪器或设备，如闸门、门窗的开闭装置	500
航空发动机	500 ~ 2 000
短期或间断使用的机械，中断使用不致引起严重后果，如手动工具、农业机械等	4 000 ~ 8 000
间断使用的机械，中断使用后果严重，如发动机辅助设备、流水作业线自动传送装置、升降机、车间吊车和不常使用的机床等	8 000 ~ 12 000
每日 8 h 工作的机械（利用率不高），如一般的齿轮传动和某些固定电动机等	12 000 ~ 20 000
每日 8 h 工作的机械（利用率较高），如金属切削机床、连续使用的起重机和木材加工机械等	20 000 ~ 30 000
24 h 连续工作的机械，如矿山升降机、输送道用滚子和空气压缩机等	40 000 ~ 60 000
24 h 连续工作的机械，中断使用后果严重，如纤维生产或造纸设备、发电站主发电机、矿井水泵和船舶螺旋桨轴等	100 000 ~ 200 000

3. 滚动轴承的基本额定动载荷

轴承的寿命与所受载荷的大小有关，工作载荷越大，接触应力也越大，承载元件所能经受的应力变化次数也就越少，轴承的寿命就越短。

滚动轴承在基本额定寿命等于 10^6 r 时所能承受的载荷，称为基本额定动载荷 C。对向心轴承，它指的是纯径向载荷，称为径向基本额定动载荷，记作 C_r；对于推力轴承，它指的是纯轴向载荷，称为轴向基本额定动载荷，记作 C_a；对于角接触的球轴承或圆锥滚子轴承，它指的是使套圈间产生纯径向位移的载荷的径向分量，记作 C_r。

在基本额定动载荷作用下，轴承工作寿命为 10^6 r 的可靠度为 90%。不同型号的轴承有不同的基本额定动载荷值 C，它表征了具体型号轴承的承载能力。各型号轴承的基本额定动载荷值可查阅轴承样本或机械设计手册。轴承的基本额定动载荷值是在大量试验的基础上，通过理论分析而得出的，即轴承在常规运转条件下——轴承正确安装、无外来物侵入、充分润滑、按常规加载、工作温度不过高或过低、运转速度不特别高或特别低，以及失效率为 10% 和基本额定寿命为 10^6 r 时给出的。

12.5.2 滚动轴承的当量动载荷

综上所述，滚动轴承的基本额定动载荷分为径向基本额定动载荷和轴向基本额定动载荷。当轴承既承受径向载荷又承受轴向载荷时，为能应用额定动载荷值进行轴承寿命计算，就必须把实际载荷转换为与基本额定动载荷的载荷条件相一致的当量动载荷。当量动载荷是一个假想载荷，在它的作用下，滚动轴承具有与实际载荷作用时相同的寿命，用字母 P 表示。在实际工作中，考虑机器的各种实际运转情况，如冲击力、不平衡作用力、惯性力以及轴挠曲或轴承座变形产生的附加力，还应引进一个载荷系数 f_p。因此，轴承的当量动载荷应为：

1）对于只能承受径向载荷 F_r 的向心轴承（$\alpha = 0°$ 的向心滚子轴承，如 N0000 型，NA0000 型）：

$$P = f_p F_r \qquad (12-2)$$

2）对于只能承受轴向载荷 F_a 的推力轴承（$\alpha = 90°$ 的推力球轴承和推力滚子轴承，如 50000 型，80000 型）：

$$P = f_p F_a \qquad (12-3)$$

3）对于以承受径向载荷 F_r 为主而又能承受轴向载荷 F_a 的角接触向心轴承（包括角接触球轴承、深沟球轴承及 $\alpha \neq 0°$ 的向心推力滚子轴承，如 30000 型、70000 型、60000 型、10000 型及 20000 型）：

$$P = P_r = f_p(XF_r + YF_a) \qquad (12-4)$$

4）对于承受轴向载荷 F_a 为主而又能承受径向载荷 F_r 的角接触推力轴承（$\alpha \neq 0°$ 的推力滚子轴承）：

$$P = P_a = f_p(XF_r + YF_a) \qquad (12-5)$$

式中，X——径向载荷系数，见表 12-9；

Y——轴向载荷系数，见表 12-9；

f_p——载荷系数，见表 12-10。

表 12−9　径向载荷系数 X 和轴向载荷系数 Y

轴承类型		相对轴向载荷 $\dfrac{F_a}{C_{0r}}$	判别系数 e	单列轴承				双列轴承			
				$\dfrac{F_a}{F_r} \leq e$		$\dfrac{F_a}{F_r} > e$		$\dfrac{F_a}{F_r} \leq e$		$\dfrac{F_a}{F_r} > e$	
				X	Y	X	Y	X	Y	X	Y
深沟球轴承		0.014	0.19				2.30				2.30
		0.028	0.22				1.99				1.99
		0.056	0.26				1.71				1.71
		0.084	0.28				1.55				1.55
		0.11	0.30	1	0	0.56	1.45	1	0	0.56	1.45
		0.17	0.34				1.31				1.31
		0.28	0.38				1.15				1.15
		0.42	0.42				1.04				1.04
		0.56	0.44				1.00				1.00
角接触球轴承	α	iF_a/C_{0r}									
	15°	0.015	0.38				1.47		1.65		2.39
		0.029	0.40	1	0	0.44	1.40	1	1.57	0.72	2.28
		0.058	0.43				1.30		1.46		2.11
角接触轴承	α	iF_a/C_{0r}									
	15°	0.087	0.46				1.23		1.38		2.00
		0.12	0.47				1.19		1.34		1.93
		0.17	0.50	1	0	0.44	1.12	1	1.26	0.72	1.82
		0.29	0.55				1.02		1.14		1.66
		0.44	0.56				1.00		1.12		1,63
		0.58	0.56				1.00		1.12		1.63
	25°		0.68			0.41	0.87		0.92	0.67	1.41
	30°	—	0.80	1	0	0.39	0.76	1	0.78	0.63	1.24
	40°		1.14			0.35	0.57		0.55	0.57	0.93
调心球轴承			$1.5\tan\alpha$	1	0	0.40	$0.4\cot\alpha$	1	$0.42\cot\alpha$	0.65	$0.65\cot\alpha$
推力调心滚子轴承			1/0.55	—		1.2	1	—		—	
圆锥滚子轴承			$1.5\tan\alpha$	1	0	0.40	$0.4\cot\alpha$	1	$0.45\cot\alpha$	0.67	$0.67\cot\alpha$
四点接触球轴承			0.95	1	0.66	0.6	1.07	—		—	

注：①相对轴向载荷中的 C_{0r} 为轴承的基本额定径向静载荷，由手册查取。$\dfrac{iF_a}{C_{0r}}$ 及 $\dfrac{F_a}{C_{0r}}$ 中间值相应的 e、Y 值可由线性插值法求得。i 为滚动体的列数。
②由接触角 α 确定的各项 e、Y 值也可根据轴承的不同型号由轴承手册查取。

表 12-9 中的 e 为判别系数,是计算当量动载荷时判别是否计入轴向载荷影响的界限值。当 $F_a/F_r > e$ 时,表示轴向载荷的影响较大,计算当量动载荷时,必须考虑 F_a 的作用。当 $F_a/F_r \leq e$ 时,表示轴向载荷的影响较小,计算当量动载荷时,在一些轴承中可以忽略 F_a 的影响。

12.5.3 滚动轴承的寿命计算

滚动轴承的载荷与寿命之间的关系可以用疲劳曲线来表示,图 12-11 所示为用深沟球轴承进行寿命试验得出的载荷—寿命关系曲线。其他轴承也存在类似的关系曲线。该曲线满足以下关系式,即

$$P^\varepsilon L_{10} = C^\varepsilon \times 1 = 常数 \qquad (12-6)$$

式中,C——轴承的基本额定动载荷值,N;
P——轴承所受的当量动载荷;
ε——轴承的寿命指数,球轴承 $\varepsilon = 3$,滚子轴承 $\varepsilon = 10/3$;
L_{10}——可靠度为 90% 时轴承的基本额定寿命,10^6r。

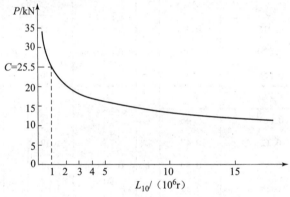

图 12-11 滚动轴承载荷—寿命曲线

当考虑温度及载荷特性对轴承的影响后,可得

$$L_{10} = \left(\frac{f_t C}{f_p P}\right)^\varepsilon \qquad (12-7)$$

式中,f_p——载荷系数,见表 12-10;
f_t——温度系数,见表 12-11。若考虑较高温度($t > 120°$)的工作条件,应对轴承样本中给出的基本额定动载荷值 C 进行修正。

表 12-10 载荷系数 f_p

载荷性质	f_p	举例
平稳运转或有轻微冲击	1.0~1.2	电动机、通风机、水泵和汽轮机等
中等冲击	1.2~1.8	机床、车辆、冶金设备和起重机等
强大冲击	1.8~3.0	轧钢机、破碎机、振动筛和钻探机等

表 12-11 温度系数 f_t

轴承工作温度/℃	<125	125	150	175	200	225	250	300	350
温度系数 f_t	1.00	0.95	0.90	0.85	0.80	0.75	0.70	0.60	0.50

在实际计算中，习惯用小时数来表示轴承寿命，设轴承的转速为 n，则有

$$L_\mathrm{h} = \frac{16\,667}{n}\left(\frac{f_\mathrm{t}C}{f_\mathrm{p}P}\right)^\varepsilon \qquad (12-8)$$

若已经给定轴承的预期寿命 L'_{10}、转速 n 和当量动载荷 P，可按下式求得轴承的计算额定寿命 C'，再查手册确定所需要的 C 值，应使 $C \geq C'$。

$$C' = \frac{f_\mathrm{p}P}{f_\mathrm{t}}\left(\frac{60nL'_{10}}{10^6}\right) \qquad (12-9)$$

12.5.4 角接触球轴承和圆锥滚子轴承的径向载荷与轴向载荷计算

1. 角接触球轴承和圆锥滚子轴承的派生轴向力

角接触球轴承和圆锥滚子轴承都有一个接触角，当内圈承受径向载荷 F_r 作用时，承载区内各滚动体将受到外圈的法向力 $F_{\mathrm{n}i}$ 的作用，如图 12 – 12 所示。$F_{\mathrm{n}i}$ 的径向分量 $F_{\mathrm{r}i}$ 都指向轴承中心，它们的合力与 F_r 相平衡；轴向分量 $F_{\mathrm{s}i}$ 都与轴承的轴线相平行，合力记为 F_s，这称为轴承内部的派生轴向力，其方向由轴承外圈的宽边一端指向窄边一端，且有迫使轴承内圈与轴承外圈脱离的趋势。F_s 要由轴上的轴向载荷来平衡，其大小可用力学方法由径向载荷 F_r 计算得到。当轴承在 F_r 作用下有半圈滚动体受载时，F_s 的计算公式见表 12 – 12。

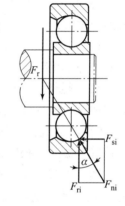

图 12 – 12 径向载荷产生的派生轴向力

由于角接触球轴承和圆锥滚子轴承在受到径向载荷后会产生派生轴向力，所以，为了保证轴承的正常工作，这两类轴承一般都是成对使用的。图 12 – 13 所示为角接触球轴承的两种安装方式，图 12 – 13 (a) 中的两端轴承的外圈宽边相对，称为反装或背对背安装。这种安装方式使两支反力的作用点（又称压力中心）O_1、O_2 相互远离，支承跨距加大。图 12 – 13 (b) 中的两端轴承的外圈窄边相对，称为正装或面对面安装。这种安装方式使两支反力的作用点 O_1、O_2 相互靠近，支承跨距缩短。精确计算时，两支反力的作用点 O_1、O_2 距其轴承端面的距离可从轴承样本或有关标准中查得。一般计算中，当跨距较大时，为简化计算可取轴承宽度的中点为两支反力的作用点。

表 12 – 12 角接触球轴承和圆锥滚子轴承的派生轴向力

轴承类型	角接触球轴承			圆锥滚子轴承
	70000 C	70000 AC	7000 B	
派生轴向力 F_s	eF_r①	$0.68F_\mathrm{r}$	$1.14F_\mathrm{r}$	$\dfrac{F_\mathrm{r}}{2Y}$②

注：① e 值可查表 12 – 9；
② Y 值是对应表 12 – 9 中 $\dfrac{F_\mathrm{a}}{F_\mathrm{r}} > e$ 时的值。

2. 角接触球轴承和圆锥滚子轴承的轴向载荷计算

计算成对安装的角接触球轴承和圆锥滚子轴承的每一端轴承所承受的轴向载荷时，不能只考虑作用于轴上的轴向外载荷，还应考虑两端轴承上因径向载荷而产生的派生轴向力的影

响。其具体的计算方法如下：

1）设图 12-13 中由传动零件（如轴上的齿轮、链轮等）传到轴上的外加径向力和轴向力分别为 F_{re} 和 F_{ae}，根据力的平衡条件可计算出轴承的径向载荷 F_{r1} 和 F_{r2}，并按表 12-12 计算出其各自的派生轴向力 F_{s1} 和 F_{s2}；

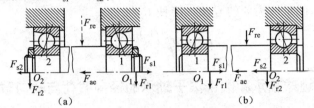

图 12-13 角接触球轴承安装方式及受力分析
(a) 反装；(b) 正装

2）将 F_{s1} 和 F_{s2} 标在图中。对于反装轴承，F_{s1} 和 F_{s2} 的方向相背；对于正装轴承 F_{s1} 和 F_{s2} 的方向相向；

3）将作用在轴上的全部轴向载荷（F_{ae}、F_{s1} 和 F_{s2}）代数相加，可知轴有往哪个方向"窜动"的趋势；

4）判断哪个轴承被"压紧"，哪个轴承被"放松"。派生轴向力的方向与轴"窜动"的方向相反的轴承被"压紧"，派生轴向力的方向与轴"窜动"的方向相同的轴承被"放松"。

5）被"放松"的轴承的轴向载荷等于该轴承的派生轴向力；被"压紧"的轴承的轴向载荷等于被"放松"的轴承的派生轴向力与外加轴向力的代数和。

图 12-13（a）所示中，两轴承反装，F_{s1} 和 F_{s2} 的方向相背。现轴上的轴向外载荷 F_{ae} 与 F_{s2} 方向一致，则比较（$F_{ae} + F_{s2}$）与 F_{s1} 哪个大，若 $F_{ae} + F_{s2} > F_{s1}$，表示轴有向左"窜动"的趋势，则轴承 2 被"放松"，其所受的轴向载荷等于自身的派生轴向力，即 $F_{a2} = F_{s2}$；而轴承 1 被"压紧"，其所受的轴向载荷等于被"放松"轴承的派生轴向力 F_{s2} 与轴上外加载荷 F_{ae} 的代数和，即 $F_{a1} = F_{ae} + F_{s2}$。若 $F_{ae} + F_{s2} < F_{s1}$，表示轴有向右"窜动"的趋势，则轴承 1 被"放松"，其所受的轴向载荷等于自身的派生轴向力，即 $F_{a1} = F_{s1}$；而轴承 2 被"压紧"，其所受的轴向载荷等于除去 F_{s2} 后轴上其余轴向力的代数和，即 $F_{a2} = F_{ae} + F_{s1}$。

对于 12-13（b）所示的两正装轴承，同样可以分析得出：若 $F_{ae} + F_{s2} < F_{s1}$，则轴有向右"窜动"的趋势，右轴承 1 被"放松"，左轴承 2 被"压紧"，所以 $F_{a1} = F_{s1}$，$F_{a2} = F_{ae} + F_{s1}$；若 $F_{ae} + F_{s2} > F_{s1}$，则左轴承 2 被"放松"，右轴承 1 被"压紧"，所以 $F_{a1} = F_{ae} + F_{s2}$，$F_{a2} = F_{s2}$。

【例 12-2】 有 6211 型轴承，所受径向载荷 $F_r = 6\,000$ N，轴向载荷 $F_a = 3\,000$ N，轴承转速 $n = 1\,000$ r/min，有轻微冲击，试求其寿命。

解：查手册得 6211 型轴承的基本额定动载荷 $C_r = 43.2$ kN，基本额定静载荷 $C_{0r} = 29.2$ kN。

(1) 计算 $\dfrac{F_a}{C_{0r}}$ 并确定 e 值

$$\frac{F_a}{C_{0r}} = \frac{3\,000}{29\,200} = 0.102\,7$$

根据 $\dfrac{F_a}{C_{0r}} = 0.102\,7$ 查表 12-9，得 $e = 0.3$；

（2）计算当量动载荷 P

$$\frac{F_a}{F_r} = \frac{3\,000}{6\,000} = 0.5 > e$$

查表 12-9 得 $X = 0.56$、$Y = 1.45$，则有

$$P = XF_r + YF_a = 0.56 \times 6\,000 + 1.45 \times 3\,000 = 7\,710\ (\text{N})$$

（3）计算轴承寿命 L_h

查表 12-11、12-12 得 $f_p = 1.1$、$f_t = 1$，又 6211 为深沟球轴承，寿命指数 $\varepsilon = 3$，由式 12-8 得

$$L_h = \frac{16\,667}{n}\left(\frac{f_t C}{f_p P}\right)^\varepsilon = \frac{16\,667}{1\,000} \times \left(\frac{1 \times 43\,200}{1.1 \times 7\,710}\right)^3 = 2\,202.8\ (\text{h})$$

【例 12-3】 某减速器主动轴选用两个圆锥滚子轴承 3210 支承，如图 12-14 所示。已知轴的转速 $n = 1\,440\ \text{r/min}$，轴上斜齿轮作用于轴的轴向力 $F_{ae} = 750\ \text{N}$，而轴承的径向负荷分别为 $F_{r1} = 5\,600\ \text{N}$ 和 $F_{r2} = 3\,000\ \text{N}$，工作时有中度冲击，脂润滑，正常工作温度，预期寿命 20 000 h，试验算轴承是否合格。

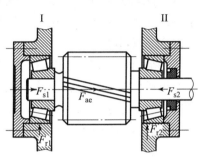

图 12-14 减速器主动轴

解：（1）确定 3210 轴承的主要性能参数

查手册得：$\alpha = 15°38'3''$、$C_r = 84.8\ \text{kN}$、$C_{0r} = 68\ \text{kN}$、$e = 0.42$、$Y = 1.44$。

（2）计算派生轴向力 F_{s1} 和 F_{s2}

$$F_{s1} = \frac{F_{r1}}{2Y} = \frac{5\,600}{2 \times 1.44} = 1\,944.4\ (\text{N}),\quad F_{s2} = \frac{F_{r2}}{2Y} = \frac{3\,000}{2 \times 1.44} = 1\,041.7\ (\text{N})$$

（3）计算轴向负荷 F_{a1} 和 F_{a2}

$$F_{ae} + F_{s1} = 750 + 1\,944.4 = 2\,694.4\ \text{N} > F_{s2}$$

故轴承Ⅱ被"压紧"，轴承Ⅰ被"放松"，得：

$$F_{a2} = F_{ae} + F_{s1} = 750 + 1\,944.4 = 2\,694.4\ \text{N},\quad F_{a1} = F_{s1} = 1\,944.4\ (\text{N})$$

（4）确定系数 X、Y

$$\frac{F_{a1}}{F_{r1}} = \frac{1\,944.4}{5\,600} = 0.357\,1 < e,\quad \frac{F_{a2}}{F_{r2}} = \frac{2\,694.4}{3\,000} = 0.616\,7 > e$$

查表 12-9 得 $X_1 = 1$，$Y_1 = 0$，$X_2 = 0.4$，$Y_2 = 1.44$。

（5）计算当量动负荷 P_1、P_2

$$P_1 = X_1 F_{r1} + Y_1 F_{a1} = 1 \times 5\,600 = 5\,600\ (\text{N})$$
$$P_2 = X_2 F_{r2} + Y_2 F_{a2} = 0.4 \times 3\,000 + 1.44 \times 2\,694.4 = 3\,879.936\ (\text{N})$$

（6）计算轴承寿命 L_h

查表 12-11 和表 12-12 有 $f_p = 1.5$，$f_t = 1$，$\varepsilon = 3$，则：

$$L_h = \frac{16\,667}{n}\left(\frac{f_t C}{f_p P}\right)^\varepsilon = \frac{16\,667}{1\,440} \times \left(\frac{84\,800}{1.5 \times 5\,600}\right)^3$$

（7）验算轴承是否合格

$L_h = 24\,936\ \text{h} > 20\,000\ \text{h}$，该轴承合适。

12.5.5 滚动轴承的静强度计算

对于基本上不转、极低转速（$n \leqslant 10 \text{ r/min}$）或缓慢摆动的轴承，根据其寿命计算要求判断其可以承受较大的载荷，但是较大的工作载荷及短时间作用的冲击载荷会造成滚动轴承与滚道之间较大的接触应力，从而造成永久的塑性变形。塑性变形会造成滚动轴承的旋转精度下降，启动力矩增大，工作振动加剧，因此必须限制滚动轴承的最大载荷。

1. 基本额定静载荷

国家标准规定，使受载荷最大的滚动体与滚道接触中心处产生的最大接触应力达到特定值（调心球轴承：4 600 MPa，其他球轴承：4 200 MPa，所有滚子轴承：4 000 MPa）的载荷，称为滚动轴承的基本额定静载荷，用符号 C_0 表示。基本额定静载荷是表示滚动轴承承载能力的基本参数，可在机械设计手册中查取。

2. 当量静载荷

当轴承同时承受径向载荷和轴向载荷时，应将其实际载荷折算成与实际载荷所产生的应力相等，且与基本额定静载荷方向相同的假想载荷，在这一假想载荷的作用下，轴承中受力最大的滚动体的接触应力与实际载荷作用下的应力相等，这一假想载荷称为实际载荷的当量静载荷。

对于只受纯径向载荷的向心轴承（$\alpha = 0°$），其当量静载荷为

$$P_0 = F_r \tag{12-10}$$

式中，P_0——当量静载荷。

对于以承受径向载荷为主的向心轴承（深沟球轴承、角接触轴承、调心轴承），其当量静载荷为

$$P_0 = X_0 F_r + Y_0 F_a \tag{12-11}$$

式中，X_0——径向载荷系数，见表 12-13；

Y_0——轴向载荷系数，见表 12-13。

值得注意的是，若计算出 $P_0 < F_r$，则应取 $P_0 = F_r$。

对于只承受纯轴向载荷的推力轴承（$\alpha = 90°$）（推力轴承、推力滚子轴承），其当量静载荷为

$$P_0 = F_a \tag{12-12}$$

表 12-13 当量静载荷的 X_0、Y_0 系数

轴承类型		单列轴承		双列轴承	
		X_0	Y_0	X_0	Y_0
深沟球轴承		0.6	0.5	0.6	0.5
角接触球轴承	$\alpha = 15°$	0.5	0.46		0.92
	$\alpha = 25°$		0.38		0.76
	$\alpha = 40°$		0.26		0.52
四点接触球轴承	$\alpha = 35°$		0.29	1	0.58
双列角接触球轴承	$\alpha = 30°$	—	—		0.66
调心球轴承		0.5	0.22cot α①		0.44 cot α
圆锥滚子轴承					

注：① 由接触角 α 确定的 Y_0 值，也可从轴承手册直接查得。

3. 静强度计算

实践表明，基本额定静载荷所造成的永久变形量对于一般应用的滚动轴承而言，并不影响正常工作，而对于要求旋转精度较高和振动较低的轴系，应限制其轴承的静载荷，从而减小永久变形量对工作性能的影响。

按照静强度选择轴承的条件为

$$C_0 \geqslant S_0 P_0 \quad (12-13)$$

式中，S_0——静强度安全系数，见表 12 – 14。

表 12 – 14　静强度安全系数

静止或摆动轴承	
使用场合	S_0
水坝闸门装置、大型起重吊钩（附加载荷小）	≥1
吊桥、小型起重吊钩	≥1.5～1.6
旋转轴承	
使用要求或载荷性质	S_0
对旋转精度及平稳性要求高，或承受冲击载荷	球轴承：1.5～2；滚子轴承：2.5～4
正常使用	球轴承：0.5～2；滚子轴承：1～3.5
对旋转精度及平稳性要求低，没有冲击载荷和振动	球轴承：0.5～2；滚子轴承：1～3

§12.6　轴承装置的设计

为了保证轴承能正常工作，除了正确选择轴承的类型和尺寸外，还应正确地解决轴承的定位、装拆、配合、调整、润滑与密封等问题，即正确地设计轴承装置。

12.6.1　滚动轴承的轴向定位与紧固

轴承的轴向定位与紧固是指轴承的内圈与轴颈、外圈与座孔间的轴向定位和紧固。轴承轴向定位与紧固的方法有很多，应根据轴承所受载荷的大小、方向、性质、转速的高低、轴承的类型及轴承在轴上的位置等因素，选择合适的方法。下面简述单个支点处的轴承，其内圈在轴上和外圈在轴承座孔内的轴向定位与紧固方法。

1. 轴承内圈在轴上的定位与紧固

常用内圈在轴上的定位与紧固方法有四种，如图 12 – 15 所示。

（1）轴用弹簧挡圈与轴肩紧固

如图 12 – 15（a）所示的这种方法主要用于轴向载荷不大及转速不高的场合。

（2）轴端挡圈与轴肩紧固

如图 12 – 15（b）所示的方法可承受双向轴向载荷，并可在高速下承受中等轴向载荷，它常用于轴颈直径较大的轴端固定。

（3）圆螺母和止动垫圈紧固

如图 12 – 15（c）所示的方法主要用于转速较高、轴向载荷较大的场合。

（4）开口圆锥紧定套、止动垫圈和圆螺母紧固

如图 12-15（d）所示的方法用于光轴上轴向载荷和转速都不大的调心轴承的锁紧。

为保证定位可靠，轴肩圆角半径 r_1 必须小于轴承的圆角半径 r，而轴肩的高度通常不大于内圈高度的 3/4，过高的轴肩将不便于轴承的拆卸。

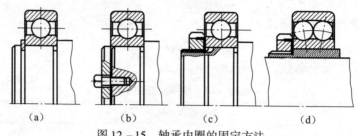

图 12-15　轴承内圈的固定方法

2. 轴承外圈在轴承座孔内的轴向定位与紧固

常用的轴承外圈在座孔内的轴向定位与紧固方法有以下几种，如图 12-16 所示。

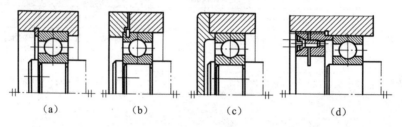

图 12-16　外圈的轴向紧固常用方法

（1）孔用弹簧挡圈紧固

如图 12-16（a）所示的这种方法主要用于轴向力不大，且需要减小轴承装置尺寸的深沟球轴承中。

（2）止动环紧固

如图 12-16（b）所示的这种方法用于轴承座孔内不便做凸肩且外壳为剖分式结构时，此时轴承外圈需带止动槽。

（3）轴承盖紧固

如图 12-16（c）所示的这种方法用于转速高、轴向载荷大的各类轴承。

（4）螺纹环紧固

如图 12-16（d）所示的这种方法用于转速高、轴向载荷大的场合，且不适用于使用轴承盖的场合。

外圈另一端面需要定位时可以用凸肩作为轴向定位。同样为使端面贴紧，凸肩处的圆角半径必须小于轴承外圈的圆角半径。另外，凸肩高度的选取应能便于拆卸和定位，合理的凸肩高度尺寸可查阅有关手册。

12.6.2　滚动轴承的配置

通常一根轴需要两个支点，每个支点由一个或两个轴承组成。滚动轴承的支承结构应考虑轴在机器中的正确位置，为防止轴向窜动及轴受热伸长后不致将轴卡死等因素，利用轴承

的支承结构使轴获得轴向定位的方式有 3 种。

1. 两端固定

图 12-17 所示的结构是利用轴上两端轴承各限制一个方向的轴向移动，从而限制轴的双向移动。这种结构一般用于工作温度较低和支承跨距较小的刚性轴的支承，轴的热伸长量可由轴承自身的游隙补偿，或者在轴承外圈与轴承盖之间留有 $\Delta = 0.25 \sim 0.40$ mm 的间隙，以补偿轴的热伸长量。调整调节垫片（见图 12-17（a））可改变间隙的大小。角接触球轴承和圆锥滚子轴承还可用调整螺钉调节轴承间隙，如图 12-17（b）所示。

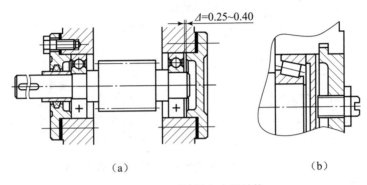

图 12-17 两端固定支承结构

2. 一支点双向固定而另一支点游动

这种轴的支承形式是，一个支点处的轴承外圈双向固定，另一个支点处的轴承可以轴向游动（通常是受载较小的支点），以适应轴的热伸长。这种结构特别适用于温度变化较大和轴的跨距较大的场合。图 12-18（a）所示的轴的两端各用一个深沟球轴承支承，左端轴承的内、外圈都为双向固定，而右端轴承的外圈在座孔内没有轴向固定，其内圈用弹性挡圈与轴肩紧固在轴上。工作时轴上的双向轴向载荷由左端轴承承受，轴受热伸长时，右端轴承可以在座孔内自由游动。

支承跨距较大（$L > 350$ mm）或工作温度较高（$t > 70℃$）的轴游动端轴承采用圆柱滚子轴承更为合适，如图 12-18（b）所示，内、外圈均做双向固定，但相互间可做相对轴向移动。

当轴向载荷较大时，固定端可采用深沟球轴承或径向接触轴承与推力轴承的组合结构，如图 12-18（c）所示，由深沟球轴承或径向接触轴承承受径向载荷，由推力轴承承受轴向载荷，因而其承载能力大。

固定端也可以用两个角接触球轴承或圆锥滚子轴承采用"背靠背"或"面对面"组合在一起的结构，如图 12-18（d）所示。

3. 两端游动支承

此种支承结构形式用的很少，只用于某些特殊情况，如人字齿轮中的小齿轮轴，由于人字齿轮的螺旋角加工不易做到左右完全一样，在啮合传动时会有左右微量窜动，因此必须用两端游动的支承结构，小齿轮轴可做轴向少量游动，自动补偿两侧螺旋角的制造误差，以防止齿轮卡死或人字齿轮两边受力不均匀。大齿轮所在轴则采用两端支承结构，以使轴系得到轴向定位，如图 12-19 所示。

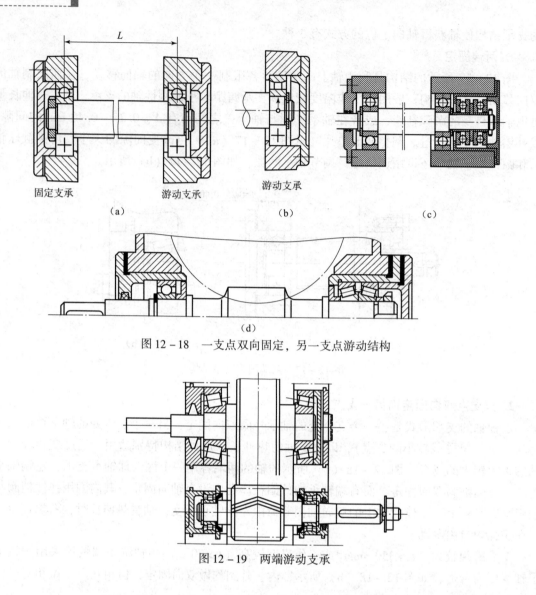

图 12-18 一支点双向固定，另一支点游动结构

图 12-19 两端游动支承

12.6.3 轴承游隙和轴系位置的调整

1. 轴承游隙的调整

轴承游隙的大小对轴承寿命、效率、旋转精度、温升及噪声等都有很大的影响。需要调整游隙的主要有角接触球轴承组合、圆锥滚子轴承组合和平面推力轴承组合结构。调整游隙的方法有以下几种：

（1）借助调整垫片调整

如图 12-20（a）、图 12-18（c）和图 12-18（d）所示的右支点，轴承的游隙和预紧都是依靠端盖下的垫片来调整的，这样比较方便。

（2）借助于旋转螺母或螺钉来调整

如图 12-20（b）所示的结构中，轴承的游隙是靠轴上的圆螺母来调整的，操作不方便，且螺纹为应力集中源，削弱了轴的强度。

2. 轴系位置的调整

在锥齿轮和蜗杆传动中，要求两锥齿轮的节锥顶点重合，蜗杆的轴剖面对准蜗轮的中间平面，这就要求在装配时调整传动零件的轴向位置。为了便于调整，可将确定其轴向位置的轴承安装在一个套杯中，如图 12 – 18（c）、图 12 – 18（d）右支承及图 12 – 20 所示，套杯装在外壳中。通过增减套杯端面与外壳之间垫片的厚度，即可调整锥齿轮（见图 12 – 20）或蜗杆（见图 12 – 18）的轴向位置。

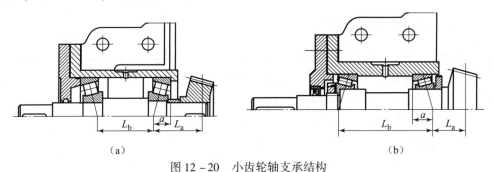

图 12 – 20 小齿轮轴支承结构

12.6.4 滚动轴承的刚度和预紧

滚动轴承在载荷作用下的旋转精度取决于其刚度。对于某些精密机械（例如精密车床）来说，为了减少机器工作时的振动，保证加工精度，提高轴承的刚度是极为重要的，通常利用预紧轴承的方法来达到增强轴承组合刚度的目的。所谓轴承的预紧，就是在安装轴承时用某种方法在轴承中产生并保持一定的轴向力，以消除轴承的轴向游隙，并在轴承滚动体与内、外圈滚道接触处产生弹性变形，以提高轴承的旋转精度和支承刚度。通过预紧，轴承在工作中受到载荷作用时，其内、外圈的径向及轴向相对移动量会大大地减小。

常用的预紧方法是借套圈的相互移动实现的。在结构上可采取下列措施：

1）通过夹紧一对圆锥滚子轴承的外圈而预紧，如图 12 – 21（a）所示。

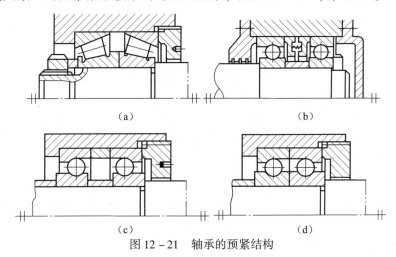

图 12 – 21 轴承的预紧结构

2）用弹簧预紧，可以得到稳定的预紧力，如图 12 – 21（b）所示。

3）在一对轴承中间装入长度不等的套筒而预紧，预紧力可由两套筒的长度差来控制，如图 12 – 21（c）所示，这种装置的刚性较大。

4)夹紧一对磨窄了的外圈而预紧,如图12-21(d)所示,反装时可将其通过磨窄内圈并夹紧。这种特制的成对安装角接触球轴承,可由生产厂家选配组合成套提供。在滚动轴承样本中可以查到不同型号的成对安装的角接触球轴承的预紧载荷值及相应的内圈或外圈的磨窄量。

实践证明,仅仅几微米的预紧量就可以显著地提高轴承的刚度和稳定性。但若预紧过度,温度就会大为升高。合适的套圈位移量应通过轴承的预紧力试验来确定。

12.6.5 滚动轴承轴系的刚度和精度

轴或轴承座的变形都会使轴承内的滚动体受力不均匀及运动受阻,从而影响轴承的旋转精度,降低轴承的寿命。因此,安装轴承的外壳或轴承座时应具有足够的刚度。如孔壁要有适当的壁厚,壁板上轴承座的悬臂应尽可能地缩短,并用加强肋来提高支座的刚度,如图12-22所示。对于轻合金或非金属外壳,应加设钢或铸铁制的套杯。

支承同一根轴上的两个轴承的轴承座孔,其孔径应尽可能相同,以便加工时一次将其镗出,从而保证两孔的同轴度。如果一根轴上安装有不同尺寸的轴承,可用组合镗刀一次镗出两个尺寸不同的座孔,用钢制套杯(见图12-18(c))结构来安装外径较小的轴承。当两个座孔分别位于不同的机壳上时,应将两个机壳先进行结合面加工,再连接成一个整体,然后镗孔。

不同类型的滚动轴承的刚度差别很大,滚子轴承比球轴承的刚度要高;多列轴承比单列轴承的刚度要高;滚针轴承具有很大的刚度,但对于偏载很敏感,且极限转速低。

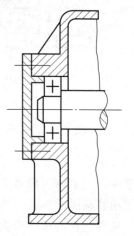

图12-22 用加强肋提高支承的刚度

对于刚度要求很高且跨度很大的轴系,可采用多支点轴系结构来满足其刚度的要求,但加工装配时,它对轴承孔、轴的同轴度要求高。

12.6.6 滚动轴承的配合和装拆

1. 滚动轴承的配合

滚动轴承的配合指滚动轴承内圈与轴的配合及滚动轴承外圈与座孔的配合。滚动轴承的配合直接影响轴承的定位与紧固效果、轴承的工作游隙及滚动轴承的装配与拆卸。

为保证滚动轴承正常工作,并具有一定的旋转精度,应使轴承工作时具有一定的游隙。向心轴承出厂时具有原始游隙,但在装配后,由于内圈与轴及外圈与座孔之间的过盈使游隙变小,工作中的受力使游隙变大,且内圈的散热条件比外圈差,工作温升会使游隙变小,这些因素综合作用形成的游隙称为工作游隙。工作游隙的大小对滚动轴承元件的受力、轴系的旋转精度、轴承的寿命及温升都有很大影响,合理选择滚动轴承的配合是改善轴承工作性能的重要手段。

(1)滚动轴承的配合特点

1)由于滚动轴承是标准组件,所以只能通过改变与滚动轴承配合的轴颈和座孔的尺寸公差来满足配合的要求,所以滚动轴承内圈与轴的配合应采用基孔制,而滚动轴承外圈与座孔的配合必须采用基轴制。

2）通常在基孔制配合中，基准孔的尺寸公差带采用下偏差为零、上偏差为正值的分布。国家标准中规定，滚动轴承的内圈、内径和外圈、外径的尺寸公差带均采用上偏差为零、下偏差为负值的分布，所以与滚动轴承内圈配合的轴在采用同样公差的条件下，与滚动轴承所形成的配合比与一般基孔制的基准孔形成的配合更紧。图12-23所示为滚动轴承内、外圈的公差带位置及与之配合的轴和孔公差带位置的关系。

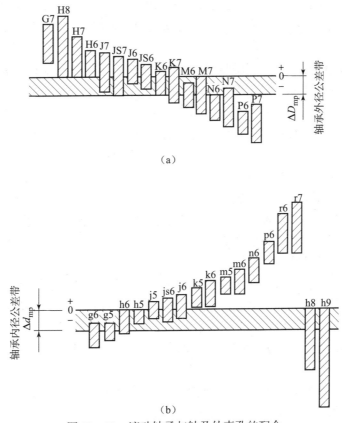

图 12-23 滚动轴承与轴及外壳孔的配合

3）滚动轴承是标准组件，因而在装配图中进行尺寸标注时，不需要标注滚动轴承的公差符号，只需要标注与之配合的轴和孔的公差符号。

4）滚动轴承的座圈是薄壁件，由于配合中过盈量与载荷的作用，使轴和孔的形状会影响与之配合的座圈滚道的形状，所以与滚动轴承配合的轴或孔表面的形状误差和过大的表面粗糙度都会影响滚动轴承的工作性能，所以不但要规定与滚动轴承配合表面的尺寸公差，同时也要规定相应的形状与位置公差以及表面粗糙度。

(2) 滚动轴承配合的选择

在结构设计中，应根据滚动轴承所承受的载荷情况、工作温度、拆装条件等因素合理地选择轴承的配合，具体应考虑以下几个因素：

1）载荷的大小和方向以及载荷的性质。一般说来，转速越高、载荷越大和振动越强烈时，应采用紧一些的配合；对于与内圈配合的旋转轴通常采用n6、m6、k5、k6、j5、js5；当轴承安装于薄壁座孔或空心轴上时，也应采用较紧的配合。但是过紧的配合是不好的，这时可能因内圈的膨胀和外圈的收缩而使轴承的内部游隙减小甚至完全消失。过紧的配合还会使装拆困难。

2）工作温度的高低及温度的变化情况。轴承运转时，对于一般的工作机械来说，套圈的温度常高于其相邻零件的温度。这时，轴承内圈可能因热膨胀而与轴松动，外圈可能因热膨胀而与轴承座孔胀紧，从而可能使原来需要外圈有轴向游动性能的支承丧失游动性。所以，当轴承在工作中发热量较大、散热条件较差时，应将外圈的配合选得稍松一些，而内圈的配合选得稍紧一些。

3）轴承的固定形式。轴系中固定支点的轴承外圈与孔的相对位置固定时，可选用较紧的配合；对于依靠相对于孔的轴向移动来实现支点游动的轴承，外圈与孔的配合应采用间隙配合 G7 或 H7。

4）轴承的装拆条件。剖分式轴承座与轴承外圈应选用较松的配合；需要经常拆卸、更换的轴承，特别是装拆较困难的重型轴承应选用较松的配合；对于设计寿命长，通常不需要拆卸的轴承可选用较紧的配合。

5）轴系旋转精度。对旋转精度要求较高的轴系应选用具有较高精度的轴承。轴承的旋转精度不仅与轴承的制造精度有关，而且与相配合的轴和孔的尺寸精度、形状与位置精度及表面粗糙度有关。在选用高精度轴承的同时也应提高相配合的轴和孔的加工精度。

以上介绍了选择轴承的一般原则，具体选择时可结合机器的类型和工作情况，参照同类机器的使用经验进行。各类机器所使用的轴承配合以及各类配合的配合公差、配合表面粗糙度和几何形状允许偏差等资料可查阅有关设计手册。

2. 滚动轴承的安装与拆卸

设计轴承装置时，应使轴承便于装拆。由于滚动轴承内圈与轴颈的配合一般较紧，安装前应在配合表面涂油，防止压入时产生咬伤。常见内圈与轴颈的装配方法有以下几种：

1）压力机压套，如图 12-24（a）所示。

2）加热轴承安装法。此方法多用于过盈量大的中、大型轴承，加热温度为 80℃～90℃（不应超过 120℃）。

3）对于中、小型轴承可用手锤敲击装配套筒将轴承装入。当轴承外圈与座孔配合较紧时，压力应施加在外圈上，如图 12-24（b）所示。

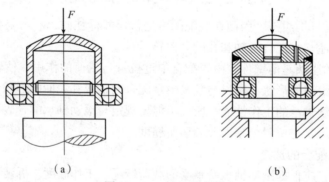

图 12-24 轴承的安装

更换或定期检修轴承时，轴承要拆卸下来。经过长期运转的轴承，其拆卸相当困难。常用的拆卸方法有压力机拆卸和拉拔工具拆卸，如图 12-25 所示。为便于拆卸，设计时应使轴承内圈比轴肩、外圈比凸肩露出足够的高度 h，如图 12-26（a）和图 12-26（b）所示。对于盲孔，可在其端部开设专用卸载螺纹孔，如图 12-26（c）所示。

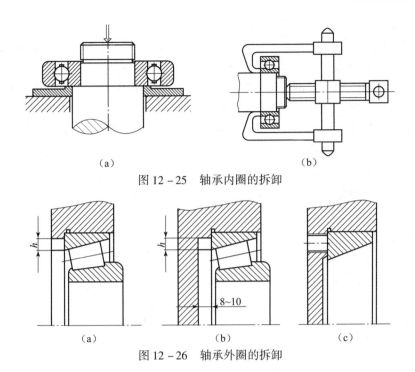

图 12-25 轴承内圈的拆卸

图 12-26 轴承外圈的拆卸

12.6.7 滚动轴承的润滑与密封

1. 滚动轴承的润滑

润滑对滚动轴承具有重要的意义。轴承中的润滑剂不仅可以降低摩擦阻力，还具有散热、减小接触应力、吸收振动和防止锈蚀等作用。

设计滚动轴承润滑时，要根据轴承的工况和使用要求，正确选择润滑剂和润滑剂的供给方式。

滚动轴承常用的润滑方式有油润滑和脂润滑两类。此外，在特殊条件下也可以采用固体润滑剂。润滑方式的选择与轴承的速度有关，一般用滚动轴承的 dn 值（d 为滚动轴承内径，单位 mm；n 为轴承转速，单位 r/min）来表示轴承的速度大小。适用于脂润滑和油润滑的 dn 值界限见表 12-15。

表 12-15 选择润滑方式时的 dn 界限值　　　　　10^4 mm·r/min

轴承类型	脂润滑	油润滑			
		油浴	滴油	循环油（喷油）	油雾
深沟球轴承	16	25	40	60	>60
调心球轴承	16	25	40	—	—
角接触球轴承	16	25	40	60	>60
圆柱滚子轴承	12	25	40	60	>60
圆锥滚子轴承	10	16	23	30	—
调心滚子轴承	8	12	20	25	—
推力球轴承	4	6	12	15	—

（1）脂润滑

脂润滑的优点是：由于润滑脂是一种黏稠的胶凝状材料，故其润滑油膜的强度高，能承受较大的载荷，且不易流失，容易密封，能防止灰尘等杂物侵入轴承内部，其对密封要求不高，一次加脂可以维持相当长的一段时间。其缺点是摩擦损失大、散热效果差。

对于那些不便经常添加润滑剂的部位，或不允许润滑油流失而导致污染产品的工业机械来说，这种润滑方式十分适合。但它只适用于在 dn 值较低的情况下使用。使用时，润滑脂的填充量要适中，一般为轴承内部空间的 1/3～2/3。

润滑脂的主要性能指标为锥入度和滴点。轴承 dn 值大、载荷小时，应选用锥入度较大的润滑脂；反之应选择锥入度较小的润滑脂。

（2）油润滑

在高温的条件下，通常采用油润滑的方式。采用脂润滑的轴承，如果设计上方便，有时也可采用油润滑（如封闭式齿轮箱中轴承的润滑）。油润滑的优点是：摩擦系数小、润滑可靠、搅动损失小，并具有冷却和清洁作用。其缺点是对密封和供油的要求较高。

润滑油的主要性能指标是黏度，转速越高，应选用黏度越低的润滑油；载荷越大，应选用黏度越高的润滑油。选择润滑油时，参考图 12-27，可先选出润滑油的黏度值，然后再按其黏度值从润滑油产品目录中选出相应的润滑油牌号。

常用的油润滑方法有以下几种：

1) 油浴润滑。油浴润滑是被普遍采用而又简单的方法，多用于低速、中速的轴承。油面在静止时不应低于轴承最下方滚动体的中心，如图 12-28 所示。若轴承转速高，搅动损失大，会引起油液和轴承的温升大。

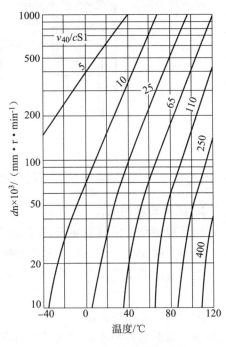

图 12-27　润滑油黏度选择

2) 滴油润滑。滴油润滑的滴油量可以控制，多用于需要定量供油、转速较高的小型球轴承。为使滴油畅通，常使用黏度较小的全损耗系统用油 L-AN15，常用的滴油润滑装置如图 4-11 所示。

3) 飞溅润滑。在闭式传动装置中，常利用旋转零件（齿轮、溅油盘等）的转动把箱体内的油甩到四周壁面上，然后通过适当的沟槽把油引入轴承中去，这就是飞溅润滑。这类润滑方法广泛应用于汽车变速器、差动齿轮装置等。

4) 喷油润滑。喷油润滑用于高速旋转、载荷大，要求润滑可靠的轴承。它利用油泵将润滑油增压，并通过油管或机壳内特制的油孔，经喷油嘴将润滑油对准轴承内圈与滚动体间的位置喷射。

5) 油雾润滑。润滑油在油雾发生器中变成油雾，并将低压油雾送入高速旋转的轴承，从而起到润滑、冷却的作用。但润滑轴承的油雾可能部分地随空气飘散，会污染环境，故在必要时，宜采用油气分离器来收集油雾，或者采用通风装置来排除废气。这种润滑常用于机床的高速主轴、高速旋转泵等支承轴承的润滑。

6) 油—气润滑。近年来，出现了一种新的润滑技术，即油—气润滑。它以压缩空气为动力将润滑油油滴沿管路输送给轴承，且不受润滑油黏度值的限制，从而克服了油雾润滑中存在的高黏度润滑油无法雾化、废油雾对环境造成污染、油雾量调节困难等缺陷。

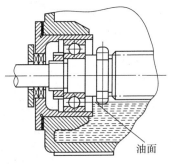

图 12 - 28　油浴润滑

(3) 固体润滑剂

固体润滑剂常采用的材料有石墨、二硫化钼、聚四氟乙烯、尼龙、铅等，主要用于在极低温度、高温、高（强）辐射、太空、真空等特殊工况条件或不允许污染、不易维护、无法供油的场合中工作的轴承。常用的固体润滑方法有以下几种：

1) 用黏结剂将固体润滑剂粘接在滚道和保持架上。
2) 把固体润滑剂加入工程塑料和粉末冶金材料中，制成有自润滑性能的轴承材料。
3) 用电镀、高频溅射、离子镀层、化学沉积等技术使固体润滑剂或软金属（金、银、铟、铅等）在轴承零件的摩擦表面上形成一层均匀致密的薄膜。

2. 滚动轴承的密封

轴承工作时，润滑剂不允许流失，且外界灰尘、水分及其他杂物也不允许进入轴承，所以应对轴承设置可靠的密封装置。密封装置可分为接触式密封和非接触式密封两大类。

(1) 接触式密封

接触式密封是通过轴承盖内部放置的密封元件与转动轴表面的直接接触而起到密封作用。密封元件主要用毛毡、橡胶圈、皮碗等软性材料，也有用减摩性好的材料如石墨、青铜、耐磨铸铁等。这种密封形式多用于转速不高的情况。同时，与密封件接触的轴处的硬度应在 40HRC 以上，表面粗糙度 Ra 在 $1.6 \sim 1.4 \mu m$，以防止轴及密封元件磨损过快。它常用的结构形式有以下几种：

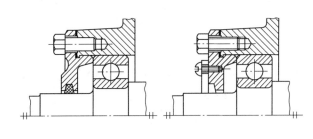

图 12 - 29　毛毡油封密封

1) 毛毡油封。如图 12 - 29 所示，其密封元件为用细毛毡制成的环形毡圈标准件，在轴承盖上开出梯形槽，将毡圈嵌入梯形槽中并与轴密切接触。这种密封主要用于脂润滑的场合，它的结构简单，安装方便，但摩擦较大，密封压紧力较小，且不易调节，只适用于滑动速度小于 $4 \sim 5 m/s$ 的场合，或当与毡圈油封相接触的轴表面如经过抛光且毛毡质量较高时，轴的圆周速度达 $7 \sim 8 m/s$ 的场合。

2) 唇形密封。唇形密封是在轴承盖的孔内，放置一个用耐油橡胶制成的唇形密封圈，依靠橡胶的弹力和环形螺旋弹簧压紧在密封圈的唇部，使唇部与轴密切接触，以便起到密封作用。有的唇形密封圈还带有一个金属外壳，可与轴承盖较精确地装配。如果密封的目的主要是封油，则密封唇应朝内（对着轴承）安装；如果主要是为了防止外界杂质的侵入，则密封唇应朝外（背着轴承）安装，如图 12 - 30（a）所示；如果两个作用都有，最好放置两个唇形密封圈且密封唇的方向相反，如图 12 - 30（b）所示。这种密封结构简单、安装方便、易于更换、密封可靠,可用于轴的圆周速度小于 10 m/s(轴颈精车)或小于 15 m/s(轴颈磨光)油润滑或脂润滑处。

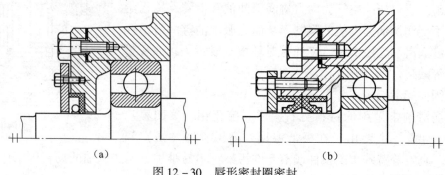

图 12-30 唇形密封圈密封

3) 密封环。密封环是一种带有缺口的环形密封件,把它放置在套筒的环槽内,如图 12-31 所示,套筒与轴一起转动,密封环通过缺口被压拢后所具有的弹性而抵紧在静止件的内孔壁上,即可起到密封的作用。其各个接触表面均需经硬化处理并抛光。密封环用含铬的耐磨铸铁制造,可用于轴的圆周速度小于 100 m/s 时。当轴的圆周速度在 60~80 m/s 范围内时,也可以用锡青铜制造密封环。

(2) 非接触式密封

接触式密封必然会在接触处产生摩擦,而非接触式密封则可以避免此类缺陷,故多用于速度较高的结构中。常用的非接触密封有以下几种:

1) 隙缝密封。如图 12-32 所示隙缝密封的最简单的结构形式是在轴和轴承盖的通孔壁之间留出半径间隙为 0.1~0.3 mm 的隙缝,这对使用脂润滑的轴承来说,已具有一定的密封效果。如果在轴承盖的通孔内车出环形槽,如图 12-32(b)所示,并在槽中填充润滑脂,则可以提高其密封效果。

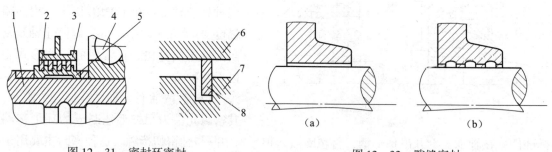

图 12-31 密封环密封

1—轴;2、8 密封环;3、6—静止件;
4—轴承;5—套筒;7—转动件

图 12-32 隙缝密封

2) 甩油密封。甩油密封指油润滑时,在轴上开出沟槽,如图 12-33(a)所示,或装上一个油环,如图 12-33(b)所示,并借助离心力将沿轴表面欲向外流失的油沿径向甩掉,再经过集结后流回油池的方法。它也可以在紧贴轴承处安装一甩油环,并在轴上车出螺旋式送油槽,如图 12-33(c)所示,借助于螺旋的输送作用可有效地防止油外流,但这时轴必须只按一个方向旋转。这种密封形式在停车后便丧失密封效果,所以常与其他密封形式联合使用。

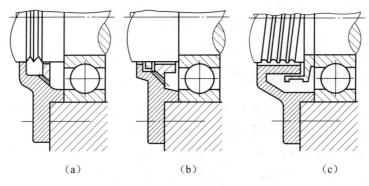

(a) （b） （c）

图 12-33 甩油密封

3）迷宫式密封。迷宫是指由旋转和固定的密封件之间构成的隙缝是曲折的。根据部件的结构，迷宫可以是沿径向布置的，如图 12-34（a）所示，也可以是沿轴向布置的，如图 12-34（b）所示。采用轴向迷宫时，其端盖应为剖分式，隙缝中填充润滑脂，可增加其密封效果。当轴因温度变化而伸缩或采用调心轴承作支承时，都有使旋转件与固定件相接触的可能，因此，设计时一定要充分考虑这些因素。迷宫式密封对于脂润滑和油润滑都有效，特别是当环境比较脏和比较潮湿时，采用迷宫式密封是相当可靠的。

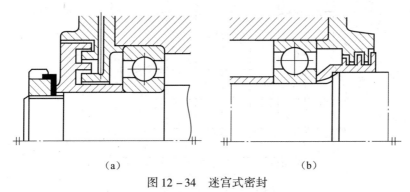

(a) （b）

图 12-34 迷宫式密封

(a) 径向迷宫式密封；(b) 轴向迷宫式密封

在重要的机器中，为了获得可靠的密封效果，常将多种密封形式合理地组合在一起使用。例如迷宫式与毛毡式的组合密封，如图 12-35（a）所示，迷宫式与隙缝式的组合密封，如图 12-35（b）所示。

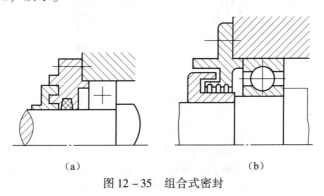

(a) （b）

图 12-35 组合式密封

§12.7 其 他

12.7.1 滚动轴承的极限转速

极限转速是指轴承在一定的工作条件下,达到所能承受的最高平衡温度时的转速。轴承的工作转速应低于极限转速值,手册中给出了每种型号轴承分别在油润滑和脂润滑条件下的极限转速值,它适用于当量动载荷 $P < 0.1C$(C 为轴承的基本额定动载荷),润滑、冷却条件正常,向心轴承只承受径向载荷,推力轴承只承受轴向载荷的 0 级公差轴承。当轴承的当量动载荷 $P > 0.1C$ 时,轴承的工作温度会升高,润滑性能会下降,应对其极限转速进行修正,即

$$n = f_1 f_2 n_0 \tag{12-14}$$

式中,n——实际许用转速,r/min;

n_0——轴承极限转速,r/min;

f_1——载荷系数,载荷的大小对工作温度的影响,见图 12-36;

f_2——载荷分布系数,载荷分布不均匀对工作温度的影响,见图 12-37。

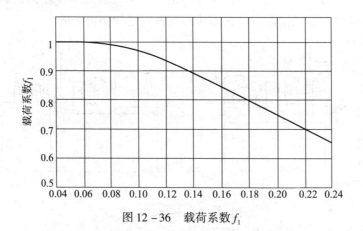

图 12-36 载荷系数 f_1

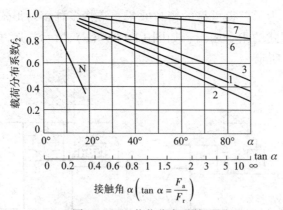

图 12-37 载荷分布系数 f_2

1—调心球轴承;2—调心滚子轴承;3—圆锥滚子轴承;6—深沟球轴承;
7—角接触球轴承;N—圆柱滚子轴承

实践证明，当轴承的极限转速不能满足要求时，可通过提高轴承的制造精度，改善润滑条件或适当增大轴承游隙及改用特殊材料和特殊保持架结构等措施来提高轴承的极限转速。

12.7.2 滚动轴承的修正额定寿命计算

在工程设计中，使用基本额定寿命 L_{10} 作为选择与评价轴承寿命的一般准则通常是令人满意的。这个寿命与90%的可靠度、轴承的材料和加工质量以及常规运转条件有关。

然而，在许多使用场合，却要求在不同的可靠度和特殊的运转条件下，对轴承的寿命进行计算，这时可以采用以下的修正基本额定寿命计算公式，即

$$L_{na} = a_1 a_2 a_3 L_{10} \tag{12-15}$$

式中，L_{na}——特殊条件和可靠度的修正额定寿命，10^6 r；

　　　a_1——可靠性寿命修正系数，当可靠度高于90%时，系数 a_1 的值可从表12-16中查取；

　　　a_2——特殊的轴承性能寿命修正系数，一般由厂家提供；

　　　a_3——运转条件的寿命修正系数，一般由厂家提供。

表 12-16　可靠性的寿命修正系数 a_1

可靠度/%	90	95	96	97	98	99
a_1	1	0.62	0.53	0.44	0.33	0.21
L_n	L_{10}	L_5	L_4	L_3	L_2	L_1

12.7.3 特殊滚动轴承简介

随着机械产品向高速、高效、自动化及高精度方向发展，出现了一批能够满足特殊要求的新型滚动轴承，如直线滚动轴承、高速滚动轴承、高温滚动轴承以及陶瓷滚动轴承等。

1. 直线滚动轴承

根据滚动体形状的不同，直线滚动轴承可分为直线运动球轴承（见图12-38）、直线运动滚子轴承和直线运动滚针轴承三类。在工作中，滚动体在若干条封闭的滚道内循环运动，以保证零部件实现规定的直线运动。直线滚动轴承具有摩擦系数小、消耗功率少、传动精度高、运动平稳、轻便灵活、无爬行或振动以及直线运动驱动力极小等优点，它主要应用于数控机床和自动化程度较高的精密机械装置中。

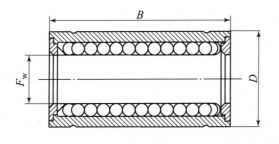
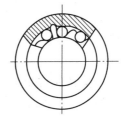

图 12-38　直线运动球轴承

图 12-38 所示为直线运动球轴承的一种结构,它由外套、钢球、保持架及挡圈等构成,外套内壁有数条(不少于 3 条)纵向滚道,钢球在外套与导轴之间沿保持架的沟槽循环滚动。这种轴承为一个整体套筒,它只能承受径向载荷,做直线往复运动,且径向间隙不可调整。

2. 高速轴承

高速轴承一般以滚动体平均直径 D_{pw} 和轴承转速 n 的乘积作为转速性能参数。当 $D_{pw}n > 10^6$ mm·r/min 时就可视之为高速轴承。目前高速轴承的 $D_{pw}n$ 值已达到 4×10^6 mm·r/min。

轴承高速运转时会改变轴承内部的载荷分布,因离心力增加,滚动体会被压向轴承的外圈滚道,而滚动体与内圈滚道间的压力减小,会产生相对滑动导致擦伤滚道,所以高速轴承除疲劳点蚀破坏外,主要还有滚道烧伤、保持架引导边磨损和座圈断裂及过大的振动等失效形式。

为保持高速运转条件下轴承工作的可靠性和一定的工作寿命,高速轴承应满足以下几个要求:

(1) 适当提高轴承的公差等级

滚动体应具有较高的分选精度,滚道应具有准确的几何形状、最小的偏心、较小的表面粗糙度值。其公差等级通常采用 4 级或 5 级为宜。

(2) 合理选用轴承结构和材料

角接触轴承的接触角 α 越小,高速下其自转发热就越少。滚动体直径越大,离心力越大,陀螺力矩及内圈自旋发热也越大,所以直径系列越轻、滚动体直径越小,则其高速性能越好,它多采用实体结构保持架。保持架材料可选择青铜、夹布胶木等,或采用表面陶瓷轴承。

(3) 加强和改善高速轴承的润滑及冷却

高速轴承多采用油润滑,润滑方式常用喷油润滑、油雾润滑和环下供油润滑(在轴承内圈或外圈上开一个径向孔,润滑油从此孔流入滚道润滑)。喷油和油雾润滑具有良好的冷却作用,其内、外圈带斜坡时,冷却效果更佳。

目前,高速轴承已在精密机械、医疗器械、机床、高速铁路及航空工业方面使用,例如内圆磨削高速磨头主轴的球轴承、高速牙钻轴承、陀螺马达主轴轴承、航空喷气发动机涡轮前支承用的圆柱滚子轴承及高速铁路客车轴承等。

3. 高温轴承

工作温度高于 120℃ 的滚动轴承称为高温滚动轴承。能适用于 350℃ 以下的工作温度的轴承已有系列专用产品,正在开发的未来飞机和汽车发动机轴承的工作温度可达 800℃ ~ 1 100℃。

过热烧伤、退火和表面疲劳点蚀是高温轴承常见的失效形式。选用高温轴承时,应对轴承材料及热处理工艺、润滑油种类和润滑方式、轴承的配合及游隙有一定的要求。

轴承在 120℃ ~ 200℃(轻载时可到 250℃)温度状况下工作时,若套圈和滚动体材料选用普通轴承钢,应提高其回火温度,回火温度应比工作温度高 30℃ ~ 50℃,保持架材料采用硬铝、硅铁青铜等。工作温度在 200℃ ~ 500℃ 的轴承,其套圈和滚动体应采用耐热材料(详见表 12-17),保持架可以用 1Cr18Ni9Ti 等。工作温度超过 500℃ 以上的轴承应采用超高温合金,如钴基或镍基合金和陶瓷合金等,保持架材料也应能适应高温条件的变化。

表 12-17　几种耐热轴承材料

轴承工作温度/℃	套圈和滚动体材料	轴承工作温度/℃	套圈和滚动体材料
120~200	GCr15、GCr9	300~500	W18Cr4V 高速钢
200~316	Cr4Mo4V 高速钢	500 以上	钴基合金或碳化钛

4. 陶瓷轴承

陶瓷轴承是 20 世纪 60 年代以来随着陶瓷材料的开发应用而发展起来的一种新型轴承。目前已开发的陶瓷轴承有两种，即只有滚动体是陶瓷的混合陶瓷轴承和内圈、外圈及滚动体均是陶瓷的全陶瓷轴承。

陶瓷轴承的高速性能好。通常滚动轴承在高速运转时，其滚动体的离心力随转速的升高而急剧增大，这会使滚动接触表面的滑动摩擦加剧，降低轴承的寿命。实验研究结果表明：当推力载荷为轻载荷时，氮化硅轴承比钢制轴承的寿命高三倍多。陶瓷轴承还具有高耐磨性、高耐温性，在高温条件下运转尺寸稳定、抗化学腐蚀和抗高温氧化性能好等特点。

作为轴承使用的陶瓷材料主要是氮化硅。这种材料具有硬度高、质量小、耐高温、热膨胀系数和传导率小、弹性模量高等优点。

陶瓷轴承具有很多优越的性能，其中，氮化硅轴承用于航天飞机的液压泵上后，其轴承的转速提高了 50%~100%。在国外，陶瓷轴承已有标准系列产品，主要使用在机床主轴轴承上。我国的陶瓷轴承尚处于发展阶段。陶瓷轴承是具有广泛发展前景的新材料轴承。

习　题

12-1　一代号为 6313 的深沟球轴承，转速 $n=1\,250$ r/min，受径向载荷 $F_r=54\,000$ N，轴向载荷 $F_a=2\,600$ N，工作时有轻微冲击，希望使用寿命不低于 5 000 h，常温条件下工作。试验算该轴承能否满足要求？

12-2　已知轴承受径向载荷 $F_r=1\,800$ N，转速 $n=2\,000$ r/min，该轴承工作温度估计在 150 ℃ 左右，载荷平稳，希望轴承使用寿命大于 8 000 h，由结构初定其轴颈直径 $d=35$ mm，试选择深沟球轴承的型号。

12-3　某减速器主动轴用两个圆锥滚子轴承 30212 支承，如图 12-39 所示。已知轴的转速 $n=960$ r/min，$F_{ae}=650$ N，$F_{r1}=4\,800$ N，$F_{r2}=2\,200$ N，工作时有中等冲击，正常工作温度，要求轴承的预期寿命为 15 000 h，试判断该对轴承是否合格？

12-4　在一传动装置中，轴上反向（背靠背）安装一对 7210C 角接触球轴承，如图 12-40 所示。已知：轴承的径向载荷 $F_{r1}=2\,000$ N，$F_{r2}=4\,500$ N，轴上的轴向外载荷 $F_A=3\,000$ N，转速 $n=1\,470$ r/min，常温条件下工作，载荷平稳。试计算两轴承的寿命。

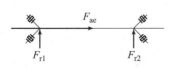
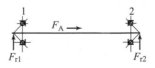

图 12-39　题 12-3 图　　　图 12-40　题 12-4 图

12-5 如图 12-41 所示的轴承支承在两个 7207ACJ 轴承上，两轴承压力中心间的距离为 240 mm，轴上的负荷 $F_{re} = 280$ N，$F_{ae} = 750$ N，其方向和作用点如图 12-41 所示。试计算轴承 C、D 所受的轴向负荷 F_{ac}、F_{ad}。

12-6 某传动轴上，正向安装一对 32206 圆锥滚子轴承，如图 12-42 所示。已知两个轴承的径向载荷分别为 $F_{r1} = 5\,200$ N，$F_{r2} = 3\,800$ N，轴上轴向载荷 F_A 的方向向左，转速 $n = 1\,000$ r/min，中等冲击载荷，常温下运转，要求寿命 $L'_h = 6\,000$ h，试计算该轴向允许的最大轴向载荷 F_{Amax}。

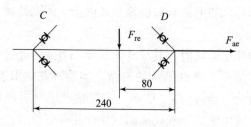

图 12-41 题 12-5 图

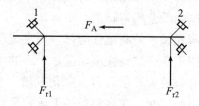

图 12-42 题 12-6 图

第 13 章 联轴器与离合器

§13.1 联轴器与离合器的分类和应用

联轴器与离合器是机械传动中常用的部件，它们主要用来连接轴与轴（或连接轴与其他回转零件），以传递运动与转矩，有时也用作安全装置。而使用联轴器把两轴连接在一起，机器运转时两轴不能分离，只有在机器停车并将连接拆开后，被连接轴才能分离。离合器是一种在机器运转过程中，使两轴随时接合或分离的装置，可以实现机器的启停，主、从动轴间的同步运动和相互超越运动，变速及换向，以及控制传递转矩的大小，并满足要求的接合时间等。

联轴器和离合器的种类繁多，不同的类型可以满足不同的工况要求，以适应机器对工作性能、工作特点及应用场合的需求。常用的联轴器和离合器都已经标准化或系列化，一般情况下，设计者可以根据主、从动机械的传动特点和要求来选择合适的联轴器和离合器，必要时可以进行专门设计。本章仅对少数典型的结构和相关的知识作些介绍，以便为设计者选择标准件和进行自主创新设计时提供理论基础。

13.1.1 联轴器与离合器的分类

1. 联轴器的分类

联轴器的型式与品种较多，主要分为三大类，即机械式联轴器、液力联轴器和特种联轴器。其中，对于机械式联轴器国家标准又有规定的分类，根据联轴器对所连接的两轴存在的相对位移有没有补偿的能力，又可以分为刚性联轴器和挠性联轴器两类，还有一类是起安全保护作用的安全联轴器。而挠性联轴器又可按其是否具有弹性元件分为有弹性元件的挠性联轴器和无弹性元件的挠性联轴器两个类别。

2. 离合器的分类

离合器在各类机器中得到广泛应用，离合器主要分为操纵离合器和自控离合器两大类。

操纵离合器又分为机械离合器、电磁离合器、液压离合器和气压离合器四类；自控离合器又分为超越离合器、离心离合器、安全离合器和液体黏性离合器四类。

13.1.2 联轴器和离合器计算转矩的确定

联轴器和离合器大多已标准化或系列化，设计时只需参考手册，并根据工作要求选择合适的类型，并按轴的直径、工作转矩和转速选定具体尺寸，使它们在允许范围内即可。必要时应对其易损零件作强度校核。

在计算联轴器和离合器所需传递的转矩时,通常会引入一个工作情况系数 K_A 来考虑由于机器启动而产生的动载荷和运转中可能出现的过载现象等因素的影响,因此其计算转矩 T_{ca} 可按下式(13-1)计算:

$$T_{ca} = K_A T \tag{13-1}$$

式中,T——公称转矩,N·m;

K_A——工作情况系数,见表 13-1。

表 13-1 工作情况系数 K_A

工作机		K_A			
		原动机			
分类	工作情况及举例	电动机、汽轮机	四缸和四缸以上内燃机	双缸内燃机	单缸内燃机
1	转矩变化很小,如发电机、小型通风机、小型离心泵	1.3	1.5	1.8	2.2
2	转矩变化小,如透平压缩机、木工机床、运输机	1.5	1.7	2.0	2.4
3	转矩变化中等,如搅拌机、增压泵、有飞轮的压缩机、冲床	1.7	1.9	2.2	2.6
4	转矩变化和冲击载荷中等,如织布机、水泥搅拌机、拖拉机	1.9	2.1	2.4	2.8
5	转矩变化和冲击载荷大,如造纸机、挖掘机、起重机、碎石机	2.3	2.5	2.8	3.2
6	转矩变化大并有极强烈的冲击载荷,如压延机、无飞轮的活塞泵、重型初轧机	3.1	3.3	3.6	4.0

根据计算转矩 T_{ca} 及所选的联轴器类型,按照式(13-2)的条件即可以在标准中选定该联轴器的型号。

$$T_{ca} \leq [T] \tag{13-2}$$

式中,$[T]$——该型号联轴器的许用转矩。

§13.2 刚性联轴器

13.2.1 刚性联轴器的特点

刚性联轴器不具有补偿被连两轴轴线相对偏移的能力,也不具有缓冲减振性能;但其结构简单,价格便宜。只有在载荷平稳、转速稳定、能保证被连两轴轴线相对偏移极小的情况下,才可选用刚性联轴器。在先进的工业国家中,刚性联轴器已被淘汰。这类联轴器包括套筒联轴器、夹壳联轴器和凸缘联轴器等。

13.2.2 常用刚性联轴器简介

1. 套筒联轴器

套筒联轴器由整体公用套筒借用锥销或键等连接件来实现两轴的连接。当采用键连接时，应采用锥端紧定螺钉做轴向固定。采用圆锥销连接时，无须采用紧定螺钉，两圆锥销可成 90°，如图 13-1 所示。

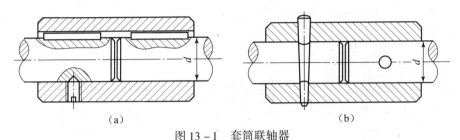

图 13-1 套筒联轴器
(a) 平键套筒联轴器；(b) 圆锥销套筒联轴器

套筒联轴器的结构简单、制造方便、径向尺寸小、成本低，但要求两轴的安装精度高，装拆时需将轴沿轴向移动，因此，套筒与轴的配合不宜采用过盈配合。由于其配合较松，连接中会有微小位移，从而会产生微动磨损。两轴的许用相对径向位移不超过 0.05 mm，许用相对角位移在 1 m 长度上不超过 0.05 mm。

套筒联轴器用于等轴径的情况，并要求两轴的对中性好，常用于轻载、工作平稳、无冲击载荷的场合，以及经常正反转，且最高转速不超过 250 r/min 的连接中，如普通车床、龙门刨床等。

2. 夹壳联轴器

如图 13-2 所示的夹壳联轴器由两个沿轴向剖分的夹壳通过螺栓拧紧后产生的夹紧力压在两轴的表面上，从而实现两轴的连接。转矩的传递是靠夹壳与轴表面间的摩擦力来进行的，通常还利用平键来加以辅助。为使旋转平衡，相邻螺栓在装配时其头部方向应相反。

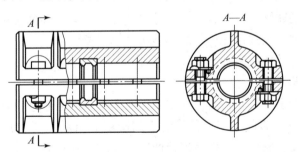

图 13-2 夹壳联轴器

夹壳联轴器装拆方便，不需要使轴做轴向移动，但其两轴的轴线对中精度低，结构和形状较复杂，平衡精度低，制造成本高。它通常用于等轴径的连接，以及低速、轻载、平稳、无冲击、长传动轴的连接，如搅拌器、立式泵等。

3. 凸缘联轴器

凸缘联轴器由两个凸缘盘式半联轴器组成，并利用键和螺栓实现两轴的连接，如图 13-3 所示。当采用普通螺栓连接时，转矩是依靠凸缘间的摩擦力来传递的；当采用铰制孔用螺栓连接时，转矩是靠连接螺栓所承受的剪切力和挤压力来传递的。

图 13-3（a）所示为用铰制孔用螺栓连接的联轴器，其螺栓孔与螺栓为过渡配合，能保证一定的对中精度，装拆时轴不需要做轴向运动。图 13-3（b）所示为用普通螺栓连接的联轴器，其螺栓孔与螺栓之间有间隙，为保证对中精度，在联轴器端面上加工出榫槽，装配时靠一个半联轴器上的凸肩与另一个半联轴器上的凹槽相配合而对中，但装拆时需使轴做轴向的移动。

图 13-3（c）所示为带防护缘的联轴器，它具有安全防护作用。

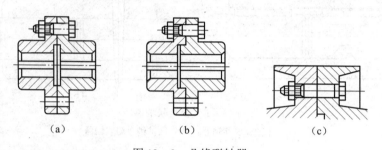

图 13-3　凸缘联轴器
(a) 无对中榫；(b) 有对中榫；(c) 带防护缘

凸缘联轴器的结构简单，制造成本低，装拆方便，并能保证两轴具有较高的对中精度，且传递转矩大，但它不能吸收振动与冲击，当两轴有相对位移时，就会在机件内引起附加载荷。它通常用于等轴径的连接，以及低速、轻载、平稳、无冲击力、长传动轴的连接，如搅拌器、立式泵中轴的连接。

§13.3　挠性联轴器

13.3.1　无弹性元件挠性联轴器

无弹性元件的挠性联轴器，具有依靠零件之间的相对运动来自动补偿被连接两轴线相对位置误差的能力，但因其无弹性元件，故不能缓冲、减振。

常用的无弹性元件的挠性联轴器有以下几种：

1. 十字滑块联轴器

图 13-4 所示为十字滑块联轴器，它主要由两个在端面上通过中心开有凹槽的半联轴器 1、3 和一个两侧有相互垂直的十字形凸榫的中间滑块 2 组成。装配时凸榫嵌入凹槽中，工作时凸榫在凹槽内滑动，它可以补偿被连接两轴轴线的相对径向位移，同时也可以补偿一定的相对角位移。

工作时十字滑块的中心做圆周运动，圆周运动的直径等于轴线偏移量，它会产生很大的离心力，并引起较大的动载荷及磨损。因此应尽量减少中间滑块的质量，并限制轴线偏移量和工作转速。它一般用于转速不大于 250 r/min，两轴许用相对径向位移为 $0.04d$（d 为轴径），许用相对角位移为 $30'$ 的场合。联轴器的材料可用 45 钢，为提高其耐磨性，其工作表面需经高频淬火，硬度为 46~50HRC，也可采用铸铁 HT200。

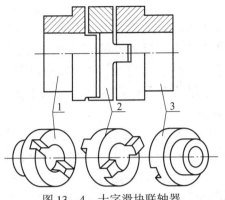

图 13-4 十字滑块联轴器

1,3—半联轴器；2—中间滑块

这种联轴器的结构简单，径向尺寸小，制造较复杂，适用两轴线相对径向位移较小、转速不高、无剧烈冲击和刚度较大的两轴的连接。

与十字滑块联轴器相似的一种联轴器是滑块联轴器，其两边的半联轴器上的凹槽很宽，中间滑块改为不带凸牙的方形滑块，这种联轴器的结构简单，尺寸更紧凑，适用于小功率、高转速、无剧烈冲击的两轴的连接。

2. 齿式联轴器

如图 13-5 所示，这种联轴器由两个具有外齿的半联轴器 1、4 和两个具有内齿的外壳 2、3 组成，外壳与半联轴器通过内、外齿的相互啮合而相连，轮齿留有较大的侧隙和顶隙，廓线为渐开线，压力角通常为 20°，其齿数相同，模数相等。两个半联轴器分别通过键与轴相连，两个外壳通过螺栓连接起来。其外齿轮的齿顶做成球面，球面中心位于轴线上，转矩靠啮合的齿轮传递。它工作时有较大轴向和径向位移以及角位移，相啮合的齿面间不断做轴向的相对滑动，因此，必须保证这种联轴器具有良好的润滑。

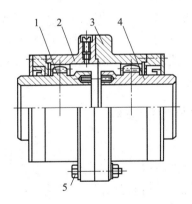

图 13-5 齿式联轴器

1,4—半联轴器；2,3—外壳；5—螺栓

由于鼓形齿比直齿更能够改善轮齿沿齿宽方向的接触状态，现已将外齿的轮齿由直齿改成鼓形齿，鼓形齿联轴器比直齿器联轴器具有更大的补偿和承载能力，且提高了使用寿命，但其加工复杂，制造成本高。它适用于传递大转矩、有较大相对位移、安装精度要求不高的两轴的连接，在重型机器和起重设备中的应用较广。

3. 十字轴万向联轴器

万向联轴器属于空间连杆机构，用来连接空间内同一平面上相交的两轴，并传递运动和转矩，不但允许有相当大的轴间夹角，还允许轴间夹角在限定的范围内随工作需要而变动。万向联轴器的种类很多，一般可分为非等速型、准等速型和等速型三种。单十字轴万向联轴器（见图13-6（a））属于非等速型万向联轴器，而双十字轴万向联轴器（见图13-6（b））属于准等速型万向联轴器。

图13-6（a）所示为单十字轴万向联轴器，由两个分别固定在主、从动轴上的叉形接头1、2和一个十字形零件（称为十字轴）3组成，叉形接头和十字轴是铰接的，形成转动副。当主动轴等速转动时，从动轴做不等速转动，并相对十字轴中心摆动，引起附加冲击载荷，影响传动效率，其两轴间的夹角最大可达45°。这种联轴器一般需自行设计，通常轴径为10~40 mm，许用转矩为12~1 280 N·mm，各元件的材料多选用合金钢，以获得较高的耐磨性和较小的尺寸。它适用于小轴径、传递转矩不大、两轴线相交的传动，如汽车、钻床等的辅助传动中，不适用于转速高的场合。

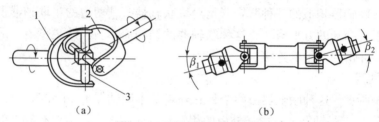

图13-6 十字轴万向联轴器
1，2—叉形接头；3—十字轴
(a) 单十字轴万向联轴器；(b) 双十字轴万向联轴器

图13-6（b）所示为双十字轴万向联轴器，它实际是由两个单十字轴万向联轴器按等角速度条件串联组合而成的。安装时应注意保证两轴与中间轴之间的夹角相等，并且中间轴两端的叉形接头应在同一平面内，这样可以使输出轴获得与输入轴相等的角转速。这种联轴器的主、从动轴之间允许有较大的夹角，一般可达50°，由于两轴的角速度相等，传递载荷平稳，但结构复杂，因而适用于要求两轴有较大角位移，对轴向尺寸又有一定限制的场合，目前主要用于中、小型车辆中。

13.3.2 金属弹性元件挠性联轴器

有弹性元件的挠性联轴器，具有依靠弹性元件的变形来自动补偿被连接两轴线相对位置误差的能力；它还具有不同程度的减振、缓冲作用，以改善传动系统的工作性能。金属弹性元件挠性联轴器是指制造弹性元件的材料为金属的弹性元件挠性联轴器，因此，联轴器具有强度高、尺寸小、寿命长的特点。

图13-7所示为膜片联轴器，其弹性元件为由一定数量的很薄的多边环形（或圆环形）金属膜片叠合而成的膜片组，两组膜片通过短螺栓与各自的半联轴器1、4相连，两组膜片之间加中间短节3，并用长螺栓相连，长短螺栓交错布置，以传递转矩。它靠膜片的弹性变形来补偿相连两轴的相对位置误差，每组膜片通常为12片，每片厚约0.4 mm。

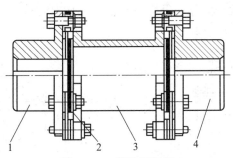

图 13 - 7 膜片联轴器

1, 4——半联轴器；2——膜片；3——中间短节

这种联轴器的结构比较简单，对中性好，无须润滑，维护方便，但由于受到金属膜片强度的限制而传递的功率不大，缓冲、吸振能力也较差。在一定范围内，它一般可取代齿式联轴器，多用于载荷平稳的泵和压缩机及发电机等轴间的连接。

金属弹性元件挠性联轴器，除膜片联轴器外，还有多种形式，如蛇形弹簧联轴器、弹性阻尼簧片联轴器等，如图 13 - 8 和图 13 - 9 所示。

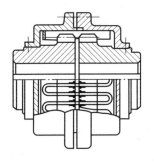 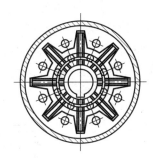

图 13 - 8　蛇形弹簧联轴器　　　　图 13 - 9　弹性阻尼簧片联轴器

13.3.3　非金属弹性元件挠性联轴器

非金属弹性元件挠性联轴器是指制造弹性元件的材料为非金属的弹性元件挠性联轴器，常用的非金属材料为橡胶、塑料等。

1. 弹性套柱销联轴器

图 13 - 10 所示为弹性套柱销联轴器，它是通过装在两个半联轴器 1、2 凸缘孔中的柱销 4 和套在它上面的梯形截面环状整体弹性套 3 来实现两轴的连接并传递转矩的。常用的弹性套材料为耐油橡胶，其与半联轴器的圆柱孔有间隙配合，且易发生弹性变形，能补偿两轴的相对位移，并起到缓冲、吸振的作用。

这种联轴器的结构简单，制造容易，更换方便，无须润滑。但由于其弹性套厚度较小，变形量有限，弹性较差，且弹性套容易磨损，寿命短，所以，它适用于对中精度要求较高、正反转变化较多、中小功率、运转平稳的两轴的连接，如水泵、鼓风机等。

2. 弹性柱销联轴器

这种联轴器如图 13 - 11 所示，它是利用若干个非金属材料制成（通常为尼龙）的柱销 2 置于两个半联轴器 1、3 的凸缘中，从而实现两个半联轴器的连接的，其主要靠尼龙的弹性以及柱销与柱销孔的配合间隙来补偿两轴之间的相对位移。

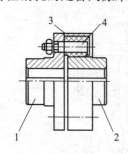 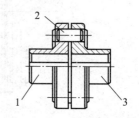

图 13-10 弹性套柱销联轴器　　　　　图 13-11 弹性柱销联轴器
1—半联轴器；2—半联轴器；　　　　　1—半联轴器；2—柱销；
3—弹性套；4—柱销　　　　　　　　　　3—半联轴器

弹性柱销联轴器的耐磨性好，结构简单，装拆、更换方便。它用于连接两轴有一定相对位移和一般减振要求、中等载荷、启动频繁的场合，如离心泵、鼓风机等。

3. 梅花形弹性联轴器

图 13-12 所示为梅花形弹性联轴器，它是利用梅花形弹性元件 2 放置于两个联轴器 1、3 的凸爪之间，以实现两个半联轴器的连接的。梅花形弹性元件的形式有圆形（见图 13-12）、矩形和长弧形凸部，而圆形凸部可改善载荷分布的不均匀性，并能传递较大的转矩。弹性元件常用的材料为橡胶、聚氨酯工程塑料等。

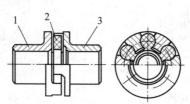

图 13-12 梅花形弹性联轴器
1，3—半联轴器；2—弹性元件

这种联轴器的零件数量少，外形尺寸小，装拆方便，承载能力较强，并具有良好的减振、缓冲性能，适用于对两轴补偿性能及缓冲、减振要求不高的中、小功率传动。

4. 轮胎式联轴器

图 13-13 所示为轮胎式联轴器，它由一个无骨架的轮胎环、两个半联轴器、压板、螺钉及垫圈组成，并靠摩擦力来传递转矩。这种联轴器的弹性好，能有效降低动载荷和补偿较大的轴向位移，工作时无噪声，当转矩较大时，会产生附加轴向载荷，因此不适用于载荷较大、转速较高的场合，且其轮胎环的装配比较困难。

5. 橡胶金属环联轴器

图 13-14 所示为橡胶金属环联轴器，它是利用橡胶硫化黏结在内、外金属环上形成的橡胶组合件 2，用螺栓与两个半联轴器 1、3 连接，工作时靠橡胶元件的扭转变形来补偿两轴的相对位移。

这种联轴器的弹性、防振性能和阻尼性能好，能缓冲吸振，但它的外形尺寸大，结构复杂。

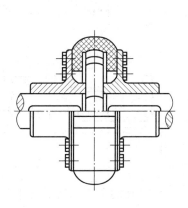
图 13-13 轮胎式联轴器

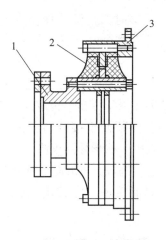
图 13-14 橡胶金属环联轴器
1—半联轴器；2—橡胶组合件；3—半联轴器

6. 安全联轴器

当安全联轴器工作，其传递的工作转矩超过联轴器所允许的极限转矩时，连接件会发生折断、脱开或打滑，以使重要零件不被破坏。

安全联轴器的种类也很多，图 13-15 所示为一种销式安全联轴器，其剪切销钉安装在组合式淬火套筒内，套筒被压入联轴器中，销钉有时在预定剪切处做成 V 形槽，材料一般为 45 钢。它可以做成单剪式或双剪式。

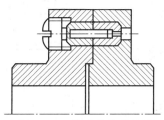
图 13-15 销式安全联轴器

这种安全联轴器的结构简单，但限定的安全转矩的准确性不高，销钉安全联轴器没有自动恢复工作的能力，更换销钉时，必须停机，使用不便。

§13.4 常用离合器的类型及应用

离合器是用于原动机与工作机之间或机器内部主动轴与从动轴之间，实现运动和动力传递与分离功能的重要组件，在各类机器中广泛应用。一个好的离合器在工作时应接合平稳、分离迅速、操作省力、修理方便，并具有好的耐磨性和散热能力。离合器的种类繁多，大多数都已实现标准化或系列化，下面仅就常用的离合器加以介绍。

13.4.1 牙嵌离合器

图 13-16 所示为带辊子接合机构的牙嵌离合器，当其左端接合子向右滑移时，通过辊子推动从动牙嵌盘向右移动，弹簧被压缩，主、从动牙嵌盘啮合，离合器实现接合。

当接合子向左滑移时,在弹簧恢复力的作用下,主、从动牙嵌盘脱离,实现离合器的分离。这种离合器在接合时牙面上存在轴向分力,因此要求其接合机构在离合器接合后具有自锁功能。

牙嵌离合器常用的牙形有三角形、矩形、梯形和锯齿形等。三角形牙用于传递小转矩的低速离合器;矩形牙无轴向分力,但不便于接合与分离,磨损后不能补偿,因而使用较少;梯形牙强度高,能自动补偿牙的磨损与间隙,并能传递较大的转矩,应用较广;锯齿形牙的强度高,但只能传递单向转矩,适用于特定的工作场合。

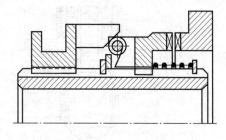

图 13-16 牙嵌离合器

13.4.2 圆盘摩擦离合器

圆盘摩擦离合器是依靠主、从动盘的接触面间产生的摩擦力矩来传递转矩的,分为单盘式和多盘式两种。

图 13-17 所示为一种单盘式圆盘摩擦离合器,它工作时通过压紧力将安装在主动轴上的摩擦盘压紧在安装在从动轴上的摩擦盘上,依靠两盘接触面间产生的摩擦力来传递转矩。

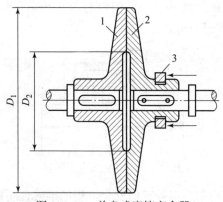

图 13-17 单盘式摩擦离合器
1—主动摩擦盘;2—从动摩擦盘;3—操纵环

图 13-18 所示为一种多盘式摩擦离合器,它拥有两组摩擦盘,其中一组为外摩擦盘,安装在主动轴上,可做轴向移动;另一组为内摩擦盘,安装在从动轴上,也可做轴向移动。工作时,在推力的作用下,接合子向左移动通过曲臂压杆来压紧摩擦片,以实现离合器接合。当操纵接合子向右移动时,压紧力消失,离合器分离。显然,多盘摩擦离合器比单盘摩擦离合器能传递更大的转矩。

牙嵌式离合器和摩擦式离合器的操纵方法有机械的、电磁的、液压的和气动的等数种。机械式多用杠杆机构来操纵离合器,如图 13-18 所示。电磁式则通过激磁线圈的电流所产生的磁力来操纵离合器,图 13-19 所示就是一种牙嵌式电磁离合器,图 13-20 所示为一种多盘摩擦电磁离合器,它们都是通过电磁线圈导电后产生的电磁力来实现离合器的接合和分离的。而液压式和气动式的分别通过油缸和气缸所提供的压力来操纵离合器。

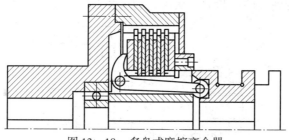

图 13-18 多盘式摩擦离合器

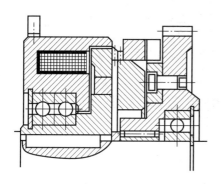

图 13-19 牙嵌式电磁离合器

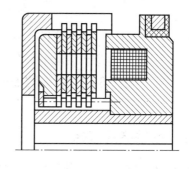

图 13-20 带滑环多盘摩擦电磁离合器

13.4.3 安全离合器

当安全离合器工作，传递的工作转矩超过离合器所限定的转矩时，会产生短暂的永久性脱开，从而起到过载保护的作用。

图 13-21 所示为一种摩擦式安全离合器，内、外摩擦盘 3、4 通过弹簧力被压紧，并将动力传递给外套筒，并通过半联轴器输出，螺钉 1 用来调整弹簧 2 以改变弹簧的压紧力，从而起到过载保护的作用。

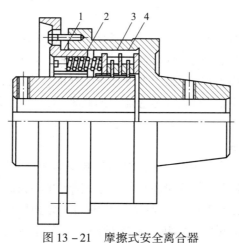

图 13-21 摩擦式安全离合器
1—螺钉；2—弹簧；3—内摩擦盘；4—外摩擦盘

图 13-22 所示为一种牙嵌式安全离合器，其端面带牙的两个半离合器安装在同一轴上，

并通过调节螺母来改变弹簧的压紧力,从而起到过载保护的作用。

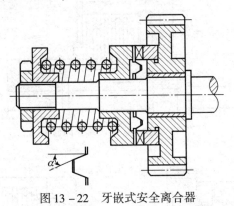

图 13-22　牙嵌式安全离合器

§13.5　联轴器与离合器的选择

13.5.1　联轴器的选择

大多联轴器已经标准化或系列化,一般设计者的任务是选用,而不是设计。正确选择联轴器要考虑的因素很多,如连接件本身的结构、几何尺寸、特性参数、传动系统的动力特性、载荷情况、安装维修、使用寿命和价格等,现就选择联轴器要考虑的因素分述如下:

1. 联轴器的传递载荷

一般来说,传递的载荷大,则应选用刚性联轴器、无弹性元件或有金属弹性元件的挠性联轴器;传递载荷的变化范围大,会使连接轴发生扭转、振动,引起轴系冲击振动,则可选用缓冲、减振性能好的簧片联轴器,也可选择具有变刚度特性的联轴器。

超载时,会引起安全事故,需选用安全联轴器。对于传递轻载荷的连接轴,常选用非金属弹性元件挠性联轴器。

2. 联轴器的转速

联轴器的转速越高,其外缘离心力越大,会导致磨损增加、润滑恶化及材料失效。因此,每种联轴器都对其最高转速或外缘线速度进行了限制。高速下,通常选用平衡精度较高的联轴器,如齿式联轴器和膜片联轴器。在变速下工作时,由于速度突变会引起惯性冲击和振动,应选用对这种冲击和振动有较好适应能力的联轴器,如金属或非金属弹性元件的挠性联轴器。

3. 连接两轴的相对位移

由于制造和安装误差、材料磨损、工作时的受载变形和热变形等原因,联轴器所连接的两轴会产生相对位移。如果相对位移量较小,可选用刚性联轴器;如果相对位移量较大,可选用无弹性元件挠性联轴器或有弹性元件挠性联轴器。无弹性元件挠性联轴器的补偿能力大,但有滑动摩擦,易引起磨损、发热,需进行润滑;有弹性元件挠性联轴器的补偿能力小,但可以缓冲和吸振,多数无须润滑。对于不在同一轴线上的两轴,可选用万向联轴器。

4. 联轴器的传动精度

对于精密传动和伺服传动来说,往往要求两轴的转动必须同步,包括瞬间和启动时均需同步。由于挠性联轴器零件之间存在间隙或因弹性元件的扭转刚度低,不能满足同步的要求,因而不能选用。因此,对于传动精度要求高的传动装置应选用刚性联轴器。

5. 联轴器的加工、安装及使用、维护

在满足性能要求的前提下,应选用制造工艺性较好、安装方便、使用维护简单的联轴器。对于安装空间较小,不便于移动的场合,应尽量选用装拆时沿径向移动的联轴器。对于长期连续工作的轴系,应选用经久耐用、无须维护的联轴器,如膜片联轴器。对于立式传动的机械,为便于装拆,宜选用夹壳联轴器等。

6. 联轴器的工作环境

选用联轴器时还应考虑环境对它的影响,如温度、腐蚀性介质等。高温对橡胶和塑料弹性元件影响较大,易引起老化,不同类型的橡胶和塑料使用的温度也不同,应选用与温度相适应的橡胶或塑料作为弹性元件。对于在腐蚀性介质环境中工作的联轴器,应选用耐腐蚀性材料制成的联轴器。

【例 13-1】 某金属镁厂的配料车间需要用螺旋输送机给料,其工作简图如图 13-23 所示,请为螺旋输送机与减速电动机选用联轴器。已知电动机输出转速为 100 r/min。

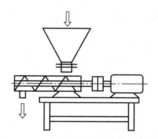

图 13-23 螺旋输送机与电动机

解:由于螺旋输送机安装面为粗糙表面,其输入轴与电动机轴难以严格对中,又因为螺旋输送机输入轴的转速较低,所以应选用十字滑块联轴器较合适,可以解决安装误差大的问题。

【例 13-2】 某车间的起重机根据工作要求选用一台发电动机,其功率 $P = 10$ kW,转速 $n = 960$ r/min,电动机轴身的直径 $d = 42$ mm。试选所需的联轴器(只要求与电动机轴身连接的半联轴器满足直径要求)。

解:(1) 类型选择

为了隔离振动与冲击,应选用弹性套柱销联轴器。

(2) 载荷计算

公称转矩计算:

$$T = 9\,550\frac{P}{n} = 9\,550 \times \frac{10}{960} = 99.48 \text{ (N·mm)}$$

由表 13-1 查得 $K_A = 2.3$,故由式(13-1)得计算转矩为

$$T_{ca} = K_A T = 2.3 \times 99.48 = 228.80 \text{ (N·mm)}$$

(3) 型号选择

从 GB/T 4323—2002 中查得 TL6 型弹性套柱销联轴器的许用转矩为 250 N·mm,许用最大转速为 3 800 r/min,轴径为 32~42 mm,故适用。

13.5.2 离合器的选择

离合器的种类繁多，大多数都已经实现了标准化和系列化，不同种类的离合器适合不同的场合使用，并能满足不同的要求。现将几种不同种类的离合器在选用时应注意的情况分述如下：

1. 机械离合器

机械刚性离合器适用于不需要经常离合的场合，它只允许在静止或转速很低的状态下接合，为减少磨损，使用时应把滑动的半离合器放在从动轴上。

机械摩擦离合器可以实现在转差率很高的情况下的平稳接合，由于它是靠摩擦来传递转矩，因此必须有良好的散热措施。其过载后会出现打滑，从而起到安全保护作用。它适用于工作机需要经常离合，传动要求平稳，工作时一端转动惯量很大或启动要快，且不要求传动比准确的场合。

2. 电磁离合器

摩擦式电磁离合器能吸收冲击，防止过载，并能在短时间内准确接合，由于它会产生剩磁，因此，必须采取消磁措施。对于需要长期打滑，要求转速差，或需要自动控制，远距离操纵，防止过载的场合，可以选用这种离合器。

牙嵌电磁离合器没有空转力矩，发热和磨损小，能保证接合重复精度要求，适于在各种机械上起控制操纵作用，或用于要求定传动比的场合。

3. 液压离合器

液压离合器传递的转矩大，通过调整其油压可控制输出转矩的大小，且离合平稳无冲击，但反应较慢。对于需要频繁离合、传递转矩大、需要远距离控制和自动控制的场合，可选用这种离合器。

4. 气动离合器

气动离合器操的纵力大，离合迅速，允许频繁操作，无污染，可远距离控制，并允许在易燃易爆的环境中工作。对于需要传递大转矩、离合频繁、工作环境有特别要求的场合，可以选用这种离合器。

5. 超越离合器

超越离合器能够随着速度的变化或回转方向的变换而实现自动接合或脱离。啮合式超越离合器只能传递单向的转矩，由于其啮合时有冲击，且接合位置受角度限制，因而适用于低速的传动装置中。摩擦式超越离合器也只能传递单向运动和转矩，且接合平稳，无噪声，能够在较高的转速差下实现接合，对于高速且要求接合平稳的场合，可以选用这种离合器。

还有一些其他种类的离合器，这里就不作过多介绍，但涉及的时候，可以查阅相关的手册和技术资料。

习　题

13-1 在套筒式联轴器、齿式联轴器、凸缘联轴器、十字滑块联轴器、弹性套柱销联轴器等五种联轴器中，能补偿综合位移的联轴器有哪些？

13-2 某刚性凸缘联轴器采用在 $D=120$ mm 的圆周上均布的 4 个 M12（小径 $d_1=10.106$ mm，配合直径 $d_0=13$ mm）铰制孔用螺栓连接，螺栓与半联轴器孔相配合的最小长度 $L_{\min}=d$（螺栓公称尺寸）；螺栓材料的许用应力为 $[\tau]=100$ MPa，$[p]=200$ MPa，$[\sigma]=120$ MPa；联轴器为铸铁，许用挤压应力 $[p]=100$ MPa。

（1）求此联轴器所能传递的最大扭矩 T；

（2）若联轴器的结构尺寸和材料均不变，而将铰制孔用螺栓改用普通螺栓连接，并设联轴器结合面间的摩擦系数 $f=0.15$，试问联轴器所能传递的最大扭矩是多少？

13-3 某机床换向机构中的多盘摩擦离合器在油中工作。已知其主动摩擦盘数目为 8，从动盘数目为 7，摩擦盘外径为 90 mm，内径为 50 mm，传递功率 $P=5$ kW，转速 $n=960$ r/min，摩擦盘材料为淬火钢，试求需要多大的轴向压紧力？

第 14 章 轴

§14.1 轴的类型、材料和设计准则

14.1.1 轴的类型与功用

轴是组成机器的重要零件之一，其结构特点是轴向尺寸远大于径向尺寸，其主要功能是支承做回转运动的传动零件（如齿轮、蜗轮、带轮等），并传递运动和动力。它同时还承受一定的交变弯曲应力，大多数还承受一定的过载或冲击载荷。

轴在工作过程中主要承受弯矩和扭矩。根据轴受载情况的不同，轴可分为转轴、传动轴和心轴三类。转轴既传递转矩又承受弯矩，如齿轮减速器中的轴，如图 14-1 所示，转轴是机器中最常见的轴；心轴则只承受弯矩而不传递转矩，如铁路车辆的轮轴（见图 14-2）、汽车和自行车的前轴；传动轴只传递转矩而不承受弯矩或承受的弯矩很小，如汽车的传动轴（见图 14-3）和车床上的光轴等。

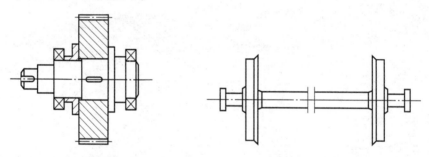

图 14-1 转轴　　　　　　　　图 14-2 心轴

根据轴的轴线形状的不同，轴又可分为直轴（见图 14-4 和图 14-5）、曲轴（见图 14-6）和挠性钢丝轴（见图 14-8）。直轴的轴线在同一条直线上，它是通用零件，应用广泛。曲轴是往复机械的专用零件，如汽车的内燃机、发电机等，此类轴的设计会在专业课程中进行讨论，此处只讨论直轴的设计。挠性钢丝轴由几层紧贴在一起的钢丝层构成，其轴线可任意弯曲，能把转矩和旋转运动灵活地传到任何位置，常用于振捣器等设备中。

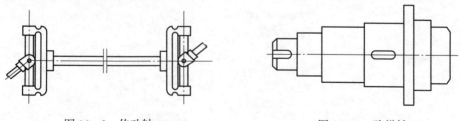

图 14-3 传动轴　　　　　　　　图 14-4 阶梯轴

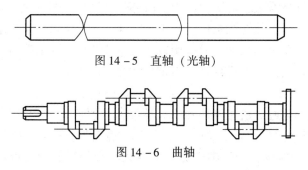

图 14-5　直轴（光轴）

图 14-6　曲轴

直轴还可分为光轴和阶梯轴（见图 14-4），实心轴（见图 14-1）和空心轴（见图 14-7）。但由于轴的功能特点是支承和定位轴上的零件，因此用得最多的还是各段轴径不同的阶梯轴。

通常心轴和转轴一般都制成阶梯轴，以便于轴上零件的固定，但由于引入阶梯会带来应力集中，从而削弱了轴的强度。传动轴都制成光轴，轴上无应力集中，但不便于轴上零件的固定。

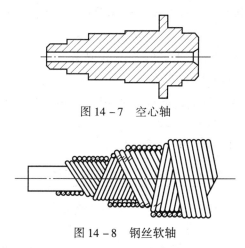

图 14-7　空心轴

图 14-8　钢丝软轴

14.1.2　轴的材料及其选择

1. 轴的材料

轴是机器中最基本的零件之一，往往也是非常关键的零件，轴质量的好坏直接影响机器的精度与寿命。钟表轴的直径可在 0.5 mm 以下，且受力极小。而水轮机轴的直径可在 1 m 以上，且承受很大的载荷。

根据轴的工作条件，轴的材料应具有如下几方面的性能：

1）具有良好的综合力学性能，即强度、塑性、韧性，有良好的配合以防止冲击或过载断裂。

2）具有高的疲劳强度，以防止疲劳断裂。

3）具有良好的耐磨性，以防止轴颈磨损。

钢材的韧性好，耐冲击，还可通过热处理或化学处理改善其机械性能，故常用来制造轴。轴的常用材料是碳钢和合金钢。

碳钢比合金钢的价格低廉，对应力集中的敏感性低，可通过热处理或化学处理改善其综合性能，且加工工艺性好，故应用最广。其中35、45、50等优质碳素结构钢因具有较高的强度、塑性和韧性等综合力学性能，故应用较多，其中以45钢用得最为广泛。为了改善其力学性能，应对其进行正火或调质处理。不重要或受力较小的轴，则常采用Q235、Q275等普通碳素结构钢。

合金钢具有比碳钢更好的机械性能和淬火性能，但对应力集中比较敏感，且价格较贵，多用于对强度和耐磨性有特殊要求的轴。例如：采用滑动轴承的高速轴，常用20Cr、20CrMnTi等低碳合金结构钢，经渗碳淬火后可提高轴颈的耐磨性，汽轮发电机转子轴在高温、高速和重载条件下工作，必须具有良好的高温力学性能，常采用40CrNi、38CrMoAl等合金结构钢。值得注意的是：钢材的种类和热处理对其弹性模量的影响甚小，因此，如欲采用合金钢或通过热处理来提高轴的刚度并无实效。此外，合金钢对应力集中的敏感性较高，因此设计合金钢轴时，更应从结构上避免或减小应力集中，并减小其表面粗糙度。

低碳钢和低碳合金钢经渗碳淬火，可提高其耐磨性，常用于韧性要求较高或转速较高场合下的轴。

轴的毛坯一般采用轧制的圆钢或锻钢。锻钢的内部组织均匀，强度较好，因此，重要的大尺寸轴，常采用锻造毛坯。对形状复杂的轴可采用铸钢或球墨铸铁。高强度的球墨铸铁和高强度铸铁因其具有良好的工艺性，不需要锻压设备，吸振性好，对应力集中的敏感性低，故近年来被广泛应用于制造结构、形状复杂的曲轴等，如汽车内燃机的轴等，只是其铸件的质量难以控制。为了提高曲轴轴颈处的耐磨性，有时会对轴颈进行喷丸处理和滚压加工。

轴的常用材料的机械性能见表14-1。

表14-1 轴的常用材料及其机械性能

材料及热处理	毛坯直径 /mm	硬度 HBS	抗拉强度极限 σ_b/MPa	屈服强度极限 σ_S/MPa	弯曲疲劳极限 σ_{-1}/MPa	剪切疲劳极限 τ_{-1}/MPa	许用弯曲应力 $[\sigma_{-1}]$ /MPa	应用说明
Q235-A，热轧或锻后空冷	≤100		400~420	225	170	105	40	用于不重要及受载荷不大的轴
	>100~250		375~390	215				
35，正火	≤100	149~187	520	270	250	140	45	有好的塑性和适当的强度，可做一般的转轴
45，正火回火	≤100	170~217	590	295	255	140	55	用于较重要的轴，且应用最广泛
	>100~300	162~217	570	285	245	135		
45，调质	≤200	217~255	640	355	275	155	60	

续表

材料及热处理	毛坯直径/mm	硬度 HBS	抗拉强度极限 σ_b/MPa	屈服强度极限 σ_S/MPa	弯曲疲劳极限 σ_{-1}/MPa	剪切疲劳极限 τ_{-1}/MPa	许用弯曲应力 $[\sigma_{-1}]$/MPa	应用说明
40Cr,调质	≤100	241~286	735	540	355	200	70	用于载荷较大而无很大冲击的重要轴
	>100~300		685	490	335	185		
35SiMn,调质	≤100	229~286	800	520	400	205	69	性能接近40Cr，用于重要的轴
	>100~300	217~269	750	450	350	190		
38SiMnMo,调质	≤100	229~286	735	590	365	210	70	用于重要的轴
	>100~300	217~269	685	540	345	195		
35CrMo,调质	≤100	207~269	750	550	390	215	70	用于重载荷的轴
20Cr,渗碳淬火回火	15	表面 56~62HRC	850	550	375	215	60	用于强度、韧性和耐磨性均较高的轴
	≤60		650	400	280	160		
QT600-3		190~270	600	370	215	185		用于制造复杂外形的轴
QT800-2		245~335	800	480	290	250		

注：等效系数 ψ：碳素钢，$\psi_\sigma = 0.1~0.2$，$\psi_\tau = 0.05~0.1$；合金钢，$\psi_\sigma = 0.2~0.3$，$\psi_\tau = 0.1~0.5$。

2. 材料的选择

用作轴的材料的种类有很多，选择时应主要考虑以下几方面的因素：

1）轴的强度、刚度及耐磨性要求；
2）轴的热处理方式及机加工工艺性的要求；
3）轴的材料来源和经济性等。

对轴进行选材时，必须将轴的受力情况作进一步分析，按受力情况可以将轴分为以下几类：

1）受力不大，主要考虑刚度和耐磨性。如主要考虑轴的刚性，则可以用碳钢或球墨铸铁来制造；对于轴颈有较高要求的轴，则须选用中碳钢并进行表面淬火，并将硬度提高到 HRC52 以上；对要求高精度、高尺寸稳定性及高耐磨性的轴，如机床主轴，则常选用 38CrMoAl 钢，并进行调质及渗氮处理。

2）主要受弯曲、扭转的轴。如变速箱传动轴、发动机曲轴和机床主轴等，这类轴在整个截面上所受的应力分布不均匀，表面应力较大，芯部应力较小，这类轴不需要选用淬透性很高的钢种，这样既经济，韧性又高。这类轴一般选用中碳钢，如45钢、40Cr、40MnB等。

3）同时承受弯曲及拉压载荷的轴。如船用推进器轴、锻锤杆等，这类轴的整个截面上的应力分布均匀，芯部受力也较大，选用的钢种应具有较高的淬透性。

14.1.3 轴的设计准则与步骤

轴的设计，主要是根据工作要求并考虑制造工艺等因素，选用合适的材料，进行结构设计，再通过强度和刚度计算，定出轴的结构形状和尺寸，必要时还要考虑振动稳定性等因素。

1. 轴的失效形式

由于轴的工作条件不同，就使用情况来说，有高速运转的轴，也有中、低速运转的轴；就材料的性能和热处理工艺的不同，有强度较大和韧性较大的轴；就载荷性质的影响等方面来考虑，轴在工作中会出现不同的失效形式。

一般轴的工作条件为以下三方面：

1）传递一定的扭矩，承受一定的交变弯矩和拉、压载荷；

2）轴颈承受较大的摩擦；

3）承受一定的冲击载荷。

轴的主要失效形式有以下几种：

（1）轴的断裂

1）疲劳断裂。由于受扭转疲劳和弯曲疲劳交变载荷的长期作用，从而造成轴的疲劳断裂，它是轴的主要失效形式。为了提高轴的抗折断能力，可采用合适的热处理方法使轴的材料具有足够的韧性。

2）断裂失效。由于大载荷或冲击载荷作用，轴会发生折断或扭断。

（2）轴的塑性变形

塑性变形是由于在过大的应力作用下，轴的材料处于屈服状态而产生的弯曲或扭转变形。当变形量超过了许用变形量，就会导致轴上回转件随之偏斜，使作用在回转件上的载荷分布不均，从而影响其正常工作，甚至影响机器的工作性能。可用适当增大轴的截面面积的方法来提高轴的刚度。

（3）共振

机器中存在很多周期性变化的激振源。高速旋转的轴出现弹性变形时，会产生偏心转动。当轴的固有频率与激振源的频率重合或成整倍数关系时，轴就会发生共振，这会使轴遭到破坏，重者会导致整台机器不能正常工作。为避免轴发生共振，要求在设计轴时应使其固有频率与机器的激振源频率错开。

此外，轴还会出现磨损失效或花键轴的过度磨损。

2. 轴的设计准则

由上可知，我们所设计的轴在具体的工作情况下，必须具有足够的、相应的工作能力，以保证轴在寿命期限内能正常工作。所以针对具体的失效形式都应确定具体的设计准则。

轴的设计主要需解决两个方面的问题：

(1) 轴的设计计算

轴的设计计算是指对轴的强度、刚度和振动稳定性等方面的计算。为了保证轴具有足够的承载能力，要根据轴的工作要求对轴进行强度计算。通过强度计算，以防止轴发生断裂或塑性变形。对刚度要求高的轴和受力较大的细长轴，应进行刚度计算，以防止其工作时产生过大的弹性变形。对于高速轴，应进行振动稳定性的计算，以防止其产生共振。

(2) 轴的结构设计

轴的结构设计根据轴上零件的装拆、定位和加工等结构设计要求，确定出轴的形状和各部分尺寸。

对一般用途的轴，只要满足强度约束条件、合理的结构和良好的工艺性即可。对于刚度要求高的轴，如机床主轴，它在工作时不允许有过大的变形，则应按其刚度约束条件来设计轴的尺寸。而对于高速或载荷作周期变化的轴，为避免发生共振，则应按临界转速约束条件来进行轴的稳定性计算。

3. 轴的设计步骤

轴的设计是根据给定的轴的功能要求（传递功率或转矩、所支承零件的要求等）和在满足物理、几何约束的前提下，确定轴的最佳形状和尺寸。

轴的设计并无固定不变的步骤，要根据具体情况来确定。

转轴在工作中既受弯矩又受转矩，可被看成心轴和传动轴的特例。因而，掌握了转轴的设计方法，也就掌握了心轴和传动轴的设计方法。对于转轴，如果已知轴所受的载荷，但由于不知道轴的形状和尺寸，就无法确定轴的跨距和力的作用点，也就无法计算弯矩的大小。为了解决此问题，轴的设计应按以下步骤进行：

1) 根据工作要求选择轴的材料和热处理方式；
2) 按扭转强度约束条件或与同类机器类比，初步确定轴的最小直径 d_{min}；
3) 考虑轴上零件的定位和装配以及轴的加工等几何约束，进行轴的结构设计，并画草图，以确定轴的几何尺寸，得到轴的跨距和力的作用点；
4) 根据轴的结构尺寸和工作要求，进行强度计算。如不满足要求，则应修改初定的轴径 d_{min}，并重复进行第 3、第 4 步，直到满足设计要求为止。

值得指出的是：轴结构设计的结果具有多样性。不同的工作要求、不同的轴上零件的装配方案以及轴的不同加工工艺等，都将得出不同的结构形式。因此，设计时，必须对其结果进行综合评价，以确定较佳的方案。

在轴的设计过程中，结构设计和设计计算应交叉进行，边设计边修改，才能得到最优的设计结果。

§14.2 轴系结构组合设计与工程应用

14.2.1 轴的结构设计要求

轴的结构设计是根据轴上零件的安装、定位、固定和轴的制造工艺性等方面的要求，合理地确定轴的结构形式和结构尺寸，包括轴各段的长度和轴径的确定，以保证轴的工作能力和轴上零件工作的可靠性。

影响轴结构的因素有很多，因此，轴的结构没有标准的形式，设计时，必须针对轴的不同的具体情况作具体分析，全面考虑加以解决。

轴的结构设计的主要要求包括以下几方面：
1）轴应便于加工，轴上零件要易于装拆（制造安装要求）；
2）轴和轴上零件要有准确的工作位置（定位）；
3）各零件要牢固而可靠地相对固定（固定）；
4）轴的受力状况合理，应力集中小，有利于提高轴的强度和刚度等。

在满足使用要求的情况下，轴的形状和尺寸应力求简单，以便于加工。

14.2.2 滚动轴承与轴的组合设计

滚动轴承与轴的组合设计主要包括轴的结构设计和轴上滚动轴承的安装与拆卸方案的设计。

轴的结构设计的目的是合理地定出轴的几何形状和尺寸。由于影响轴结构设计的因素有很多，故轴不可能有标准的结构形式。一般情况下，轴的结构设计在满足规定的功能要求和设计约束的前提下，其设计方案有较大的灵活性，即轴的结构设计具有多方案性。设计时，应在提出多种可行方案的基础上，经分析、对比后，确定一种技术、经济性能指标较好的作为入选方案。

轴的结构设计的内容是根据轴上零件的安装、定位、固定和轴的制造工艺性等方面的要求，合理地确定轴的结构形式和结构尺寸，包括轴各轴段轴径和长度的确定。由于轴不是标准件，影响其结构的因素较多，设计时，必须根据具体的工作情况，包括轴上零件的个数、是否为标准件和安装、拆卸的顺序等方面的影响因素，设计出满足具体工作要求的轴。

在轴的结构设计中，应考虑到以下几个主要问题。

1. 拟定轴上零件的装配方案

拟定轴上零件的装配方案是进行轴的结构设计的前提，它决定着轴的基本形式。轴上零件的装配方案的确定包括轴上零件的装配方向、装配顺序和定位方式的确定。图14-9所示为一单级齿轮减速器的输出轴的装配方案：齿轮、套筒、轴承、轴承端盖和半联轴器依次从轴的右端向左端安装，其左端只安装轴承和轴承端盖。拟定装配方案时，应考虑几种方案，并进行分析、比较及选择。

2. 轴上零件的定位

为了防止轴上零件受力时发生沿轴向或周向的相对运动，轴上零件除有游动或空转的要求者外，都必须进行定位。轴上零件的定位包括轴向定位和周向定位。

（1）轴上零件常用的轴向定位方式

1）轴肩与轴环的定位。用于对轴上零件进行轴向定位的轴肩称为定位轴肩，如图14-9中的轴肩①、②处和⑥、⑦处，它是一种最方便的定位方式。但由于轴肩的引入带来了轴的应力集中，会对轴的强度有所削弱。为了定位可靠，且轴上零件不至于产生倾覆，设计时应注意定位轴肩的高度，定位轴肩的高度 h 一般取为 $h = (0.07 \sim 0.10)d$，其中 d 为与轮毂孔相配处的轴径，但滚动轴承采用轴肩定位时，要考虑它是标准件和装拆方便的特殊要求，其 h 值应根据《机械零件设计手册》中规定的安装尺寸确定，且其高度必须低于滚动轴承内圈端面的高度。为了保证轴上零件与轴的端面靠紧，轴的过渡圆角半径 r 应小于相配

零件的圆角半径 R 或倒角尺寸 C，如图 14-10 所示。

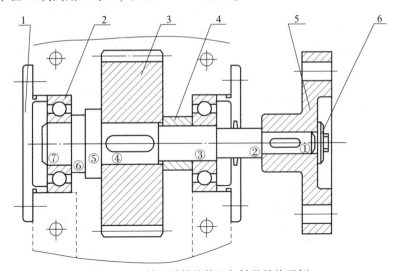

图 14-9 轴上零件的装配与轴的结构示例
1—轴承端盖；2—轴承；3—齿轮；4—套筒；5—半联轴器；6—轴端挡圈

轴肩与轴环定位简单可靠，能承受较大的载荷，如图 14-9 中的⑤处，常用于齿轮、链轮、带轮、联轴器和轴承的定位。

2）套筒定位。套筒定位结构简单，定位可靠，可减少轴的阶梯数，并且对应力集中也有所改善。它用于两个零件相隔距离不大且轴向力较大的场合，多用于轴上两零件之间的定位，如图 14-10 所示。

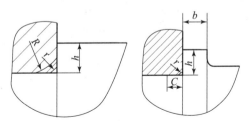

图 14-10 轴肩圆角与相配零件圆角（或倒角）的关系
$h \approx (0.07 \sim 0.1)d$ 或 $h \geq (2 \sim 3)C$ 或 $R; b \approx 1.4h$

3）圆螺母定位。圆螺母定位可靠，能承受较大的轴向力，它通常要与止动垫圈配合使用，或采用双螺母，以防螺母在工作中受到振动而松脱。同时，由于在轴上车制螺纹会给轴带来应力集中，使轴的强度下降，所以它一般用于靠近轴端的零件定位。它包括圆螺母与止动垫圈定位（见图 14-11）和双圆螺母定位（见图 14-12）两种形式，且一般用细牙螺纹。当轴上两零件间的距离较大不宜使用套筒时，也常采用圆螺母来定位。

4）轴端挡圈定位。轴端挡圈定位可靠，能承受冲击及振动载荷，一般用于轴端零件的定位，如图 14-13 所示。如果轴径较小，只需用一个螺钉固定即可，轴径较大时，则需采用两个螺钉定位。

5）弹性挡圈定位。弹性挡圈的结构紧凑、简单，常用于滚动轴承的轴向固定，但不能承受较大的轴向力，如图 14-14 所示。当它位于受载轴段时，对轴的强度削弱较大。

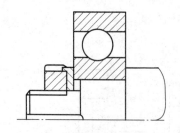 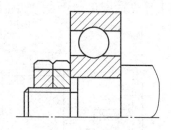

图 14-11　圆螺母与止动垫圈定位　　　　图 14-12　双圆螺母定位

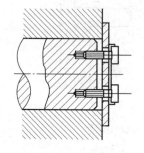 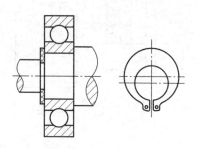

图 14-13　轴端挡圈定位　　　　图 14-14　弹性挡圈定位

其他轴向定位的零件还包括紧定螺钉（见图 14-15）和锁紧挡圈等，其结构简单，零件位置可调整并可兼做周向固定，多用于光轴上零件的固定。但它们只能用于轴向力较小的场合，不适用于转速较高的轴。

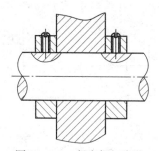

图 14-15　紧定螺钉定位

（2）轴上零件常用的周向定位方式

周向定位的目的是限制轴上零件与轴发生相对转动。

常用的周向定位的方法是用键、花键、销及紧定螺钉定位，还可采用过盈配合进行周向定位，如滚动轴承的轴向定位。

采用键连接时，为加工方便，各轴段的键槽应设计在同一加工直线上，如图 14-9 所示，并应尽可能采用同一规格的键槽截面尺寸。

3. 轴上零件的固定

轴上零件除需要定位以外，在工作中还须有一个固定的位置，以便于轴上零件的相互运动，如齿轮之间的啮合，特别是圆锥齿轮传动、蜗杆传动等要求位置准确的啮合，应设计位置调整装置，如调整垫片和调整螺纹等。

4. 各轴段直径的确定

轴的工作能力主要取决于轴的强度和刚度，对于一般传递动力的轴，主要是满足强度要求。然而，只有已知轴上载荷的作用位置及支点跨距后，才能对轴进行强度计算。因此，轴段直径的确定，通常根据轴所受的扭矩进行初步计算，通过扭转强度计算，初步确定轴的最小轴径 $d_{\min}$，并将其作为轴受转矩段的最小直径，即

$$\tau = \frac{T}{W_T} = \frac{95.5 \times 10^5 P}{0.2 d^3 n} \leqslant [\tau] \tag{14-1}$$

式中，τ——轴的扭切应力，MPa；

T——转矩，N·mm；

W_T——抗扭截面系数，mm^3；

P——传递的功率，kW；

n——轴的转速，r/min；

d——轴的直径，mm；

$[\tau]$——许用扭切应力，MPa。

$$d = \sqrt[3]{\frac{95.5 \times 10^5 P}{0.2 [\tau] n}} = \sqrt[3]{\frac{95.5 \times 10^5}{0.2 [\tau]}} \sqrt[3]{\frac{P}{n}} = A_0 \sqrt[3]{\frac{P}{n}} \tag{14-2}$$

式中，A_0——由轴的材料和承载情况确定的常数，见表14–2。

应用上式（14–2）求出的 d 值，一般作为轴最小处的直径。

表 14 – 2 常用材料的 $[\tau]$ 值和 A_0 值

材料	Q235 – A，20	Q275，35	45	40Cr，35SiMn，38SiMnMo
$[\tau]$/MPa	15~25	20~35	25~45	35~55
A_0	149~126	135~112	126~103	112~97

注：①表中 $[\tau]$ 值是考虑了弯矩影响而降低了的许用扭转切应力；
②当作用在轴上的弯矩比传递的转矩小或只传递转矩时，A_0 取较小值；否则取较大值。

应当指出的是，当轴截面上开有键槽或过盈配合时，考虑轴的强度会被削弱，则按式（14–2）计算的轴径 d 应增大，一个键槽应增大 4%~5%，两个键槽应增大 7%~10%，然后再将轴径按要求圆整。

一般将初步计算得到的轴径作为轴端最小直径，并进行结构设计。当确定了最小轴径 $d_{\min}$ 后，就可根据定位要求，确定定位轴肩的高度，同时也确定那些为便于轴上零件装拆而设计的且不是用于定位的非定位轴肩的高度（通常取1~2 mm），这样就可以计算出各轴段的直径。

为了结构设计的需要，各轴段的直径都要在轴端最小直径的基础上逐渐加粗。有配合要求的轴段，应尽量采用标准直径。安装标准件（如滚动轴承、联轴器等）部位的轴径，应取为相应的标准值及所选配合的公差。

为了使齿轮、轴承等有配合要求的零件装拆方便，并减少配合表面的擦伤，在配合轴段前应采用较小的直径，如图 14 – 9 中②和③外的轴肩。

此外，也可采用经验公式来估算轴的直径，例如在一般减速器中，高速输入轴的直径可按与其相连的电动机轴的直径 D 估算，$d = (0.8 \sim 1.2)D$；各级低速轴的轴径可按同级齿轮

的中心距 a 估算，$d = (0.3 \sim 0.4)a$。

5. 各轴段长度的确定

零件安装在轴上，要有准确的定位。为保证其结构紧凑，轴的各段长度可根据轴上各零件的宽度和按经验确定的各零件之间的距离来确定。对于不允许轴向滑动的零件，零件受力后不可改变其准确的位置，即定位要准确，固定要可靠。为了保证其定位可靠，与轮毂配合的轴段长度一般应比轮毂长度短 $2 \sim 3$ mm，如图 14-9 中④的右端。对轴向滑动的零件，轴上应留出相应的滑移距离。为了防止发生运动干涉，旋转件到固定件之间应保持一定的距离 Δ，如在箱体内部工作的旋转件到箱体内壁之间的距离要大于箱体壁厚；联轴器要留出轴向装拆的距离；滚动轴承外圈端面到箱内壁之间的距离应保持 $5 \sim 15$ mm。确定各轴段长度常用的方法是由安装轮毂最粗的轴段开始逐段向两端一段一段地确定。

6. 提高轴的强度的常用措施

疲劳断裂是轴的主要失效形式，在设计时应在结构方面采取措施，减小受力，以提高轴的疲劳强度。轴和轴上零件的结构、工艺以及轴上零件的安装布置等对轴的强度也有很大的影响，所以应对这些方面进行充分考虑，以提高其承载能力，减小轴的尺寸，并降低制造成本。

（1）合理布置轴上零件以减小轴的载荷

为了减小轴所承受的弯矩，传动件应尽量靠近轴承，并尽可能不采用悬臂的支承形式，力求缩短支承跨距及悬臂长度等。

当动力由两个轮输出时，应将输入轮布置在两个输出轮的中间，以减小轴上的转矩。

如图 14-16 所示，输入转矩 $T_1 + T_2$，且 $T_1 > T_2$，按图 14-16（a）布置时，轴的最大转矩为 T_1，而按图 14-16（b）布置时，轴的最大转矩为 $T_1 + T_2$。

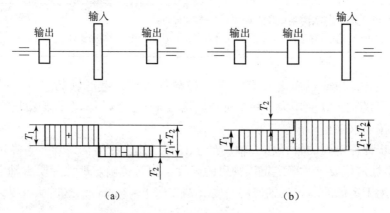

图 14-16 轴上零件的两种布置方案

（2）合理设计轴上零件的结构

合理布置轴上的零件可以改善轴的受力状况。例如，图 14-17 所示为起重机卷筒的两种布置方案，在图 14-17（a）的结构中，大齿轮和卷筒连成一体，转矩经大齿轮直接传给卷筒，故卷筒轴只受弯矩而不传递扭矩，在起重同样的载荷 W 时，轴的直径可小于图 14-17（b）中所示的结构。

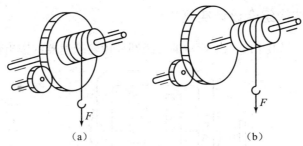

图 14-17　起重卷筒的两种结构形式

（3）改进轴的结构以减小应力集中的影响

轴通常是在变应力条件下工作的，轴的截面尺寸发生突变处会产生应力集中，轴的疲劳破坏往往在此处发生。为了提高轴的疲劳强度，应尽量减少应力集中源和应力集中的程度，轴的结构应尽量避免形状的突然变化。为此，通常在有轴肩处制出较大的过渡圆角。为了加工方便，轴上的过渡圆角应保持一致，但对用于定位轴肩处的过渡圆角，为了使零件能靠紧轴肩而得到准确可靠的定位，轴肩处的圆角半径 r 必须小于与它相配的零件毂孔端部的圆角半径 R 或倒角尺寸 C，

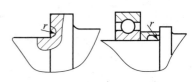

图 14-18　轴肩的过渡结构

如图 14-10 所示，如果 R 或 C 值太小，为了增大轴肩处的过渡圆角，可采用内凹圆角（见图 14-18）或采用其他形式的过渡肩环（见图 14-18）。

在轴上应尽量避免开槽孔、切口或凹槽。对于安装平键的键槽，用盘铣刀加工的要比用端铣刀加工的应力集中更小。此外，切制螺纹处的应力集中也很大，故应尽量避免在轴上受载较大处切制螺纹。

（4）提高轴的结构工艺性

轴的结构工艺性是指轴的结构形式应便于加工和装配轴上零件，并且效率高、成本低。因此，在满足要求的前提下，轴的结构应尽量简化。

为便于轴上零件的装拆，常将轴做成阶梯形。对于一般剖分式箱体中的轴，它的直径从轴端逐渐向中间增大。为了便于装配零件并去掉毛刺，轴端应制出倒角；轴上需磨削加工的轴段，应留有砂轮越程槽，如图 14-19 所示；需切制螺纹处应留有螺纹退刀槽，如图 14-20 所示。

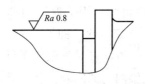　　　　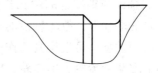

图 14-19　砂轮越程槽　　　　图 14-20　螺纹退刀槽

为了减少装夹工作的时间，同一轴上不同轴段的键槽应布置在同一条母线上。为了减少加工刀具种类和提高效率，轴上直径相同处的圆角、倒角等尺寸应尽可能采用相同的值。

（5）提高轴的表面质量

轴的表面质量对轴的疲劳强度有显著的影响。经验证明，疲劳裂纹经常发生在轴表面最粗糙的地方。采用表面强化，如喷丸、表面淬火等措施，可显著提高轴的疲劳强度。

14.2.3 轴系结构组合设计实例

【例 14-1】 试对如图 14-21 所示的二级圆柱齿轮减速器的输出轴进行组合设计。

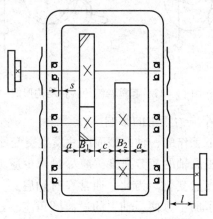

图 14-21 二级齿轮减速器简图

解：

(1) 初步确定轴的最小直径 d_{min}

根据材料力学的知识，由轴所受扭矩的大小，初步估算轴的最小直径。选取轴的材料为 45 钢，调质处理。根据表 14-2 查取 A_0 值，代入公式 (14-2) 求得 d_{min}。

输出轴的最小直径显然是安装半联轴器的直径段①，此处开有键槽，轴的直径要加大 4%~5%。因联轴器是标准件，为了使所选的轴径 d_1 与联轴器的孔径相适应，故需同时选取联轴器的型号（本书第 13 章会讲述选用方法）。要求轴径 $d_{min} \geqslant d_{半联轴器孔径}$，同时还可确定联轴器孔的长度。

(2) 轴的结构设计

1) 拟定轴上零件的装配方案并考虑轴上零件的固定和定位，以及装配顺序，确定了如图 14-22 的两种方案。经比较，现选用图 14-22 (a) 所示的装配方案。

2) 根据轴向定位的要求确定轴的各段直径和长度：

①为了满足半联轴器的轴向定位的要求，$d_1 = d_{半联轴器孔径}$，①和②段左端需一个定位轴肩，故 $d_2 = d_1 + 2h$（h 为定位轴肩的高度，$h > 0.07d$）。（为制造和测量方便，各轴段直径最好取整数）半联轴器与轴配合的毂孔长度 L_1 查手册可知，为了保证轴端挡圈只压在半联轴器上而不压在轴的端面上，故①轴段的长度应比 L_1 略短一些，即 $l_1 = L_1 - (2~3)$ mm。

②初步选择滚动轴承。可根据其工作载荷的大小、方向及其他限制条件，初选出轴承的型号。因此，轴上安装的齿轮为斜齿轮，应考虑存在轴向力的问题，从而选用能承受轴向力的向心推力轴承。参照工作要求并根据 d_2，确定第③段 d_3，注意滚动轴承为标准件，故应符合标准。同时，由于同一轴上的轴承应尽量选用相同型号，所以第⑦段的直径 $d_7 = d_3$。由手册同时可查得轴承的宽度 B 值，从而可知，第⑦段的长度 $l_7 = B$。右端的轴承是靠⑥、⑦之间的定位轴肩定位，因轴承为标准件，其定位轴肩的高度应符合手册规定的安装尺寸 $d_{安}$，所以 $d_5 = d_{安}$。

③因③、④之间的轴肩为非定位轴肩，则 $d_4 = d_3 + 2h_1$（h_1 为非定位轴肩的高度，常取

$1\sim 2$ mm)。齿轮的右端与右轴承采用套筒定位。若已知齿轮轮毂的宽度为 B_1,为了使套筒端面可靠地压紧齿轮,此轴段应略短于轮毂的宽度,故 $l_4 = B_1 - (2\sim 3$ mm)。齿轮的左端采用轴环定位,则轴环处的直径 $d_5 = d_4 + 2h$,轴环宽度 $l_5 \geq 1.4h$。

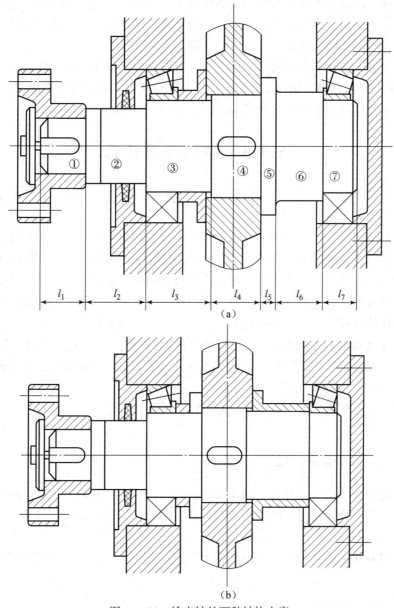

图 14-22 输出轴的两种结构方案

④轴承端盖的总宽度 b_1 由减速器及轴承端盖的结构设计而定。根据轴承端盖的装拆及便于对轴承添加润滑剂的要求,取端盖的外端面与半联轴器左端面间的距离 $l = b_1 + 10$ mm。故第②轴段的长度 $l_2 = 2b_1 + 10$ mm。

⑤根据经验(或手册提供)取齿轮距箱体内壁之间的距离为 a,两齿轮之间的距离为 c,同时,考虑到箱体的铸造误差,在确定滚动轴承位置时,应距箱体内壁一段距离 s(a、s 值均可根据经验或查阅手册得知),已知滚动轴承的宽度 B,所以第③段的长度 $l_3 = B + s + a +$

(2~3) mm，第⑥段的长度 $l_3 = c + B_2 + a + s - l_5$。

3) 轴上零件的周向定位齿轮、半联轴器与轴的周向定位均采用平键连接。按已确定的各段轴径查手册可得平键的截面尺寸，键槽用键槽铣刀加工，键长应比轮毂略短，且符合键的标准长度系列。同时为了保证齿轮与轴的配合有良好的对中性，应参照手册确定其配合，常采用过渡配合。半联轴器与轴的配合参照手册也常采用过渡配合。滚动轴承与轴的周向定位是借过渡配合来保证的，具体情况请查阅手册。

注意：为了减少装夹工作的时间，同一轴上不同轴段的键槽应布置在同一条母线上。

4) 确定轴上圆角和倒角是为了减少加工刀具的种类和提高效率，轴上直径相同处的圆角、倒角等尺寸应尽可能采用相同的值。

§14.3 轴的强度计算

轴的工作能力主要取决于它的强度和刚度，因此设计轴时，应按强度或刚度计算。高速轴还要校核其振动稳定性。

强度计算都是在初步完成结构设计后进行的。首先应根据轴的具体受载及应力情况，采取相应的计算方法，绘制轴的计算简图，即根据机器的结构确定轴的长度和轴上零件的位置，并画出附有载荷的简图。绘制简图时，通常可把轴视为铰链支承的梁，然后运用材料力学中的公式进行计算。在很多情况下，只知道由轴所传递的转矩的大小，而支承点间的距离及轴上载荷的作用点和支承点的距离均未知，因此弯矩尚属未知。此外，只有当轴的结构形式确定以后，才能知道应力集中源（键槽、轴肩、轴槽等）的位置。所以，轴的强度计算过程是当弯矩值未知时，先按转矩进行初步计算，再根据所得的直径进行结构设计，并定出轴的尺寸，然后再按当量弯矩进行计算。

轴的强度计算应根据轴的承载情况，采用相应的计算方法。常见的轴的强度计算方法有以下三种。

14.3.1 按扭转强度计算

这种方法是只按轴所受的扭矩来计算轴的强度，适用于只承受转矩的传动轴的精确计算，也可用于既受弯矩又受扭矩的轴的近似计算，估算轴的最小直径。对于不重要的轴，也可作为最后计算的结果。

对于只传递转矩的圆截面轴，其扭转强度条件按前述式（14-1）和式（14-2）进行计算。

14.3.2 按弯扭组合强度计算

通过轴的结构设计，轴的主要结构尺寸、轴上零件的位置以及外载荷和支反力的作用位置均已确定，轴上的载荷，包括弯矩和扭矩都可求出，因而可按弯扭合成强度条件对轴进行计算。

通过结构设计，绘出轴的结构草图。显然，当零件在草图上布置妥当后，外载荷和支承反力的作用位置即可确定，由此可作轴的受力分析及绘制弯矩图和转矩图，这时就可按弯扭合成强度计算其轴径。

按弯扭合成强度计算轴径的一般步骤如下：

1) 将外载荷分解到水平面和垂直面内，求垂直面支承反力 F_V 和水平面支承反力 F_H；
2) 作垂直面弯矩 M_V 图和水平面弯矩 M_H 图；
3) 作合成弯矩 M 图，

$$M = \sqrt{M_H^2 + M_V^2}$$

4) 作转矩 T 图；
5) 按第三强度理论条件建立轴的弯扭合成强度约束条件，即

$$\sigma_{ca} = \frac{\sqrt{M^2 + T^2}}{W} = \frac{M_{ca}}{W} \leq [\sigma] \tag{14-3}$$

同时，考虑到弯矩 M 所产生的弯曲应力和转矩 T 产生的扭转应力的性质不同，对上式中的转矩 T 乘以折合系数 α，则强度约束条件的公式如下：

$$\sigma_{ca} = \frac{\sqrt{M^2 + (\sigma T)^2}}{W} = \frac{M_{ca}}{W} \leq [\sigma_{-1}] \tag{14-4}$$

式中，σ_{ca}——轴的计算应力，MPa；

M_{ca}——当量弯矩，$M_{ca} = \sqrt{M^2 + (\sigma T)^2}$，N·mm；

W——轴的抗弯截面系数，N·mm；

α——考虑循环特性不同而引入的折合系数，当扭转切应力为静应力时，$\alpha \approx 0.3$；当扭转切应力为脉动循环应力时，$\alpha \approx 0.6$；当扭转切应力为对称循环应力时，$\alpha = 1$；

$[\sigma_{-1}]$——受对称循环应力时轴的许用弯曲应力，其值按表 14-1 选取。

若不满足强度约束条件，则表明结构图中轴的强度不够，必须修改其结构设计；若计算出的轴径小于结构设计的估算轴径，且相差不是很大，一般就以结构设计的轴径为准。

按弯矩、转矩合成强度计算时，对于影响轴强度的许多重要因素，如应力集中、尺寸因素等都只在许用应力中考虑。

14.3.3 按疲劳强度安全系数计算

对于一般用途的轴，按弯扭合成强度计算即可。但由于上述计算中没有考虑应力集中、轴径尺寸和表面质量等因素对轴疲劳强度的影响，因此，对于重要的轴还要进行轴的危险截面处的疲劳安全系数的精确计算，以确定变应力情况下轴的安全程度。危险截面是指发生破坏可能性最大的剖面。但是，在校核计算前，有时很难确定哪个剖面是危险截面。因为影响轴的疲劳强度的因素较多，弯矩和转矩最大的剖面不一定就是危险截面。而弯矩和转矩不是最大的剖面，如果其直径小，应力集中严重，却有可能是危险截面。在无法确定危险截面的情况下，就必须对可能的危险截面一一进行校核，即建立轴在危险截面的安全系数的约束条件。

安全系数的约束条件为

$$S_{ca} = \frac{S_\sigma S_\tau}{\sqrt{S_\sigma^2 + S_\tau^2}} \geq [S] \tag{14-5}$$

仅有法向应力时，应满足：

$$S_\sigma = \frac{\sigma_{-1}}{\frac{k_\sigma}{\beta \varepsilon_\sigma}\sigma_a + \psi_\sigma \sigma_m} \geq [S] \tag{14-6}$$

仅有扭转切应力时，应满足：

$$S_\tau = \frac{\tau_{-1}}{\frac{k_\tau}{\beta \varepsilon_\tau}\tau_a + \psi_\tau \tau_m} \geq [S] \tag{14-7}$$

式中，S_{ca}——计算安全系数；

$[S]$——许用安全系数，见表14-3；

S_σ——受弯矩作用的安全系数；

S_τ——受扭矩作用的安全系数；

σ_{-1}——对称循环应力时材料的弯曲疲劳极限，见表14-1；

τ_{-1}——对称循环应力时材料的扭转疲劳极限，见表14-1；

k_σ——弯曲时的有效应力集中系数，查手册；

k_τ——扭转时的有效应力集中系数，查手册；

β——弯曲和扭转时的表面质量系数，查手册；

ψ_σ——弯曲时的平均应力折合应力幅的等效系数，见表14-1的附注；

ψ_τ——扭转时的平均应力折合应力幅的等效系数，见表14-1的附注；

σ_a——弯曲时的应力幅，MPa；

τ_a——扭转时的应力幅，MPa；

σ_m——弯曲时的平均应力，MPa；

τ_m——扭转时的平均应力，MPa。

表14-3 疲劳强度的许用安全系数

条件	$[S]$
载荷可精确计算，材质均匀，材料性能精确可靠	1.3~1.5
计算精度较低，材质不够均匀	1.5~1.8
计算精度很低，材质很不均匀，或尺寸很大的轴（$d > 200$ mm）	1.8~2.5

【例14-2】 某设备中的输送装置运转平稳，工作转矩变化很小，以二级圆柱齿轮减速器作为减速装置，试设计该减速器的输出轴。减速器的装置图如图14-21所示。输入轴与电动机相连，输出轴通过弹性柱销联轴器与工作机相连，输出轴为单向旋转（从装有半联轴器的一端看为顺时针方向）。已知电动机功率 $P = 10$ kW，转速 $n_1 = 1\ 450$ r/min，齿轮机构的参数列于表14-4：

表14-4 齿轮机构的参数

级别	z_1	z_2	m_n/mm	β	α_n	h_a^*	齿宽/mm
高速级	20	75	3.5	10°	20°	1	大齿轮宽 $B_2 = 50$
低速级	23	95	4	8°6′34″			$B_1 = 85$，$B_2 = 80$

(1) 求输出轴上的功率 P_3、转速 n_3 和转矩 T_3

若取每级齿轮传动的效率（包括轴承效率在内）$\eta = 0.97$，则
$$P_3 = P\eta^2 = 10 \times 0.97^2 = 9.41 \text{ (kW)}$$

所以
$$T_3 = 95.5 \times 10^5 \frac{P_3}{n_3} = 95.5 \times 10^5 \times \frac{9.41}{93.61} \approx 960\,000 (\text{N} \cdot \text{mm})$$

(2) 求作用在齿轮上的力

因已知低速级大齿轮的分度圆直径为
$$d_2 = m_t z_2 = \frac{m_n z_2}{\cos \beta} = \left(\frac{4 \times 95}{\cos 8°06'34''}\right) = 383.84 \text{ (mm)}$$

而
$$F_t = \frac{2T_3}{d_2} = \frac{2 \times 960\,000}{383.84} = 5\,002(\text{N})$$

$$F_r = F_t \frac{\tan \alpha_n}{\cos \beta} = 5\,002 \times \frac{\tan 20°}{\cos 8°06'34''} = 1\,839(\text{N})$$

各力方向如图 14-24 所示。

(3) 初步确定轴的最小直径 $d_{\min}$

选取轴的材料为 45 钢，调质处理。根据表 14-2 查取 $A_0 = 112$，于是
$$d_{\min} = A_0 \sqrt[3]{\frac{P_3}{n_3}} = 112 \sqrt[3]{\frac{9.41}{93.61}} = 52.1 (\text{mm})$$

输出轴的最小直径显然是安装半联轴器的直径段①，如图 14-23 所示。为了使所选的轴径 $d_{\min}$ 与联轴器的孔径相适应，故需同时选取联轴器的型号（本书第 13 章讲述选用方法）。

联轴器的计算转矩 $T_{ca} = K_A T_3$，考虑到转矩很小，通过查表，取 $K_A = 1.3$，则
$$T_{ca} = K_A T_3 = 1.3 \times 960\,000 \text{ N} \cdot \text{mm} = 1\,248\,000 \text{ N} \cdot \text{mm} = 1\,248 \text{ N} \cdot \text{m}$$

按照计算转矩应小于联轴器公称转矩的条件，查标准 GB/T 5014—2003 或手册，应选用 HL4 型弹性柱销联轴器。半联轴器的孔径 $d = 55$ mm，故 $d_1 = 55$ mm；半联轴器的长度 $L = 112$ mm，半联轴器与轴配合的毂孔长度 $L_1 = 84$ mm。

(4) 轴的结构设计

1) 拟定轴上零件的装配方案。

考虑轴上零件的固定和定位，以及装配顺序，选用图 14-22(a) 所示的装配方案。

2) 根据轴向定位的要求确定轴的各段直径和长度。

①为了满足半联轴器的轴向定位要求，①和②轴段左端需一个定位轴肩，故 $d_2 = 62$ mm。为了保证轴端挡圈只压在半联轴器上而不压在轴的端面上，故①轴段的长度应比 L_1 略短一些，即 $l_1 = 82$ mm。

②初步选择滚动轴承。因为轴上安装的齿轮为斜齿轮，应考虑存在轴向力，而选用能承受轴向力的单列圆锥滚子轴承。参照工作要求并根据 d_2，确定选用 30313 型轴承，其尺寸为 $d \times D \times T = 65$ mm $\times 140$ mm $\times 36$ mm。所以 $d_3 = d_7 = 65$ mm，而 $l_7 = 36$ mm。

右端的轴承是靠⑥、⑦之间的定位轴肩定位的，因轴承为标准件，其定位轴肩的高度应

符合手册规定的安装尺寸 $d_\text{安}$，所以 $d_5 = 77$ mm。

③因③、④之间的轴肩为非定位轴肩，则 $d_4 = 70$ mm。齿轮的右端与右轴承采用套筒定位。已知齿轮轮毂的宽度为 80 mm，为了使套筒端面牢靠地压紧齿轮，此轴段应略短于轮毂的宽度，故 $l_4 = 76$ mm。齿轮的左端采用轴环定位，则轴环处直径 $d_5 = 82$ mm。轴环宽度 $l_5 \geqslant 1.4h$，取 $l_5 = 12$ mm。

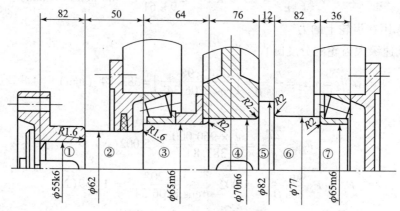

图 14-23 轴的结构与装配

④轴承端盖的总宽度 b_1 由减速器及轴承端盖的结构设计而定，取 $b_1 = 20$ mm。根据轴承端盖的装拆及便于对轴承添加润滑剂的要求，取端盖的外端面与半联轴器左端面间的距离 $l = 30$ mm。故第②轴段的长度 $l_2 = 50$ mm。

⑤根据经验（或手册提供）取齿轮距箱体内壁之间的距离为 $a = 16$ mm，两齿轮之间的距离为 $c = 20$ mm，同时，滚动轴承应距箱体内壁距离 $s = 8$ mm。已知滚动轴承的宽度为 B，所以第③段的长度 $l_3 = B + s + a + (80 - 76) = 64$ mm，第⑥段的长度 $l_3 = c + B_2$（高速级齿轮）$+ a + s - l_5 = 82$ mm。

3）轴上零件的周向定位。

齿轮、半联轴器与轴的周向定位均采用平键连接。按 d_4 查手册可得平键的截面尺寸 $b \times h = 20$ mm $\times 12$ mm，键长为 63 mm。同时为了保证齿轮与轴的配合有良好的对中性，应参照手册确定采用过渡配合 H7/n6；半联轴器与轴连接，平键截面尺寸 $b \times h = 16$ mm $\times 10$ mm，键长为 70 mm，采用配合为 H7/k6。滚动轴承与轴的周向定位是借过渡配合来保证的，此处轴的直径公差为 m6。

4）确定轴上的圆角和倒角：

轴上倒角为 C2，各轴肩处的圆角半径如图 14-23 所示。

（5）求轴上的载荷

1）作出轴的简图如图 14-24 所示。在确定轴承的支点位置时，应从手册中查取其压力中心偏离值 $a = 29$ mm。因此，作为简支梁的轴的支撑跨距 $L_2 + L_3 = 71 + 141 = 212$（mm）。

2）将外载荷分解到水平面和垂直面内，求出垂直面和水平面的支承反力，并作出弯矩图和扭矩图，如图 14-24 所示。

从轴的结构图以及弯矩和扭矩图中可以看出截面 $a—a$ 是轴的危险截面。现将计算出的截面 $a—a$ 处的 M_H、M_V 及 M 的值列于表 14-5 中。

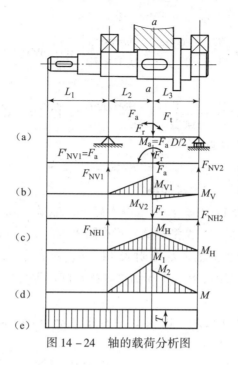

图 14-24 轴的载荷分析图

表 14-5 截面 a—a 处的 M_H、M_V 及 M 的值

载荷	水平面 H	垂直面 V
支反力 F	$F_{NH1}=3327$ N，$F_{NH2}=1675$ N	$F_{NV1}=1869$ N，$F_{NV2}=-30$ N
弯矩 M	$M_H=236\,217$ N·mm	$M_{V1}=132\,699$ N·mm，$M_{V2}=-4\,140$ N·mm
总弯矩	$M_1=\sqrt{236\,217^2+132\,699^2}=270\,938$(N·mm) $M_2=\sqrt{236\,217^2+4\,140^2}=236\,253$(N·mm)	
扭矩 T	$T_3=960\,000$ N·mm	

（6）按弯扭合成应力校核轴的强度

从图 14-24 可知 a-a 截面最危险，取 $\alpha=0.6$，轴的计算应力

$$\sigma_{ca}=\frac{\sqrt{M_1^2+(\sigma T_3)^2}}{W}=\frac{\sqrt{270\,938^2+(0.6\times 960\,000)^2}}{0.1\times 70^3}=18.6(\text{MPa})$$

轴的材料为 45 钢，调质处理，由表 14-1 查得 $[\sigma_1]=60$ MPa，因此 $\sigma_{ca}<[\sigma_1]$，故安全。

（7）按安全系数校核

1）判断危险截面。

键槽、齿轮和轴的配合、过渡圆角等处都有应力集中源，且其当量弯矩均较大，故将其确定为危险截面，但由于轴的最小直径是按扭转强度较为宽裕地确定的，而 a—a 截面的应力最大，下面仅以 a—a 截面为例进行安全系数校核。

2）疲劳强度校核：

① a—a 截面上的应力：

弯曲应力幅：
$$\sigma_a = \frac{M_1}{W} = \frac{937}{0.1d^3} = \frac{270\,938}{0.1 \times 70^3} = 7.899(\text{MPa})$$

扭转应力幅：
$$\tau_a = \frac{T}{W_T} = \frac{T}{0.2d^3} = \frac{960\,000}{0.2 \times 70^3} = 13.994(\text{MPa})$$

（W_T 按附表 14-9 所列公式计算）

弯曲平均应力：$\sigma_m = 0$；

扭转平均应力：$\tau_m = \tau_a = 13.994$ MPa。

②材料的等效系数查表 14-1 之注释可得：$\psi_\sigma = 0.2$，$\psi_\tau = 0.1$。

③剖面 a—a 应力集中系数（A 型键槽）可查附表 14-1 得：$K_\sigma = 1.825$，$K_\tau = 1.625$。

④绝对尺寸系数及表面质量系数查附表 14-4、附表 14-5 可得：$\varepsilon_\sigma = 0.78$，$\varepsilon_\tau = 0.74$，$\beta = 0.938$（$\sigma_b = 650$ MPa，$Ra = 1.6$ μm）（按车削加工）。

⑤计算安全系数：

轴的材料为 45 钢，调质处理。由表 14-1 查得 $\sigma_b = 640$ MPa，$\sigma_1 = 275$ MPa，$\tau_1 = 155$ MPa。

$$S_\sigma = \frac{\sigma_{-1}}{\frac{k_\sigma}{\beta\varepsilon_\sigma}\sigma_a + \psi_\sigma\sigma_m} = \frac{275}{\frac{1.825}{0.78 \times 0.938} \times 7.899 + 0.2 \times 0} = 13.96$$

$$S_\tau = \frac{\tau_{-1}}{\frac{k_\tau}{\beta\varepsilon_\tau}\tau_a + \psi_\tau\tau_m} = \frac{155}{\frac{1.625}{0.74 \times 0.938} \times 13.994 + 0.1 \times 13.994} = 4.54$$

$$S_{ca} = \frac{S_\sigma S_\tau}{\sqrt{S_\sigma^2 + S_\tau^2}} = \frac{13.96 \times 4.54}{\sqrt{13.96^2 + 4.54^2}} = 4.32 > [S] = 1.3 \sim 1.5$$

故该剖面的疲劳强度足够。

§14.4 轴的其他项目计算

14.4.1 轴的刚度计算

轴受弯矩作用会产生弯曲变形，如图 14-25（a）所示，受转矩作用会产生扭转变形，如图 14-25（b）所示，即在任一截面的轴心线处会出现挠度，而轴在支承点处会出现倾角。如果轴的刚度不够，就会影响轴的正常工作。例如，对于安装齿轮的轴，若轴的弯曲变形过大，会引起轮齿上载荷集中，导致轮齿啮合状况恶化。而电动机转子轴的挠度过大，会改变转子与定子的间隙而影响电动机的性能；机床主轴的刚度不够，将影响加工精度。它们对轴的振动也有影响，因此，为了使轴不致因刚度不够而失效，对那些刚度要求较高的轴，设计时必须根据轴的工作条件限制其变形量，使其满足刚度约束条件。轴的弯曲刚度用挠度或偏转角来度量；扭转刚度以扭转角来度量，即

$$\text{挠度 } y \leq [y] \tag{14-8}$$

$$转角\ \theta \leqslant [\theta] \tag{14-9}$$

$$扭角\ \varphi \leqslant [\varphi] \tag{14-10}$$

式中，$[y]$——许用挠度，其值见表 14-6；

$[\theta]$——许用转角，其值见表 14-6；

$[\varphi]$——许用扭角，其值见表 14-6。

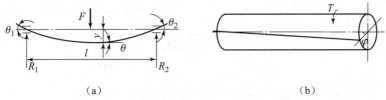

(a) (b)

图 14-25 轴的弯曲刚度和扭转刚度

表 14-6 轴的许用挠度、许用转角和许用扭角

应用场合	$[y]$/mm	应用场合	$[\theta]$/rad	应用场合	$[\varphi]/(\degree \cdot m^{-1})$
一般用途的轴	$(0.0003 \sim 0.005)l$	滑动轴承	$\leqslant 0.001$	一般传动	$0.5 \sim 1$
刚度要求较高的轴	$\leqslant 0.0002l$	深沟球轴承	$\leqslant 0.005$	较精密的传动	$0.25 \sim 0.5$
安装齿轮的轴	$(0.01 \sim 0.05)m_n$	圆柱滚子轴承	$\leqslant 0.05$	重要传动	0.25
安装蜗轮的轴	$(0.02 \sim 0.05)m_n$	圆锥滚子轴承	$\leqslant 0.0025$	L——支承间的跨距； Δ——电动机定子与转子的间隙； m_n——齿轮法面模数； m_t——齿轮端面模数。	
蜗杆轴	$(0.01 \sim 0.02)m_t$	调心球轴承	$\leqslant 0.0016$		
电动机轴	$\leqslant 0.1\Delta$	安装齿轮处轴的截面	$\leqslant 0.001 \sim 0.002$		

14.4.2 轴的临界转速计算

大多数机器中的轴，虽然不受周期性外载荷的作用，但由于零件的结构不对称、材质分布不均匀，以及制造、安装误差等因素的影响，导致零件的重心偏移，不能精确地位于几何轴线上，且回转时离心力也会使轴受到周期性载荷的作用。若轴受载荷的作用引起的强迫振动频率与轴的固有频率相同或接近，将会产生共振现象，以至于轴或轴上零件乃至整个机器遭到破坏。发生共振时，轴的转速称为临界转速。

如果轴的转速停滞在临界转速附近，轴的变形将迅速增大，以致达到使轴、甚至整台机器遭到破坏的程度。因此，对于重要的轴，尤其是高速轴或受周期性外载荷作用的轴，在设计时，除要进行前面所述的强度和刚度计算以外，还必须计算其临界转速，并使轴的工作转速避开临界转速值。

轴的临界转速可以有许多个，最低的一个称为一阶临界转速，其余为二阶、三阶临界转速。在一阶临界转速下，振动最激烈，轴也最容易被破坏，所以通常计算一阶临界转速。但在某些特殊情况下，还需计算高阶的临界转速。

工作转速低于一阶临界转速的轴称为刚性轴（工作于亚临界区）；工作转速超过一阶临界转速的轴称为挠性轴（工作于超临界区）。两者的临界转速约束条件分别为：

$$刚性轴\qquad n < (0.75 \sim 0.8)n_{c1} \tag{14-11}$$

挠性轴 $\qquad 1.4n_{c1} \leqslant n \leqslant 0.7n_{c2}$ (14-12)

式中，n_{c1}——一阶临界转速；

n_{c2}——二阶临界转速。

若轴的工作转速很高，则应使轴的转速避开相应的高阶临界转速。

附表 14-1 螺纹、键、花键、横孔处及配合的边缘处的有效应力集中系数

σ_b /MPa	螺纹 $(K_\tau=1)$ K_σ	键槽 K_σ A型	键槽 K_σ B型	键槽 K_τ A、B型	花键 K_τ 矩形	花键 K_τ 渐开线形	横孔 K_σ d_0/d =0.05~0.15	横孔 K_σ d_0/d =0.15~0.25	横孔 K_τ d_0/d =0.05~0.25	配合 H7/r6 K_σ	配合 H7/r6 K_τ	配合 H7/k6 K_σ	配合 H7/k6 K_τ	配合 H7/h6 K_σ	配合 H7/h6 K_τ
400	1.45	1.51	1.30	1.20	1.35	2.10	1.40	1.90	1.70	1.70	2.05	1.55	1.55	1.25	1.33	1.14
500	1.78	1.64	1.38	1.37	1.45	2.25	1.43	1.95	1.75	1.75	2.30	1.69	1.72	1.36	1.49	1.23
600	1.96	1.76	1.46	1.54	1.55	2.35	1.46	2.00	1.80	1.80	2.52	1.82	1.89	1.46	1.64	1.31
700	2.20	1.89	1.54	1.71	1.60	2.45	1.49	2.05	1.85	1.80	2.73	1.96	2.05	1.56	1.77	1.40
800	2.32	2.01	1.62	1.88	1.65	2.55	1.52	2.10	1.90	1.85	2.96	2.09	2.22	1.65	1.92	1.49
900	2.47	2.14	1.69	2.05	1.70	2.65	1.55	2.15	1.95	1.90	3.18	2.22	2.39	1.76	2.08	1.57
1 000	2.61	2.26	1.77	2.22	1.72	2.70	1.58	2.20	2.00	1.90	3.41	2.36	2.56	1.86	2.22	1.66
1 200	2.90	2.50	1.92	2.39	1.75	2.80	1.60	2.30	2.10	2.00	3.87	2.62	2.90	2.05	2.5	1.83

注：①滚动轴承与轴的配合按 H7/r6 配合选择系数；
②蜗杆螺旋根部的有效应力集中系数可取 $K_\sigma=2.3\sim2.5$；$K_\tau=1.7\sim1.9$。

附表 14-2 圆角处的有效应力集中系数

$\dfrac{D-d}{r}$	r/d	K_σ σ_b/MPa								K_τ σ_b/MPa						
		400	500	600	700	800	900	1 000	1 200	400	500	600	700	800	900	1 000	1 200
2	0.01	1.34	1.36	1.38	1.40	1.41	1.43	1.45	1.49	1.26	1.28	1.29	1.29	1.30	1.30	1.31	1.32
	0.02	1.41	1.44	1.47	1.49	1.52	1.54	1.57	1.62	1.33	1.35	1.36	1.37	1.37	1.38	1.39	1.42
	0.03	1.59	1.63	1.67	1.71	1.76	1.80	1.84	1.92	1.39	1.40	1.42	1.44	1.45	1.47	1.48	1.52
	0.05	1.54	1.59	1.64	1.69	1.73	1.78	1.83	1.93	1.42	1.43	1.44	1.46	1.47	1.50	1.51	1.54
	0.10	1.38	1.44	1.50	1.55	1.61	1.66	1.72	1.83	1.37	1.38	1.39	1.42	1.43	1.45	1.46	1.50

续表

$\dfrac{D-d}{r}$	r/d	K_σ								K_τ							
		σ_b/MPa															
		400	500	600	700	800	900	1 000	1 200	400	500	600	700	800	900	1 000	1 200
4	0.01	1.51	1.54	1.57	1.59	1.62	1.64	1.67	1.72	1.37	1.39	1.40	1.42	1.43	1.44	1.46	1.47
4	0.02	1.76	1.81	1.86	1.91	1.96	2.01	2.06	2.16	1.53	1.55	1.58	1.59	1.61	1.62	1.65	1.68
4	0.03	1.76	1.82	1.88	1.94	1.99	2.05	2.11	2.23	1.52	1.54	1.57	1.59	1.61	1.64	1.66	1.71
4	0.05	1.70	1.76	1.82	1.88	1.95	2.01	2.07	2.19	1.50	1.53	1.57	1.59	1.62	1.65	1.68	1.74
6	0.01	1.86	1.90	1.94	1.99	2.03	2.08	2.12	2.21	1.54	1.57	1.59	1.61	1.64	1.66	1.68	1.73
6	0.02	1.90	1.96	2.02	2.08	2.13	2.19	2.25	2.37	1.59	1.62	1.66	1.69	1.72	1.75	1.79	1.86
6	0.03	1.89	1.96	2.03	2.10	2.16	2.23	2.30	2.44	1.61	1.65	1.68	1.72	1.74	1.77	1.81	1.88
10	0.01	2.07	2.12	2.17	2.23	2.28	2.34	2.39	2.50	2.12	2.18	2.24	2.30	2.37	2.42	2.48	2.60
10	0.02	2.09	2.16	2.23	2.30	2.38	2.45	2.52	2.66	2.03	2.08	2.12	2.17	2.22	2.26	2.31	2.40

注：当值超过表中给出的最大值时，按最大值查取 K_σ、K_τ。

附表 14-3 环槽处的有效应力集中系数

系数	$\dfrac{D-d}{r}$	r/d	σ_b/MPa							
			400	500	600	700	800	900	1 000	1 200
K_σ	1	0.01	1.88	1.93	1.98	2.04	2.09	2.15	2.20	2.31
K_σ	1	0.02	1.79	1.84	1.89	1.95	2.00	2.06	2.11	2.22
K_σ	1	0.03	1.72	1.77	1.82	1.87	1.92	1.97	2.02	2.12
K_σ	1	0.05	1.61	1.66	1.71	1.77	1.82	1.88	1.93	2.04
K_σ	1	0.10	1.44	1.48	1.52	1.55	1.59	1.62	1.66	1.73
K_σ	2	0.01	2.09	2.15	2.21	2.27	2.37	2.39	2.45	2.57
K_σ	2	0.02	1.99	2.05	2.11	2.17	2.23	2.28	2.35	2.49
K_σ	2	0.03	1.91	1.97	2.03	2.08	2.14	2.19	2.25	2.36
K_σ	2	0.05	1.79	1.85	1.91	1.97	2.03	2.09	2.15	2.27
K_σ	4	0.01	2.29	2.36	2.43	2.50	2.56	2.63	2.70	2.84
K_σ	4	0.02	2.18	2.25	2.32	2.38	2.45	2.51	2.58	2.71
K_σ	4	0.03	2.10	2.16	2.22	2.28	2.35	2.41	2.47	2.59
K_σ	6	0.01	2.38	2.47	2.56	2.64	2.73	2.81	2.90	3.07
K_σ	6	0.02	2.28	2.35	2.42	2.49	2.56	2.63	2.70	2.84
K_τ	任何比值	0.01	1.60	1.70	1.80	1.90	2.00	2.10	2.20	2.40
K_τ	任何比值	0.02	1.51	1.60	1.69	1.77	1.86	1.94	2.03	2.20
K_τ	任何比值	0.03	1.44	1.52	1.60	1.67	1.75	1.82	1.90	2.05
K_τ	任何比值	0.05	1.34	1.40	1.46	1.52	1.57	1.63	1.69	1.81
K_τ	任何比值	0.10	1.17	1.20	1.23	1.26	1.28	1.31	1.34	1.40

附表 14-4 绝对尺寸影响系数

直径 d/mm		>20~30	>30~40	>40~50	>50~60	>60~70	>70~80	>80~100	>100~120	>120~150	>150~500
ε_σ	碳钢	0.91	0.88	0.84	0.81	0.78	0.75	0.73	0.70	0.68	0.60
	合金钢	0.83	0.77	0.73	0.70	0.68	0.66	0.64	0.62	0.60	0.54
ε_τ	各种钢	0.89	0.81	0.78	0.76	0.74	0.73	0.72	0.70	0.68	0.60

附表 14-5 不同表面粗糙度的表面质量系数 β

加工方法	轴表面粗糙度 Ra/μm	σ_b/MPa		
		400	800	1 200
磨削	0.4~0.2	1	1	1
车削	3.2~0.8	0.95	0.90	0.80
粗车	25~6.3	0.85	0.80	0.65
未加工的表面		0.75	0.65	0.45

附表 14-6 各种腐蚀情况的表面质量系数 β

工作条件	σ_b/MPa										
	400	500	600	700	800	900	1 000	1 100	1 200	1 300	1 400
淡水中,有应力集中	0.7	0.63	0.56	0.52	0.46	0.43	0.40	0.38	0.36	0.35	0.33
淡水中,无应力集中 海水中,有应力集中	0.58	0.50	0.44	0.37	0.33	0.28	0.25	0.23	0.21	0.20	0.19
海水中,无应力集中	0.37	0.30	0.26	0.23	0.21	0.18	0.16	0.14	0.13	0.12	0.12

附表 14-7 各种强化方法的表面质量系数 β

强化方法	芯部强度 σ_b/MPa	β		
		光轴	低应力集中的轴 $K_\sigma \leq 1.5$	高应力集中的轴 $K_\sigma \geq 1.8 \sim 2$
高频淬火	600~800	1.5~1.7	1.6~1.7	2.4~2.8
	800~1 000	1.3~1.5		
氮化	900~1 200	1.1~1.25	1.5~1.7	1.7~2.1
渗碳	400~600	1.8~2.0	3	
	700~800	1.4~1.5		
	1 000~1 200	1.2~1.3	2	
喷丸硬化	600~1 500	1.1~1.25	1.5~1.6	1.7~2.1
滚子滚压	600~1 500	1.1~1.3	1.3~1.5	1.6~2.0

注:①高频淬火是根据直径为 10~20 mm,淬硬层厚度为 (0.05~0.20)d 的试件实验求得的数据;对大尺寸的试件强化系数的值会有某些下降。
②氮化层厚度为 0.01d 时用小值;在厚度为 (0.03~0.04)d 时用大值。
③喷丸硬化是根据 8~40 mm 的试件求得的数据。喷丸速度低时用小值;喷丸速度高时用大值。
④滚子滚压是根据 17~130 mm 的试件求得的数据。

附表 14-8 钢的平均应力折算系数 ψ_σ 及 ψ_τ 值

应力种类	系数	表面状态				
		抛光	磨光	车削	热轧	锻造
弯曲	ψ_σ	0.50	0.43	0.34	0.215	0.14
拉压	ψ_σ	0.41	0.36	0.30	0.18	0.10
扭转	ψ_τ	0.33	0.29	0.21	0.11	

附表 14-9 抗弯、抗扭截面系数计算公式

截面	W	W_τ	截面	W	W_τ
圆形	$\dfrac{\pi d^3}{32}\approx 0.1d^3$	$\dfrac{\pi d^3}{16}\approx 0.2d^3$	单键槽	$\dfrac{\pi d^3}{32}-\dfrac{bt(d-t)^2}{d}$	$\dfrac{\pi d^3}{16}-\dfrac{bt(d-t)^2}{d}$
空心圆	$\dfrac{\pi d^3}{32}(1-\beta^4)$ $\approx 0.1d^3(1-\beta^4)$ $\beta=\dfrac{d_1}{d}$	$\dfrac{\pi d^3}{16}(1-\beta^4)$ $\approx 0.2d^3(1-\beta^4)$ $\beta=\dfrac{d_1}{d}$	带孔	$\dfrac{\pi d^3}{32}\left(1-1.54\dfrac{d_1}{d}\right)$	$\dfrac{\pi d^3}{16}\left(1-\dfrac{d_1}{d}\right)$
双键槽	$\dfrac{\pi d^3}{32}-\dfrac{bt(d-t)^2}{2d}$	$\dfrac{\pi d^3}{16}-\dfrac{bt(d-t)^2}{2d}$	花键	$[\pi d^4+(D-d)(D+d)^2zb]/32D$ z——花键齿数	$[\pi d^4+(D-d)(D+d)^2zb]/16D$ z——花键齿数

注：近似计算时，单、双键槽一般可忽略，花键轴截面可视为直径等于平均直径的圆截面。

习　题

14-1　已知一传动轴传递的功率为 37 kW，转速 $n=900$ r/min，如果轴上的扭切应力不允许超过 40 MPa，试求该轴的直径。

14-2　已知一传动轴的直径 $d=32$ mm，转速 $n=1\,725$ r/min，如果轴上的扭切应力不允许超过 50 MPa，问该轴能传递多少功率？

14-3　设计一级直齿轮减速器的输出轴。已知传动功率为 2.7 kW，转速为 100 r/min，大齿轮分度圆直径为 300 mm，齿轮宽度为 85 mm，载荷平稳。

14-4 试指出图14-26中所示的轴的结构设计的不正确之处,并在轴线下方绘图改正。

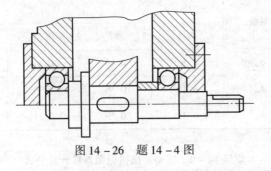

图14-26 题14-4图

第15章 弹　　簧

§15.1　弹簧的功用与类型

15.1.1　弹簧的功用

弹簧是一种弹性元件，它能利用材料的弹性和自身结构的特点，在载荷作用下产生很大的变形，卸载后又能立即恢复原来的形状。由于这一特点，弹簧的主要功能有：缓冲和减振，如车辆中的缓冲弹簧、联轴器中的吸振弹簧；控制运动，如内燃机中的阀门弹簧、离合器中的控制弹簧；储蓄能量，如钟表中的弹簧；测力，如测力器和弹簧秤中的弹簧等。

15.1.2　弹簧的类型

弹簧的种类繁多，按其受力情况，弹簧主要分为拉伸弹簧、压缩弹簧、扭转弹簧和弯曲弹簧。按照弹簧的形状，又可分为螺旋弹簧、碟形弹簧、环形弹簧、板弹簧和盘簧等，如表15-1所示。

螺旋弹簧包括拉伸弹簧、压缩弹簧和扭转弹簧。螺旋弹簧是由圆截面弹簧丝卷绕而成的。其弹簧特性线呈线性，弹簧刚度是恒定的。

碟形弹簧和环形弹簧都属于压缩弹簧，它能够承受较大的冲击，且缓冲、吸振能力较强，多用于缓冲弹簧。蝶形弹簧常在重型机械和飞机中作为强力缓冲和减振弹簧来使用。

板弹簧是由多层长度不同的弹簧钢板叠合而成的，其主要承受弯矩。

由于板与板间的摩擦，会使板弹簧的加载特性线与卸载特性线不重合，其缓冲、减振的能力较强。它多用于火车、汽车的减振装置。

盘簧为扭转弹簧。按结构可将其分为非接触型和接触型两种，非接触型盘簧的特性线为线性，接触型盘簧由于圈与圈之间存在摩擦，会使加载时的特性线与卸载时的特性线不重合，故其特性线是非线性的。由于其圈数较多，储存能量大，故多用于钟表、仪器中的储能元件。

表15-1　弹簧的基本类型

按载荷分 按形状分	拉伸	压缩		扭转	弯曲
	圆柱螺旋拉伸弹簧	圆柱螺旋压缩弹簧	圆锥螺旋压缩弹簧	圆柱螺旋扭转弹簧	
螺旋形					

续表

按形状分 \ 按载荷分	拉伸	压缩		扭转	弯曲
		环形弹簧	碟形弹簧	盘簧	板簧
其他形状					

§15.2 弹簧的材料与制造

15.2.1 弹簧的材料及许用应力

1. 弹簧的材料

由于弹簧经常受冲击载荷或变载荷作用，为了确保其能安全可靠地工作，弹簧材料必须具有较高的弹性极限和疲劳极限，同时还应具有良好的韧性及热处理性能。

常用的弹簧材料有碳素弹簧钢丝、合金弹簧钢丝、弹簧用不锈钢丝及铜合金等，近年来非金属材料（如塑料、橡胶等）弹簧也有很大的发展。碳素弹簧钢丝的价格便宜，原材料获取方便，规格齐全，一般情况下应优先选用；合金弹簧钢丝中由于加入了合金元素，从而提高了钢的淬透性，改善了钢的机械性能，它用于钢丝直径较大、受冲击载荷的情况；不锈钢或铜合金适用于需在防腐、防磁等条件下工作的弹簧。这几种主要弹簧材料的使用性能见表15-2。

选择弹簧材料时，应综合考虑弹簧的功用、重要程度及工作条件，同时还要考虑其加工、热处理工艺和经济性等因素。

表15-2 弹簧材料及许用应力

类别	代号	许用应力$[\tau]$/MPa			推荐硬度 HRC	推荐使用温度/℃	特性及用途
		Ⅰ类	Ⅱ类	Ⅲ类			
钢丝	碳素弹簧钢丝 B、C、D级	$0.3\sigma_B$	$0.4\sigma_B$	$0.5\sigma_B$	—	-40~120	强度高、加工性能好，适用于小尺寸弹簧
	65Mn						
	60Si2Mn	480	640	800	45~50	-40~200	弹性好，适用于大载荷弹簧
	60Si2MnA	480	640	800		-40~200	
	50CrVA	450	600	750		-40~200	疲劳性及淬透性好
不锈钢丝	1Cr18Ni9Ti	330	440	550		-250~290	耐腐蚀性好，适用于小尺寸弹簧
	4Cr13	450	600	750	48~53	-40~300	
铜合金	QSi3-1	270	360	450	90~100 (HB)	-40~120	耐腐蚀性好，防磁性好，弹性好
	QBe2	360	450	560	37~40	-40~120	

注：碳素弹簧钢丝及65Mn钢丝的抗拉强度极限σ_B见表15-3。

2. 弹簧材料的许用应力

影响弹簧许用应力的因素有很多，除材料品种外，还有材料质量、热处理方法、载荷性质、工作条件和弹簧钢丝的直径等因素，在确定许用应力时都应予以考虑。

通常，根据变载荷的作用次数以及弹簧的重要程度，可将弹簧分为三类：Ⅰ类为受变载荷的作用次数在 10^6 以上或很重要的弹簧，如内燃机的气阀弹簧等；Ⅱ类为受变载荷作用次数在 $10^3 \sim 10^5$ 次及承受冲击载荷的弹簧，如调速器弹簧、一般车辆弹簧等；Ⅲ类为受变载荷作用次数在 10^3 次以下的弹簧及受静载荷的一般弹簧，如一般安全阀弹簧、摩擦式安全离合器弹簧等。

设计弹簧时，根据上述弹簧的种类及所选定的材料，可由表 15 – 2 确定其许用应力。应当指出的是，碳素弹簧钢丝的许用应力是根据其抗拉强度极限 σ_B 而确定的，而 σ_B 与钢丝的直径有关，如表 15 – 3 所列，碳素弹簧钢丝按用途可分为三级：B 级用于低应力弹簧；C 级用于中等应力弹簧；D 级用于高应力弹簧。因此，设计时需先假定碳素弹簧钢丝的直径并进行试算。

表 15 – 3　碳素弹簧钢丝的抗拉强度极限 σ_B（摘自 GB/T 4357—2009）　　MPa

直径/mm	…	1.0	1.2	1.4	1.6	1.8	2.0	2.2	2.5	2.8	3.0	3.2	3.5
B	…	1 660	1 620	1 620	1 570	1 520	1 470	1 420	1 420	1 370	1 370	1 320	1 320
C	…	1 960	1 910	1 860	1 810	1 760	1 710	1 660	1 660	1 620	1 570	1 570	1 570
D	…	2 300	2 250	2 150	2 110	2 010	1 910	1 810	1 760	1 710	1 710	1 660	1 640
直径/mm	4.0	4.5	5.0	5.5	6.0	6.5	7.0	8.0	9.0	10.0	11.0	12.0	13.0
B	1 320	1 320	1 320	1 270	1 220	1 220	1 170	1 170	1 130	1 130	1 080	1 080	1 030
C	1 520	1 520	1 470	1 470	1 420	1 420	1 370	1 370	1 320	1 320	1 270	1 270	1 220
D	1 620	1 620	1 570	1 570	1 520	—	—	—	—	—	—	—	—

15.2.2　弹簧的制造

弹簧的制造工艺过程包括：卷绕、两端加工（指压簧）或挂钩的制作（指拉簧和扭簧）、热处理和工艺试验。

弹簧的卷绕方法有冷卷法和热卷法两种。弹簧丝直径在 8 mm 以下的用冷卷法，直径大于 8 mm 的用热卷法。冷态下卷制的弹簧用冷拉的、经预热处理的优质碳素弹簧钢丝，卷成后一般不再经淬火处理，只经低温回火处理以消除其内应力。在热态下卷制的弹簧卷成后必须经过热处理，通常应进行淬火和回火处理。

弹簧制成后，如再进行强压处理，可提高其承载能力。强压处理是指将弹簧预先压制到超过材料的屈服极限，并保持一段时间后卸载，使簧丝表面层产生与工作应力方向相反的残余应力，它受载时可抵消一部分工作应力，这样可提高弹簧的承载能力。经强压处理后的弹簧不允许再进行任何热处理。

§15.3 圆柱形螺旋压缩、拉伸弹簧的应力分析

15.3.1 弹簧的应力

圆柱形螺旋弹簧受压及受拉时，其弹簧丝的受力情况相同。现以图 15 – 1（a）为例，分析圆柱形螺旋压缩弹簧的受力情况。

图 15 – 1 所示为一圆柱螺旋压缩弹簧，弹簧中径为 D_2，弹簧丝直径为 d，轴向力 F 作用在弹簧的轴线上，由于弹簧丝具有螺旋升角 α，故在通过弹簧轴线的截面上，弹簧丝的剖面 A—A 呈椭圆形，其螺旋升角一般为 $\alpha = 5° \sim 9°$，由于螺旋升角不大，故可将剖面 A—A 的椭圆形状近似为圆形。该剖面上作用着力 F 及扭矩 $T = \dfrac{FD_2}{2}$，如图 15 – 1（b）所示。

弹簧丝剖面 A—A 的上应力分布如图 15 – 1（c）所示。由图可以看出，其最大切应力发生在弹簧丝剖面 A—A 内侧的 m 点，而且实践表明，弹簧的破坏也大多由这点开始。其最大应力可以近似地取为

$$\left. \begin{aligned} \tau_{\max} &= k_1 \frac{8FD_2}{\pi d^3} \\ k_1 &= \frac{4C-1}{4C+4} + \frac{0.615}{C} \end{aligned} \right\} \quad (15-1)$$

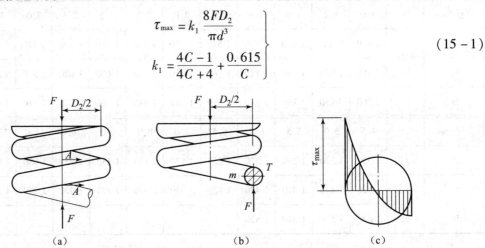

图 15 – 1 圆柱螺旋压缩弹簧的受力及应力分析

式中，$\dfrac{8FD_2}{\pi d^3}$ 是直杆受纯扭转时的切应力，但由于弹簧不是直杆受纯扭转的情况，所以 k_1 可理解为弹簧丝曲率和切向力对切应力的修正系数，即曲度系数；$C = D_2/d$ 称为旋绕比（又称弹簧指数），它是衡量弹簧曲率的重要参数。为使弹簧本身较为稳定，不致颤动，C 取值不能太大；同时，为避免卷绕时弹簧丝受到强烈弯曲，C 值亦不能太小。通常取 $C = 4 \sim 16$，常用值为 $C = 5 \sim 8$。

15.3.2 弹簧的变形

由材料力学可知，对于圆柱螺旋压缩（拉伸）弹簧，由于其螺旋升角不大，受载后的轴向变形 λ 可以根据以下公式求得，即

$$\lambda = \frac{8FD_2^3 n}{Gd^4} = \frac{8FC^3 n}{Gd} \quad (15-2)$$

式中，n——弹簧的工作圈数；

G——弹簧的切变模量：钢为 8×10^4 N/mm，青铜为 4×10^4 N/mm。使弹簧产生单位变形量所需要的载荷称为弹簧刚度 k（也称为弹簧常数），即

$$k = \frac{F}{\lambda} = \frac{Gd}{8C^3 n} = \frac{Gd^4}{8D_2^3 n} \tag{15-3}$$

弹簧的刚度是表征弹簧性能的主要参数之一，它表示使弹簧产生单位变形量时所需的力，刚度越大，弹簧变形所需要的力就越大。影响弹簧刚度的因素有很多，从式（15-3）可以看出，C 值对 k 的影响很大，k 与 C 的三次方成反比。当其他条件相同时，弹簧指数 C 越小，其刚度越大，即弹簧越硬；C 越大，其刚度越小，即弹簧越软。所以，合理地选择 C 值能控制弹簧的弹力。另外，k 还与 G、d、n 有关，在调整弹簧刚度时，应综合考虑这些因素的影响。

§15.4 圆柱形螺旋压缩、拉伸弹簧的设计

15.4.1 弹簧的结构与几何尺寸

1. 圆柱形螺旋弹簧的结构

（1）压缩弹簧

图 15-2 所示为圆柱形螺旋压缩弹簧，它是用圆形簧丝卷绕而成的，这种弹簧的特性线如图 15-3 所示。弹簧的两端为支撑圈，各有 0.75~1.75 圈弹簧并紧，它们工作中不参与弹簧变形，所以称为死圈。并紧的支撑圈端部有磨平与不磨平两种。如图 15-4 所示的重要的弹簧都需要磨平，以使支撑圈端面与弹簧的轴心线相垂直。其磨平长度一般不小于 0.75 圈。

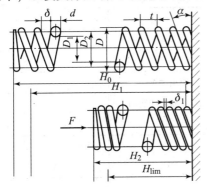

图 15-2 圆柱形螺旋压缩弹簧的基本几何参数

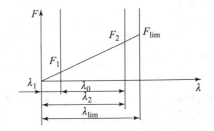

图 15-3 圆柱形螺旋压缩弹簧的特性线

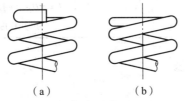

图 15-4 压缩弹簧的端部结构形式
(a) 并紧不磨平端；(b) 并紧磨平端

(2) 拉伸弹簧

拉伸弹簧也是用圆形簧丝卷绕而成的,它在卷制时各圈相互并紧,即弹簧间距 $\delta=0$;各圈弹簧相互接触;端部制成钩环形式,以便安装和加载。其端部结构如图 15-5 所示。

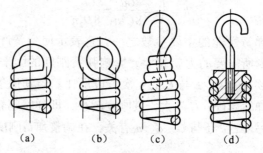

图 15-5 拉伸弹簧的端部结构形式
(a) 半圆钩;(b) 环圆钩环;(c) 可转钩环;(d) 可调钩环

2. 圆柱形螺旋弹簧的几何尺寸

圆柱形螺旋弹簧的主要几何参数有弹簧外径 D、中径 D_2、内径 D_1、节距 p、螺旋升角 α、自由高度 H_0、工作圈数 n、簧丝直径 d 及簧丝展开长度 L 等,如图 15-2 所示。圆柱螺旋弹簧的几何尺寸计算见表 15-4。

表 15-4 圆柱螺旋弹簧的几何尺寸计算

参数名称及其代号	计算公式		备注
	压缩弹簧	拉伸弹簧	
弹簧丝直径 d/mm	根据强度条件计算确定		
弹簧外径 D/mm	$D = D_2 + d$,D_2 为弹簧中径		
弹簧内径 D_1/mm	$D_1 = D_2 - d$		
节距 p/mm	$p = (0.28 \sim 0.5) D_2$	$p = d$	
工作圈数 n	根据工作条件确定		
总圈数 n_1	$n_1 = n + (1.5 \sim 2.5)$	$n_1 = n$	
自由高度 H_0/mm	两端磨平时,$H_0 = np + (n_1 - n - 0.5)d$ 两端不磨平时,$H_0 = np + (n_1 - n + 1)d$	$H_0 = np +$ 挂钩的轴向尺寸	
间距 δ/mm	$\delta = p - d$,$p \geq \lambda_{max}/n + 0.1d$		
螺旋升角 α/(°)	$\alpha = \arctan\left(\dfrac{p}{\pi D_2}\right)$		对压缩弹簧,推荐 $\alpha = 5° \sim 9°$
弹簧丝展开长度 L/mm	$L = \dfrac{\pi D_2 n_1}{\cos \alpha}$	$L = \pi D_2 n_1 +$ 挂钩的展开长度	

3. 圆柱形螺旋弹簧的特性线

(1) 压缩弹簧

用来表示弹簧载荷与变形之间关系的曲线称为弹簧特性线。

图 15-3 所示为圆柱螺旋压缩弹簧的特性线,其中 H_0 表示不受外力时弹簧的自由高度。

弹簧工作前,通常预受一压缩力 F_1,以保证弹簧稳定在安装位置上。F_1 称为弹簧的最小工作载荷,在它的作用下,弹簧的长度由 H_0 降至 H_1,其相应的弹簧压缩变形量为 λ_1。当弹簧受到最大工作载荷 F_2 时,弹簧长度降至 H_2,其相应的弹簧压缩变形量为 λ_2。$\lambda_0 = \lambda_2 - \lambda_1 = H_1 - H_2$,$\lambda_0$ 称为弹簧的工作行程。$F_{\lim}$ 为弹簧的极限载荷,在它的作用下,弹簧丝应力将达到材料的弹性极限,这时弹簧的长度降至 $H_{\lim}$,相应的变形为 $\lambda_{\lim}$。

对于等节距的圆柱螺旋弹簧(压缩或拉伸),由于其载荷与变形成正比,故其特性线为直线,即

$$\frac{F_1}{\lambda_1} = \frac{F_2}{\lambda_2} = \cdots = 常数 \tag{15-4}$$

设计弹簧时,其最大工作载荷 F_2 由机构的工作要求决定,其最小工作载荷 F_1 通常取 $(0.1 \sim 0.5) F_2$。实际应用中,一般不希望弹簧失去直线的特性关系,其应使弹簧在弹性范围内工作,所以其最大工作载荷 F_2 应小于其极限载荷,通常应满足 $F_2 \leq 0.8 F_{\lim}$。

(2) 拉伸弹簧

拉伸弹簧的特性线分为无初应力(见图 15-6 (a))和有初应力(见图 15-6 (b))两种情况。无初应力的弹簧特性线与压缩弹簧完全相同。有初应力的弹簧的特性线则不同,它在自由状态下就有初拉力 F_0 的作用。初拉力是在卷制弹簧时使各圈弹簧并紧而产生的。利用三角形相似原理,在图上增加一段假想的变形量 x,这样它的特性线又与无初应力的特性线完全相同。

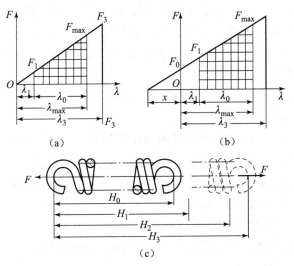

图 15-6 圆柱形螺旋拉伸弹簧特性线

一般情况下,可这样确定初应力:簧丝直径 $d \leq 5$ mm 时,$F_0 = F_3/3$;$d > 5$ mm 时,$F_0 = F_3/4$。

15.4.2 弹簧的设计计算

设计弹簧时,应满足的要求有强度条件、刚度条件和稳定性条件。

1. 已知条件

通常的已知条件包括以下几项:

1) 弹簧受到的最大工作载荷 F_2；
2) 相应的弹簧压缩变形量 λ；
3) 其他要求（如空间位置要求、工作温度等）。

2. 设计步骤

1) 根据工作条件和载荷情况选定弹簧的材料并求其许用应力；
2) 选择旋绕比 C、计算曲度系数 k_1；
3) 强度计算；

由式 (15-2) 求弹簧丝直径

$$d \geq 1.6\sqrt{\frac{k_1 C F_2}{[\tau]}} \tag{15-5}$$

注意：如选用碳素弹簧钢丝时，用上式 (15-5) 求弹簧直径 d 时，因式中许用应力 $[\tau]$ 和旋绕比 C 都与 d 有关，所以常采用试算法。

4) 刚度计算：

由式 (15-4) 的弹簧刚度计算式可得弹簧的工作圈数为

$$n = \frac{Gd}{8C^3 k} \tag{15-6}$$

5) 稳定性计算：

当压缩弹簧的圈数较多，如其高径比 $b = H_0/D_2$ 较大时，其受力可能产生侧向弯曲而失去稳定性，导致无法正常工作。为了便于制造及避免失稳，对一般压缩弹簧建议按下列情况选取高径比：当两端固定时，取 $b < 5.3$；当一端固定，另一端铰支时，取 $b < 3.7$；当两端铰支时，取 $b < 2.6$。若 b 超过许用值，又不能修改有关参数时，可采取外加导向套或内加导向杆的方法来增加弹簧的稳定性。

6) 结构设计：按表 15-4 算出全部有关尺寸。
7) 绘制弹簧工作图。

【**例 15-1**】 试设计一圆钢丝的圆柱螺旋压缩弹簧。已知：弹簧的最大工作载荷 $F_{max} = 650$ N，最小工作载荷 $F_{min} = 400$ N，工作行程为 17 mm，套在一直径为 23 mm 的轴上工作，要求弹簧的外径不大于 45 mm，自由长度在 120~40 mm 范围内。按载荷性质，它属于第Ⅱ类弹簧。弹簧端选磨平端，每端有一圈死圈。

解：(1) 选择材料并确定其许用应力

选用碳素弹簧钢丝 C 级，初定簧丝直径 $d = 5$ mm，查表得弹簧钢丝的拉伸强度极限 $\sigma_B = 1\ 470$ MPa，其许用切应力

$$[\tau] = 0.4\sigma_B = 0.4 \times 1\ 470 = 588 \text{ (MPa)}$$

切变模量

$$G = 8.0 \times 10^4 \text{ MPa}$$

(2) 弹簧丝直径计算

现选取旋绕比 $C = 7$，则曲度系数为

$$k_1 = \frac{4C-1}{4C-4} + \frac{0.615}{C} = \frac{4 \times 7 - 1}{4 \times 7 + 4} + \frac{0.615}{7} = 1.21$$

(3) 初步计算弹簧丝直径

$$d \geq 1.6\sqrt{\frac{k_1 CF_2}{[\tau]}} = 1.6 \times \sqrt{\frac{650 \times 1.21 \times 7}{588}} = 4.9 \text{ (mm)}$$

此值比原取值小，故原取值合理，所以取弹簧钢丝的标准直径 $d = 5$ mm，弹簧中径标准值

$$D_2 = d \times C = 5 \times 7 = 35 \text{ (mm)}$$

则弹簧外径

$$D = D_2 + d = 35 + 5 = 40 \text{ (mm)} < 42 \text{ mm}$$

（4）刚度计算

弹簧刚度为

$$k = \frac{\Delta F}{\lambda} = \frac{650 - 400}{17} = 14.71 \text{ (N/mm)}$$

弹簧圈数为

$$n = \frac{Gd^4}{8D_2^3 k} = \frac{8 \times 10^4 \times 5^4}{8 \times 35^3 \times 14.71} = 9.9$$

取 $n = 10$ 圈。

取弹簧两端的支撑圈数分别为 1 圈，则总圈数为

$$n_1 = n + 2 = 10 + 2 = 12$$

（5）确定节距

$$p = (0.28 \sim 0.5)D_2 = (0.28 \sim 0.5) \times 35 = (9.8 \sim 17.5) \text{ mm}$$

取 $p = 12$ mm。

（6）确定弹簧的自由高度

弹簧两端并紧、磨平的自由高度为

$$H_0 = np + (n_1 - n - 0.5)d = 10 \times 12 + (12 - 10 - 0.5) \times 5 = 127.5 \text{ (mm)}$$

（7）验算稳定性

弹簧长径比

$$b = \frac{H_0}{D_2} = \frac{127.5}{35} = 3.64 < 5.3$$

满足不失稳要求。

（8）其余几何尺寸参数及工作图从（略）

§15.5 其他弹簧简介

15.5.1 圆柱螺旋扭转弹簧

在机器中，扭转弹簧经常作为压缩弹簧、储能弹簧和传递扭矩的弹簧。扭转弹簧的两端带有杆臂或钩环，以便固定和加载。扭转弹簧的端部结构如图 15-7 所示。

在自由状态下，扭转弹簧的弹簧圈之间应留有少量间隙，以免弹簧工作时各圈彼此接触并产生摩擦和磨损。

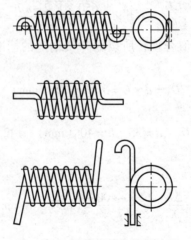

图 15-7 扭转弹簧的端部结构

15.5.2 碟形弹簧

碟形弹簧是用薄钢板冲制而成的，其外形像碟子。如图 15-8 所示，当碟形弹簧受轴向载荷 F 时，其升角 θ 将变小，相应地会使弹簧产生轴向变形 λ（压缩量）。

碟形弹簧的特性线很复杂，它随着碟厚 t 和碟内腔高度 h 的比值 h/t 变化而变化。h/t 值越大的弹簧在开始压缩时的刚性越大，压缩到一定程度后，其刚度又很快下降。比值 $h/t = \sqrt{2}$ 的弹簧，它在一段区间内近似为一条水平线，也就是说，在这个范围内，即使变形有变化，其载荷也近乎不变。碟簧的这一性质很重要，它提供了在一定范围内保持载荷恒定的方法，例如在精密仪器中可利用碟形弹簧来保持轴承端面的摩擦力矩不受温度变化的影响。

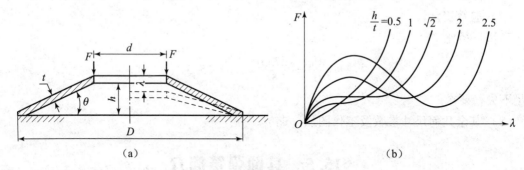

图 15-8 碟形弹簧及特性线

$D/d = 1.7 \sim 3$；$D/t = 18 \sim 28$；$\theta = 2° \sim 6°$；$\lambda_{max} \leqslant 0.75h$；
$\lambda_0 = (0.15 \sim 0.2)h$，$\lambda_0$—安装压缩量

组合碟形弹簧的组合方式不同，其弹簧特性线也不同。要求变形量较大时，可采用对合式组合，即将几个碟形弹簧大端对大端、小端对小端地对合起来，它与单个碟形弹簧相比，在同样载荷下可得到较大的变形量，如图 15-9（a）所示。要求承受的载荷大时，可采用堆积式组合，即将几个碟形弹簧叠在一起，其刚度较大，承载能力强，它可借各碟之间的摩擦作用，使部分冲击能量转化成热能，因此，它能作缓冲弹簧，如图 15-9（b）所示。

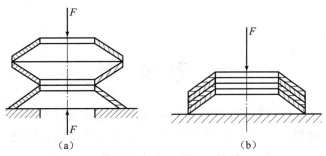

图 15-9 组合碟形弹簧
(a) 对合式组合；(b) 堆积式组合

习 题

15-1 圆柱螺旋压缩（拉伸）弹簧受载时，弹簧丝截面上的最大应力点在什么位置？最大应力值如何确定？为什么要引入曲度系数 k_1？

15-2 弹簧的旋绕比 C 的定义是什么？C 值的大小对弹簧的性能有什么影响？

15-3 圆柱螺旋压缩（拉伸）弹簧的强度和刚度计算的目的是什么？

15-4 试设计一液压阀中的圆柱螺旋压缩弹簧。已知：弹簧的最大工作载荷 $F_{max}=350$ N，最小工作载荷 $F_{min}=200$ N，工作行程为 13 mm，要求弹簧外径不大于 30 mm，载荷性质为Ⅱ类，一般用途，弹簧两端固定支撑。

参 考 文 献

[1] 濮良贵. 机械设计(第7版)[M]. 北京:高等教育出版社,2001.
[2] 濮良贵. 机械设计学习指南(第3版)[M]. 北京:高等教育出版社,1999.
[3] 钟毅芳. 机械设计[M]. 武汉:华中理工大学出版社,1999.
[4] 陈铁鸣. 机械设计(第3版)[M]. 哈尔滨:哈尔滨工业大学出版社,2003.
[5] 杨明忠. 机械设计[M]. 武汉:武汉理工大学出版社,2001.
[6] 吴宗泽. 机械设计[M]. 北京:人民交通出版社,2003.
[7] 卢玉明. 机械设计基础(第6版)[M]. 北京:高等教育出版社,1998.
[8] 王大康. 机械设计基础[M]. 北京:机械工业出版社,2003.
[9] 杨可桢. 机械设计基础(第4版)[M]. 北京:高等教育出版社,1999.
[10] 秦伟. 机械设计基础[M]. 北京:机械工业出版社,2004.
[11] 范思冲. 机械基础[M]. 北京:机械工业出版社,2004.
[12] 汤酞则. 材料成形工艺基础[M]. 长沙:中南大学出版社,2003.
[13] 李新城. 材料成形学[M]. 北京:机械工业出版社,2000.
[14] 黄勇. 工程材料及机械制造基础[M]. 北京:国防工业出版社,2004.
[15] 陈勇太. 机械制造技术实践[M]. 北京:机械工业出版社,2001.
[16] 贺小涛. 机械制造工程训练[M]. 长沙:中南大学出版社,2003.
[17] 机械零件结构工艺性300例[M]. 北京:机械工业出版社,2004.
[18] 吴宗泽. 机械设计[M]. 北京:高等教育出版社,2001.
[19] 董刚,李建功,潘凤章. 机械设计(第3版)[M]. 北京:机械工业出版社,1999.
[20] 杨明忠. 机械设计[M]. 北京:机械工业出版社,2001.
[21] 王凤礼,杜立杰. 机械设计习题集(第3版)[M]. 北京:机械工业出版社,1999.
[22] 邱宣怀. 机械设计(第4版)[M]. 北京:高等教育出版社,1997.
[23] 王中发. 实用机械设计[M]. 北京:北京理工大学出版社,1998.
[24] 徐锦康. 机械设计[M]. 北京:高等教育出版社,2004.
[25] 杨景惠,陆玉唐. 机械设计(机械类)(第2版)[M]. 北京:机械工业出版社,1996.
[26] 吴宗泽,刘莹. 机械设计教程[M]. 北京:机械工业出版社,2003.
[27] 李柱国. 机械设计与理论[M]. 北京:科学出版社,2003.
[28] 钟毅芳,吴昌林,唐增宝. 机械设计(第2版)[M]. 武汉:华中科技大学出版社,2001.
[29] 钟毅芳. 机械设计原理与方法[M]. 武汉:华中科技大学出版社,2002.
[30] 张莹. 机械设计基础(下册)[M]. 北京:机械工业出版社,1997.
[31] 杨可桢,程光蕴. 机械设计基础(第4版)[M]. 北京:高等教育出版社,1999.
[32] 黄华梁,彭文生. 机械设计基础(第2版)[M]. 北京:高等教育出版社,1995.
[33] 谈嘉祯. 机械设计基础[M]. 北京:中国标准出版社,1994.

[34]欧阳祖行.机械设计基础[M].北京:航空工业出版社,1992.

[35]申永胜.机械原理[M].北京:清华大学出版社,1999.

[36]张策.机械原理与机械设计[M].北京:机械工业出版社,2004.

[37]潘风章.机械设计[M].北京:机械工业出版社,2004.

[38]吕仲文.机械创新设计[M].北京:机械工业出版社,2004.

[39]王成焘.现代机械设计思想与方法(第2版)[M].上海:上海科学技术文献出版社,1999.

[40]吴宗泽,罗盛国.机械设计课程设计(第2版)[M].北京:高等教育出版社,1999.

[41]彭文生.机械设计(第2版)[M].武汉:华中理工大学出版社,2000.

[42]成大先.机械设计图册[M].北京:化学工业出版社,2000.

[43]邹慧君.机械原理课程设计手册[M].北京:高等教育出版社,1998.

[44]邹慧君.机械运动方案设计手册[M].上海:上海交通大学出版社,1994.

[45]邹慧君.机构系统设计[M].北京:科学出版社,1996.

[46]张春林,曲继芳,张美麟.机械创新设计[M].北京:机械工业出版社,1999.

[47]宋宝玉.机械设计基础[M].哈尔滨:哈尔滨工业大学出版社,2002.

[48]潘作良.机械设计基础[M].呼和浩特:内蒙古科学技术出版社,1997.

[49]郑江,许瑛.机械设计(第1版)[M].北京:北京大学出版社,2006.

[50]王贤民,霍仕武.机械设计(第1版)[M].北京:北京大学出版社,2012.

[51][美]R. L. Robert L. Norton. Design of Machinary (Second Edition)[M]. New York:McGraw-Hill book Company,2001.

[52][美]Robert L. Mott. Machine Elements in Mechanical Design(Third Edition)[M]. New Jersey:Prentice-Hall,Inc,1992.